Technisch unterstützte Pflege von morgen

Marco Munstermann

Technisch unterstützte Pflege von morgen

Innovative Aktivitätserkennung und Verhaltensermittlung durch ambiente Sensorik

Mit einem Geleitwort von Dr. rer. nat. Wolfram Luther

Marco Munstermann
Duisburg, Deutschland

Dissertation Universität Duisburg-Essen, 2014

ISBN 978-3-658-09796-7   ISBN 978-3-658-09797-4 (eBook)
DOI 10.1007/978-3-658-09797-4

Die Deutsche Nationalbibliothek verzeichnet diese Publikation in der Deutschen Nationalbibliografie; detaillierte bibliografische Daten sind im Internet über http://dnb.d-nb.de abrufbar.

Springer Vieweg
© Springer Fachmedien Wiesbaden 2015
Das Werk einschließlich aller seiner Teile ist urheberrechtlich geschützt. Jede Verwertung, die nicht ausdrücklich vom Urheberrechtsgesetz zugelassen ist, bedarf der vorherigen Zustimmung des Verlags. Das gilt insbesondere für Vervielfältigungen, Bearbeitungen, Übersetzungen, Mikroverfilmungen und die Einspeicherung und Verarbeitung in elektronischen Systemen.
Die Wiedergabe von Gebrauchsnamen, Handelsnamen, Warenbezeichnungen usw. in diesem Werk berechtigt auch ohne besondere Kennzeichnung nicht zu der Annahme, dass solche Namen im Sinne der Warenzeichen- und Markenschutz-Gesetzgebung als frei zu betrachten wären und daher von jedermann benutzt werden dürften.
Der Verlag, die Autoren und die Herausgeber gehen davon aus, dass die Angaben und Informationen in diesem Werk zum Zeitpunkt der Veröffentlichung vollständig und korrekt sind. Weder der Verlag noch die Autoren oder die Herausgeber übernehmen, ausdrücklich oder implizit, Gewähr für den Inhalt des Werkes, etwaige Fehler oder Äußerungen.

Gedruckt auf säurefreiem und chlorfrei gebleichtem Papier

Springer Fachmedien Wiesbaden ist Teil der Fachverlagsgruppe Springer Science+Business Media
(www.springer.com)

*Meinen Eltern,
meinem Bruder und
meinem Mentor.*

Geleitwort

In diesem Buch legt der Autor die Ergebnisse aus seiner Arbeit am Duisburger Fraunhofer-Institut (IMS) und Fraunhofer-inHaus-Zentrum aus den Jahren 2009 bis 2014 vor, die er in einem vom Bundesministerium für Bildung und Forschung (BMBF) geförderten Projekt Sensorbasiertes adaptives Monitoringsystem für die Verhaltensanalyse von Senioren (SAMDY) erzielt und als Dissertationsschrift in der Fakultät für Ingenieurwissenschaften an der Universität Duisburg-Essen vorgelegt hat.

Dabei geht es um den Entwurf und eine prototypische Umsetzung einer hybriden Plattform zur Kontextgenerierung und Verhaltensermittlung von Personen in ihrem häuslichen Umfeld unter Vorgaben zur Person, dem Wohnumfeld und den tageszeitlichen Aktivitäten. Es handelt sich mehrheitlich um ältere Menschen, bei denen mittels geeigneter Sensoren im Wohnbereich Abweichungen in den Aktivitäten von über einen längeren Zeitraum beobachteten Tagesabläufen mit hoher Sicherheit festgestellt und in verwertbare Aussagen für den Pflegedienst umgesetzt werden. Die Motivation zu dieser Arbeit leitet sich aus den Bedürfnissen einer alternden Gesellschaft ab, in der die Menschen möglichst lange eigenverantwortlich in ihrem gewohnten Umfeld verbleiben wollen, und unterstreicht die Wichtigkeit der aktuellen Forschungsbemühungen zum *Ambient Assisted Living*. Auf der anderen Seite steigen die Aufwendungen für qualifizierte Pflege Jahr für Jahr, wobei die vorgestellten Systeme natürlich nur in ergänzender Funktion eingesetzt werden. Insbesondere die Auswahl, Platzierung und Kombination von nicht invasiven Sensoren und der Umgang mit den von ihnen gelieferten Daten stellt hohe Anforderungen an den Schutz der Privatsphäre, die Unversehrtheit der Person und eine korrekte Deutung der Änderungen in den Tagesabläufen und ihrer Signifikanz für vermutete Abweichungen von gewohnten Verhaltensformen.

Die Arbeit trifft eine sehr sorgfältige Auswahl aus einfachen Sensoren, wobei zwischen Erkennungsgenauigkeit und Akzeptanz beim Patienten abgewogen wird. Sie liefert formale Ansätze zur Aktivitätserkennung, Beschreibungen von alltäglichem Verhalten und Maße für Verhaltensabweichungen basierend auf Aufgabenmodellbeschreibungen für alle relevanten Aktivitäten. Dabei kommen leistungsfähige Erkennungsalgorithmen mit automatischer Anpassung der Parameter, eine detaillierte simulative Validierung mit echten Daten anhand von fünf Personenprofilen in einer mit ambienter Sensorik zur Aktivitätserkennung ausgestatteten Wohnumgebung zum Einsatz.

Zur formalen Beschreibung von Aufgaben und Tätigkeiten existieren verschiedene Modellierungsansätze, wie zum Beispiel das *Business Process Modeling*, *Petrinetze* in verschiedenen Verallgemeinerungen oder die *Concur Task Tree* Notation. Andererseits sind aber auch stochastische Modelle wie *Markow-Ketten* in verschiedenen Ausprägungen in Betracht zu ziehen. Als einen wesentlichen Beitrag stellt die Arbeit daher ein neues um stochastische Komponenten erweitertes und validiertes *Transition System Mining*-Verfahren zur Verhaltensermittlung bereit.

Der vorliegende Text behandelt in einem breiten wissenschaftlichen Ansatz ausführlich den gesamten Workflow mit seinen vielfachen Verästelungen, zeichnet sich durch einen verständlichen Diskurs auf hohem Niveau aus, der nicht nur die getroffenen Designentscheidungen sorgfältig darstellt und belegt, sondern auch Alternativen beschreibt und bewertet.

Das Buch ist sehr sorgfältig geschrieben, mit sehr illustrativen Grafiken ausgestattet und enthält auch die vollständigen Modelle in der Concur Task Tree Notation. Das Skript zur Verhaltensermittlung sowie die vollständigen Evaluationsergebnisse sind ausführlich dokumentiert und begleitet von einem aktuellen Literaturverzeichnis.

Der Autor behandelt eine moderne, relevante, sehr komplexe interdisziplinäre Thematik und stellt seine wissenschaftlichen Ergebnisse verständlich und nachvollziehbar für eine breite Leserschaft aus wissenschaftlich Tätigen, Studierenden und Beschäftigten in der Industrie und im Dienstleistungssektor dar. So wünsche ich dem Buch ein gute Aufnahme und weite Verbreitung in der Fachwelt.

Dr. rer. nat. Wolfram Luther
Fakultät für Ingenieurwissenschaften der Universität Duisburg-Essen
Abteilung Informatik und Angewandte Kognitionswissenschaft
Seniorprofessur Computergraphik, Bildverarbeitung und Wissenschaftliches Rechnen

Danksagung

Prof. Dr. rer. nat. Wolfram Luther für seine unermüdliche und vertrauensvolle Betreuung, Prof. Dr.-Ing. Jürgen Ziegler dafür, dass er als Zweitgutachter zur Verfügung stand, Kollegen vom Fraunhofer IMS und speziell jenen aus der Abteilung TSA dafür, dass sie mich auch in stressigen Zeiten ertragen haben, Frau Doğangün für die endlosen Diskussionen über das Für und Wider von AAL-Themen, Herrn Kitanovski für die kreativen Gespräche im Rahmen seiner Bachelorarbeit, Frau Perszewski, Frau Huffziger und Frau Wybranietz für die partnerschaftliche Zusammenarbeit zwischen Anwendern und Entwicklern speziell bei der Durchführung der Feldtests und *last but not least* meinen Eltern und meinem Bruder möchte ich danken.

Inhaltsverzeichnis

Tabellenverzeichnis	XIII
Abbildungsverzeichnis	XV
Abkürzungsverzeichnis	XIX

1 Einleitung   **1**
1.1 Motivation 1
1.2 Zielgruppe 3
1.3 Problemstellung und Lösungsweg 7
1.4 Auswertung von Expertenwissen 10
1.5 Erzeugung von Aktivitätsmodellen 10
1.6 Generieren von „Normalverhalten" 22
1.7 Messen von Verhaltensabweichungen 29
1.8 Wissenschaftlicher Beitrag im Umfeld verwandter Arbeiten 31
1.9 Aufbau der Arbeit 38

2 Ambiente Assistenzfunktionen   **41**
2.1 Demografischer Wandel 41
2.2 Chancen durch Ambient Assisted Living 42
2.3 Context-Awareness in Pervasive Systems 46
    2.3.1 Temporale Einordnung 46
    2.3.2 Identifizierung 47
    2.3.3 Lokalisierung 48
    2.3.4 Aktivitätserkennung 53
    2.3.5 Activities of Daily Living 58
2.4 Formalisierung von Assistenzfunktionen 59
2.5 Grundlagen 61
    2.5.1 Domänenwissen aus dem Bereich der Pflege 61
    2.5.2 Task-Modelling-Verfahren zur Kontextgenerierung 63
    2.5.3 Process-Mining-Verfahren zur Verhaltensermittlung 72

3 Anforderungsanalyse   **103**
3.1 Voraussetzungen 103
3.2 Expertenwissen 105
3.3 Ambiente Sensorik 108
3.4 Schutz der Privatsphäre 110
3.5 Systematische Analyse 113
    3.5.1 Einsatzbereitschaft und kurze Interaktionszeit 113
    3.5.2 Kognitive Aufgabenanalyse 114
    3.5.3 Anforderungen an Mensch-Computer-Systeme 123

4 Entwurf des Gesamtsystems 127
- 4.1 Ansätze zur Systemevaluation ... 127
- 4.2 Grundlagen des Gesamtkonzepts ... 128
  - 4.2.1 Auswahl von geeigneten Sensoren ... 128
  - 4.2.2 Auswahl von geeigneten Methoden ... 131
  - 4.2.3 Konzept der Gesamtplattform ... 139
- 4.3 Quantifizierung von Verhaltensänderungen ... 160
  - 4.3.1 Bisherige Maßstäbe ... 160
  - 4.3.2 Eigener Ansatz ... 161
  - 4.3.3 Beispiel der Anwendung des eigenen Ansatzes ... 167

5 Realisierung des Gesamtsystems 173
- 5.1 Eingesetzte ambiente Sensorik ... 173
- 5.2 Umsetzung des Gesamtsystems ... 182
  - 5.2.1 Editor ... 184
  - 5.2.2 Middleware ... 185
  - 5.2.3 Modul der Kontextgenerierung ... 186
  - 5.2.4 Transformation eines CTT-Modells in ein PN ... 211
  - 5.2.5 Modul der Verhaltensermittlung ... 214

6 Evaluation 229
- 6.1 Funktionstest des Gesamtsystems ... 229
- 6.2 Funktionstest der Kontextgenerierung an einem Beispiel ... 230
- 6.3 Realistische simulative Evaluation der Verhaltensermittlung ... 236
  - 6.3.1 Verfahren der simulativen Evaluation ... 236
  - 6.3.2 Fehlerklassen der simulativen Evaluation ... 244
  - 6.3.3 Ergebnisse der realistischen simulativen Evaluation ... 251

7 Fazit 261
- 7.1 Zusammenfassung ... 261
- 7.2 Ergebnisse ... 262
- 7.3 Ausblick ... 263

Literatur 267

A Mindmaps 281
- A.1 Indikatoren für bestimmte ADL (priorisiert) ... 281
- A.2 Kognitive Aufgabenanalyse ... 283

B CTT-Modelle 285
- B.1 Vollständige CTT-Modelle der ADL ... 285

C Quellcode 290
- C.1 Skript zur Realisierung der Verhaltensermittlung ... 290

D Evaluation 294
- D.1 Tagesstrukturen und Normalverhalten der Evaluationsteilnehmer ... 294

Tabellenverzeichnis

1.1	Pflegeminuten und Zeit für hauswirtschaftliche Hilfe je Pflegestufe (Quelle: MDS (2009))	4
1.2	Bewerteter Systemvergleich mit fünf Kriterien zur Aktivitätserkennung	23
1.3	Bewerteter Systemvergleich mit fünf Kriterien zur Verhaltensermittlung	28
2.1	Beschleunigungssensorik zur Lokalisierung (Quelle: eigene Darstellung)	49
2.2	Beschleunigungssensorik zur Aktivitätserkennung (Quelle: eigene Darstellung)	54
2.3	Priorisierte Liste der zu erkennenden ADL	63
2.4	Vergleich ausgewählter Modellierungssprachen (Quelle: eigene Darstellung)	71
2.5	Formale Beschreibung der Abstraktionsstufen 0 bis 4	92
2.6	Vergleich der untersuchten Process-Mining-Algorithmen	101
3.1	Pflegebemessungszeiten aus SGB XI	109
4.1	Kategorisierung von drei Sensortypen (Quelle: eigene Darstellung)	130
4.2	Zusammenfassung der Vor- und Nachteile von BPM bzw. CTT bei der Modellierung von ADL im AAL-Kontext (Quelle: eigene Darstellung)	135
4.3	Event-Log mit drei unterschiedlichen Tagesmustern	167
5.1	Zur Kontextgenerierung eingesetzte ambiente Sensorik (Anzahlen)	174
5.2	Kategorisierung von Aktivitäten nach Ausführungsart, -pose, Dynamik und evtl. genutzte Energie (in der Regel Strom) bzw. Wasser	177
5.3	Entwicklung des Horizonts beim Anlernen des Normalverhaltens als Tabelle	220
6.1	Beispiel der Tagesstruktur eines ausgewählten Tages	238
6.2	Grafische Aufarbeitung einer ausgewählten Tagesstruktur	239
6.3	Wahrheitsmatrix bezogen auf die Hypothese	251
D.1	Tagesstruktur einer Woche (ID: P1, Alter: 79 Jahre, ♀)	295
D.2	Tagesstruktur einer Woche (ID: P2, Alter: 87 Jahre, ♀)	296
D.3	Tagesstruktur einer Woche (ID: P3, Alter: 84 Jahre, ♂)	297
D.4	Tagesstruktur einer Woche (ID: P4, Alter: 75 Jahre, ♂)	298
D.5	Tagesstruktur einer Woche (ID: P5, Alter: 87 Jahre, ♂)	299

Abbildungsverzeichnis

1.1	Pflegestufeneinteilung in Deutschland (Quelle: Zahlen des BMG, eigene Darstellung, 2009)	4
1.2	Verhältnis von ambulanter zu stationärer Pflege je Pflegestufe in Deutschland (Quelle: Zahlen des BMG, eigene Darstellung, 2009)	5
2.1	Mindmap potenzieller Indikatoren für bestimmte ADL (rechter Teil; Quelle: Interview, eigene Darstellung)	61
2.2	Mindmap potenzieller Indikatoren für bestimmte ADL (linker Teil; Quelle: Interview, eigene Darstellung)	62
2.3	Die drei Varianten des Process-Minings: (1) Ermittlung, (2) Erfüllung und (3) Erweiterung	72
2.4	Beispiele für Verletzungen der SWF-Netz-Bedingungen (van der Aalst und de Medeiros, 2005, S. 8)	75
2.5	Prozesszustand aus Präfix und Postfix	90
3.1	Hierarchische Taxonomie der Verhaltenskompetenz (Lawton, 1990)	107
3.2	Mindmap zur kognitiven Aufgabenanalyse (Roth u. a., 2002), rechts	115
3.3	Mindmap zur kognitiven Aufgabenanalyse (Roth u. a., 2002), links	121
3.4	Mindmap über Anforderungen an Mensch-Computer-Systeme (Roth u. a., 2002)	126
4.1	Ermittlung des Normalverhaltens aus einzelnen Tagesverläufen (Quelle: eigene Darstellung)	138
4.2	Übersicht über die an der Ableitung des „Normalverhaltens" beteiligten Komponenten und Module (Quelle: eigene Darstellung)	141
4.3	Aufbau des Systems (Datenfluss vom Klienten zum Betreuer; Quelle: eigene Darstellung)	143
4.4	Gesamtsystem aufgeteilt in die Komponenten: Editor, Middleware, Kontextgenerierung und Verhaltensermittlung – beteiligte Rollen: Klient, Supervisor und Betreuer (Quelle: eigene Darstellung)	145
4.5	Nachbildung einer Iteration, die mindestens einen Durchlauf gewährleistet (Quelle: eigene Darstellung)	149
4.6	Transformation des *Independent-Concurrency*-Operators aus der CTT-Notation hin zu einer PN-Repräsentation (Quelle: eigene Darstellung)	150
4.7	Transformation des *Choice*-Operators aus der CTT-Notation hin zu einer PN-Repräsentation (Quelle: eigene Darstellung)	151
4.8	Transformation des *Enabling*-Operators aus der CTT-Notation hin zu einer PN-Repräsentation (Quelle: eigene Darstellung)	152
4.9	Bildschirmfotos des „ContextGenerationEditors" (Start-, Bearbeitungs-Bildschirm, persönliche Daten, Liste vorliegender Krankheitsbilder, zu erkennende ADL, Erkennungszeitfenster; von links nach rechts, von oben nach unten, Quelle: eigene Darstellung)	153

4.10 Steigerung der Komplexität führt zu einer Verringerung der Auftrittswahrscheinlichkeit 162
4.11 Aus dem beispielhaften Event-Log gewonnenes „Normalverhalten"; links: mit Defaultparametern, rechts: mit automatisch angepasstem maximalen Horizont . 169
5.1 Aktivitätsbeschreibung der „Toilettenbenutzung" 187
5.2 Aktivitätserkennung, ob die Wohnung verlassen wurde (links) 189
5.3 Aktivitätserkennung, ob die Wohnung verlassen wurde (rechts) 190
5.4 Aktivitätsbeschreibung „Aufstehen/Zubettgehen" (linkes Teilstück) 192
5.5 Aktivitätsbeschreibung „Aufstehen/Zubettgehen" (mittleres Teilstück) 193
5.6 Aktivitätsbeschreibung „Aufstehen/Zubettgehen" (rechtes Teilstück) 194
5.7 Aktivitätsbeschreibung der „Medikamenteneinnahme" 195
5.8 Aktivitätsbeschreibung des „Essens" (linkes Teilstück) 197
5.9 Aktivitätsbeschreibung des „Essens" (rechtes Teilstück) 198
5.10 Aktivitätsbeschreibung des „Kochens" 199
5.11 Aktivitätsbeschreibung der „Körperpflege" 202
5.12 Verteilung der zentralen Wärmeversorger in Deutschland (2008) 205
5.13 Aktivitätsbeschreibung der „Haushaltsführung" (linkes Teilstück 1) 206
5.14 Aktivitätsbeschreibung der „Haushaltsführung" (linkes Teilstück 2) 207
5.15 Aktivitätsbeschreibung der „Haushaltsführung" (mittleres Teilstück) 208
5.16 Aktivitätsbeschreibung der „Haushaltsführung" (rechtes Teilstück) 208
5.17 Aktivitätsbeschreibung „Fernsehen" 210
5.18 Aktivitätsbeschreibung der „Toilettenbenutzung" (Teilstück) 212
5.19 Ausführbares PN der „Toilettenbenutzung" (Teilstück) 213
5.20 Schematischer Ablauf der Verhaltensermittlung (Flussdiagramm) 216
5.21 Metrikwerte der sieben Aktivitätssequenzen in Abhängigkeit von der jeweiligen Einlern-Reihenfolge 218
5.22 Entwicklung des Horizonts beim Anlernen des „Normalverhaltens" 219
5.23 Visualisierung der Aktivitätssequenz und des Metrikwertes 224
5.24 Assistenzfunktion innerhalb der Visualisierung 226

6.1 Grundriss der Eckkonstruktion eines WC 231
6.2 Aufbau des sensorisch erweiterten Toilettenpapierrollenhalters samt Abdeckung (seitliche Ansicht) 233
6.3 Aufgebauter Demonstrator im CareLab des inHaus 2 235
6.4 Benutzeroberfläche des „ContextGenerator[s]" 240
6.5 Zusätzliche Tau-Transitionen führen zum neuen Endzustand 243
6.6 Erzeugung einer Verzögerung innerhalb einer Tagesstruktur 249
6.7 Metrikwerte der Testperson P1 nach 21 Tagen 253
6.8 Anstieg des Deltas zw. Referenz- und anormalem Verhalten für Testperson P2 . 254
6.9 Verlauf verschiedener kombinierter Maße (F_1-, $F_{0,5}$-, F_2-Maß und Effektivitätsmaß) in Abhängigkeit des Grenzwerts für Testperson P1 nach 14 Tagen 255
6.10 Verlauf verschiedener kombinierter Maße (F_1-, $F_{0,5}$-, F_2-Maß und Effektivitätsmaß) in Abhängigkeit des Grenzwerts für die Testperson P1 nach 21 Tagen .. 256
6.11 Individueller Grenzwertverlauf aufgetragen über die Betriebszeit für die Testpersonen P1 bis P5 257

6.12 Globaler Grenzwertverlauf aufgetragen über die Betriebszeit für die Testpersonen P1 bis P3 258
6.13 Mittelwert mit zugehöriger zweifacher Standardabweichung des F_2-Maßes, Testpersonen P1 bis P5 im Zeitraum von 2 bis 10 Wochen 259
6.14 Mittelwert mit zugehöriger zweifacher Standardabweichung des F_2-Maßes, Testpersonen P1 bis P5 im Zeitraum von 6 bis 10 Wochen 259

7.1 Mittelwert mit zugehöriger zweifacher Standardabweichung des F_2-Maßes, Testpersonen P1 bis P5 im Zeitraum von 2 bis 10 Wochen 263
7.2 Mittelwert mit zugehöriger zweifacher Standardabweichung des F_2-Maßes, Testpersonen P1 bis P5 im Zeitraum von 6 bis 10 Wochen 264

A.1 Mindmap potenzieller Indikatoren für bestimmte ADL (vollständig) 282
A.2 Mindmap zur kognitiven Aufgabenanalyse (Roth u. a., 2002), vollständig ... 284

B.1 Aktivitätserkennung, ob die Wohnung verlassen wurde (vollständig) 286
B.2 Aktivitätsbeschreibung „Aufstehen/Zubettgehen" (vollständig) 287
B.3 Aktivitätsbeschreibung des „Essens" (vollständig) 288
B.4 Aktivitätsbeschreibung der „Haushaltsführung" (vollständig) 289

C.1 Skript zur Realisierung der Verhaltensermittlung 290

D.1 Normalverhalten P1 (79 Jahre, ♀) 300
D.2 Normalverhalten P2 (87 Jahre, ♀) 301
D.3 Normalverhalten P3 (84 Jahre, ♂) 302
D.4 Normalverhalten P4 (75 Jahre, ♂) 303
D.5 Normalverhalten P5 (87 Jahre, ♂) 304

Abkürzungsverzeichnis

AAL	Ambient Assisted Living
ADL	Activities of Daily Living
ADM	Activity Discovery Method
ALZ	Active LeZi
AM	Alpha Miner
BAN	Body Area Network
BDH	Bundesindustrieverband Deutschland Haus-, Energie- und Umwelttechnik e. V.
BDSG	Bundesdatenschutzgesetz
BM	Bewegungsmelder
BMBF	Bundesministerium für Bildung und Forschung
BPEL	Business Process Execution Language
BPM	Business Process Modelling
BPMN	Business Process Modelling Notation
BRi	Begutachtungsrichtlinie
CLI	Command-line Interface
CPM	Continuous Parsing Measure
CRF	Conditional Random Field
CRM	Customer-Relationship-Management
CSP	Communication Sequential Processes
CTT	ConcurTaskTrees
CTTE	ConcurTaskTrees Environment
DVSM	Discontinuous Varied-order Mining Method
ED	Episode Discovery
EDSK	Übereinkommen des Europarates zum Schutz des Menschen bei der automatischen Verarbeitung personenbezogener Daten
EG	Europäische Gemeinschaft
EP	Emerging Patterns
ERP	Enterprise-Resource-Planning
EU	Europäische Union
FDR	Failures Divergences Refinement

FM	Fuzzy Miner
FN	False Negative
FP	False Positive
GG	Grundgesetz
GOMS	Goals, Operators, Methods and Selection Rules
GPS	Global Positioning-System
HM	Heuristics Miner
HMM	Hidden Markov Model
HN	heuristisches Netz
HSH	Health Smart Homes
HTA	Hierarchical Task Analysis
ICD	International Statistical Classification of Diseases and Related Health Problems
IEC	International Electrotechnical Commission
IEEE	Institute of Electrical and Electronics Engineers
IIS	Fraunhofer-Institut für Integrierte Schaltungen
IKT	Informations- und Kommunikationstechnik
IMS	Fraunhofer-Institut für mikroelektronische Schaltungen und Systeme
IR	Infrarot
ISO	International Organization for Standardization
IT	Informationstechnik
LAN	Local Area Network
LOTOS	Language of Temporal Ordering Specification
MDK	Medizinischer Dienst der Krankenversicherung
MLN	Markov Logic Network
MPG	Medizinproduktgesetz
MXML	Mining eXtensible Markup Language
OMG	Object Management Group
OSI	Open Systems Interconnection
PDM	Produktdatenmanagement
PIR	Passive Infrared
PLG	Process Log Generator
PM	ParsingMeasure
PN	Petri-Netz
PNG	Pflege-Neuausrichtungs-Gesetz

PNML	Petri Net Markup Language
ProM	Process Mining Framework
RFID	Radio Frequency Identification
RTC	Real-time Clock
SAMDY	Sensorbasiertes adaptives Monitoringsystem für die Verhaltensanalyse von Senioren
SCCRF	Skip-Chain Conditional Random Field
SGB	Sozialgesetzbuch
StVO	Straßenverkehrsordnung
SVM	Support Vector Machine
SWF	strukturierter Workflow
TKG	Telekommunikationsgesetz
TP	True Positive
TS	Transitionssystem
TSM	Transition System Miner
TSML	Transition System Markup Language
UI	User Interface
UML	Unified Modeling Language
UsiXML	USer Interface eXtended Markup Language
UTC	Universal Time Coordinated
WF	Workflow
XML	Extensible Markup Language

1 Einleitung

1.1 Motivation

Auf den ersten Blick mögen systematische computerbasierte Verfahren zur Beurteilung von höchst individuellem persönlichen Verhalten als eine Utopie erscheinen. Der Freiheitsgrad bei der Erkennung von Aktivitäten des täglichen Lebens (z. B. Toilettenbenutzung) sowie bei der Ableitung von darauf aufbauenden Erkenntnissen ist groß und somit auch die Gefahr von Fehlschlüssen, die der zu betreuenden Person mehr schaden als nützen.

Um dieser Gefahr vorzubeugen, ist dieses Vorhaben zur Entwicklung eines „ambienten[1]" Unterstützungssystems zur Pflege älterer und/oder hilfsbedürftiger Menschen, das die benötigten Daten mittels geeigneter Sensorik aus der Umgebung dieser Menschen bezieht und Schlussfolgerungen unter Nutzung neuer Algorithmen zur Aktivitätserkennung und Verhaltensermittlung zieht, in einem Umfeld angesiedelt, das eine hervorragende technische sowie wissenschaftliche Unterstützung zur Hausautomatisierung bietet. Gleichzeitig greift es auf die enge Kooperation mit einem ortsansässigen Pflegedienstleister[2] im Rahmen eines Partnerschaftsvertrages zurück. Gefördert durch zwei nationale Forschungsprojekte[3] konnten die bei der Entwicklung aufgetretenen Fragen gemeinsam bearbeitet werden.

Die Entwicklung von ambienten Assistenzsystemen ist im Wesentlichen durch folgende sechs Faktoren motiviert:

- eine immer älter werdende Bevölkerung mit gesteigertem Pflegebedarf (speziell national, zum Teil aber auch international, wie das Beispiel Japan (Coulmas, 2007) zeigt),

- einen Mangel an ausgebildeten Pflegekräften kombiniert mit einer Zukunftsperspektive, die diesbezüglich eine weitere Verschlechterung prophezeit (BIBB, 2010),

- steigende Kosten für die Pflegeerbringung vor dem Hintergrund der alternden Bevölkerung, wie am Beispiel Dänemarks (Wickstrøm u. a., 2002) eindrücklich nachgewiesen,

- den Wunsch vieler älterer Menschen, so lange wie möglich in der eigenen Häuslichkeit zu verbleiben (nach dem „lieber daheim als im Heim"-Prinzip),

- die stetige Verbesserung der technischen Möglichkeiten in der Sensorik und Hausautomation und schließlich

- zeigt die Bereitschaft des Bundesministeriums für Bildung und Forschung (BMBF) zur Förderung von Projekten in diesem Bereich die gesellschaftliche Bedeutung dieser Forschungsrichtung.

---

1 in der Umgebung der zu betreuenden Person befindlichen
2 ALPHA Allgemeine und psychiatrische Hauskrankenpflege gGmbH, Ehrenstraße 19 a, 47198 Duisburg.
3 JUTTA JUsT-in-Time Assistance - ambulante Quartiersversorgung und SAMDY Sensorbasiertes adaptives Monitoringsystem für die Verhaltensanalyse von Senioren

Glücklicherweise deckt sich der Wunsch vieler Menschen, sich bis ins hohe Alter selbstständig zu versorgen, mit den zukünftigen (eingeschränkten) finanziellen Möglichkeiten des Gesundheits- und Pflegeversorgungssystems. In (van Kasteren u. a., 2008) wird daher davon ausgegangen, dass die automatische Beobachtung von Tätigkeiten des täglichen Lebens zukünftig in der Pflege eine Schlüsselrolle spielen wird.

Die Zahl der Menschen in Europa, die 65 Jahre oder älter sind, wird ausgehend von 1995 von 57 Millionen auf schätzungsweise 81 Millionen im Jahre 2025 steigen (OECD, 1998). Sollte sich diese Prognose bewahrheiten, ist es unumgänglich, sich bereits heute mit der signifikanten Änderung in der Alterspyramide zu befassen.

Eine aktuelle Studie, die sich ebenfalls mit dem europäischen Raum befasst, kommt zu folgendem Ergebnis: Ausgehend von 75 Millionen Menschen der Altersgruppe 65 Jahre oder älter im Jahre 2004 wird die Zahl bis 2050 auf 133 Millionen steigen (Carone und Costello, 2006).

Der heutigen Gesellschaft kommen eine moralische Verpflichtung sowie eine soziale Verantwortung zu, für die älteren und/oder hilfsbedürftigen Menschen von morgen eine angemessene Betreuung sicherzustellen. Speziell in Zeiten von knappen Ressourcen, jedoch nicht ausschließlich nur dann, ist der optimale Einsatz von zur Verfügung stehendem Pflegepersonal besonders wichtig.

Die Idee zu dieser Arbeit ist im Umfeld des Ambient Assisted Livings (AAL)[4] entstanden und motiviert. Als ein Bestandteil des Unterstützungssystems erfassen für den Bewohner kaum zu bemerkende (ambiente) Sensoren in der häuslichen Umgebung Daten, die zur Einschätzung von ausgeführten Aktivitäten – z. B. Wohnung verlassen – genutzt werden können. Die Herausforderung besteht darin, für eine festzulegende Zahl von Aktivitäten und ihre Erkennung in dem vorgegebenen Kontext eine optimale Zusammenstellung aus geeigneten Sensoren (Hardware) und zugehörigen Modellen (Software) zu finden. Der erste Teil des Konzepts der hybriden Plattform nennt sich daher Kontextgenerierung.

Die im Hintergrund tätige Technik kann die ambulante Betreuung von Personen erleichtern sowie dem Bewohner ein zusätzliches Gefühl von Sicherheit vermitteln. Anders als bei bestehenden Notrufsystemen, bei denen der Bewohner selbst aktiv Hilfe anfordern muss, soll das entwickelte System selbstständig erkennen, dass sich der Bewohner außerhalb der für ihn typischen Verhaltensweisen bewegt.

Ausgehend von dem zuvor modellierten Kontext wird das Verhalten unter Nutzung der Sensordaten algorithmisch Tag für Tag erkannt und kategorisiert. Die sogenannte Verhaltensermittlung trainiert sich selbstlernend mit jedem weiteren Tag und nutzt dazu neu entwickelte stochastische Verfahren. Daraus resultiert ein formales sowie personen- und umgebungsspezifisches Modell bzgl. des Normalverhaltens.

Um herauszufinden, ob sich eine Person außerhalb der für sie typischen Verhaltensweisen bewegt, wird eine Delta-Analyse[5] vorgenommen, bei der aktuelles Verhalten mit dem Normalverhalten abgeglichen wird. Je größer die dadurch gemessene Abweichung ist, desto gravierender ist die Verhaltensänderung.

---

4 auf Deutsch umgebungsunterstütztes Leben oder selbstbestimmtes Leben durch innovative Technik (Quelle: Wikipedia-Artikel zu AAL, 2011)
5 eine systematische Vorgehensweise, mit deren Hilfe sich Störeinflüsse minimieren lassen. Die Methode hat das Ziel, Fehler in Prozessen systematisch zu untersuchen, ihre Ursachen zu ermitteln und abzustellen. (Quelle: Wikipedia-Artikel zu Delta-Analyse, 2013)

Um zu verhindern, dass das System potenziell unerwünschte Verhaltensweisen aufgrund ihres häufigen Auftretens in Zukunft als normal erachtet, besteht für den Betreuer der Person die Möglichkeit, Tagesabläufe als „anormal" zu kennzeichnen. In diesem Sinne unterstützt der Betreuer den korrekten Trainingsfortschritt des Systems, um später durch das System selbst verlässlich unterstützt zu werden. Bei dem so gearteten Expertensystem entspricht das Normalverhalten der Person der aus dem Lernvorgang mit dem Experten entstandenen Wissensbasis.

Neben der theoretischen Fundierung befasst sich diese Arbeit auf der praktischen Seite mit allen Schritten – von der Installation eines solchen Systems bis hin zur grafischen Aufarbeitung der für den Betreuer gewonnenen Informationen. Akteure, die mit dem System in Kontakt treten, sind folgende: ein Techniker zur Installation des Systems, die zu betreuende Person – sie löst die Aktivitätserkennung aus – und deren Betreuer – der Experte, der das System bedient und nutzt. Der folgende Abschnitt ist der Bestimmung und Charakterisierung der Zielgruppe eines solchen Systems gewidmet.

1.2 Zielgruppe

Nach Zahlen des Bundesgesundheitsministeriums lebten 2009 ca. 2,37 Millionen pflegebedürftige Menschen in Deutschland. Davon wurde der größte Teil (knapp 69 %) ambulant gepflegt. Die verbleibenden 31 % wurden entweder in Form von teil-, vollstationärer oder Kurzzeitpflege versorgt (BMG, 2010).

Pflegebedürftigkeit liegt vor, wenn ein medizinisches Gutachten – ausgestellt durch den Medizinischen Dienst der Krankenversicherung (MDK) – einer Person eine „eingeschränkte Alltagskompetenz" bescheinigt. Dabei unterteilt man den Grad der Pflegebedürftigkeit aktuell in drei Stufen: Pflegestufe I bis III (MDS, 2009). In Abbildung 1.1 sieht man die Aufteilung der Pflegebedürftigen auf die Pflegestufen (ambulant und stationär zusammengefasst) für das Jahr 2009.

Wie zu vermuten ist, nimmt das Verhältnis von ambulant zu stationär gepflegt proportional mit der Pflegestufe ab. Während Pflegebedürftige der Stufe I größtenteils daheim versorgt werden, ist das Verhältnis in der Pflegestufe III bereits ausgeglichen: Jede zweite nach der Pflegestufe III versorgte Person muss folglich stationär betreut werden. Dieser Zusammenhang ist in Abbildung 1.2 grafisch aufbereitet. Zusammenfassend lässt sich festhalten, dass die Mehrheit (87,7 %) der Pflegebedürftigen in Deutschland den Pflegestufen I oder II angehört und somit größtenteils ambulant versorgt wird.

In welche Pflegestufe eine Person vom MDK eingeteilt wird, richtet sich u.a. nach der Zeit pro Tag, für die voraussichtlich pflegerische Hilfe in Anspruch genommen werden muss. Diese anerkannten Zeiten setzen sich aus der Zeit, die für die Grundpflege erforderlich ist, und der Zeit für zusätzliche hauswirtschaftliche Hilfe zusammen. Dabei bezeichnet *Grundpflege* essenzielle Tätigkeiten des täglichen Lebens aus den Bereichen Körperpflege, Ernährung und Mobilität. Jeder dieser Bereiche enthält ihm zugeordnete Tätigkeiten, denen genaue Zeitkorridore zugewiesen wurden. Für den Bereich der Körperpflege sind dies z.B. Baden (20 – 25 Minuten), vollständiges Duschen (15 – 20 Minuten) und Kämmen (1 – 3 Minuten).

Zur Grundpflege gehört ebenfalls die „Beobachtung des pflegebedürftigen Menschen" (Völkel und Ehmann, 2006). Bei dieser Tätigkeit soll das neue Assistenzsystem das Pflegepersonal unterstützen.

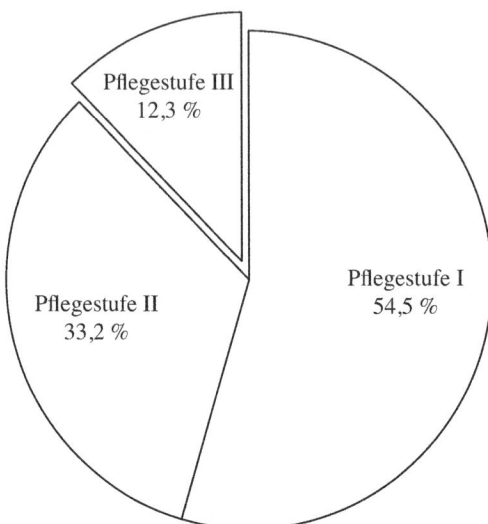

Abb. 1.1: Pflegestufeneinteilung in Deutschland (Quelle: Zahlen des BMG, eigene Darstellung, 2009)

An dieser Stelle sei darauf hingewiesen, dass in absehbarer Zukunft kein System eigenverantwortlich Entscheidungen über die Erforderlichkeit von aus den sensorischen Beobachtungen abgeleiteten Maßnahmen treffen können wird. Ein Assistenzsystem kann bestenfalls eine verlässliche Entscheidungshilfe für den Pfleger sein. Unersetzlich bleibt dabei der persönliche Eindruck, den der Pfleger nur vor Ort und im direkten Kontakt mit der pflegebedürftigen Person gewinnen kann.

Die Grundpflege kann entweder durch einen professionellen Pflegedienstleister (formelle Pflege) oder – sofern vorhanden – einen nahestehenden Angehörigen oder eine sonstige Person (informelle Pflege) erfolgen (BMG, 2012b; Meyer, 2006). Insofern kann das System auch dieser Personengruppe eine Unterstützung bieten.

Zusätzlich zur Grundpflege wird je nach Pflegestufe Zeit für hauswirtschaftliche Hilfe anerkannt. Diese Form der Hilfe wird meistens durch nicht pflegerisch geschultes Fachpersonal erbracht.

Tabelle 1.1: Pflegeminuten und Zeit für hauswirtschaftliche Hilfe je Pflegestufe (Quelle: MDS (2009))

Pflegestufe	I	II	III
Mindestzeit für die Grundpflege	45 min	120 min	240 min
Zeit für hauswirtschaftliche Hilfe	45 min	60 min	60 min

1.2 Zielgruppe

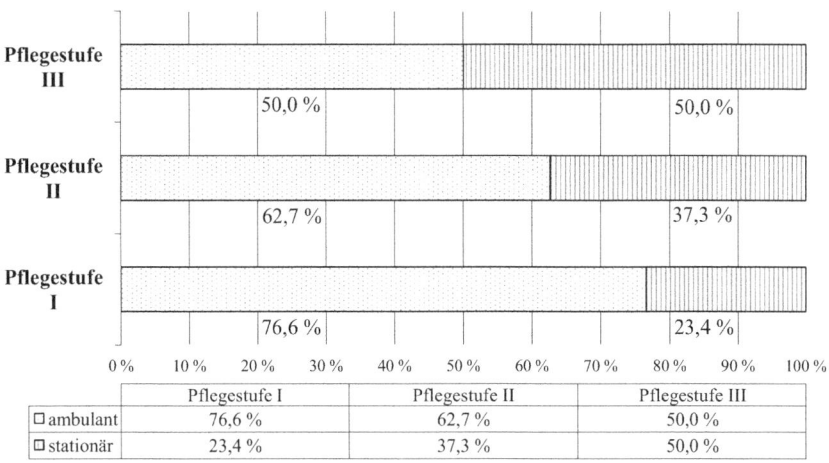

Abb. 1.2: Verhältnis von ambulanter zu stationärer Pflege je Pflegestufe in Deutschland (Quelle: Zahlen des BMG, eigene Darstellung, 2009)

Zur Übersicht enthält Tabelle 1.1 eine Aufstellung der Zeiten, die zur Verrichtung der Grundpflege (mindestens) anerkannt werden, sowie die zusätzliche Zeit für hauswirtschaftliche Hilfe, untergliedert in die jeweiligen Pflegestufen.

Die durchschnittliche pflegebedürftige Person in Deutschland (Stand 2009) ist zu 68 % weiblich, älter als 64 Jahre alt (knapp 79 %) und lebt (mit zunehmendem Alter) allein (30 % im Alter von 65 Jahren bis hin zu 65 % im Alter von > 75 Jahren). Laut dem Statistischen Bundesamt lebten pflegebedürftige Frauen in Deutschland (Stand 2003) deutlich häufiger allein als die ebenfalls pflegebedürftigen Männer: Von den pflegebedürftigen Frauen im Alter von 85 bis 90 Jahren lebten mehr als zwei Drittel allein – von den Männern dieser Altersgruppe war es etwas mehr als ein Drittel (Destatis, 2004).

Angeregt durch Deininger u. a. (2005) wird die pflegebedürftige Person im Folgenden exemplarisch *Lisa* genannt und repräsentiert den überwiegenden Teil der pflegebedürftigen Personen in Deutschland.

Die nachfolgenden Annahmen über Lisa werden getroffen:

1. Lisa ist weiblich.

2. Lisa ist 73 Jahre alt.

3. Lisa lebt allein zuhause.

4. Lisa wurde kürzlich die Pflegestufe I attestiert.

5. Lisas Kinder leben im Ausland.

6. Lisas Mann ist bereits verstorben.
7. Lisa legt sehr viel Wert darauf, weiterhin in ihrer eigenen Wohnung zu leben.
8. Lisa erhält die notwendige Pflege durch einen ambulanten Pflegedienst.
9. Lisa wird täglich ca. 45 Minuten gepflegt.
10. Lisa besitzt keine nahestehenden Angehörigen, die evtl. in Frage kämen, um sie zuhause zu pflegen.

Die im Ausland lebenden Kinder von Lisa wünschen sich, stets aktuell über den Gesundheitszustand ihrer Mutter informiert zu sein. Auch den Kindern kann das System eine Hilfe bieten, indem es bspw. über das Internet einen Indikator für Lisas (Gesundheits-)Zustand übermittelt.

Für den Pflegedienst stellt sich die Frage, wie man unter den oben genannten Randbedingungen (1. bis 10.) die im Rahmen der Grundpflege geforderte „Beobachtung des pflegebedürftigen Menschen" – auch Alltagswahrnehmung genannt – gewährleisten soll. Man kann mit dieser Forderung nur pragmatisch umgehen: Aus den täglich zur Verfügung stehenden 45 Minuten (nach Pflegestufe I) muss weitestgehend auf das Verhalten des gesamten Tages und damit auf die Alltagskompetenz geschlossen werden. Der Pflegedienst kann zusätzliche Informationen – etwa von Nachbarn oder anderen nahestehenden Personen – erhalten und diese in die Alltagswahrnehmung einfließen lassen.

Nach einer Regensburger Studie mit 4.000 Personen (Zulley und Knab, 2003) liegt die durchschnittliche Schlafdauer von Personen über 70 in Deutschland bei weniger als sechs Stunden pro Tag. Lisa ist demnach 18 Stunden des Tages wach (Wachzeit). Somit liegt das Verhältnis von betreuter zu unbetreuter Wachzeit bei 1:24. Während Lisa demnach bis zu 96 % des Tages ohne Betreuung ist, stehen der Pflegekraft gerade 4 % der Wachzeit (d. h. eine Momentaufnahme) zur Verfügung, um ein fundiertes Urteil über den (Gesundheits-)Zustand ihrer Klientin zu bilden.

Das soll nicht heißen, dass diese Leistung mit entsprechender Erfahrung nicht zu vollbringen wäre. Es zeigt aber recht deutlich, welche hohe Anforderung hier an die geschulte Pflegekraft gestellt wird. Diese gilt es, bei ihrer Arbeit mit dem zu entwickelnden System zu unterstützen. Insofern „konkurriert" ein Assistenzsystem nicht mit den vorhandenen Möglichkeiten, sondern ergänzt diese, um zur Arbeitserleichterung beizutragen.

Im Gegensatz zur stationären Betreuung kann in der ambulanten Pflege aus zeitlichen und/oder finanziellen Gründen nicht „mal eben nach dem Rechten geschaut werden". Die Wegezeiten in der ambulanten Pflege sind – insbesondere außerhalb der Ballungszentren – zum Teil erheblich. Die 45 täglich zur Verfügung stehenden Minuten lassen sich folglich nicht beliebig aufteilen. Dies hat in einigen europäischen Ländern (z. B. in Schottland) bereits dazu geführt, dass es aus finanziellen Gründen zu einem Rückgang der ambulanten (*day care*) gegenüber der stationären (*care homes*) Pflege gekommen ist (vgl. 2002 bis 2005 bezogen auf die Anzahl der Einrichtungen in (Scottish Government, 2007a,b)).

1.3 Problemstellung und Lösungsweg

Bevor ein anwendungsorientiertes System, welches einen ambulanten Pfleger bei der Betreuung seines Klienten unterstützt, indem es dessen alltägliche Tätigkeiten aufzeichnet und mögliche Abweichungen gegenüber dem „Normalverhalten" seines Klienten praxisrelevant aufbereitet und anzeigt, entwickelt werden kann, müssen die erforderlichen formalen und algorithmischen Grundlagen zur Kontextgenerierung und Verhaltensermittlung samt verschiedener Nebenbedingungen geschaffen werden. Das auf diesen Grundlagen basierende Konzept wird die Systementwicklung maßgeblich beeinflussen.

Ein wesentlicher Aspekt des Konzepts ist die Spezifikation einer geeigneten Metrik zur Bewertung von Verhalten bzw. Verhaltensänderungen. Diese Metrik gilt es zu validieren, indem passende Evaluierungsmethoden ausgewählt werden. Nur so können die Nachhaltigkeit und Übertragbarkeit auf ähnliche Anwendungsfälle unter Beweis gestellt werden.

Durch den Einsatz von ambienter Sensorik soll eine nichtinvasive Beobachtung des Tages- und Nachtverhaltens ermöglicht werden. Dabei stellt die gewählte Repräsentation stark komprimierte Verhaltensinformationen dar, mit deren Hilfe der Betreuer in der Lage ist, auf die Alltagskompetenz des Einzelnen zu schließen (Fouquet u. a., 2010; Schmitter-Edgecombe u. a., 2009).

Durch diese Form der Unterstützung soll der Betreuer auf anormales Verhalten, welches auf einen Autonomieverlust hindeuten kann, aufmerksam gemacht werden, sodass er in der Lage ist, so schnell wie möglich auf die Veränderungen zu reagieren.

Es gilt, mit dem System Veränderungen des persönlichen Verhaltens über die Zeit zu erkennen. Sofern sich die Aktivitäten, auf denen die Verhaltensermittlung beruht, auf Activities of Daily Living (ADL) beschränken, können Änderungen des so abgeleiteten Verhaltens als Indikatoren für Autonomieverlust angesehen werden (Fouquet u. a., 2010). Insofern kann das System in Kurzform am besten als „automatisches Autonomie-Assessment-Werkzeug" (Munstermann u. a., 2012) beschrieben werden.

Dabei soll das Instrument während der 96 % des Tages, zu denen in Lisas Fall kein Betreuer zugegen ist (unbetreute Wachzeit), automatisiert den momentanen Zustand und das Tagesverhalten beobachten. Dadurch kann eine pflegerisch geschulte Person Rückschlüsse auf die Alltagskompetenz von Lisa ziehen.

Mittels der gelieferten Informationen soll dem Pfleger eine schnelle und lückenlose „Beobachtung des pflegebedürftigen Menschen" während seiner Abwesenheit ermöglicht werden. Die Ausgaben des Instruments (z. B. Hinweise auf Abweichungen vom Normalverhalten) kann die Pflegekraft als zusätzliche Informationen bei der Beurteilung des Klienten heranziehen. Beispielsweise könnte das System den Betreuer darauf aufmerksam machen, dass Lisa während der vorherigen zwei Tage unregelmäßig gegessen oder getrunken hat. Dies ließe sich u. U. nicht innerhalb der zur Verfügung stehenden 45 Minuten erkennen, da während dieser Zeit keine Abweichungen auftraten und im Gespräch ebenfalls keine Anzeichen dafür zu erkennen waren.

Neben der Pflegekraft oder einem pflegenden Angehörigen können die Informationen für den MDK von Interesse sein. Heutzutage finden dessen Gutachten eher im Sinne von „Momentaufnahmen" statt (MDS, 2009). Diese können u. U. kaum repräsentativ für die Alltagskompetenz von Lisa sein. Häufig strengen sich Personen während der Zeit ihrer Begutachtung an, um beim MDK den Eindruck zu erwecken, dass sie sehr wohl in der Lage sind, selbstständig zu leben. Gründe hierfür können die Scham davor sein, ihre Defizite zuzugeben, oder die Angst davor, in eine stationäre Pflegeeinrichtung eingewiesen zu werden (Fouquet u. a., 2010).

Für den Pflegedienstleister stellt diese nachvollziehbare Praxis ein Problem dar: Im nicht begutachteten Alltag treten Schwierigkeiten auf, die laut der Begutachtung nicht anrechenbar sind. Nicht zuletzt aus ethischen Gründen wird der Pfleger dennoch diese Tätigkeiten unterstützen, die sein Arbeitgeber nicht mit der Versicherung abrechnen kann. Mit dem System wäre eine objektive Langzeitbeobachtung des alltäglichen Verhaltens der Person möglich.

Die Beobachtungen des Systems beschränken sich dabei auf den funktionalen Bereich der Alltagskompetenz (Lawton, 1983) (siehe auch Abbildung 3.1 auf Seite 107). Grundsätzlich wird dabei auf die physischen und instrumentellen Aspekte der ADL fokussiert.

Unumgänglich ist und bleibt jedoch das menschliche Gespür für Verhaltensänderungen im psychischen Bereich. Auch geht es bei diesem Ansatz keinesfalls darum, menschlichen bzw. sozialen Kontakt zu ersetzen.

Der gewählte Lösungsweg lässt sich in folgende vier Schritte unterteilen:

1. Expertenwissen über ADL einholen und auswerten,

2. Aktivitätsmodelle dieser ADL ableiten und erzeugen,

3. „Normalverhalten" mithilfe der Aktivitätsmodelle und Sensordaten generieren und

4. Abweichungen zwischen aktuellem Verhalten und „Normalverhalten" messen und zur Anzeige bringen.

Im ersten Schritt wurde Expertenwissen über die Ausführungsreihenfolge, die Variation innerhalb der ADL und die erwartete maximale Ausführungsdauer bzgl. dieser eingeholt. Bislang existieren keine formalen Beschreibungen dieser Zusammenhänge (mit Ausnahme der Ausführungsdauer, allerdings nur auf den Betreuer bezogen), dennoch ist dieses Wissen zwingend erforderlich, will man die ADL formal und in einer für die computerbasierte Nutzung geeigneten Form aufbereiten. Die Wissensgewinnung ist durch informelle Interviews mit Pflegern (siehe Abschnitt 2.5.1) und schließlich unter Berücksichtigung der rechtlichen Grundlagen (SGB V, 2012; SGB XI, 2012) erfolgt.

Wesentlicher Parameter der ADL ist die maximale Ausführungszeit. In erster Näherung wurden hier die doppelten „Pflegebemessungszeiten" aus dem Sozialgesetzbuch (SGB) XI verwendet. Der Faktor ist variabel gehalten, sodass er im Bedarfsfall auf drei oder größer geändert werden kann.

Gravierende Besonderheiten die ADL betreffend, die nicht mittels Variationen abgebildet werden können, wurden durch separate Aktivitätsmodelle gelöst. Besonderheiten können bspw. aus der Wohnumgebung stammen oder den Klienten selbst betreffen (z. B. ein zweiter Ausgang – etwa eine Terrassentür – oder körperliche Einschränkungen – wie bei einem Rollstuhlfahrer). Zur Beschreibung der Inbetriebnahme bzw. des laufenden Betriebs werden jeweils Anwendungsfälle definiert. Ziel des ersten Entwicklungsschritts ist es, ein genaues Bild über die aus pflegerischer Sicht relevanten ADL von Lisa zu bekommen. Die Auswertung des Expertenwissens gibt schließlich die Anforderungen an das zu entwickelnde System vor.

Der zweite Schritt hat als Ziel, (wenigstens) ein Aktivitätsmodell von jeder pflegerelevanten ADL anzufertigen. Dabei müssen am Markt verfügbare und geeignete Sensoren (z. B. Bewegungsmelder und Magnetkontakte) berücksichtigt werden. Die computergestützte Kontextgenerierung nutzt die entstandenen Aktivitätsbeschreibungen, um die ADL wahrzunehmen.

1.3 Problemstellung und Lösungsweg

Unter Zuhilfenahme einer adäquaten Modellierungssprache – diese sollte sowohl als Gesprächsgrundlage im Interview dienen als auch zur Weiterverarbeitung hinsichtlich der Ableitung des Normalverhaltens tauglich sein – werden Aktivitäten aus den Bereichen Körperpflege, Ernährung und Mobilität formal abgebildet und mit den ermittelten zeitlichen Parametern versehen. Anhand dieser Abbildungen ist es dem System möglich, eingehende Sensorereignisse in Echtzeit gegenüber den Modellen zu verifizieren. Nach jetzigem Kenntnisstand existieren bisher keine detaillierten Beschreibungen von ADL in der Fachliteratur, die sich in die notwendigen Modelle überführen ließen.

Die entstandenen Aktivitätsmodelle müssen im Rahmen der korrekten Ausführungsreihenfolge einen entsprechenden Freiheitsgrad erlauben, sodass unterschiedliche Ausführungsvarianten dennoch korrekt erkannt werden. Es ist folglich beabsichtigt, die Modelle so allgemein wie möglich und so genau wie nötig zu definieren.

Im Idealfall kann man ein und dasselbe Aktivitätsmodell für einen großen Personenkreis verwenden. Ebenso ist bereits abzusehen, dass Personen mit bestimmten Einschränkungen (insbesondere körperlicher Art, z. B. Rollstuhlfahrer) spezielle Ausprägungen der Aktivitätsmodelle benötigen. Dies hängt damit zusammen, dass diese Personen partiell auf andere Weise mit ihrer Umgebung interagieren. Im einfachsten Fall hat dies andere Sensoren zur Folge. Im ungünstigsten Falle müssen speziell angepasste Aktivitätsbeschreibungen verwendet werden.

Mit dem dritten Schritt wird das individuelle Alltagsverhalten berücksichtigt. Die Zeit, zu der, und die Reihenfolge, in der bestimmte Aktivitäten ausgeführt werden, sind im höchsten Maße personenspezifisch; Gleiches gilt für die Häufigkeit. Dieser Schritt bedient sich der Mittel aus den vorangegangenen Schritten insofern, als die Aktivitätsmodelle auf die eingehenden Sensorereignisse „angewandt" werden. Dadurch können im Tagesverlauf – beginnend mit dem Aufstehen und endend mit dem Schlafengehen – Aktivitätsfolgen erzeugt werden.

Unter Zuhilfenahme von Verfahren aus dem Bereich des *Data-Minings*[6] können mehrere dieser Sequenzen zu Verhaltensstrukturen zusammengefasst werden. Diese Strukturen spiegeln das „Normalverhalten" einer Person wider. Das System „erlernt" demnach mit der Zeit, welches Verhalten für die Person unter Beobachtung typisch ist.

Unter den oben genannten Voraussetzungen ist es im vierten Schritt möglich, mittels aktueller Sensorereignisse, der Aktivitätsmodelle und des erlernten „Normalverhaltens" Abweichungen von Letzterem festzustellen. Hierzu bieten die Verhaltensstrukturen entsprechende Metadaten (Ausführungszeit, Dauer und Häufigkeit). Es gilt, ein Maß (Metrik) für die Ähnlichkeit des aktuellen Tagesverlaufs zum „Normalverhalten" zur Anzeige zu bringen. Dies soll die betreuende Person bei der Beobachtung von Lisa unterstützen.

Zudem bietet ein solches Maß weitere relevante Möglichkeiten: Aufeinander folgende Tage können anhand des Trends beurteilt werden: Verbessert oder verschlechtert sich das Verhalten von Lisa gemessen an ihrem eigenen „Normalverhalten" im Zeitverlauf? Irreguläre Tagesverläufe, die der Betreuer bereits als solche gekennzeichnet hat, können anhand ihrer „Signatur" beim nächsten Auftreten sofort erkannt werden. Ihr Metrikwert ist in dem Fall entsprechend geringer verglichen mit den regulären Strukturen als im Vergleich zu den irregulären.

---

6 Unter *Data-Mining* versteht man die systematische Anwendung statistischer Methoden auf einen Datenbestand mit dem Ziel, neue Muster zu erkennen. (Quelle: Wikipedia-Artikel zu Data-Mining, 2013)

1.4 Auswertung von Expertenwissen

Seit 2004 haben sich viele Forscherinnen und Forscher mit der Kontextgenerierung und Ermittlung menschlichen Verhaltens befasst. Es zeigt sich, dass die Aktivitätserkennung und Verhaltensermittlung weltweit untersucht wurden und z. T. noch aktiv untersucht werden. Die bestehenden Arbeiten lassen sich nach unterschiedlichen Kriterien kategorisieren. Ein populärer Ansatz nutzt die verwendeten Sensortypen zur Unterscheidung, da diese maßgeblichen Einfluss auf die geeigneten Verfahren haben.

Bei der Zusammenstellung nachfolgender Arbeiten wurde einer Gruppe von Sensortypen von vornherein keine besondere Beachtung geschenkt, weil sie zu sehr in die Privatsphäre des Einzelnen eingreifen, ohne hinsichtlich ihrer Aussagekraft einen erkennbaren Vorteil gegenüber einfacheren Sensoren zu bieten: Ton- und Videoaufzeichnungen. Diese Form der Sensoren ist zu invasiv und daher ethisch nicht vertretbar.

Bedingt durch die rigorose Trennung von Kontextgenerierung und Verhaltensermittlung beim vorliegenden Ansatz wird beim Vergleich mit existierenden Systemen auf folgende Einteilung eingegangen: erstens Systeme, die ausschließlich Aktivitäten erkennen, und zweitens solche, die auf Verhaltensänderungen fokussieren. Kombinationen aus beiden, wie im vorliegenden Fall, werden der zweiten Gruppe zugeordnet, da eine Verhaltensermittlung meist mit einer Aktivitätserkennung einhergeht.

1.5 Erzeugung von Aktivitätsmodellen

Bao und Intille (2004) haben mit ihrer Arbeit gezeigt, dass unter Verwendung von am Körper getragenen Beschleunigungssensoren Entscheidungsbaum-Klassifikatoren sehr gut geeignet sind, um 20 unterschiedliche Aktivitäten (u. a. Gehen, Sitzen, Stehen oder Zähneputzen) mit einer Erkennungsrate von über 80 % zu detektieren. Eine grundlegende Voraussetzung war ein von der Person gelabelter Datensatz, der als Referenz (*Ground-Truth*) verwendet wurde.

Tragbare Sensoren bieten den Vorteil, dass auch außerhalb der häuslichen Umgebung Aktivitäten erkannt werden können. Auf der anderen Seite ist der Träger der Sensorik für dessen Wartung (insbesondere das Aufladen des Energiespeichers) sowie dessen korrekten Sitz am Körper meist selbst verantwortlich. Vor dem Hintergrund der geschilderten Zielgruppe (siehe Kapitel 1.2) scheinen die zusätzlichen Verantwortlichkeiten den oben genannten Vorteil aufzuheben. Es ist sogar als ziemlich wahrscheinlich anzusehen, dass von der Zielgruppe gelegentlich vergessen wird, den Sensor aufzuladen bzw. anzulegen.

Hinsichtlich der Invasivität bzgl. der Privatsphäre sind Beschleunigungssensoren als durchaus moderat anzusehen. Dafür liegt allerdings eine nicht unwesentliche Beeinträchtigung der persönlichen Behaglichkeit bzw. Bewegungsfreiheit vor, die durch das Tragen des Sensors hervorgerufen wird.

Ebenso ist die Forderung nach einem von der Person gelabelten Datensatz im Praxiseinsatz mit älteren Menschen nur schwer vorstellbar. Aktivitäten werden vom beschriebenen System nur erkannt, jedoch werden daraus keine weiteren Schlüsse gezogen.

Die zuvor genannten Nachteile haben dazu geführt, dass bei der vorliegenden Arbeit auf am Körper getragene Sensoren (bei der zu betreuenden Person) verzichtet wird. Zudem erscheint die Forderung nach einem gelabelten Datensatz bezogen auf die Zielgruppe nicht realisierbar.

1.5 Erzeugung von Aktivitätsmodellen

Eine andere Form der Sensorik wird von Wyatt u. a. (2005) verwendet. Anstelle der am Körper getragenen Beschleunigungssensoren beruht das von diesen Autoren entwickelte System zur Aktivitätserkennung auf überall vorhandenen (*pervasive*) einfachen Identifizierungsinformationen.

Hierzu wird jedes im Sinne der zu erkennenden Aktivitäten relevante Objekt des Haushalts – z. B. Zahnbürste und Zahnpasta – mit einer eindeutigen Kennung (Radio-Frequency-Identification-Tag [RFID-Tag]) ausgestattet. Als Gegenstück trägt der Nutzer einen Handschuh, in dem ein RFID-Lesegerät (in der Nähe des Handgelenks des dominanten Arms) untergebracht ist. Fortan wird, wenn der Nutzer nach einem derart präparierten Objekt greift, dem System die Identität des Objekts mitgeteilt.

Die anschließende Inferenz basiert auf gesundem Menschenverstand, der aus einer Wissensbasis, bspw. dem Internet, extrahiert wird. „Web-Mining"-Verfahren helfen dabei, die zugehörigen Aktivitätsbezeichnungen zu finden, die unter Zuhilfenahme der zuvor manipulierten Objekte ausführbar wären.

Angenommen, auf einer Webseite wird die korrekte Handhabung einer Zahnbürste beim Zähneputzen erläutert. Nimmt die Person eine (mit einem RFID-Tag versehene) Zahnbürste in die Hand, so erhöht sich bedingt durch das gemeinsame Vorkommen der Wörter „Zahnbürste" – beteiligtes Objekt – und „Zähneputzen" – im Verhältnis dazu stehende Aktivität – auf der zuvor gefundenen Webseite die Wahrscheinlichkeit, dass es sich bei der Objektmanipulation um „Zähneputzen" gehandelt hat.

Gleichwohl steigt u. U. auch die Wahrscheinlichkeit von anderen Aktivitäten, zu deren Ausführung das aktuell verwendete Objekt benötigt wird. Ebenso würde die Verwendung der Zahncreme-Tube für das Zähneputzen sprechen. Greift der Nutzer hingegen zu Schuhcreme, stellt dies ein Indiz für das Schuhputzen dar. Daraus wird deutlich, dass die Erkennungsrate mit steigender Zahl von Objekten, mit denen interagiert wurde, sukzessive erhöht wird.

Unbeaufsichtigtes Lernen, wie es durch die Arbeit von Wyatt u. a. (2005) propagiert wird, stellt aus wissenschaftlicher Sicht zweifellos einen relevanten Ansatz dar. Der Hauptvorteil ist hierbei das Entfallen einer langwierigen Einlernphase des Systems, wie dies z. B. bei der Arbeit von Bao und Intille (2004) – angefangen mit der Erstellung eines gelabelten Datensatzes – der Fall ist. Weiterhin präsent sind die Nachteile, die sich aus am Körper getragener Sensorik (in diesem Fall das im Handschuh verbaute Lesegerät) ergeben.

Da allein aus Gründen der Stolpergefahr eine verkabelte Variante des Handschuhs zur Stromversorgung undenkbar ist, muss auch hier regelmäßig ein Energiespeicher geladen werden. Die Person muss darüber hinaus daran denken, den Handschuh anzuziehen. Die Handhabung des Handschuhs mag – insbesondere beim Kontakt mit Wasser – impraktikabel sein.

Es bleibt festzuhalten, dass die Verwendung von A-priori-Wissen zu einer erheblichen Erleichterung während der Inbetriebnahme des Systems führt. Auch bei dieser Arbeit soll daher auf A-priori-Wissen gesetzt werden. Weiterhin stellt die Objektnutzung einen wertvollen Beitrag zur Kontextgenerierung dar, daher finden sich ähnliche Ansätze bei den Aktivitätsdefinitionen (siehe Abschnitt 5.2.3) wieder.

Eine Arbeit, in der sowohl Aktivitätserkennung als auch Lokalisierung betrieben wurden, stammt von Wilson (2005). Anstatt die Person oder die von dieser verwendeten Objekte zu markieren, setzt Wilson bei seiner Arbeit ambiente und binäre Sensoren ein, ähnlich denen, die bei einer Alarmanlage verbaut werden. Insofern besteht hier bzgl. der verwendeten Sensoren die bislang größte Gemeinsamkeit mit der vorliegenden Arbeit.

Das zum Einsatz gebrachte Verfahren beruht auf einem Partikelfilter, der um einen Rao-Blackwell'schen Punktschätzer[7] erweitert wurde. Dieses generiert eine zeitlich abgetastete Abschätzung der Wahrscheinlichkeitsdichte. Als Ergebnis liefert das Verfahren die wahrscheinlichste Zuordnung einer Aktivität (bzw. eines Sensorereignisses) zu der jeweils auslösenden Person und das für jeden diskreten Zeitpunkt. Dadurch lassen sich ausgeführte Aktivitäten erkennen und der Aufenthaltsort der Person lässt sich nachverfolgen. Die Identifizierung der Person findet jeweils über an den Türen angebrachte RFID-Lesegeräte statt.

Bezüglich der Identifizierung wird bei dieser Arbeit eine zu Wyatt u. a. (2005) umgekehrte Logik verwendet: Die Lesegeräte sind stationär, ein RFID-Tag wird von der Person getragen. Dieses Vorgehen befreit die Person von der Bürde, sich um die Stromversorgung des Sensorpakets zu kümmern, da die RFID-Tags vom Lesegerät mit Strom versorgt werden. Ebenso entfällt das Anlegen einer Apparatur. In puncto Bedienungskomfort übertrifft diese Lösung die zuvor genannten Optionen von Bao und Intille (2004) sowie Wyatt u. a. (2005).

Weiterhin besteht jedoch das Problem, dass die Person vergessen kann, den zur Identifizierung notwendigen RFID-Chip aufzunehmen bzw. anzulegen. Die eingesetzte binäre Sensorik bietet – sieht man einmal von gar keiner Sensorik ab – den größtmöglichen Schutz der Privatsphäre, was mit dem geringsten erhobenen Informationsgrad einhergeht.

Dieser Ansatz hat bzgl. der sensorischen Ausstattung der Häuslichkeit maßgeblich zur Entscheidungsfindung für diese Arbeit beigetragen. Lediglich eine Änderung hinsichtlich des RFID-Chips wurde vorgenommen: Da Lisa allein lebt, benötigt das System nur die Information, zu welchen Zeiten weitere Personen anwesend sind. Lisas Anwesenheit wird als Default-Fall betrachtet, schließlich ist sie es, die dort überwiegend wohnt. Da Außenstehende Lisas Wohnraum nur durch eine Haustür betreten können, bedarf es gegenüber der Lösung von Wilson (2005) eines reduzierten Installationsaufkommens an RFID-Lesegeräten.

Tapia u. a. haben in ihrer Arbeit (2004) am Wohnlabor des MIT „House_n – The PlaceLab" mit einer ähnlichen Sensorausstattung wie Wilson (2005) geforscht. Entgegen Wilsons Ansatz verwenden sie einen naiven Bayes-Klassifikator[8]. Zum Einlernen des Klassifikators wird ein Trainingsdatensatz benötigt, vgl. (Bao und Intille, 2004).

Auch bei der Arbeit von Barralon u. a. (2005) ist der Fokus auf die Aktivitätserkennung gerichtet. Wie bei anderen Arbeiten, die sich ausschließlich dem Thema der Aktivitätserkennung gewidmet haben – z. B. (Bao und Intille, 2004; Wyatt u. a., 2005), wird ein am Körper getragener Sensor verwendet.

In dieser Arbeit wird auf den Einsatz eines solchen Sensors verzichtet. Neben der Einschränkung des persönlichen Freiraums und Komforts führen Ansätze mit Energiespeichern, für deren Befüllung der Träger selbst verantwortlich ist, in der praktischen Anwendung häufig zu unzuverlässigen Resultaten. Man stelle sich hierzu bspw. ein Armband vor, welches nicht ordnungsgemäß aufgeladen oder aufgrund von Vergesslichkeit nicht angelegt wurde.

Ein weiterer Nachteil, der häufig mit einfacher – im Sinne von wenigen Sensortypen – Sensorik einhergeht, besteht in der geringen Aussagekraft bzw. der eingeschränkten Klassifikationsmöglichkeit. Häufig lassen sich nur unterschiedliche Bewegungsformen (z.B. Gehen,

---

7 Spezielle Form eines Punktschätzers, der Kriterien für beste Schätzer liefert (Quelle: Wikipedia-Artikel zu „Satz von Rao-Blackwell", 2013)
8 Mittels des naiven Bayes-Klassifikators ist es möglich, die Zugehörigkeit eines Objektes (Klassenattribut) zu einer Klasse zu bestimmen. (Quelle: Wikipedia-Artikel zu Bayes-Klassifikator, 2013)

1.5 Erzeugung von Aktivitätsmodellen

Laufen, Treppensteigen) unterscheiden. Inhaltlich wäre die Frage nach den dabei ausgeführten ADL deutlich ergiebiger.

Fouquet u. a. (2010) stellen eine weitere Arbeit auf dem Gebiet der automatischen Aktivitätserkennung dar. Über einen Zeitraum von insgesamt 16 Monaten wurde das entwickelte System in zwei Appartements in einer Seniorenwohnanlage erprobt. Zur Evaluation wurde der gesamte Datensatz in einen Lerndatensatz (80 %) und einen Testdatensatz (20 %) eingeteilt.

Um ein geeignetes Verfahren zu finden, lassen Fouquet u. a. (2010) zwei Modelle gegeneinander antreten: das Pólya'sche Urnenmodell und eine Markow-Kette erster Ordnung. Die Urne enthält Kugeln von N unterschiedlichen Farben. Dabei entspricht N der Zahl der Räume des Appartements. Die Gesamtzahl der Kugeln ist zunächst unbekannt.

Aus Gründen der Persistenz werden, nachdem eine Kugel gezogen wurde, k Kugeln derselben Farbe in die Urne zurückgelegt. Unter der Annahme, dass jeder Raum des Appartements für das Urnenmodell die gleiche Bedeutung hat, ist man dann in der Lage, die Wahrscheinlichkeit, mit der eine Kugel einer bestimmten Farbe gezogen wird, zu bestimmen.

M gebe die Zahl der Kugelziehungen (Kontextwechsel) pro Tag wieder. Am Tagesende wird die Urne jeweils reinitialisiert. Um die Validität des Ansatzes zu überprüfen, werden zwei Kenngrößen eingeführt, die auf unterschiedliche Weise die Erwartung berechnen, dass in derselben Aktivität verweilt (d. h. eine Kugel derselben Farbe gezogen) wird.

Der zweite Ansatz erzeugt eine Markow-Kette erster Ordnung mit N Knoten, wobei N wiederum der Zahl der Räume des Appartements entspricht. Der Aufenthaltsort zum Zeitpunkt t ist ausschließlich von dem vorangegangenen Aufenthaltsort abhängig. Auch bei diesem Ansatz wird jedem Raum die gleiche Bedeutung zugesprochen. Zudem wird ein Maß über die verbleibende Dauer in einer Aktivität aufgestellt.

Ein Problem, welches sich bei der Markow-Kette gezeigt hat, ist die Bestimmung der Reihenfolge der Knoten. Es ist sehr schwierig, in einer realen Umgebung große Datenmengen zu erheben, damit eine vernünftige statistische Abschätzung möglich wird. Dieser Umstand kann dazu führen, dass sämtliche potenziellen Aufenthaltsorte mit der gleichen Wahrscheinlichkeit vorhergesagt werden müssen.

Helaoui u. a. (2010) nutzen als Basis für ihre Aktivitätserkennung in häuslicher Umgebung ein Markov Logic Network (MLN) und RFID-Sensoren. Das primäre Ziel besteht darin, die von Menschen in ihrer häuslichen Umgebung ausgeführten Aktivitäten automatisch zu erkennen und daraus ein proaktives AAL-System zu entwickeln. Entgegen den meisten anderen Arbeiten auf dem Gebiet haben sie sich gegen die Verwendung eines Hidden Markov Model (HMM) entschieden, weil dabei in den meisten Fällen das Sammeln von großen gelabelten Datenmengen häufig das größte Problem darstellt und HMM nur bedingt temporale Abhängigkeiten modellieren können.

Die Kombination aus datengetriebenen und wissensbasierten Ansätzen stellt einen reizvollen Lösungsweg für nicht-markowsche Probleme dar. Helaoui u. a. (2010) schlagen daher vor, sowohl probabilistische als auch relationale Informationen zu verwenden, um aus Sensordaten höherwertige Beschreibungen menschlichen Verhaltens und Aktivitäten zu generieren.

MLN beschränken den temporalen Kontext nicht auf eine definierte Spanne. Sie erlauben sowohl logische als auch probabilistische Ausdrücke auf einfache Art und Weise in einer einzigen Systemstruktur miteinander zu verbinden. Dahingegen verlassen sich viele existierende Ansätze auf manuell konstruierte Regelsätze, um Aktivitäten zu erkennen. Dabei wird temporales Wissen selten bzw. überhaupt nicht berücksichtigt.

Ein MLN ist die Kombination aus Prädikatenlogik erster Stufe und einem unidirektionalen probabilistischen Modell, wobei die Kantengewichte jeweils die Zuversicht widerspiegeln, dass ein bestimmter Ausdruck zutrifft. Entgegen bspw. HMM erfordern MLN keine vordefinierte Zahl an Zuständen. Sie ermöglichen zudem Flexibilität bezogen auf das Schlussfolgern von vergangenen Benutzerverhalten variabler Länge.

Helaoui u. a. (2010) unterscheiden zwischen harten und weichen Constraints. Erstere werden verwendet, um Allgemeinwissen zu modellieren. Letztere hingegen, um Unsicherheit zwischen (Sensor-)Ereignissen und den zugehörigen Aktivitäten zu repräsentieren. Ihr Anspruch besteht darin, den Satz der erkennbaren Aktivitäten von einfachen hin zu komplexeren zu erweitern und nebenläufige Aktivitäten sowie einen reichhaltigeren temporalen Kontext zu berücksichtigen. Aus den vordefinierten harten Constraints und den abgeleiteten Kantengewichten wird dann die aktuelle Aktivität gefolgert.

Der Anspruch ist aus der Beobachtung erwachsen, dass Aktivitäten selten sequentiell sind und sich für gewöhnlich überlappen, abwechseln oder sogar gegenseitig unterbrechen. Die meisten von ihnen teilen sich einen gemeinsamen Satz an Sensorereignissen bzw. damit in Verbindung stehende Objekte. Dies begründet den Ansatz, bei der Aktivitätserkennung Hintergrundinformationen miteinfließen zu lassen. Die Hintergrundinformationen lassen sich drei Kategorien zuordnen: Benutzer-, Umgebungs- und Zeitinformationen. Der gewählte Ansatz versteht Aktivitäten als Intervalle, sodass sich stets für jede Aktivität eine Ausführungsdauer ableiten lässt.

Die Trainingsdaten für das System bestanden aus periodischen gelabelten Ereignissen sowie den zugehörigen Aktivitäten. Von den insgesamt 10 Tagen wurde der erste zum Testen die übrigen zum Anlernen der Kantengewichte verwendet. Das erste Modell hat eine Erkennungsgenauigkeit von 77 % erreicht. Das verbesserte zweite Modell konnte die Genauigkeit auf 87 % erhöhen. Das Einführen von Zeitfenstern hat die Erkennungsgenauigkeit ebenfalls positiv beeinflusst. Helaoui u. a. (2010) kommen zu dem Schluss, dass temporaler Kontext ein ausschlaggebender Bestandteil ist, der deutlichen Einfluss auf die Erkennungsgenauigkeit hat.

Rashidi u. a. (2011) sehen einen gesteigerten Bedarf für die Entwicklung von Technologien, die Aktivitäten erkennen können. Einen großen Nachteil bei den existierenden Ansätzen haben sie darin festgestellt, dass die zur Erkennung vorgesehenen Aktivitäten häufig vorausgewählt werden müssen. Als weiteren Kritikpunkt nennen sie die häufig benötigten großen gelabelten Datenmengen, die notwendig sind, um die existierenden Verfahren einzulernen, damit sie einsatzfähig sind. Sowohl die Inter- als auch Intravariabilität bei der Ausführung von Aktivitäten des täglichen Lebens spielt eine wichtige Rolle für die Erkennung. Um diesen Problemen zu begegnen, stellen die Autoren einen neuartigen Ansatz aus Aktivitätsidentifizierung mit anschließender Aktivitätserkennung vor, den sie später mit realen Daten, die aus einer physikalischen Umgebung stammen, validieren.

Die Arbeit von Rashidi u. a. (2011) geht eigentlich über die reine Aktivitätserkennung hinaus, weil sie den Prozess des Aktivitätsidentifizierens auf Basis von häufig auftretenden Ereignissen automatisieren. Einer von ihnen zitierten Umfrage zufolge, sei das Erkennen der Aktivitäten, bei denen es sich langfristig lohnt diese aufzunehmen, steht das Identifizieren an erster Stelle der Anwenderanforderungen. Da an dieser Stelle verschiedene Arbeiten zu dem Thema Ak-

1.5 Erzeugung von Aktivitätsmodellen

tivitätserkennung miteinander verglichen werden sollen, wird dem ersten Teil des Prozesses, weniger Aufmerksamkeit zukommen.

Bislang besteht der allgemein akzeptierte Ansatz zur Aktivitätserkennung darin, dass man sich im Vorweg über die zu erkennenden Aktivitäten in irgendeiner Form einigt. Dieser Einigungsprozess findet zwischen den beteiligten Akteuren statt. Die Autoren sehen hierin bereits einen erheblichen Nachteil, denn dem liegt die Annahme zugrunde, dass jedes Individuum alle oder zumindest die meisten dieser ausgewählten Aktivitäten regelmäßig ausführt. Neben der Individualität der beteiligten Personen trägt auch die Einzigartigkeit eines jeden Haushalts erschwerend zur Erkennung bei. Demnach sei ein blindes Vertrauen auf die Richtigkeit einer solchen vordefinierten Liste impraktikabel, da es völlig außer Acht lässt, dass auch andere Aktivitäten, die nicht unbedingt zu den ADL gehören müssen, einen Beitrag zur Erhebung des Gesundheitszustands liefern können.

Hat man sich auf eine Liste von vermeintlich wichtigen Aktivitäten des täglichen Lebens geeinigt, muss (zumindest für Verfahren, die auf maschinelles Lernen setzen) eine repräsentative Menge an Sensordaten mit zugehörigen Labeln (d. h. welche Aktivität den Daten zu jedem Zeitpunkt tatsächlich zugrunde liegt) gesammelt werden. Das Sammeln der großen Datenmenge für sich genommen ist bereits sehr zeitintensiv. Hinzukommt der Prozess des Labelns, der sehr beeinträchtigend, anstrengend und fehleranfällig ist. Tatsächlich kann der finale Algorithmus (wieder bezogen auf Verfahren des maschinellen Lernens) nur korrekt arbeiten, wenn die initial durchgeführte Einlernphase sauber und möglichst fehlerfrei ausgeführt wurde.

Aus den genannten Gründen haben sich Rashidi u. a. (2011) dafür entschieden, die zu erkennenden Aktivitäten durch eine menschlich nicht überwachte Methode automatisch zu identifizieren. Für anschließende Tests stand ihnen die CASAS-Plattform an der Washington State Universität zur Verfügung. Die Novität des Ansatzes besteht im „Entdecken" von bemerkenswerten Sensormustern, die dann im Anschluss fortwährend erkannt werden können. Wie bereits erwähnt wird aufgrund des Vergleichs nicht im Details auf das Verfahren des Eingruppierens in einzelne Sensormuster eingegangen. Die gefundenen Aktivitätsdefinitionen müssen nicht einmal tatsächlich bedeutsamen Aktivitäten entsprechen. Fest steht nur, dass die gefundenen Muster häufig in den Daten vorkommen und ein manuelles Annotieren der Daten überflüssig wird. Für die eigentliche Aktivitätserkennung – was zu vergleichen ist – wird eine modifizierte Variante eines HMM verwendet. Die Erweiterung dient vor allem der Schaffung einer Möglichkeit, auch ineinander verschachtelte Aktivitäten erkennen zu können.

Eine wichtige Gemeinsamkeit zur eigenen Arbeit besteht darin, dass die Autoren der Verwendung von Videodaten der Bewohner sehr kritisch gegenüberstehen. Zudem ist die digitale Verarbeitung von Videomaterial äußerst rechenintensiv und folglich kostspielig in der Umsetzung. Passive Sensoren bieten zwei wesentliche Vorteile: Sie sind weniger auffällig in einer Wohnumgebung zu installieren und benötigen weniger Rechenaufwand bei der Verarbeitung der von ihnen stammenden Daten.

Die vorgestellte Methode zum Auffinden von Sensormustern, die häufig und gegebenenfalls auch verschachtelt auftreten können, nennt sich „Discontinuous Varied-order Mining Method (DVSM)". Dadurch, dass das Verfahren in der Lage ist selbst unterbrochene Muster, die auch in unterschiedlichen Reihenfolgen auftreten können, erkennen zu können, wird der Intravariabilität Rechnung getragen. Die Intervariabilität bezüglich der von Bewohnern erzeugten Sensordaten wird berücksichtigt, indem die Muster individuell für jeden Einzelnen identifiziert werden. Schließlich werden mittels modifiziertem HMM sämtliche Variationen der entdeckten Muster erkennbar.

Durch das Erkennen des Zeitpunkts eines jeweiligen Aktivitätsauftretens können die temporalen Zusammenhänge der ausgeführten Tätigkeiten über einen langen Zeitraum analysiert und Trends verfolgt werden. Während der gesamten Ausführung des Systems ist weder eine Nutzereingabe noch zeitaufwändige Annotieren der Daten erforderlich.

Bisherige Verfahren, die in Bezug auf das Identifizieren von Sensormustern vergleichbar sind, haben bislang keine unterbrochenen bzw. verschachtelten Aktivitäten erkannt. Tatsächlich liegt es in der Natur von alltäglichen Aktivitäten, dass sie unterbrochen oder verschachtelt auftreten. Einzelne Verfahren, die versucht haben dieses Problem anzugehen, basierten jedoch auf vordefinierten Sensormustern oder hatten Schwierigkeiten bei der Erfassung von Abweichungen vom definierten Muster.

Der Ansatz, der zur Identifizierung genutzt wurde, verwendet eine vielversprechende Kombination aus Sequenz-Mining und Clustering. Die Autoren nennen ihn „Activity Discovery Method (ADM)". Mittels DVSM-Algorithmus werden ähnliche Sensormuster, die häufig auftreten zu Gruppen (Cluster) zusammengefasst.

Mittels unterschiedlicher Metriken untersuchen die Autoren verschiedene Aspekte der gefundenen Gruppen und bestimmten u. a. den „Mittelpunkt" einer jeden Gruppe. Zudem werden selten vorkommende Variationen iterativ aus den Gruppen entfernt. Unterbrochene Varianten eines Musters werden bestimmt, indem untersucht wird, wie viele Änderungen an einem Ausgangsmuster vorgenommen werden müssen, um auf das veränderte Muster zu kommen. Dabei wird die Kontinuität eines bestimmten Musters durch die gewichtete durchschnittliche Kontinuität seiner Variationen definiert. Muster die über einem konfigurierbaren Schwellwert liegen, werden als beachtenswert erachtet.

Obwohl es auch andere Arbeiten gab, die Sequenzen von Ereignissen automatisiert erkannt haben, hat keine dieser Arbeiten die temporalen Informationen, die sich daraus ableiten lassen entsprechend berücksichtigt. Daher war auch an dieser Stelle eine Verfeinerung der vorhandenen Ansätze notwendig. Der entwickelte Ansatz enthält zusätzlich Informationen über Typ und Dauer der Sensorereignisse. Über den Abstand zum „Mittelpunkt" einer Gruppe lässt sich ein Ähnlichkeitsmaß quantifizieren. Ein Aspekt, den selbst die Autoren als kritisch erachten, ist die Tatsache, dass die Anzahl der zu erwartenden Gruppen vordefiniert wird. Werden – wie im späteren Test – bspw. fünf unterschiedliche Aktivitäten ausgeführt, so wird dieser Wert fest auf fünf eingestellt.

Die „eigentliche" Aktivitätserkennung basiert – wie bereits vorweggenommen – auf einem HMM. Wie bei allen HMM basiert der aktuelle Zustand auf der endlichen Historie der vorherigen Zustände. Ein potenzieller Ansatz könnte darin bestehen, für jede zu erkennende Aktivität ein Modell zu kreieren und bei der Erkennung dasjenige Modell vorzuziehen, welches der Aktivität am nächsten kommt. Dieser Ansatz ist jedoch nicht mit der Vorgabe zu vereinbaren, dass man auch unterbrochene Aktivitäten erkennen möchte.

Es wurde erfahren, dass das HMM unter Umständen sehr langsam auf neue Aktivitäten (d. h. ein weiteres Muster in den Sensordaten) reagiert. Das Problem wurde durch die verschachtelten Aktivitäten noch weiter verstärkt. Um dem Problem zu begegnen, wurde ein gleitendes Fenster eingeführt. Es sorgt dafür, dass die verwendete Historie begrenzt wird. Dadurch wurde die Reaktion des Systems unmittelbar erhöht. Um die Variationen innerhalb der ausgeführten Aktivitäten gebührend zu berücksichtigen, hat man sich entschieden einen Mechanismus, der auf mehreren HMM basiert einzuführen. Diese stimmen anschließend ab und identifizieren auf diese Art und Weise durch die meisten Stimmen das beste Ergebnis.

1.5 Erzeugung von Aktivitätsmodellen

Zur Evaluation des entwickelten Algorithmus wurden unterschiedliche Tests vollzogen. In einem ersten Test wurden fünf unterschiedliche Aktivitäten vorgegeben, welche die Teilnehmer auszuführen hatten. Dem Algorithmus wurde per Konfiguration mitgeteilt, um wie viele Aktivitäten es sich handelt. Es schien den Autoren besonders wichtig zu sein darauf einzugehen, wie sich die Ergebnisse der Erkennung durch die automatische Identifizierung von zu erkennenden Aktivitäten verbessern ließen.

Obwohl der Algorithmus einige Schwierigkeiten bei der Unterscheidung der Aktivitäten „Händewaschen" und „Geschirrspülen" (beide Aktivitäten lösen ähnliche Sensoren aus) hatte, wurden durchaus gute bis sehr gute Ergebnisse erzielt. Mittels Multi-HMM-Modell konnten 73,8 % der ursprünglichen und 95,2 % der vom ADM entdeckten Aktivitäten erkannt werden. Zum Vergleich mit einer „herkömmlichen" Aktivitätserkennung konnten nur 48,6 % der ursprünglichen Aktivitäten erkannt werden.

Der zweite Test konzentriert sich auf den Aspekt der verschachtelten Aktivitäten. Im Gegensatz zum ersten Test, bei dem den Teilnehmern die Reihenfolge vorgegeben wurde, waren die Teilnehmer beim zweiten Test unabhängig in ihrer Tätigkeitsfolge. Sie sollten die Aktivitäten so ausführen, dass die Gesamtzeit nach Möglichkeit optimiert wurde. Unterbrechungen (bspw. durch ein klingelndes Telefon) wurden zusätzlich eingestreut. Anstelle der zuvor fünf vorgegebenen Aktivitäten, hatten die Teilnehmer es beim zweiten Test mit acht ADL zutun: Auffüllen des Medikamentenspenders, Fernsehgucken, Pflanzengießen, Telefonieren, Schreiben einer Geburtstagskarte, Zubereiten einer Mahlzeit, Bodenreinigen und Heraussuchen von Kleidungsstücken aus dem Kleiderschrank. Der Algorithmus war in der Lage 77,3 % der ursprünglichen und 94,9 % der vom ADM entdeckten Aktivitäten zu erkennen. Ohne die wichtige Eingruppierung rutschte das Ergebnis auf magere 55,3 % verglichen mit den ursprünglichen Aktivitäten ab.

Im Anschluss an die zwei Tests haben sich die Autoren zusätzlich noch der Verhaltensermittlung gewidmet. Da ihre Arbeit an dieser Stelle aber mit anderer Arbeit bzgl. der Aktivitätserkennung verglichen werden soll, wird auch hierauf nur kurz eingegangen. Basierend auf der Aktivitätserkennung kann – solange die Person unter Beobachtung noch fit und gesund ist – eine längerfristige Untersuchung durchgeführt werden.

Die Art und Weise wie eine gesunde Person die alltäglichen Tätigkeiten ausführt gibt dabei den Maßstab vor, an dem sie sich im Krankheitsfall „messen lassen muss". Somit wird der Intervariabilität Rechnung getragen. Keiner muss sich an einem künstlichen oder fremden Maßstab messen lassen. Es wird einem kein Tagesverlauf „auferlegt". Damit ein begleitender Test eine entsprechende Aussagekraft besitzt wurden über einen Zeitraum von drei Monaten Daten gesammelt.

In dieser Zeit haben zwei Versuchsteilnehmer Vollzeit in dem Apartment gelebt. Insgesamt wurden knapp eine Million Sensorereignisse aufgezeichnet und gespeichert. Je nach Wahl eines bestimmten Grenzwerts wurden zwischen 10 und 794 Aktivitätsmuster erkannt. Ein weiterer Parameter hat dafür gesorgt, dass die Unterscheidung zwischen häufigen kontinuierlichen Mustern und Variationen dieser Muster kontrolliert ablaufen konnte. Final wurden maximal 10, 15 und 20 Gruppen (Cluster) gebildet.

Die Ergebnisse des Tests zeigen, dass der Automatismus an anderer Stelle seinen Preis hat. Ohne, dass sich ein Mensch die entstandenen Gruppen (Cluster) ansieht und einen Zusammenhang zu den tatsächlich ausgeführten Aktivitäten herstellt, liefert der Algorithmus lediglich

Sequenzen von kryptischen Gruppenbezeichnungen (z. B. [M06, M07, M15, M17]). Trotzdem liefert die Arbeit einen wichtigen Beitrag zum Feld der Aktivitätserkennung.

Lin u. a. (2014) argumentieren, dass bisherige Systeme im Bereich der Aktivitätserkennung nicht in der Lage sind, Vitalparameter kontinuierlich zu erfassen und vorherzusagen. Eine Alarmierung des zuständigen Pflegedienstes in Echtzeit ist damit nicht möglich. Ebenso empfinden die Autoren, dass sich die wenigsten Systementwicklungen damit befassen, den Arbeitsaufwand eines Pflegers zu reduzieren. Es gäbe ein Defizit an Systemen, die Pflegeanweisungen empfehlen könnten. Unter diesen Beobachtungen ist ihre Arbeit entstanden.

Basierend auf einem Ansatz, der sich Data-Mining zunutze macht, werden Vitalparameter kontinuierlich aufgezeichnet und im Falle von Abweichungen automatisch Behandlungsempfehlungen generiert. Die zwei wesentlichen Ziele einer solchen Entwicklung sind: eine (1) Steigerung der Pflegequalität bei gleichzeitiger (2) Reduktion der entstehenden Kosten. Der Aktivitätsbegriff muss in diesem Zusammenhang etwas abstrakter betrachtet werden: eine Aktivität entspricht einer Änderung von Vitalparametern.

Neben dem eigentlichen Lösungsweg beschäftigt sich die Arbeit mit den Problemen der fehlenden Standardisierungen auf dem Gebiet der medizinischen Geräte zur mobilen Vitalparametererfassung. Lin u. a. (2014) stellen in ihrer Arbeit das „Cagurs"-System vor, welches auf der Continua-Plattform[9] basiert.

Die durch Standards erleichterte Erhebung von Vitalparametern hätte für sich alleingenommen keinen wissenschaftlichen Mehrwert. Erst durch die automatisch generierten Pflegeempfehlungen wird aus einer telemedizinischen Plattform ein „intelligentes" Pflegesystem.

Das zugrundeliegende Modell ist echtzeitfähig und personalisiert. Veränderungen der Vitalparameter können unmittelbar in Form von Alarmen gemeldet werden. Zudem verlangt der individuelle Charakter der Vitalparameter ein personalisiertes Modell.

Durch die integrierte Verarbeitung der Daten, die ohne die üblichen Brüche in der Verarbeitungskette (z. B. Papier → digital) auskommt, wird der (zeitliche) Aufwand für die Pflegekräfte reduziert. Der optimierte Gesamtprozess wurde in einer praktischen Evaluationsstudie im Krankenhaus der „National Cheng Kung Universität" erprobt. Zusätzlich wurde der entwickelte Algorithmus an einem öffentlich verfügbaren Datensatz der Queensland Universität evaluiert. Beide Erprobungen lieferten aus Sicht der Autoren zufriedenstellende Ergebnisse.

Obwohl Verfahren des Data-Minings bereits zur Analyse von Vitalparametern verwendet wurden, existieren zwei Probleme: Umgang mit großen Datenmengen und Interpretierbarkeit der Ergebnisse durch Pflegekräfte bzw. Personen im Allgemeinen. Dem ersten Problem wurde durch ein gleitendes Fenster (*Sliding window*) begegnet. Zur besseren Interpretation der Ergebnisse wurde eine Datenbank mit Pflegeanweisungen erzeugt und verwendet. Liegt keine passende Pflegeanweisung vor, so werden nur die Vitalparameter visualisiert.

Die Autoren haben sich als Ausgangspunkt für den Episode-Miner entschieden. Dieser ermittelt aus einer Sequenz von Ereignissen häufig auftretende Ereignisketten (Episoden). Intern arbeitet der Algorithmus mit Kausalitäten und einer Baumstruktur. Von der Wurzel des Baums an wird das jeweilige Präfix der Ereigniskette abgelegt. An den Verzweigungen des Baums werden die Wahrscheinlichkeiten (Häufigkeiten) vorgehalten.

Treten neue Episoden auf, so werden diese sukzessive ins Modell aufgenommen, indem ein neues Modell berechnet wird. Bei Gleichheit bzgl. eines Präfixes wird davon ausgegangen (Vor-

---

9 Continua-Organisation (http://www.continuaalliance.org/ – Zugriffsdatum: 26.12.2014)

1.5 Erzeugung von Aktivitätsmodellen

hersage), dass sich die Vitalparameter des Patienten entlang des Pfades durch den Baum weiterentwickeln. In diesem Punkt besteht ein großer Zusammenhang zur vorliegenden Arbeit, in der ebenfalls durch Data- bzw. Process-Mining auf Änderungen reagiert wird, indem iterativ ein neues personalisiertes Modell berechnet wird.

Unter Verwendung des entwickelten Verfahrens (*Vital Signs State Predictor*) soll es auch weniger erfahrenen Pflegekräften ermöglicht werden, eine gute pflegerische Leistung auf der Grundlage von Referenzen und Pflegeempfehlungen abzuliefern. Das Auftreten von Anomalien wird automatisch erkannt und entsprechend gemeldet. Empfehlungen für weitere Schritte im Umgang mit dem Patienten werden dargeboten. Durch die kontinuierliche Aufzeichnung und Speicherung der Vitaldaten lassen sich Trends leicht visualisieren. Zudem wird die Übergabe von einem Pfleger zum anderen (z. B. bei einem Schichtwechsel) durch die Präsenz der Daten inkl. der Metainformationen erleichtert.

Zur Evaluierung des neuartigen telemedizinischen Systems haben Pflegekräfte den Prozess in zwei unabhängigen Perioden von Wochen bzw. einem Monat getestet und anschließend ihr Feedback gegeben.

Die Effektivität des entwickelten Algorithmus wurde durch die Vitaldaten von 32 Anästhesiepatienten nachgewiesen. Die Dauer der Messungen lag zwischen 13 Minuten und fünf Stunden bei einer Abtastrate von 10 Millisekunden. Aus den zur Verfügung stehenden Datenquellen wurden die folgenden drei ausgewertet, die üblicherweise auch mobil erhoben werden: Pulsoxymetrie, Herzfrequenz und Blutdruck. Als Gesamtergebnis kamen die Autoren auf eine Vorhersagewahrscheinlichkeit bzgl. der (drei) Vitalparameter von 55 % (F-Maß).

Chaaraoui u. a. (2014) stellen eine Aktivitätserkennung auf der Basis eines Mehr-Kamerasystems vor. Obwohl sie sich vorgenommen haben, u. a. ADL und Notfallsituationen im Haushalt erkennen zu wollen, besteht der aktuelle Stand des „vision@home"-Projekts darin, dass sie zuverlässig primitive Aktivitäten (z. B. Gehen, Sitzen und Fallen) unterscheiden können und ggf. zur Wahrung der Privatsphäre den Grad der personenbezogenen Daten aus den Videodaten reduzieren. Zur Erfassung der Interaktion mit Gegenständen sollten Umgebungssensoren, die mit der eigenen Arbeit vergleichbar sind, eingesetzt werden. Eine Einbindung dieser ist noch nicht erfolgt. Zu den weiteren ambitionierten Zielen gehört auch eine Verhaltensermittlung, die derzeit ebenfalls noch nicht umgesetzt wurde.

Kernstück des Beitrags ist das gewichtete Feature-Fusionsschema zusammen mit dem mehrstufigen und kontextbezogenen Verfahren zum Schutz der Privatsphäre. Das entwickelte System verlässt sich nicht auf eine einzige Kamera, sondern gleich auf einen ganzen Verbund von Videoaufzeichnungen mit teils überlappenden Bildinhalten. Den Wegfall einer einzigen Perspektive verkraftet der Algorithmus. Eine besondere Konfiguration der Kameras auf die Gegebenheiten einer spezifischen Wohnumgebung ist nicht erforderlich. Insofern bietet das System beste Voraussetzungen eines Tages in einer realen Umgebung eingesetzt werden zu können.

Ethisch bedenklich ist neben der Verwendung von Kameras an sich die Tatsache, dass bei fehlerhafter Interpretation des Kontexts keinerlei Schutz der Privatsphäre vorgesehen ist. Dies mag aus Gründen der Nutzbarkeit der Videobilder vielleicht nachvollziehbar sein, doch stellt es aus Sicht des Datenschutzes eine grobe Nachlässigkeit dar. Zumal eine nutzerindividuelle Konfiguration der Mechanismen zum Schutz der Privatsphäre vorgesehen ist, die allerdings im Vorweg vorgenommen werden muss. Im Fehlerfalle wäre die Konfiguration dann vollkommen nutzlos.

Die Erkennung der von den Bewohnern ausgeführten Aktivitäten erfolgt auf der Basis von Silhouetten. Der Umriss einer Person in Abgrenzung zum Hintergrund (der Umgebung) gibt in der Abfolge betrachtet genügend Aufschluss über die ausgeübte Aktivität. Als effizienteste Methode zur Auffindung des Umrisses hat sich die Tiefeninformation des Bildes herausgestellt. Gegenüber anderen Ansätzen, die zum Teil durch unterschiedliche Lichtverhältnisse und Schattenwürfe beeinflusst werden, ist dieser verhältnismäßig robust.

Obwohl ein Kamerabild eine Vielzahl von Informationen über die Szenerie liefert, beschränkt man sich zugunsten der Ausführungszeit des Algorithmus auf dieses Detail. Bezogen auf die gesamte Ausführungszeit nimmt die Berechnung der Kontur weiterhin den größten Teil in Anspruch. Anschließend wird das Array von Bildpunkten unter Anwendung eines radialen Schemas weiter vereinfacht. Aus dem zweidimensionalen Array wird folglich ein eindimensionales Datum erzeugt, welches invariant bzgl. des genauen Aufenthaltsortes der Person ist. Im letzten Vereinfachungsschritt wird eine Normalisierung durchgeführt.

An dieser Stelle sei die Überlegung erlaubt, ob die Summe der Erkenntnisse dieser Arbeit nicht bereits ein eindeutiges Indiz dafür ist, dass Kamerasysteme zur Aktivitätserkennung von menschlichen Verhaltensweisen grundsätzlich das falsche Mittel sind. Da die Fülle der von den Videobildern gelieferten Informationen nicht in ausreichender Zeit (für Echtzeitanwendungen) verarbeitbar ist, wird die Datenmenge reduziert. Auf der anderen Seite enthalten die Videobilder soviel intime Details, dass man sich einen Mechanismus überlegen muss, wie diese zu reduzieren sind, bevor man die Bilder bspw. an eine Pflegekraft übermittelt. Vielleicht verwendet man einfach keinen ungeeigneten Sensor?

Die Verwendung mehrerer Kameraperspektiven bietet viele Vorteile: das System ist robust gegenüber teilverdeckten Bildinhalten, mehrdeutige Kameraperspektiven können aufgelöst werden, mit Rauschen kann besser umgegangen werden und der Ausfall einzelner Sensoren (hier speziell Kameras) kann verkraftet werden.

Obwohl ein Modell-Fusionsschema gegenüber dem Feature-Fusionsschema bessere Ergebnisse bzgl. der Erkennungsgenauigkeit liefert, wurde zugunsten der Leistungsfähigkeit letzteres eingesetzt. Jedoch wird durch Erweiterungen hin zu einem „intelligenten" Feature-Fusionsschema versucht die Vorteile beider Ansätze zu vereinen. Dabei wird die zuvor beschriebene Silhouette pro Kameraperspektive berechnet und in der anschließenden gewichteten Fusion verwendet.

Die Gewichtung stellt sicher, dass jeweils die Perspektive, die für die Erkennung der jeweiligen Aktivität die höchste Relevanz besitzt, auch den höchsten Einfluss hat. Zur Bestimmung der Gewichte ist ein Lernprozess erforderlich. Jede Perspektive besitzt eine von der zu erkennenden Aktivität individuelle Gewichtung. Dabei nutzt man das A-priori-Wissen über die Eingangsdaten aus.

Im Lernprozess werden sogenannte Schlüsselposen extrahiert. Zur Reduzierung der Feature wird k-means-Clustering eingesetzt. Die so erstellte Sammlung von Schlüsselposen wird wie ein Wörterbuch zum Nachschlagen von Aktivitäten verwendet.

Die temporale Entwicklung wird durch Sequenzen von Schlüsselposen einbezogen. Aus mehreren aufeinanderfolgenden Schlüsselposen wird eine Sequenz von Schlüsselposen generiert. Um Varianzen bei der Ausführungszeit zu kompensieren (bspw. könnte eine jüngere Person schneller aus einem Sessel aufstehen als eine ältere), wird eine dynamische Zeitnormierung (*Dynamic time warping*) vollzogen. Die Ermittlung einer Aktivität besteht dann im Abgleich der aktuellen Daten mit den zuvor bestimmten Schlüsselposen. Das System ist folglich sofort nach der Installation der Kameras einsatzbereit.

1.5 Erzeugung von Aktivitätsmodellen

Die Bewertung, ob eine bestimmte Situation kritisch (im Sinne eines Unfalls) ist oder nicht, bezieht sich im Wesentlichen auf die folgenden drei visuellen Parameter: Körperhaltung, Erscheinungsbild und momentane Bewegung. Hinzu kommen weitere spezifische Informationen wie Position im Raum, sichtbare Verletzungen, Bewusstsein, Vitalparameter (z. B. Atmung), unwillkürliche Bewegungen und Gesichtsausdruck (z. B. Ausdruck von Schmerz).

Die Wahrung der Privatsphäre unterscheidet fünf Stufen: Bei der ersten Stufe wird das RGB-Bild unverändert übertragen. Die zweite Stufe nutzt einen Weichzeichner, um die Person im Ansatz unkenntlich darzustellen. Eine komplette Einfärbung der Silhouette wird in der dritten Stufe vorgenommen. In der vierten Stufe wird das Abbild der Person durch einen Avatar ersetzt. Schließlich besteht das Bild in der fünften Stufe ausschließlich aus dem Hintergrund, da die Person aus der Abbildung komplett entfernt wird. Eine vollständige Ausradierung ist nur durch überlappende Kamerabilder möglich. In jedem Fall hat man stets mit der Balance aus Nutzbarkeit der Darstellung und dem Schutz der Privatsphäre zu tun.

Beim ersten Verfahren wird jeweils eine Sequenz ausgelassen und die übrigen zum Einlernen verwendet. Schließlich wird gegen die zuvor ausgelassene getestet. Man rotiert solange mit der Auslassung bis alle Kombinationen getestet wurden. Das zweite Verfahren arbeitet ähnlich, jedoch werden dort statt Sequenzen Testpersonen rotiert. Dieser Test stellt sicher, dass der entwickelte Algorithmus nicht von bestimmten Personen abhängt bzw. nur bei diesen anwendbar ist.

Die Ergebnisse dieser Tests sprechen für sich: angewandt auf den Weizmann-Datensatz wird eine Erkennungsrate von 100 % erreicht. Bei einem weiteren Datensatz wurde eine zusätzliche Kreuzvalidierung eingeführt: die sogenannte „*Leave-one-view-out*". Dabei wird jeweils eine Kameraperspektive ausgelassen und diese rotiert. Während die zwei bekannten Tests wiederum Erkennungsraten von jeweils 100 % erreicht haben, liefert der zusätzliche Test 82,4 %. Dieser Wert liegt deutlich über den Ergebnissen der anderen Arbeiten, mit denen sich die Autoren vergleichen.

Beim selben Datensatz jedoch einer gesteigerten Anzahl von zu erkennenden Aktivitäten (von acht auf 14) lagen die Ergebnisse bei den drei genannten Kreuzvalidierungen wie folgt: 98,5 %, 94,1 % und 59,6 % (in der Reihenfolge ihrer Nennung). Damit sind die Ergebnisse wiederum besser als die Vergleichsarbeiten, zu denen auch einige der Autoren selbst zählen.

Als Nächstes haben sich die Autoren den bekanntesten Datensatz im Bereich der Multiperspektive vorgenommen: „Institut National de Recherche en Informatique et en Automatique Xmas motion acquisition sequences"-Datensatz. Dieser beinhaltet insgesamt 14 ausgeführte Aktivitäten. Diese wurden jeweils dreimal von 12 unterschiedlichen Testpersonen ausgeübt. Dabei wurden diese von fünf Kameras (vier Seitenansichten und eine Draufsicht) beobachtet.

Obwohl drei Vergleichsarbeiten bessere Ergebnisse geliefert haben (eine sogar von 100 %) gehört der Ansatz der Autoren zweifellos zu den besten. Mit Ausnahme des fehlerfreien Ergebnisses wurden bei den anderen zwei Arbeiten jeweils zwei Testpersonen ausgelassen.

Es hat sich herausgestellt, dass die erste Kamera (*Cam1*) bezogen auf die Gewichtung den höchsten Einfluss hat. Diese Perspektive entspricht in den meisten Fällen der Frontansicht. Im Gegensatz dazu bietet die Draufsicht den geringsten Mehrwert bei der Fusion. Eine zusätzliche Untersuchung zur Abhängigkeit von der Orientierung der Person während der Ausführung einer Tätigkeit ergab, dass die Erkennungsgenauigkeit davon nur geringfügig ($\pm$ ~1 %) abhängt.

Eine weitere Referenz wurde zum „Depth-inclued human action video"-Datensatz berechnet. Im Gegensatz zum vorherigen basiert dieser jedoch auf einer einzige Kameraperspektive. Mit insgesamt 23 Aktivitäten (12 männlichen und neun weiblichen Testpersonen) gehört er zu den umfangreichsten. Vergleicht man die Ergebnissen der Urheber des Datensatzes mit denen von Chaaraoui u. a. (2014) so stellt man auch hier fest, dass letztere die höhere Erkennungsrate aufweisen. Die Validierung in einer realen Wohnumgebung mit komplexeren Aktivitäten (bspw. ADL) steht noch aus.

Um einen besseren Überblick über die bisher vorgestellten Arbeiten zum Thema Aktivitätserkennung zu vermitteln, werden diese in Tabelle 1.2 zusammengefasst und mit der vorliegenden Arbeit verglichen. Zum Vergleich werden folgende Kriterien verwendet: einfache Inbetriebnahme, verständliche Ausgabe, Komplexität der Aktivitätsmodelle, praktische Realisierung und Evaluationsergebnis.

1.6 Generieren von „Normalverhalten"

Ein Forschungslabor, welches sich ebenfalls mit AAL-Themen befasst, ist an der Universität von Florida ansässig. Deren „Gator Tech Smart House" hat Kim u. a. (2010) als Forschungsplattform gedient. Kim, Helal und Cook beschreiben zwei unterschiedliche Ansätze zur Aktivitäts- und Mustererkennung innerhalb des menschlichen Verhaltens.

Bezüglich des ersten Ansatzes werden nacheinander ein HMM, ein Conditional Random Field (CRF), ein Skip-Chain Conditional Random Field (SCCRF) und Emerging Patterns (EP) eingesetzt. Mit Ausnahme des letztgenannten benötigen diese Verfahren einen Trainingsdatensatz. Nach obiger Prämisse kommen sie demnach nicht in Frage.

Beim zweiten Ansatz wird zunächst ein *Topic Model* eingesetzt. Es wird dazu verwendet, ein hierarchisches Aktivitätsmodell in Form eines Baumes anzufertigen, welcher an den Blättern aus „primitiven" Tätigkeiten wie Sitzen oder Stehen besteht. Schließlich werden Videodaten verwendet, um Posen (z. B. Sitzen, Stehen und Liegen) zu identifizieren. Einzelne Posen werden ebenfalls mithilfe einer Baumstruktur zu komplexeren Aktivitäten zusammengefasst.

Die Arbeit zeigt deutlich, dass eine Trennung zwischen Aktivitätserkennung und Musterbzw. Verhaltensermittlung sinnvoll ist. Aus diesem Grund wurde auch bei der vorliegenden Arbeit eine klare Trennung von Aktivitätserkennung und Verhaltensermittlung vorgenommen.

Vorbildcharakter im Sinne der eigenen Umsetzung besitzen hingegen die hierarchischen Aktivitätsmodelle. Auch bei der vorliegenden Arbeit werden Aktivitäten als Baumstrukturen definiert, an deren Blättern sich primitive Tätigkeiten bzw. das zugehörige Sensorereignis befinden. Keine Berücksichtigung findet die Verwendung von Videodaten. Bezüglich der Gründe für diese Entscheidung wurde bereits in Kapitel 1.4 Stellung genommen.

Eine bemerkenswerte Forschungsinitiative an der Washington State Universität nennt sich „CASAS Smart Home Project". In diesem Umfeld ist die Publikation von Rashidi u. a. (2011) entstanden. Bei dem Projekt handelt es sich thematisch um eine Kombination aus Aktivitätserkennung und Verhaltensermittlung. Die Besonderheit liegt darin, dass die zu erkennenden Aktivitäten nicht – wie bei den meisten anderen Systemen – vorher bestimmt werden müssen, sondern im ersten Schritt automatisch erkannt werden. Dem Ansatz liegt die Vermutung zugrunde, dass es sich bei häufig wiederkehrenden Mustern innerhalb der Sensorereignisse zwangsläufig um relevante Vorkommnisse handelt.

Rashidi u. a. (2011) verfolgen einen dreistufigen Ansatz: Zunächst nutzen sie Mining-Verfahren, um aus den Sensorrohdaten häufig wiederkehrende Muster zu extrahieren. Danach

1.6 Generieren von „Normalverhalten"

Tabelle 1.2: Bewerteter Systemvergleich mit fünf Kriterien zur Aktivitätserkennung

Publikation bzw. darin entwickeltes System	einfache Inbetriebnahme	verständliche Ausgabe	Komplexität der Aktivitätsmodelle	praktische Realisierung	Evaluationsergebnis
(Wyatt u. a., 2005)	+ A-priori-Wissen	o keine Angabe	− nur Objektnutzung	− impraktikabel, unkomfortabel	− Erkennungsrate 42 % – 52 %
(Wilson, 2005)	− gelabelter Datensatz	o keine Angabe	o Aktivität & Lokalisierung	o ambiente Sensorik & RFID	o Erkennungsrate 7 % – 92 %
(Barralon u. a., 2005)	− gelabelter Datensatz	o keine Angabe	− primitive Aktivitäten	− impraktikabel, unkomfortabel	o Erkennungsrate > 76 %
(Fouquet u. a., 2010)	+ A-priori-Wissen	o keine Angabe	− Lokalisierung	+ nur ambiente Sensorik	+ Erkennungsrate 97 % – 98 %
(Helaoui u. a., 2010)	− gelabelter Datensatz	o keine Angabe	− primitive Aktivitäten	o RFID	o Erkennungsrate 77 % – 87 %
(Rashidi u. a., 2011)	+ Aktivitäts-Mining	− keine Aktivitätsnamen	− Sensorereignismuster	+ nur ambiente Sensorik	o Erkennungsrate 77 % – 95 %
(Lin u. a., 2014)	o Datenbank & Mining	+ Pflegeanweisung	− primitive Kausalitäten	− impraktikabel, unkomfortabel	− Erkennungsrate > 55 %
(Chaaraoui u. a., 2014)	+ A-priori-Wissen	+ Aktivitätsnamen (keine ADL)	− primitive Aktivitäten	− nur Videodaten	+ Erkennungsrate 60 % – 100 %
eigener Ansatz	+ A-priori-Wissen	+ Aktivitätsnamen (ADL)	+ Aktivität, Lokalisierung & Objektnutzung	o ambiente Sensorik & RFID	+ Erkennungsrate 95 % – 100 %

werden die gefundenen Muster zu größeren Gruppen zusammengefasst (Clustering). Schließlich wird ein HMM verwendet, um aus den gruppierten Mustern Routineabläufe abzuleiten. Die von Rashidi u. a. (2011) durchgeführte Auswertung hat gezeigt, dass sowohl die Mustererkennung wie auch das anschließende Gruppieren der Muster Schwächen aufweisen. Als Beispiel werden die Aktivitäten „Händewaschen" und „Geschirrspülen" angeführt. Beide beinhalten sehr ähnliche Sensorereignisse. Die Mustererkennung ist daher gewillt, diese getrennt zu betrachtenden Aktivitäten als Variation einer einzigen Aktivität anzusehen. Bei der anschließenden Gruppierung werden die Muster, wiederum bedingt durch die Ähnlichkeit der zugrunde liegenden Aktivität, wahlweise der falschen Aktivität zugeordnet.

Fragen, die sich vor dem Hintergrund dieser Arbeit unweigerlich stellen, sind folgende:

1. Ist die Hypothese, dass es sich nur bei mehrmals am Tag wiederkehrenden Aktivitäten um wichtige ADL handelt, haltbar? Als Gegenbeispiel sei die Medikamenteneinnahme genannt. Sie tritt u. U. deutlich seltener auf als z. B. die Toilettennutzung oder das Händewaschen. Dennoch ist ihr aufgrund der gesundheitlichen Bedeutung ein hoher Stellenwert zuzurechnen.

2. Welche Aussagekraft steckt hinter einer Systemausgabe wie <M06, M07, M15, M14>, d.h. dem sequenziellen Auftreten verschiedener durchnummerierter Sensormuster? Möchte man den erkannten Aktivitäten verständliche Namen zuordnen, handelt es sich weiterhin um einen manuellen Vorgang.

Mit den von Rashidi u. a. (2011) entwickelten Algorithmen lässt sich feststellen, ob eine Änderung des Verhaltens vorliegt. Unklar bleibt, wie im positiven Fall einer solchen Änderung mit dieser Information umgegangen werden soll, unabhängig davon, ob sie der Person selbst oder einem Betreuer präsentiert wird. Die Verfahren sind aufgrund ihrer Fähigkeit eigenständig wiederkehrende Muster zu erkennen, zweifellos beachtenswert, jedoch hinsichtlich der beabsichtigten Problemlösung, die bei der vorliegenden Arbeit verfolgt wird, nicht hinreichend praxisorientiert.

Die auf Aktivitätsdefinitionen basierende Kontextgenerierung, die in Kapitel 4 beschrieben wird, schließt die Möglichkeit aus, dass ähnliche Sensormuster der falschen Aktivität zugeordnet werden, bereits während der Aktivitätsdefinition. Beim Anlegen der entsprechenden Definitionen wird überprüft, dass keine Aktivität der anderen in allen Sensorereignissen gleichen darf, da es sich sonst (aus Sicht des Systems) um dieselbe Aktivität handeln würde.

Für die vorliegende Arbeit ist demnach essenziell, eine Relation zwischen Sensorereignissen und zugehörigen Aktivitäten in einer für Menschen leicht verständlichen Weise herzustellen und zu beschreiben. Nur wenn die vom System beobachteten ADL zuvor entsprechend benannt wurden, hat der Pfleger die Möglichkeit, die Ausgaben der Verhaltensermittlung zu interpretieren und daraus bezogen auf den Unterstützungsbedarf Schlüsse zu ziehen. Das ist es, ein praxisorientiertes System schließlich auszeichnet.

„MavHome" heißt die häusliche Testumgebung an der Universität von Texas in Arlington. Cook (2006) beschreibt einen ganzheitlichen Ansatz, der vornehmlich älteren Personen situationsbedingt und bedarfsgerecht Unterstützung anbieten soll. Das System besteht daher aus einer automatischen Erkennung, Prädiktion und Entscheidungsfindung. Ein Episode-Discovery-Algorithmus (ED-Algorithmus) wird verwendet, um Aktivitäts- bzw. Verhaltensmuster zu erkennen. Die Prädiktion basiert auf einer erweiterten Version des LZ78-Algorithmus (Ziv und

1.6 Generieren von „Normalverhalten" 25

Lempel, 1978) – genannt Active LeZi-Algorithmus (ALZ-Algorithmus). Schließlich wird zur Entscheidungsfindung ein hierarchisches HMM gewählt.

Die Arbeit erbringt Belege für die grundsätzlichen Aussagen, dass sich erstens mithilfe von entsprechend ausgestatteten Umgebungen und intelligenten Algorithmen Trends und/oder Anomalien innerhalb des Bewohnerverhaltens erkennen und zweitens Vorhersagen über bevorstehende Aktivitäten formulieren lassen. Auf diese Weise können die Systeme Pflegern helfen, bzgl. der Einschätzung der Alltagskompetenz angemessene Entscheidungen zu treffen, aber auch automatische Assistenzsysteme für die Bewohner sein. Dieser Grundsatz lässt sich auch in der vorliegenden Arbeit wiederfinden.

Zu den gesammelten Daten gehörten folgende: Bewegungs- sowie Vitaldaten und Daten bzgl. der Wasser- und Gerätenutzung, Nahrungsaufnahme, Medikamenteneinnahme sowie des Schlafverhaltens. Mit Ausnahme der Vitaldaten und derjenigen bzgl. des Schlafverhaltens entsprechen die Daten den in dieser Arbeit erhobenen.

Im Unterschied zu (Cook, 2006) wird in dieser Arbeit nicht beabsichtigt, der älteren Person automatisch Feedback zu geben bzw. sogar selbstständig Geräte innerhalb der Wohnung zu schalten (z. B. automatische Abschaltung des Herdes), dies ist stets mit Unsicherheiten verbunden: Insbesondere bei Demenzpatienten, diese werden von Cook (2006) auch als Zielgruppe gesehen, ist ein Schalten von „Geisterhand" äußerst fragwürdig, da dies z. B. spontan zu Angst- und Paniksituationen führen kann. Selbst die Darstellung von abweichendem Verhalten kann bei einer solchen Person bereits Verwirrung hervorrufen.

Die Schnittstelle zwischen dem MavHome und dem Bewohner bzw. dem Pflegedienst wird von Cook (2006) nicht konkret beschrieben. Ähnlich wie bei Rashidi u. a. (2011) werden automatisiert Muster aus den Sensordaten ermittelt. Häufiges Auftreten und eine große Bedeutung von Sensorereignissen werden gleichgestellt. Unklar bleibt, wie den Mustern für Menschen verständliche Namen gegeben werden. Dies wäre eine Voraussetzung dafür, dass das System einem Pfleger explizit anzeigen kann, bei welcher Aktivität bspw. Schwierigkeiten aufgetreten sind.

AAL-Themen sind auch auf dem europäischen Kontinent in Form von Forschungseinrichtungen mit entsprechenden Testumgebungen vertreten. Als Beispiel für ein aktives europäisches Projekt ist „PROSAFE[10]" zu nennen. Dieses Projekt verfolgt das Ziel, die Abhängigkeit von Älteren bei der Verrichtung von Alltagsaktivitäten automatisch zu bestimmen (Bonhomme u. a., 2007). Dabei werden ausschließlich nichtinvasive Sensoren – ähnlich denen, die in dieser Arbeit favorisiert werden – eingesetzt. Zur Aktivitätserkennung wird ein klassisches HMM angewandt.

Ein weiteres Beispiel stellt die Arbeit von Doğangün (2012) dar. Auch darin werden nichtinvasive ambiente Sensoren genutzt. Zudem findet ein HMM zur Aktivitätserkennung Anwendung. Bezüglich der Zielsetzung handelt es sich bei den zwei genannten Beispielen folglich um durchaus mit der vorliegenden vergleichbare Arbeiten.

Eine weitere aus Europa stammende Arbeit ist im Rahmen des „AILISA Projekts[11]" entstanden. Auch hierbei steht die Erprobung von ambienten Technologien, die sich dem Wohlbefinden von Älteren widmen, im Vordergrund. In (Noury, 2005) wird die realisierte Plattform detailliert beschrieben.

Im Gegensatz zu (Noury, 2005) werden im Rahmen der vorliegenden Arbeit nicht ausschließlich Bewegungsinformationen betrachtet. Die Aktivitätsbereiche genannte Gleichsetzung des Aufenthalts in einem Raum und der Ausführung einer vordefinierten Aktivität, die dort mög-

---

10 Project PROSAFE (http://spiderman-2.laas.fr/PROSAFE/ – Zugriffsdatum: 16.09.2011)
11 AILISA project (http://www.robot.jussieu.fr/ailisa – Zugriffsdatum: 23.08.2011)

lich wäre, ist durchaus gewagt. Dass man sich im Wohnzimmer aufhält, heißt schließlich nicht automatisch, dass man dort fernsieht. Das Aufhalten im Wohnzimmer ist somit eine notwendige, aber keine hinreichende Bedingung für das Fernsehen dort. Die erzeugten Aktivitätsdiagramme sind ein gutes Indiz für die Mobilität des Bewohners. Daraus unmittelbar auf die folgerichtige Ausführung von Aktivitäten zu schließen, ist zumindest zweifelhaft. Die vorliegende Arbeit nutzt daher weiter gehende Informationen, die einen entsprechenden Trugschluss zumindest unwahrscheinlicher werden lassen.

Neben den genannten wissenschaftlichen Arbeiten existieren seit 2003 vereinzelt erste Lösungen am Markt, die ähnliche Ziele versprechen. Um an dieser Stelle ein Beispiel zu geben, sei das in den USA vertriebene „QuietCare System[12]" genannt. Obwohl zur genaueren Beurteilung nur in ungenügendem Maße Informationen über das System zur Verfügung gestellt werden, ist davon auszugehen, dass das propagierte System auf simplen Regeln beruht. Der Konfigurations- bzw. Adaptionsaufwand, um ein solches System an die jeweilige Person anzupassen, ist immens. Darüber hinaus überträgt das System sämtliche Rohdaten aus der Wohnung auf einen entfernten Server (in den USA). Nach aktuellem Kenntnisstand stellt das – zumindest in Deutschland – eine Verletzung des Datenschutzgesetzes dar. Die Verhältnismäßigkeit und die Notwendigkeit sämtliche, persönliche Daten zu übertragen ist nicht gegeben, wenn es lediglich darum geht, eine Alarmmeldung zu generieren.

Zudem wird das Thema Verhaltensänderung in anderen Arbeiten auch isoliert angesprochen. Bisherige Ansätze, um Systeme zu entwickeln, die als Resultat ein Maß über den Grad der Verhaltensänderung liefern, basieren allesamt auf sehr einfachen bzw. abstrakten Aktivitätsdefinitionen oder beschränken sich ausschließlich auf einen Teilbereich der ADL. Beispiele hierfür sind (Jakkula u. a., 2007) oder (Le u. a., 2007). Le u. a. betrachten in ihrer Arbeit ADL ausschließlich unter dem Gesichtspunkt der Lokalisierung.
Einen mit der vorliegenden Arbeit verwandten Ansatz sowie eine ähnliche Zielsetzung verfolgen Virone u. a. (2002). Sie gehen in ihrer Arbeit ebenfalls davon aus, dass sich auf Grundlage von aufeinander folgend ausgeführten Aktivitäten Abweichungen in der täglichen Routine messen lassen. Abweichungen von diesem personenspezifischen Muster seien geeignet, um daraus Alarmmeldungen zu generieren.
Yin und Bruckner (2012) haben im Rahmen des ATTEND-Projektes (AdapTive scenario recogniTion for Emergency and Need Detection) die rohen Sensordaten von Bewegungsmeldern dazu genutzt ein HMM mittels Vorwärts-Algorithmus einzulernen. Zunächst haben sie dazu die Sensordaten von acht aufeinanderfolgenden Tagen gesammelt. Das adaptive und intelligente Netzwerk von Sensoren zeichnet dabei die Aktivitäten und das Verhalten des Nutzers auf.
Ziel der Entwicklung soll ein System sein, welches mit der eigenen Arbeit vergleichbar ist. Im Falle von Verhaltensabweichungen soll dem Pflegedienst automatisch eine Nachricht zugestellt werden. Die Randbedingungen sind ebenfalls verwandt. Die Autoren weisen der Privatsphäre der älteren Person (Nutzer des Systems) ebenfalls einen hohen Stellenwert zu: Auf Kameras und Mikrofone soll vollständig verzichtet werden. Ebenfalls sind keine am Körper getragenen Sensoren erwünscht.
Weil die Aktivitäten, die eine Person im Tagesverlauf ausübt, zufällig sind, so sind auch die resultierenden Sensordaten zufällig verteilt. Zunächst wird der Tag in 24 gleich große

---

12 QuietCare System (http://www.careinnovations.com/Products/QuietCare/ – Zugriffsdatum: 16.01.2013)

1.6 Generieren von „Normalverhalten"

Zeitintervalle von je 60 Minuten eingeteilt. Danach wird die Summe der Bewegungsmelder-Auslösungen pro Zeitintervall gezählt.

Im nächsten Schritt wird mithilfe eines Schwellwerts entschieden, ob es sich um ein aktives oder weniger aktives Zeitfenster gehalten hat. Aus den so berechneten Daten wird ein HMM mittels Vorwärts-Algorithmus eingelernt.

Aus den Ergebnissen hat man gelernt, dass aufeinanderfolgende Zustände durchaus denselben Wert haben können. Es liegt also nahe, diese gegebenenfalls auch zusammenzufassen. Man kann nun aus den Parametern des HMM die Wahrscheinlichkeit für eine bestimmte beobachtete Aktivitätssequenz (*trace*) bestimmen.

Um das mittels HMM erzielte Ergebnis besser einordnen zu können, wurde ein weiterer Algorithmus auf denselben Datensatz angewandt. Wenn zwei Tagesverläufe unterschiedliche Werte aufweisen, teilt sich das resultierende Netz auf. Bei gleichen Werten wird der Pfad wieder zusammengeführt.

An jeder Verzweigungs- bzw. Vereinigungsstelle innerhalb des Netzes ändert sich die Transitionswahrscheinlichkeit entsprechend. Auch an dieser Stelle ist eine gewisse Ähnlichkeit zum Ansatz der eigenen Arbeit zu erkennen. Die Kantengewichte im Transitionssystem, welches mittels Transition System Miner (TSM)-Algorithmus erzeugt wurde, folgen einem ähnlichen Schema.

Schließlich wurden die Ergebnisse beider Ansätze miteinander verglichen. Es konnte gezeigt werden, dass das Verhalten der Zustandsübergänge zwischen HMM und Aktivitätsnetz vergleichbar ist.

Am Ende werden die Stärken und Schwächen beider Ansätze diskutiert. Während das Aktivitätsnetz sensitiv ist, fehlt es etwas an Toleranz. Mit steigender Anzahl von Routinen bzw. Aktivitätssequenzen tritt ein Übergangsproblem auf. Das HMM ist prägnanter, strukturierter und toleranter.

Nicht diskutiert wird die Granularität der erfassten Aktivitäten. Diese sind auf einem sehr groben Niveau. Auf dieser Ebene ist ein Bezug auf bestimmte ADL nicht möglich. Ein Toilettengang ist bspw. nicht von einem Händewaschen (bei angenommen gleicher Ausführungszeit) zu unterscheiden. In beiden Fällen begibt sich die Person ins WC bzw. Badezimmer und verlässt dieses anschließend wieder. Wenn es ausreichend sein sollte, Änderungen innerhalb des Bewegungsmusters einer Person innerhalb ihrer eigenen vier Wände zu erfassen, dann mag der Ansatz erfolgsversprechend sein.

Schließlich verfolgen nur wenige bekannte Arbeiten den holistischen Ansatz, d. h. eine Kombination aus Aktivitätserkennung und Verhaltensermittlung, um darauf basierend ein Assistenzsystem zu bilden. Ein Beispiel hierfür ist die Arbeit von Rashidi u. a. (2011). Insofern stellt diese Arbeit hinsichtlich der Kombination aus Kontextgenerierung ohne Einlernaufwand und personenindividueller Verhaltensermittlung ein Novum dar.

Auch die Arbeiten zum Thema Verhaltensermittlung werden in einer Tabelle (siehe Tabelle 1.3) zusammengefasst. Die vorliegende Arbeit wird zum Vergleich ebenfalls angeführt. Dabei entsprechen die Vergleichskriterien denen aus Kapitel 1.5.

Tabelle 1.3: Bewerteter Systemvergleich mit fünf Kriterien zur Verhaltensermittlung

Publikation bzw. darin entwickeltes System	einfache Inbetriebnahme	verständliche Ausgabe	Komplexität der Aktivitätsmodelle	praktische Realisierung	Evaluationsergebnis
(Kim u. a., 2010)	− gelabelter Datensatz	o keine Angabe	+ hierarchische Aktivitätsmodelle	− Verletzung der Privatsphäre	o Erkennungsrate 33 % – 100 %
(Rashidi u. a., 2011)	+ Wissen wird generiert	− unverständliche Ausgabe	o abhängig von Sensorereignissen	+ nur ambiente Sensorik	o Erkennungsrate > 80 %
(Cook, 2006)	+ Wissen wird generiert	o z. T. automatische Aktionen	o abhängig von Sensorereignissen	o überwiegend ambiente Sensorik	+ Erkennungsrate 90 % – 100 %
(Bonhomme u. a., 2007)	o kaum Vorwissen erforderlich	+ für Krankenschwestern	− primitive Aktivitäten	+ nur ambiente Sensorik	o keine Angabe
(Noury, 2005), (Le u. a., 2007)	o kaum Vorwissen erforderlich	− keine Aufbereitung d. Rohdaten	− primitive Aktivitäten	− impraktikabel, unkomfortabel	o keine Angabe
(Quietcare, 2012)	o kaum Vorwissen erforderlich	o statistische Aufbereitung der Rohdaten	− primitive Aktivitäten	− Verletzung des Datenschutzgesetzes	o keine Angabe
(Jakkula u. a., 2007)	+ Wissen wird generiert	o keine Angabe	− primitive Aktivitäten	+ nur ambiente Sensorik	o Erkennungsrate 62 % – 76 %
(Yin und Bruckner, 2012)	o kaum Vorwissen erforderlich	+ für Pflegedienst	− Lokalisierung	+ nur ambiente Sensorik	o keine Angabe
eigener Ansatz	+ A-priori-Wissen	o Aktivitätsnamen (ADL)	+ Aktivität, Lokalisierung & Objektnutzung	+ ambiente Sensorik & RFID	o Erkennungsrate 95 % – 100 %

1.7 Messen von Verhaltensabweichungen

Die von Le u. a. (2007) vorgeschlagene Methode zum Erfassen von Verhalten basiert auf der reinen Bewegungsanalyse. Die Sensordaten stammen ausschließlich von Bewegungsmeldern, die eine Abtastrate (*Sampling-Rate*) von 1 Hz erlauben.

Nachdem eine sequenzielle Verarbeitung erfolgt ist, liefert die Bewegungsanalyse eine Liste von Zuständen, wobei sich agile und statische Zustände jeweils abwechseln. Um diese zwei Zustandsformen zu unterscheiden, werden zwei Kriterien bzw. zugehörige Parameter eingeführt: ein Zeitintervall I und eine Mindestzahl von Sensorauslösungen N.

Ist der zeitliche Abstand zwischen zwei aufeinanderfolgenden Sensorauslösungen größer als I, so wird ein statischer Zustand angenommen. Der Parameter N wird genutzt, um aufeinanderfolgende statische Zustände zu verbinden.

Werden zwischen dem Ende eines statischen Zustands und dem Anfang des nächsten statischen Zustands nicht wenigstens N Sensorereignisse ausgelöst (diese können von einem oder mehreren Sensoren stammen), so werden die zunächst als separat betrachteten statischen Zustände zu einem einzigen vereint. Die agilen Zustände ergeben sich automatisch, nachdem die statischen Zustände (wie oben beschrieben) gefunden wurden.

Wie bei sämtlichen Verfahren, die von speziellen Parametern bzw. Kenngrößen abhängen, hängt auch bei diesem Vorgehen die Zahl der agilen und statischen Zustände von der konkreten Wahl der Werte I und N ab. Daher wird abschließend in (Le u. a., 2007) ein möglicher Optimierungsansatz präsentiert:

I und N werden mit ihren jeweiligen unteren Grenzwerten initialisiert. Daraufhin wird das Verfahren wie zuvor beschrieben angewandt. Durch iteratives Anheben von I wird versucht, die Zahl der statischen Zustände gegenüber der Zahl der agilen Zustände zu verkleinern bzw. dieser anzugleichen. Im letzten Schritt werden durch Anhebung von N die nicht signifikanten agilen Zustände entfernt.

Der Ansatz von Le u. a. (2007) ist insofern mit dem eigenen Ansatz zu vergleichen, als sich auch hier aus Respekt vor der Privatsphäre der jeweiligen Person dem ausschließlichen Verwenden von nichtinvasiven Sensoren verschrieben wurde. Die eigene Arbeit nutzt jedoch weitere einfache Sensortypen (z. B. Magnetkontakte) und diese ist im Gegensatz zu (Le u. a., 2007) in der Lage, unterschiedliche ADL zu erkennen.

Fouquet u. a. (2009) stellen eine weitere Arbeit auf dem Gebiet der automatischen Erkennung von Verhaltensabweichungen dar. Es wird argumentiert, dass ein einziger Sensortyp – wie bei Le u. a. (2007) – nicht ausreichend ist. Daher wird die Verwendung von verschiedenen Sensortypen ausdrücklich empfohlen, obwohl der gewählte Ansatz nur Informationen über den jeweiligen Aufenthaltsort enthält.

Um (potenziell pathologische) Verhaltensänderungen zu detektieren, muss zunächst ein Profil über das normale Nutzerverhalten erzeugt werden. Es wird ausdrücklich darauf hingewiesen, dass es unmöglich ist, ein generelles Modell (Profil) zu erschaffen.

Das entwickelte System muss in der Lage sein, automatisch und unbeaufsichtigt das Normalverhalten des Nutzers zu erlernen. Mithilfe dieses Normalverhaltens muss das System dann entscheiden können, ob es sich bei evtl. auftretenden Abweichungen um nicht pathologische Verhaltensänderungen handelt oder ob die Abweichungen besorgniserregend sind und ein entsprechender Alarm generiert werden muss.

Fouquet u. a. (2009) kommen zu dem Ergebnis, dass der Aufenthaltsort der letzten Sekunde ausreicht, um den nächsten möglichen Aufenthaltsort vorherzusagen. Diese Erkenntnis spricht für die Markow-Kette. Zudem ist das Markow-Modell einfacher in der Verarbeitung als das Pólya'sche Urnenmodell.

Ein weiteres bedeutsames Ergebnis der Arbeit besagt, dass die Genauigkeit der Vorhersage durch die Unterscheidung von Wochentagen weiter gesteigert werden kann. Verhaltensweisen an den Wochenenden unterscheiden sich zum Teil deutlich von denen in der Woche.

Auch die eigene Arbeit nutzt ausschließlich die jeweils vorhergehende Aktivität, um auf die nachfolgende zu schließen. Nach der initialen Phase (etwa vier bis sechs Wochen) wird diesbezüglich ebenfalls eine Unterteilung in Wochenenden und Wochentage vorgesehen.

Rammal und Trouilhet (2008) stellen einen wahrhaftig verteilten Ansatz vor, der mit verschiedenen Sensortypen umgehen kann. Einzelne Sensorwerte können gewichtet werden, wobei dem bedeutendsten Sensorwert das höchste Gewicht zukommt. Das System beruht auf einer Multi-Agenten-Architektur zur Klassifizierung. Es besitzt eine hohe Dynamik, da die bestehenden Muster verwaltet und neue Muster erzeugt werden müssen.

Zwei wesentliche Charakteristika zeichnen das System zudem aus: die dynamische Entwicklung der Klassen und die Allgemeingültigkeit bzgl. der Indikatoren. Ziel des Systems ist es, für jede Person eine an sie angepasste Auswahl von Indikatoren zu wählen und trotzdem auf globale Gemeinsamkeiten zu schließen.

Konkret könnten neben reinen Anwesenheits- und Bewegungssensoren Geräte zur Erhebung von Vitalparametern (z. B. Körperkerntemperatur) in Kombination mit erstgenannten eingesetzt werden. Die Funktionsweise des Systems ist unabhängig von bestimmten Sensortypen sowie -zahlen. Folglich skaliert der Ansatz sowohl aus Software- als auch aus Hardwaresicht.

Die drei wesentlichen Entitäten des Multi-Agenten-Modells sind folgende: die Klassifizierungsagenten A, die Indikatoren I sowie die Personen unter Beobachtung P. Zunächst nimmt jeder Agent für sich eine lokale Klassifikation anhand der vorliegenden Indikatoren vor. Die Indikatoren können dabei auf verschiedenste Weise normalisiert werden.

Um die Klassifizierung weiterzuentwickeln, findet dann ein Austausch der Agenten untereinander statt. Hierzu sendet jeder Agent A seine Indikatoren den übrigen Agenten. Diese empfangen jeweils die anderen Indikatoren und bilden zwei Summen: die Summe der gewichteten gemeinsamen Indikatoren (S_1) sowie die Summe der verbleibenden Indikatoren (S_2).

Für den Fall, dass $S_1 > S_2$ ist, antwortet der Agent dem Sender der zuletzt berechneten Indikatoren. Agenten, die bidirektional kommuniziert haben, gehören fortan einer gemeinsamen Gruppe an. Im dritten und letzten Schritt wird der euklidische Abstand zwischen den Klassen einer Gruppe bestimmt. Hierdurch findet eine Generalisierung des Ergebnisses statt.

Das System wurde von Rammal und Trouilhet (2008) bisher nur theoretisch mit zufällig erzeugten Vektoren getestet. Dabei hat sich bereits abgezeichnet, dass man in der Realität nicht ohne einen Mindestwert bzgl. der euklidischen Distanz zur Fusion von Klassen auskommt.

Das Potenzial, welches dieser Ansatz bietet, erlaubt zudem das Generieren von speziellen Alarmen, das automatische Evaluieren von Abhängigkeit (bezogen auf die Person), das Verfolgen der zeitlichen Entwicklung dieser Abhängigkeit sowie das Erzeugen einer globalen Statistikdatenbank über Personen, die in ihrer eigenen Häuslichkeit ambulant gepflegt werden.

Die Gemeinsamkeit zur eigenen Arbeit besteht darin, dass beide Systeme als Zielgruppe Personen adressieren, die individuelle und nichtinvasive ambulante Pflege in der eigenen Häuslichkeit in Anspruch nehmen. Ebenso können bei beiden Systemen vielfältige Sensortypen in Kombination zum Einsatz kommen.

Eine generelle Übersicht über weitere Verfahren zum Auffinden von Abweichungen in den unterschiedlichsten Anwendungsfeldern ist in Chandola u. a. (2009) zu finden. Die Studie gibt einen strukturierten und umfassenden Überblick über das Forschungsfeld der Anomaliedetektion. Zudem werden die Vor- und Nachteile der verschiedenen Ansätze herausgestellt. Schließlich wird die algorithmische Komplexität der vorgestellten Verfahren erörtert.

1.8 Wissenschaftlicher Beitrag im Umfeld verwandter Arbeiten

Im Rahmen dieser Arbeit wird zunächst ein robustes Konzept zur Kontextgenerierung und Verhaltensermittlung – speziell für den ambulanten Pflegedienst, jedoch mit ebenfalls allgemein gültigen Ansätzen – aufgestellt. Sofern Unsicherheiten bzw. Störungen auftreten, soll das System eher dazu neigen, einmal zu oft anzuschlagen, als keine Meldung von sich zu geben. Liefert ein Sensor bspw. einmal nicht das für die vollständige Ausführung einer ADL notwendige Ereignis, wird die ADL als nicht abgeschlossen vermerkt. Da sich an die Kontextgenerierung die Verhaltensermittlung anschließt, wird das einmalige Ausbleiben einer ADL nicht zwangsläufig zu einem über alle Maßen verminderten Metrikwert führen, es sei denn, diese ADL ist zu dem Zeitpunkt der Störung höchst charakteristisch für die jeweilige Person (z. B. der Mittagsschlaf).

Durch die formale und detaillierte Beschreibung von ADL wird das Erfassen dieser mittels ambienter Sensorik ermöglicht. Daraufhin wird die Lebensweise des Einzelnen bezogen auf die ausgeführten ADL erhoben. Dabei wurden zwei Formen der persistenten Datenhaltung gewählt: Erstens werden alle jemals erkannten ADL in den Tagesprotokollen lokal gespeichert. Zweitens wird daraus täglich das Modell über das Normalverhalten aktualisiert.

Basierend auf diesem Normalverhalten lassen sich Trends bzw. Abweichungen feststellen. Zur Bewertung des Grads der Abweichung wurde eine Metrik eingeführt. Mithilfe des Metrikwerts wird eine der Zielgruppe (Pflegedienst) entsprechende Ausgabe generiert. Im nächsten Schritt wird die generelle Umsetzbarkeit des Konzepts durch eine prototypische Realisierung demonstriert. Schließlich wird die Relevanz der erzeugten Ergebnisse in einer (simulativen) Evaluation unter Beweis gestellt.

Der wissenschaftliche Mehrwert dieser Arbeit lässt sich an mehreren Punkten festmachen: Trotz der Spezialisierung des Konzepts für den Anwendungsfall der ambulanten Pflegeunterstützung weist es im Kern eine allgemeine Anwendbarkeit auf.

Sofern eine Anwendung vorliegt, bei der bestimmten Aktivitäten (Folgen von Ereignissen) beobachtet werden und darauf aufbauend Veränderungen zur Anzeige gebracht werden sollen, ist das vorgestellte System grundsätzlich verwendbar. Die Aktivitäten müssen dabei nicht zwangsläufig sensorisch erfassbar sein. Auch eine manuelle Erfassung ist denkbar. Wesentlich ist, dass sich die Aktivitäten formal beschreiben lassen.

Denkbar wäre bspw. eine Anwendung in der Fertigungsstraße einer Automobilproduktionsstätte – ähnlich wie bei Zinnen u. a. (2009), wobei dort eine andere Sensorik verwendet wurde. Klassischerweise werden an den unterschiedlichen Inseln der Produktion bestimmte Arbeiten (Aktivitäten) ausgeführt. Nachdem man diese Aktivitäten formal beschrieben hat, könnten diese zur Qualitätssicherung erfasst werden. Anschließend ließe sich daraus das Prozessverhalten automatisch ableiten. Je nach Schichtbesetzung könnten minimale Änderungen angezeigt werden. Als Reaktion auf einen geringen Metrikwert (hohe Abweichung gegenüber dem Soll) könnten die Maßnahmen der Fertigungskontrolle entsprechend adaptiert werden. Dabei geben die Aktivitätsdefinitionen in Form der Task-Modelle die zu erkennenden Tätigkeiten vor. Obwohl diese Arbeit zunächst neun typische Aktivitäten (siehe Abschnitt 5.2.3) aus dem häuslichen Kontext vorschlägt, können diese je nach Anwendungsfall an die jeweiligen Anforderungen angepasst werden.

Die Arbeit präsentiert in Gänze ein voll funktionsfähiges System auf formaler Grundlage mit verschiedenen Erweiterungsmöglichkeiten. Es wurde viel Wert auf die spätere Realisierbarkeit und Validierbarkeit des Ansatzes gelegt. Die Überlegungen beginnen bei der Installation eines solchen Systems und enden bei der abschließenden Auswertung der erzeugten verhaltensbezogenen Daten. Schließlich wird aufgezeigt, dass darauf aufbauend weitere Anwendungsmöglichkeiten bestünden.

Das Gesamtsystem weist keinen monolithischen Charakter auf. Vielmehr erlaubt das Baukasten-Prinzip der Entwicklung den Austausch der einzelnen Modelle (zur formalen Spezifikation) sowie der beteiligten Komponenten und Module. Dies wird u. a. durch die Verwendung von Standards an den Schnittstellen ermöglicht. Die verwendeten Standards entsprechen dem aktuellen Stand der Technik (z. B. CTT-XML als Sprache der Task-Modelle, MXML-Format zum Austausch von Kontextinformationen zwischen Kontextgenerierung und Verhaltensermittlung sowie PNML-Format zur Speicherung der ausführbaren Petri-Netze (PN)).

Bislang existierten keine formalen Modellierungen für Alltagsaktivitäten (d. h. ADL). Die hier beschriebene Kontextgenerierung nutzt die aufgestellten Definitionen, um in einer für den Pfleger verständlichen Sprache, die auch systemintern verwendbar ist, den Alltag des Klienten zusammenzufassen.

Die Plattform ist hinsichtlich der Kontextgenerierung und Verhaltensermittlung adaptierbar. Der Betreuer legt bei der Initialisierung des Systems fest, welche ADL bei einer bestimmten Person zu beobachten sind. Nach der eigentlichen Festlegung erfolgt die Ausführung durch den Supervisor. Ferner lassen sich bei der Verhaltensermittlung bzgl. der Beurteilung störende Aktivitäten aus dem Modell ausblenden.

Die gesamte Architektur ist hinsichtlich der Fähigkeit, mit unterschiedlichsten Konfigurationen (z. B. unterschiedlichen Wohnungsgrundrissen) umzugehen, belastbar, der verfolgte Ansatz ist flexibel gegenüber einer Anpassung bzw. Erweiterung der Kontextgenerierung. Nachträglich können zusätzliche Task-Modelle hinzugefügt bzw. zukünftig überflüssige entfernt werden. Ein entsprechendes Hinzufügen kann sinnvoll sein, wenn Anzeichen für neu aufgetretene Schwierigkeiten bei der Ausführung von bestimmten Aktivitäten vorliegen. Ebenso kann ein Entfernen notwendig werden, wenn z. B. bestimmte Aktivitäten grundsätzlich nur noch vom Betreuer ausgeführt werden.

Obgleich der bei der Kontextgenerierung eingeschlagene Lösungsweg einen sehr formalen Charakter hat, ist die aufgezeigte Verhaltensermittlung mit der enthaltenen Delta-Analyse sehr individuell auf die jeweilige Person zugeschnitten. Abweichungen innerhalb des Verhaltens werden gegen eine persönlich aufgestellte Referenz detektiert. Diese Referenz ist in mehreren Dimensionen variabel: bzgl. des Inhalts, wenn bspw. neue Aktivitäten hinzugefügt wurden, bzgl. der Zeit, wenn sich das Verhalten der Person auf einer größeren Zeitskala geändert hat. Unverhältnismäßige Änderungen des Verhaltens auf einer kleineren Zeitskala werden als Verhaltensänderungen gedeutet.

1.8 Wissenschaftlicher Beitrag im Umfeld verwandter Arbeiten 33

Schließlich wurden Untersuchungen im Bereich der „Kontextgenerierung" und „Verhaltensermittlung" durchgeführt und in diesen Bereichen entwickelte Lösungen dargestellt.

Obwohl es bereits eine Vielzahl von Arbeiten zu den Themen Aktivitätserkennung (Choudhury u. a., 2006; Doğangün, 2012) und Detektion von unregelmäßigem Verhalten (Chandola u. a., 2009) gegeben hat, verwendet keine der existierenden Techniken a priori (grafisch) modelliertes Wissen zur Definition von Alltagsaktivitäten, auf das sich die anschließende Verhaltensermittlung stützt.

Das Konzept des hier vorgestellten Ansatzes nimmt eine strikte Trennung von personenunabhängigem Wissen bezogen auf die Kontextgenerierung und personenindividuellem Wissen zur Detektion von Verhaltensänderungen vor.

Anders als z. B. in (Fouquet u. a., 2010) werden Aktivitäten nicht als atomare Aufgaben betrachtet. In der vorliegenden Arbeit besitzen Aktivitäten einen Anfangs- und einen Endzeitpunkt. Somit lässt sich zu jeder beliebigen Aktivität eine entsprechende Dauer bestimmen. Wie in (Helaoui u. a., 2011) können sich Aktivitäten gegenseitig unterbrechen, parallel ablaufen und ineinander verschachtelt auftreten.

Im Unterschied zu (Doğangün, 2012) wird kein gelabelter Datensatz benötigt. Des Weiteren werden keine Gedächtnisunterstützungen für den Klienten generiert. Die Ausgaben des Systems richten sich primär an den betreuenden Pflegedienst und gelangen erst gefiltert – nach dessen fachlicher Einschätzung – verbal an den Klienten.

Rashidi und Mihailidis (2013) geben mit ihrer Arbeit einen sehr guten Überblick über den State of the Art für den AAL-Bereich. Dass fast 90 % der älteren Menschen es im Pflegefall bevorzugen, in der gewohnten Umgebung ihrer eigenen Häuslichkeit zu verbleiben, in Kombination mit bspw. dem Mangel an Pflegekräften oder der Kostenexplosion im Gesundheitswesen, zeigt den enormen Bedarf für einfach zu bedienende und kostengünstige AAL-Systeme.

Unter dem Oberbegriff AAL haben sich kürzlich eine Reihe von technologischen Fortschritten herausgestellt. Die Autoren unterteilen diese in vier Gruppen: „Smart Home", assistive Roboter, intelligente Kleidung und mobile und tragbare Sensoren.

Ein „Smart Home" wird als ein herkömmliches Zuhause, welches um verschiedene Typen von Sensoren und Aktoren erweitert wurde, angesehen. Unter Nutzung der Sensordaten lassen sich durch Analyse und Sensorfusion inhaltsreiche Kontextinformationen ableiten. Weltweit existieren eine Vielzahl von Laboren, die sich speziell mit diesem Thema befassen. In einer tabellarischen Übersicht listen die Autoren 18 solcher größtenteils wissenschaftlich geprägten Einrichtungen auf.

Die Gruppe der assistiven Roboter wird anhand der Aufgabenkategorie, die sie für den Menschen übernehmen können, weiter unterteilt. Die robotische Unterstützung, die bei den *typischen* ADL helfen soll, setzt in erster Linie beim Aufheben und Anreichen von Gegenständen an. Ein bekannter Vertreter stammt vom Fraunhofer IPA und nennt sich „Care-O-bot". Die nächste Unterkategorie umfasst weitergehende instrumentelle ADL. Hierzu zählen u. a. Haushaltsführung, Essenzubereitung, Medikation, Wäschewaschen, Einkaufen und Telefonieren. Auch hier nennen die Autoren einige (teils kommerzielle) Realisierungsbeispiele.

Schließlich existieren die erweiterten ADL, zu denen bspw. Hobbys, soziale Interaktion und Lernen gehören. Bei den Dienstleistungsrobotern steht die Interaktion mit dem Roboter im Vordergrund der Betrachtung. Der Roboter-Begleiter hingegen hat die Aufgabe, das emotionale Wohlbefinden des Menschen zu verbessern. Ein bekanntes Beispiel, welches die Autoren an dieser Stelle auch nennen, ist die Robbe Paro.

Im Bereich der intelligenten Kleidung muss unterschieden werden, auf welcher Ebene die Elektronik eingesetzt wird. Auf der Kleidungsstück-Ebene wird die Sensorik am Ende der Verarbeitung und recht präsent platziert. Die Textil-Ebene stellt eine unmerklichere Form der Integration dar. Hierbei wird die Elektronik in den Stoff eingearbeitet bzw.-gewoben. Das letztendliche Ziel mündet in der Faser- bzw. Faden-Ebene. Auf diese Weise fällt die Sensorik überhaupt nicht mehr auf.

Die Kommunikation bei körpernahen Netzwerken – Body Area Network (BAN) – lässt sich in drei Schichten einteilen: Intra-BAN, Inter-BAN und Beyond-BAN. Auf der Intra-BAN-Schicht spielen Kommunikationsprotokolle eine wichtige Rolle. Optimierungsfaktoren sind bspw. Energieeffizienz und Quality-of-Service. Auf der Inter-BAN-Schicht stellt sich die Frage, ob auf eine Infrastruktur- oder eine Ad-hoc-Kommunikationsform zurückgegriffen wird. Schließlich verbindet man auf der Beyond-BAN-Schicht mehrere BAN über das Internet mit anderen Netzen. Hierzu zählen u. a. die Kommunikation zwischen mehreren Nutzern oder die Kommunikation zwischen einem Nutzer und der zuständigen Pflegekraft.

Der Bereich der mobilen und tragbaren Sensoren wurde vor allem durch die Entwicklung des Smartphones vorangetrieben. Es stellt ohne zu stigmatisieren eine vorzügliche Plattform für die mobile Erhebung von Sensordaten zur Verfügung. Neuste technologische Fortschritte im Bereich der epidermalen Elektronik und der MEMS-Technologie versprechen zukünftig weitere nichtinvasive Sensoren. Andere Messungen (z. B. EEG) benötigen weiterhin invasive Sensoren.

Für das Kapitel Algorithmen nehmen Rashidi und Mihailidis (2013) eine Fünfteilung vor: Aktivitätserkennung, Kontextmodellierung, Lokalisierung/Identifizierung, Planung und Detektion von Anomalien. Eine, wenn nicht sogar die wichtigste Teilkomponente, eines AAL-Systems, bildet die Aktivitätserkennung. Die Herausforderung besteht darin, aus einem Muster von unterschiedlichen Typen von einfachen (z. B. binären) Sensordaten auf menschliche Aktivitäten zu schließen.

Grundsätzlich haben sich drei unterschiedliche Herangehensweisen etabliert: die mobile, die ambiente (stationäre) und schließlich die optische Aktivitätserkennung. Die mobile Aktivitätserkennung eignet sich besonders, um deutliche periodische Muster in Form von Zeitreihen zu analysieren. Beispiele für zugehörige Aktivitäten sind: Gehen, Joggen und Laufen. Um eine entsprechende Zeitreihe zu analysieren sind fünf Schritte eines mehrstufigen Prozesses erforderlich, den die Autoren in ihrer Arbeit ausgiebig beschreiben. Bei der (stationären) ambienten Aktivitätserkennung kommt keine tragbare Sensorplattform zum Einsatz. Vielmehr wird aus einem Netzwerk von ambienten Sensoren auf die Aktivität des Menschen geschlossen. Hierzu stehen verschiedene Verfahren zur Auswahl, die sich vor allem dadurch unterscheiden, ob die Daten zwecks Lernphase gelabelt sein müssen, oder, ob der Erkennung Modelle zugrunde liegen.

HMM zählen zu den beliebtesten Verfahren aus der ersten Kategorie. Das graphische Verfahren ist auf gelabelte Datensätze angewiesen. Trotz seiner Prävalenz in der Forschungslandschaft bringt es einige deutliche Nachteile mit sich, auf welche die Autoren auch eingehen: beaufsichtigtes Lernen skaliert in der Realität generell nicht so gut wie unbeaufsichtigte Verfahren, die Annahme von konsistenten und vordefinierten Aktivitäten findet sich außerhalb des Labor kaum wieder und nicht alle Personen führen Aktivitäten auf die gleiche Weise aus. Zudem nimmt das Label von Daten sehr viel Zeit in Anspruch und ist eine äußerst aufwändige Aufgabe. Um die

1.8 Wissenschaftlicher Beitrag im Umfeld verwandter Arbeiten

genannten Probleme zu lösen, wurden die Data-Mining-Verfahren entwickelt. Diese kommen mit unvollständig bis hin zu gar nicht gelabelten Daten aus. Daher wurde für die eigene Art auch dieser Ansatz gewählt.

Schließlich gehen Rashidi und Mihailidis (2013) noch auf die optischen Verfahren ein. Obwohl diese zum Teil sehr detaillierte Kontextinformationen liefern können, haben sie in der Anwendung mit einigen Problemen zu kämpfen: in natürlichen (nicht-labor) Umgebungen herrscht die Variation – kein Haushalt gleicht dem anderen, die Komplexität der Algorithmen lässt sich schlecht auf eingebetteten Systemen realisieren und ein erheblicher Eingriff in die Privatsphäre. Vergleichbar zur mobilen Aktivitätserkennung wird auch bei den optischen Verfahren die klassische Verarbeitungskette vorgestellt.

Bei der Kontextmodellierung gehen die Autoren insbesondere auf ontologie-basierte Verfahren ein. Diese seien zur Kontextmodellierung gut geeignet, da sie die Konzepte auf eine hierarchische Art und Weise repräsentieren. Ergänzend werden zugehörige Beschreibungssprachen vorgestellt, die entsprechende Spezifikationen ermöglichen und darauf aufbauende Schlussfolgerungen erlauben.

Die Detektion von Anomalien findet sich auch in der eigenen Arbeit wieder. Dabei geht es um die Erkennung von Abweichungen bei der Ausführung von ADL. Ein gerne verwendetes Beispiel ist die Medikation. Abweichungen bei der Einnahme von Medikamenten sind verhältnismäßig leicht zu erkennen, da diese gegenüber der Verordnung durch den Arzt prüfbar sind.

Dass Lokalisierung und Identifizierung viele Gemeinsamkeiten aufweisen, wird in dem gleichnamigen Abschnitt erläutert. Mit Ausnahme der sogenannten anonymen Lokalisierung stellt die Bestimmung des Aufenthaltsortes einer Person auch eine Identifizierung dar. Spezialisierte Verfahren wurden entwickelt, da Global Positioning-System (GPS) im Innenbereich entsprechende Schwächen aufweist. In Bezug auf die anonyme Lokalisierung sind Bewegungs- bzw. Präsenzmelder unter Forschern sehr beliebt. Auch hierbei gilt es, eine vernünftige Abwägung zwischen Verlässlichkeit und Aufdringlichkeit zu erzielen.

Der Schwerpunkt Planung vervollständigt schließlich den Abschnitt. Planungs- bzw. Ablaufkoordinationstechniken lassen sich in die gängigen Ansätze kategorisieren: Vorwärts-/Rückwärtssuche bzw. graphische Analyse, entscheidungstheoretische Techniken (z. B. Markov-Entscheidungsprozess) und hierarchische Verfahren.

Ein verwandtes Themenfeld stellt die Erinnerungsunterstützung dar. Dabei gilt es, die zwei Kernfragen – wann und woran zu erinnern – möglichst treffend zu beantworten. In jedem Fall muss verhindert werden, dass man eine Art Abhängigkeit schafft, bei der sich der Benutzer eines Tages zu sehr auf das System verlässt. Daher sollte man die Anleitungen stets auf ein gesundes Minimum reduzieren.

Der folgende Abschnitt widmet sich den Anwendungsgebieten von AAL-Systemen. Diese lassen sich laut Rashidi und Mihailidis (2013) in drei Gruppen einteilen: Gesundheits- und Aktivitätsmonitoring-Werkzeuge, Weglaufschutz-Systeme und kognitive Orthesen. Zu den Gesundheits- und Aktivitätsmonitoring-Werkzeugen zählen die meisten AAL-Systeme. Dabei sind die meisten Realisierungen auf eine Untermenge der ADL reduziert. Hier betritt die eigene Arbeit Neuland. Diese versucht alle ADL zu erfassen und spezialisiert sich nicht auf eine bestimmte Untermenge. Es werden sogar noch Aktivitäten modelliert, die häufig auch als instrumentelle ADL bezeichnet werden.

Allen Bemühungen gemein ist die Beobachtung, dass eine Veränderung bei der Ausführung dieser Aktivitäten als früher Indikator für kognitive und physische Verschlechterung angesehen werden kann.

Zum aktiven Gesundheitsmonitoring zählen auch Systeme zum kontinuierlichen Überwachen von Vitalparametern (bspw. in Form von tragbaren Rekordern oder integriert in Kleidungsstücke) sowie Sturzerkennungssysteme als eine wichtige Konkretisierung der Notfallerkennungssysteme. Den Sturz an sich zu verhindern ist von großer Bedeutung, da er eine der Hauptursachen für Morbidität und Mortalität im Alter ist. Die Umsetzung speziell der Sturzerkennung lässt sich in drei Gruppen einteilen: tragbares Gerät, ambiente Sensorik und optisches System.

Das Anwendungsgebiet der Systeme zum Verhindern des Wandertriebs bei z. B. Demenzpatienten im Außenbereich wird von GPS-basierten Lösungen dominiert. Auch für den Innenbereich existieren spezialisierte kommerzielle Systeme. Mithilfe von maschinellem Lernen oder Verfahren der künstlichen Intelligenz ist es ebenfalls möglich, auf am Körper zu tragende Gerätschaften zu verzichten. Für den Fall, dass sich orientierungsschwache Patienten verlaufen haben, bieten Navigationsunterstützungssysteme ihnen Hilfestellung bei Auffinden des Rückweges.

Unter den sogenannten kognitiven Orthesen versteht man Assistenzsysteme, die kognitiv eingeschränkten Menschen helfen sollen, sich besser an wichtige Dinge des Alltags zu erinnern. Auch hier kommen Verfahren wie maschinelles Lernen oder künstliche Intelligenz zum Einsatz. Das beliebteste Beispiel in diesem Zusammenhang ist die Compliance bei der Medikamenteneinnahme.

Einige Arbeiten auf dem Gebiet von AAL haben sich auch mit den Designaspekten solcher Systeme befasst. Grundsätzlich lassen sich hierzu einige Aussagen treffen: AAL-Systeme sollten sich nicht auf Bemühungen seitens des Nutzers verlassen. Dieser wird ein neuartiges System nur dann akzeptieren, wenn die Anstrengungen, die dazu nötig sind, es zu bedienen, sich auf ein Mindestmaß beschränken und der Vorteil durch dessen Nutzung deutlich im Vordergrund steht.

In puncto Sensoren und anderer Gerätschaften gilt es, eine geeignete Größe zu finden. Die Apparaturen (sofern sie denn am Körper getragen werden müssen) sollten sich angenehm tragen und anlegen lassen. Um gleichzeitig eine vernünftige Betriebszeit anbieten zu können, sollte zukünftig mehr Gebrauch von batterielosen Funktechnologien (Energy Harvesting und Shortrange Wireless Energy Submission) gemacht werden.

Im Allgemeinen sollten Sensoren möglichst klein, leicht und einfach in der Handhabung sein. In Bezug auf die Handhabung steht der Aufwand, den es zu betreiben gilt, um die Energiespeicher zu befüllen, im Vordergrund. Schließlich darf nicht vergessen werden, dass nicht ausschließlich die älteren Personen von AAL-Systemen profitieren sollen. Auch die pflegenden Angehörigen bzw. die Pflegekräfte müssen ein ihren Bedürfnissen entsprechendes System vorfinden.

Ein nicht zu vernachlässigender Aspekt, wenn es um die Entwicklung von AAL-Systemen geht, ist stets die Berücksichtigung von sozialen und ethischen Belangen. Die größte Hürde bei der Implementierung von solchen Systemen ist die (fehlende) Akzeptanz der älteren Menschen. Daher sollte man dem Training und der Unterstützung einen wichtigen Stellenwert zuordnen.

1.8 Wissenschaftlicher Beitrag im Umfeld verwandter Arbeiten

Der Schutz der Privatsphäre sowie der vertrauliche Umgang mit den erhobenen Daten muss ernstgenommen werden. Jegliche digitale Kommunikation sollte verschlüsselt und sicher sein. Insbesondere in Bezug auf die Erhebung von Vitalparametern muss sichergestellt sein, dass Person und Datensatz zusammenpassen.

Technologien werden niemals menschliche/persönliche Pflege und Zuwendung ersetzen können. AAL-Systeme sollten nicht dazu beitragen, dass ältere Menschen vereinsamen oder sich gar isolieren. Ebenso wenig ist Misstrauen in der Pfleger-Patient-Beziehung erwünscht.

Zukünftige Entwicklungen im Bereich von Sensortechnologien müssen besonders der Aspekt des Tragekomforts verbessert werden. Speziell bei Funksensoren gilt es die Absorption der Haut von elektromagnetischer Strahlung zu berücksichtigen. Bei der Roboterentwicklung muss der Weg von vielen auf einzelne Aufgaben spezialisierte Roboter hin zu adaptiven „Alleskönnern" führen. Eine Durchdringung wird jedoch erst erfolgen, wenn man sich mittels entsprechender Studien den Akzeptanzproblemen widmet.

Bei den Themen Datenschutz und Sicherung der Privatsphäre werden nichtinvasive Authentifizierungsmethoden etwa durch biometrische oder physiologische Eigenschaften an Bedeutung gewinnen. In Bezug auf den menschlichen Faktor müssen die Erfordernisse der beteiligten Rollen und Personen beachtet werden. Ausreichendes Training und Aufklärung sind hier der Schlüssel zum Erfolg.

Die Algorithmen müssen generell noch stabiler und zuverlässiger werden. Vereinfachende Annahmen müssen sukzessive zurückgenommen werden. Dies betrifft im Wesentlichen die Annahme der „Ein-Personen-Haushalte" und das Vorhandensein von gelabelten Datensätzen. Bezüglich des Umgangs mit den sensiblen Daten gibt es einen Bedarf an einheitlichen und standardisierten Regulierungen und Gesetzen. Nutzer müssen ausgiebig über die potenziellen Folgen, die mit dem Einsatz von AAL-Systemen einhergehen, informiert werden.

Mittels der entwickelten Plattform wird versucht, eine optimale Lösung des Problems der Verhaltensermittlung (im Kontext der Pflege) zu bieten, d.h., nach Möglichkeit sollte diese Aufgabe nicht besser lösbar sein.

Die Arbeitshypothese, mit der die Thematik angegangen wurde, lautet wie folgt: „Es lassen sich Rückschlüsse auf Aktivitäten des täglichen Lebens (ADL, evtl. im erweiterten Sinne) im häuslichen Bereich ableiten, weil Interaktion(en) bei der Ausführung der ADL und der Umgebung mithilfe von ambienter Sensorik erfassbar sind."

Zur Inbetriebnahme der entwickelten Kontextgenerierung ist eine Reihe von Schritten erforderlich:

1. Die zu erkennenden Aktivitäten des täglichen Lebens (ADL) müssen zunächst ausgewählt werden,
2. für jede Aktivität muss eine Definition der korrekten Ausführung angefertigt werden,
3. es muss ein Satz von Sensoren benannt werden, der Aufschluss über die ausgeführten Aktivitäten gibt (evtl. muss daraufhin eine Anpassung des zweiten Schritts erfolgen), und
4. Teilschritte, die zur korrekten Ausführung von Aktivitäten (mit ihren zugehörigen Sensorereignissen) erforderlich sind, müssen dem System a priori bekannt sein (Top-down-Ansatz).

1.9 Aufbau der Arbeit

Bevor das System eingesetzt werden kann, müssen die zu detektierenden ADL mittels einer geeigneten Beschreibungssprache (aus dem Bereich des Task-Modellings) modelliert werden. Geeignet heißt in diesem Zusammenhang, dass es sich um eine für die an deren Erarbeitung beteiligten Personengruppen verständliche Beschreibungssprache handelt, die sich gleichsam zur automatischen Ableitung von ausführbaren Erkennungsroutinen eignet. Eine solche Beschreibungssprache wurde mit ConcurTaskTrees (CTT) gefunden.

Zusätzlich wurde eine automatische Transformation der Modelle in eine hinsichtlich der Ausführung optimierte Form angegeben. Dabei haben sich PN als adäquate Lösung herausgestellt.

Mithilfe der entstandenen Aktivitätsbeschreibungen und der installierten ambienten Sensoren wurde ein Verhaltensrepräsentationsverfahren konzeptioniert und anschließend realisiert. Durch die Definition einer Metrik (mit zugehörigem Algorithmus für deren Berechnung) können spezifische Tagesabläufe mit einem „Normalverhalten" korreliert werden. Die Metrik hilft auch dabei, herauszufinden, ob spontane Verhaltensänderungen vorliegen.

Dadurch, dass die Tagesverläufe auf den Kontextinformationen der Aktivitätsmodelle beruhen, können gravierende Abweichungen hervorgehoben und die eine Abweichung auslösende Aktivität kann bei ihrem natürlich sprachlichen Namen genannt werden.

In Kapitel 3 befasst sich der Autor mit den Grundlagen der Motivation sowie dem Begriff des AAL. Anschließend wird eine Kategorisierung des Kontextbewusstseins (Context-Awareness) getroffen. Weitere präsentierte Grundlagen stammen aus dem Pflegebereich. Das Kapitel schließt ab mit einer Darstellung der Verfahren des Task-Modellings sowie des Process-Minings. In beiden Fällen werden mehrere verwandte Verfahren vorgestellt und hinsichtlich ihrer Eignung für den vorliegenden Fall bewertet.

Im dritten Kapitel werden die Anforderungen an das zu konzeptionierende System zusammengestellt und Antworten auf die folgenden Fragen geliefert: Welche Voraussetzungen sind zur Entwicklung erforderlich? Inwiefern kann Expertenwissen den Prozess unterstützen? Welche Anforderungen bestehen an die ambiente Sensorik? Ist ein automatisiertes AAL-System mit dem Schutz der Privatsphäre vereinbar? Das Kapitel endet mit der Beschreibung aller das System bestimmenden Faktoren.

Das Gesamtkonzept der Arbeit wird in Kapitel vier vorgestellt. Zunächst werden hierzu die beteiligten Rollen ermittelt. Geeignete Hardware in Form von Sensoren wird anschließend beschrieben, bevor die zweckmäßigen Methoden zur Umsetzung genannt werden. Bekannte Verfahren werden nach Kontextgenerierung und Verhaltensermittlung differenziert bewertet und entsprechend ihrer Eignung für die vorliegende Problemstellung klassifiziert. Das jeweils beste Verfahren wird dann verwendet bzw. hinsichtlich der Verhaltensermittlung weiterentwickelt.

Die gesamte Plattform wird aufgeteilt nach einzelnen Komponenten beschrieben. Schließlich wird die entwickelte Metrik formal beschrieben und der Algorithmus zu ihrer Berechnung aufgestellt.

Kapitel 5 ist der Präsentation der prototypischen Realisierung des zuvor beschriebenen Konzepts gewidmet. Besondere Aufmerksamkeit gilt dabei den modellierten Task-Modellen, welche die zu erkennenden Aktivitäten in Form von Interaktionen mit der Umgebung schildern.

Das sechste Kapitel dient dem Nachweis der Zweckdienlichkeit der entwickelten Metrik sowie der Plattform zu ihrer Erhebung. Die Evaluation unterscheidet ebenfalls nach Kontextgenerierung und Verhaltensermittlung.

1.9 Aufbau der Arbeit

In Kapitel 7 wird ein Fazit gezogen, in dem die Ergebnisse der gesamten Arbeit zusammengefasst sowie präsentiert werden und ein Ausblick auf mögliche Weiterentwicklungen gegeben wird. Am Ende der Arbeit finden sich die Bibliografie sowie der Anhang.

2 Ambiente Assistenzfunktionen

2.1 Demografischer Wandel

Im Alter ist nicht ausschließlich ein Rückgang der physischen Fertigkeiten zu beobachten. Zusätzlich findet man bedingt durch die Tatsache, dass Menschen nicht zuletzt durch die kontinuierlich verbesserte medizinische Versorgung länger leben, eine Abnahme der kognitiven Fähigkeiten vor. Meist äußert sich diese zunächst in Form trivialer Vorkommnisse, bspw. des Verlegens der Sehhilfe, und endet u. U. auf einem krankhaften Niveau (z. B. Demenz oder Alzheimerkrankheit).

Wenn aus dem Verlegen von Gegenständen Einschränkungen des täglichen Lebens (wie Schwierigkeiten bei der Nahrungsaufnahme) erwachsen, können die betreffenden Personen häufig nicht mehr selbstständig zuhause leben. Für die meisten Menschen ist dies eine beängstigende Vorstellung. Hier setzt der Gedanke des „Ambient Assisted Living (AAL)" ein, der im folgenden Abschnitt detailliert beschrieben wird.

Einer wachsenden Zahl von älteren Menschen steht eine immer geringere Zahl von jungen Menschen gegenüber (Im Jahre 2030 wird die Altersgruppe der unter 20-Jährigen voraussichtlich gerade einmal 17 % der Gesamtbevölkerung ausmachen. Dem gegenüber stehen die 65-Jährigen und Älteren. Dieser Altersgruppe werden nach der Vorausberechnung 29 % der Gesamtbevölkerung angehören Destatis (2011b).). Bei einem gleich bleibenden Anteil an Auszubildenden im Pflegebereich bedeutet dies zukünftig eine absolute Abnahme der Pflegekräfte. Dies ist insbesondere deshalb kritisch einzuschätzen, da der zu pflegende Anteil der Bevölkerung stetig wächst[1].

Hinzu kommt, dass der Beruf des Pflegers an Attraktivität eingebüßt hat (Güttel, 2011). Dies liegt u. a. daran, dass dieser Job nicht nur körperlich sehr fordernd, sondern auch im Tagesablauf äußerst stressig ist. Möchte die Gesellschaft auch in Zukunft eine ausreichende Pflege älterer und hilfsbedürftiger Menschen gewährleisten, sollte dies als Auslöser eines Umdenkens in der Pflegewirtschaft dienen. Gefordert sind innovative Konzepte, welche Pfleger bei ihrer täglichen Arbeit unterstützen und auf diese Weise indirekt zur Erhaltung der Autonomie und Lebensqualität der Betroffenen beitragen.

Ein möglicher Lösungsansatz sieht vor, mit den bestehenden Ressourcen (Personal bzw. Arbeitszeit) effizienter umzugehen. Die bisherigen zeitlich getriebenen und statischen Arbeitspläne müssen sich hin zu bedarfsorientierten Ansätzen entwickeln. Eine effiziente Nutzung der personellen Ressourcen ist nicht nur in Zeiten knapper Pflegekassen sinnvoll. Der optimale Einsatz von Arbeitskraft ist zu allen Zeiten der erstrebenswerte Idealfall.

---

[1] Älter werden in der Altenpflege (http://www.f-bb.de/fileadmin/Projekte/Projektflyer/
AElter_werden_in_der_Altenpflege_Projektflyer.pdf – Zugriffsdatum: 19.01.2013)

2.2 Chancen durch Ambient Assisted Living

Der Begriff AAL wurde in Deutschland erstmals 2004 durch das Bundesministerium für Bildung und Forschung (BMBF) verwendet. AAL hat zur Aufgabe, durch eine IT-gestützte Alltagsumgebung die Gesundheits- und Pflegeversorgung zu verbessern. Im direkten persönlichen Wohnumfeld werden (nahezu) unsichtbar Sensoren installiert, die, zu einer kompletten Infrastruktur ausgebaut, eine zeitnahe Notfallerkennung und -meldung ermöglichen. Die Zielgruppe können sowohl chronisch kranke oder ältere Menschen als auch Risikopatienten sein. Darüber hinaus kann Informations- und Kommunikationstechnik (IKT), im Alter dabei helfen, soziale Kontakte zu erhalten bzw. neue aufzubauen, wobei letzterer Aspekt in dieser Arbeit nicht im Fokus steht.

Bei AAL handelt es sich also um eine noch relativ junge Forschungsrichtung, die in zweierlei Hinsicht Lösungschancen bietet: einerseits in der eigenen Häuslichkeit, indem die Autonomie des Einzelnen durch in der Umgebung befindliche Technologie im Alter erhöht wird. Dadurch können Menschen so lange wie möglich in ihren eigenen vier Wänden verbleiben. Dabei deckt sich der Wunsch des Betroffenen (BMFSFJ, 2005) mit der kostengünstigeren Variante für die Pflegekasse (vgl. Pflegegeld (BMG, 2012b) vs. Kosten für die stationäre Pflege (BMG, 2010)).

Andererseits gilt dies für die Gesundheits- und Pflegeversorgung, indem ebendiese Technologie den ambulanten Pflegedienst bei seiner Arbeit unterstützt. Durch eine nichtinvasive Abschätzung des Pflegebedarfs können die zur Verfügung stehenden Ressourcen optimal eingesetzt werden. Auf diese Weise kommen alle zu ihrem Recht (Win-win-Situation).

Laut der vom Feldafinger Kreis 2008 veröffentlichten Trendaussage 14 „Ambient Assisted Living" – Vernetzte, digitale Umgebungen unterstützen den Menschen in allen Lebenslagen (Wahlster und Raffler, 2008) – besitzt „Human-Behavior-Modelling" eine gute Wettbewerbsstellung bei geringer Anwendungsreife, sodass Entwicklungen in diesem Bereich einerseits noch rar, andererseits durchaus lohnend erscheinen.

Nach einer 2008 in Deutschland durchgeführten Studie wird der Altersgruppe ab 65 Jahre eine Kaufkraft in Höhe von 20.819 Euro pro Einwohner und Jahr bescheinigt (GfK, 2008). Damit steht ihnen deutlich mehr Geld zur Verfügung als den unter 40-jährigen. Von Wahlster und Raffler (2008) wird ein annähernd exponentielles Wachstum des AAL-Bereichs prognostiziert; insbesondere vor dem Hintergrund der europäischen Lissabon-Strategie[2].

Röcker und Ziefle (2012) zeigen in ihrer Arbeit, dass, obwohl das Thema AAL bereits seit 10 bis 15 Jahren von wissenschaftlichem Interesse ist, aktuell sehr viele Projekte zu eben diesem Thema gefördert und bearbeitet werden. So begann die EU bereits in 2007 durch das sechste Rahmenprogramm 16 Projekte dieser Art zu fördern. 2008 wurden mit dem siebten Rahmenprogramm weitere Projekte zum Thema AAL gefördert.

In ihrer Arbeit kategorisieren Röcker und Ziefle (2012) 23 Arbeiten in vier Gruppen: (1) General Support of Elderly, (2) Medical Systems, (3) Intelligent Environments und (4) Technical Infrastructures.

Projekte, die der ersten Gruppen angehören sind: COST 219 (Design von einfach zu bedienenden Informations- und Kommunikationssystemen), VAALID (Simulationsplattform zur Entwicklung und Validierung von assistiven Diensten), INHOME (Design von Diensten, die älteren Menschen zuhause eine verbesserte Lebensqualität bieten sollen), SENTHA (Design

---

2 Die Lissabonner Strategie zielte darauf ab, die EU bis 2010 „zum wettbewerbsfähigsten und dynamischsten wissensgestützten Wirtschaftsraum der Welt zu machen." (Quelle: Wikipedia-Artikel zu Lissabon-Strategie, 2013)

2.2 Chancen durch Ambient Assisted Living

von alltäglichen Technologien für ältere Benutzer), ALADIN (kontextsensitive Beleuchtungslösungen für ältere Menschen) und SOPRANO (technische Infrastruktur, um ein unabhängiges Leben zuhause zu ermöglichen).

In der zweiten Gruppe (Medical Systems) befinden sich die folgenden Projekte: PROSAFE (leichtgewichtige Sensoren zur kontinuierlichen Erfassung von Aktivitätsdaten bei Alzheimerpatienten), PHMon (Entwicklung eines personalisierten Gesundheitsmonitoring-Systems zur Messung von verschiedenen physiologischen Parametern), CONTAIN (Integration von Kommunikations-, Sensor- und Aktortechnologien in Kleidungsstücke, um Vital- und Umgebungsparameter ermitteln zu können), NUTRIWEAR (mobiles Monitoringsystem zur Erfassung von Vitalparametern), MyHeart (personalisiertes und einfach zu bedienendes Assistenzsystem zur Begleitung eines gesünderen Lebensstils), WEALTHY (intelligente Textilien für die persönliche Gesundheitspflege) und PerCoMed (Untersuchungen zu Chancen und Risiken bei der Nutzung von pervasiven Datenverarbeitungstechnologien im Anwendungsfeld der Gesundheitspflege sowie Treiber und Hürden von Innovation und Durchdringung dieser Systeme).

Die dritte Gruppe (Intelligent Environments) umfasst nach Röcker und Ziefle (2012) folgende Projekte: NETCARITY (vernetztes Multisensorsystem für ältere Menschen, um Gesundheitspflege, Schutz und Sicherheit in häuslicher Umgebung sicherzustellen), interLiving (Erhebung des Bedarfs von verschiedenartigen Familien in Bezug auf das Design von zukünftigen häuslichen Systemen), BelAmI (Entwicklung von innovativen Technologien und Systemen im Bereich von Ambient Intelligence; im Speziellen Fragestellungen zu mobiler Kommunikation, Mensch-Maschine-Interaktion, Mikroelektronik und Softwareentwicklung), SmartHome (Entwicklung von intelligenten digitalen Geräten zur Verbesserung der Lebensqualität im häuslichem Umfeld) und Hospital Without Walls (Entdeckung neuer Möglichkeiten zur Langzeitüberwachung im häuslichen Umfeld mit der Spezialisierung auf ein Sturzerkennungssystem).

In der letzten Gruppe (Technical Infrastructure) listen Röcker und Ziefle (2012) folgende Arbeiten auf: TOPCARE (Entwicklung verschiedenartiger Geräte und Kommunikationssysteme, die als technische Infrastruktur für kooperative Gesundheitsdienste im häuslichen Umfeld genutzt werden können), PERSONA (Middleware-Framework für AAL-Lösungen, siehe auch Seite 45), AMIGO (offene, standardisierte und interoperable Middleware sowie Benutzerdienste, die im wesentlichen durch prototypische Anwendungen demonstriert werden), SENSATION (Entwicklung verschiedenartiger Typen von Sensoren, die ein unaufdringliches und kosteneffizientes Echtzeitmonitoring bieten sollen, mit dem Ziel, physiologische Zustände von Patienten besser erkennen und vorhersagen zu können) und schließlich SHARE-it (Entwicklung von skalierbaren und adaptiven Systemen als Erweiterung zu Sensoren und assistiven Technologien).

Jeschke (2013) gibt im „Demografie-Atlas" einen ausgezeichneten Überblick über alle in Deutschland erarbeiteten Konzepte, angebotenen Produkte und Dienstleistungen sowie aktive und abgeschlossene Forschungsvorhaben rund um den demografischen Wandel. Dabei werden insbesondere die durch den demografischen Wandel entstehenden Chancen für die deutsche Wirtschaft hervorgehoben.

Im ersten Abschnitt werden 29 demografiesensible Dienstleistungen und Geschäftsmodelle vorgestellt. Darauf folgen fünf intergenerationelle Kompetenz- und Qualifizierungsprogramme. Anschließend werden sieben technische Lösungen für den Arbeitsplatz der Zukunft zusammengetragen. An einer dieser technischen Lösungen für den Arbeitsplatz der Zukunft (ProDoku) hat das Fraunhofer-Institut für mikroelektronische Schaltungen und Systeme (IMS) aus Duisburg mitgewirkt. Weitere 27 Konzepte zum demografieorientierten Personal- und Organisationsmanagement folgen. Dem reihen sich neun alternsgerechte Konzepte zu Gesundheit und Arbeitsfähigkeit an. Das Buch schließt mit dem Abschnitt zu Integration und sozialer Partizipation. Dort werden insgesamt 24 Projekte vorstellt. Eines davon (Wohngemeinschaft für Menschen mit Demenz) ist aus der direkten Zusammenarbeit zwischen dem Sozialwerk St. Georg und dem IMS hervorgegangen.

Dass die Entwicklung von technischen Systemen zur assistierten Pflege weiterhin und aktuell ein wichtiges Thema ist, lässt sich bspw. an dem BMBF-Förderschwerpunkt „Assistierte Pflege von morgen" (BMBF, 2014) ablesen. Angetrieben durch die Forschungsagenda der Bundesregierung werden 12 Projekte mit insgesamt 17 Millionen Euro gefördert. Die Projekte lassen sich grob in zwei Kategorien einteilen: (1) Systeme, die vor allem die Informationsflüsse optimieren, und (2) solche, die mittels Sensoren/Aktoren Daten aus der Umgebung und/oder direkt am Patienten einsetzen, um neuartige Assistenten zu entwickeln.

Das „AALADIN"-Projekt fällt eindeutig in die zweite Kategorie. Es soll ein System entwickelt werden, welches einerseits Notfallsituationen wie Stürze erkennen kann und andererseits mittels Spracherkennung den Aufwand bei der Pflegedokumentation verringert.

Im „Bea@Home"-Projekt will man die häusliche Pflege von langzeitbeatmeten Patienten technisch absichern. Durch ein neues Versorgungs- und Pflegekonzept soll die gesamte Versorgungskette abgedeckt werden. Mittels anschließender Wirksamkeitsuntersuchung soll die modulare Lösung aus telemedizinischen Daten und bedarfsgerechten Dienstleistungen evaluiert werden. Das Projekt fällt also eher in die erste Kategorie.

Ein charakteristischer Vertreter der zweiten Kategorie ist hingen das Projekt „CareJack". Mithilfe einer intelligenten Oberkörperorthese sollen Pflegekräfte bei der Ausübung ihrer körperlich anstrengenden Tätigkeiten unterstützt werden. Zudem bietet die Orthese die Möglichkeit die Bewegungsabläufe optimal zu erlernen.

Ziel des „Cicely"-Projekts ist es, die sektorenübergreifende Versorgung schwerstkranker Patienten bei gleichzeitiger Entlastung der pflegenden Angehörigen sowie der professionellen Pfleger sicherzustellen. Damit stellt dieses Projekt einen weiteren Vertreter der ersten Kategorie dar.

Auch das Projekt „CommuniCare" lässt sich in diese Kategorie einordnen. Das quartiersbezogene Vernetzungskonzept bringt vor allem im ländlichen Raum Pflegekräfte, ehrenamtliche Helfer, Ärzte und Krankenhäuser zusammen, damit sie gemeinsam das Optimum für den Patienten erreichen können. Das regionale Community-Portal soll um eine elektronische Pflegeakte ergänzt werden.

Mit „Dynasens" wird ein Projekt aus der zweiten Kategorie gefördert. Sensorische Arbeitskleidung für Pflegekräfte in Kombination mit einer dynamischen Personaleinsatz- und Tourenplanung soll die Beteiligten bei der Ausübung ihrer Arbeit entlasten. Die entwickelte Ausrüstung bietet zudem die Möglichkeit, für präventive Trainings- und Schulungsprogramme einsetzbar zu sein. Eine weitere Entlastung soll aus der Identifizierung von Bewegungsmustern zur automatischen Pflegedokumentation resultieren.

Eine intelligente und adaptive Matratze, welche die Liegeposition des Patienten erkennt, wird im „INSYDE"-Projekt entwickelt. Zur Verhinderung von Dekubitus schlägt das System automatisch eine andere, entlastende Position vor. Sollte diese durch einen Pfleger oder Angehörigen bestätigt werden, so nimmt die Matratze selbständig mittels Aktoren die Veränderung vor. Damit ist das Projekt eindeutig der zweiten Kategorie zuzuordnen.

2.2 Chancen durch Ambient Assisted Living

Im Projekt „KoopAS" soll die Vernetzung zwischen professionellen Leistungserbringern, pflegenden Angehörigen und dem sozialen Umfeld technisch unterstützt werden. Ergänzt wird das Entwicklungsziel durch Weiterbildungsmodule für Quartiersmanager, mit denen der Umgang mit den IT-gestützten Assistenzsystemen besser vermittelt werden soll. Folglich handelt es sich hierbei zweifelsfrei um einen Vertreter der ersten Kategorie.

Der „Neuro Care Trainer" bildet das wesentliche Ziel im „Neuro Care"-Projekt. Als Vertreter der ersten Kategorie stellt dieser ein ganzheitliches Assistenzsystem zur Erstdiagnose, Datenerhebung, Screening, Pflegedokumentation und zur Fortschrittskontrolle von kognitiv beeinträchtigten Senioren dar. Diese können mit einem mobilen Multifunktionsgerät ihre geistigen Fähigkeiten trainieren.

Eine interessante Kombination aus erster und zweiter Kategorie wird unter dem Namen „PATRONUS" entwickelt. Der sogenannte „Bedarfsanalysator" verknüpft das soziale Versorgungsnetzwerk (erste Kategorie) mit einem technischen System (zweite Kategorie). Hierzu wird die Wohnung des Patienten bedarfsgerecht mit Sensoren zur Aktivitäts- und Sturzerkennung ausgestattet. Dabei findet die Integration der Sensoren mittels adaptiver Systemplattform statt. Man erkennt auch unweigerlich die Nähe zur eigenen Arbeit.

Wie der Projektname „SensOdor" bereits vermuten lässt, soll ein spezielles Sensorsystem (zweite Kategorie) zur Geruchserkennung entwickelt werden. Im Vordergrund stehen dabei Gerüche die durch Harn- und Stuhlinkontinenz hervorgerufen werden. Das hybride Systemkonzept besteht aus einem mobilen Gerät, welches der Patient (nichtinvasiv) bei sich trägt und einem stationären Teil, der Angehörige bzw. Pflegekräfte entsprechend informiert.

Das letzte Projekt aus dem BMBF-Förderschwerpunkt „Assistierte Pflege von morgen" nennt sich „TABLU". Als Vertreter der ersten Kategorie haben sich die beteiligten Projektpartner der Entwicklung einer offenen und erweiterbaren Pflege-Assistenz-Plattform verschrieben. Über einen Tablet-PC können aus einer Pflege-Mediathek aus Lernvideos Ad-hoc-Unterstützungsleistungen angeboten werden. Zudem bietet die Plattform die sofortige Kontaktaufnahme mit dem Pflegedienst mittels Bildtelefonie.

Das OFFIS Institut hat 2003 mit dem „IDEAAL"-Leitbild[3] begonnen wichtige Fragen in Bezug auf den demografischen Wandel zu beantworten. Im sogenannten „Schlauen Haus" in Oldenburg werden technische Assistenzsysteme für die alternden Gesellschaft erprobt.

2005 wurde dann eines der ersten europäischen Wohnlabore – die IDEAAL-Wohnung – eröffnet. Darin lassen sich neue Bedarfe identifizieren, neue technische Lösungen erarbeiten und diese schließlich auf Machbarkeit und Akzeptanz hin untersuchen.

Das europäische Projekt „PERceptive Spaces prOmoting iNdependent Aging within dynamic ad-hoc Device Ensembles (PERSONA)"[4] hat sich zum Ziel gesetzt älteren Menschen bei täglichen Tätigkeiten wie bspw. Kochen oder Einkaufen zu unterstützen. Dabei wird eine intelligente Middleware eingesetzt, die mit der in dieser Arbeit verwendeten Middleware vergleichbar ist. Ein wesentlicher Unterschied tritt bei der Verwendung von Videoüberwachungsdaten auf. Entgegen der eigenen Arbeit nutzt das PERSONA-Projekt Bildmaterial einer Videoüberwachungsanlage zur Erkennung von Objekten.

---

3 IDEAAL: Innovativ, Durchdacht, Einfach. Ambient Assisted Living (http://www.ideaal.de/ – Zugriffsdatum: 15.09.2014)
4 (http://www.aal.fraunhofer.de/projects/persona.html – Zugriffsdatum: 15.09.2014)

Das „REMOTE"-Projekt [5] wurde ebenfalls auf europäischer Ebene gefördert. Bezüglich der Ziele des Projekts weist es viele Ähnlichkeiten zur eigenen Arbeit auf. Mittels installierter Sensoren sollen Kontext- und Verhaltensinformationen sowie Daten über den aktuellen Gesundheitszustand des Patienten in Echtzeit gesammelt werden. Dabei verzichtet man nicht auf den Einsatz von am Körper getragenen Sensoren. Gleichwohl geht es um die Unterstützung von professionellen Pflegekräften. Pflegebedarf soll automatisch erkannt und Pflegekräfte sollen darüber informiert werden. Gesundheitliche Risiken und Notfallsituationen sollen proaktiv detektiert werden. Ein entfernter Zugriff auf die gesammelten Daten ist vor allem für die ländlichen Regionen entscheidend. Als Basis wurde ein Ontologie-basierter Ansatz gewählt. Insgesamt waren 15 Projektpartner beteiligt.

2.3 Context-Awareness in Pervasive Systems

Damit ein technisches System dem Pfleger zielgenau und situationsabhängig Unterstützung anbieten kann, ist es essenziell, den Kontext, in dem sich Lisa (vgl. Kapitel 1.2) aktuell befindet, zu bestimmen. Kontext soll in diesem Zusammenhang nach Schilit u. a. (1994), Pascoe (1998) und schließlich Dey (2000) verstanden werden als die Beantwortung folgender vier Fragen:

- Wann? (Frage nach der Ausführungszeit),

- Wer? (Frage nach der Bezugsperson, die im Mittelpunkt des Systeminteresses steht),

- Wo? (Frage nach dem Aufenthaltsort der Bezugsperson während der Ausführung) und

- Was? (Frage nach der ausgeführten Aktivität).

Zusätzlich zu den in den oben genannten Arbeiten enthaltenen Definitionen von Kontext existieren weitreichendere Begriffsbestimmungen, die bspw. auch familiäre, soziale und/oder gesellschaftliche Aspekte einbeziehen. Für den vorliegenden Fall ist eine operative Definition des Kontextes, die sich am ehesten an der von Dey (2000) orientiert, ausreichend. Die Reihenfolge, in der die Fragen gelistet sind, entspricht der Chronologie ihrer Beantwortung durch IKT-Systeme.

2.3.1 Temporale Einordnung

Die relative Messung der Zeit durch IKT-Systeme wurde erstmals 1984 durch Einführung der „Real-time Clock (RTC)" im PC/AT von IBM in Serie realisiert. Fortan wurden sämtliche Computer mit Echtzeituhren ausgestattet, wodurch der Anwendungsentwickler ständig die aktuelle Systemzeit – einschließlich Sekunden, Minuten, Tagesstunden, Wochentag, Datum, Monat und Jahr (Motorola, 1984) – abrufen konnte.

Durch eine elektronisch weiterverarbeitbare Zeitangabe ist man in der Lage, zu entscheiden, ob sich eine Aktivität A vor oder nach einer Aktivität B ereignet hat. Mit Ausnahme von atomaren Aktivitäten (mit einer infinitesimal kurzen Ausführungsdauer) kann man sogar feststellen,

---
[5] (http://www.aal-europe.eu/projects/remote/ – Zugriffsdatum: 15.09.2014)

ob sich die Aktivitäten A und B gleichzeitig ereignet haben. Bei den zu erfassenden Aktivitäten ist davon auszugehen, dass stets eine messbare Ausführungsdauer vorliegt.

Eine Aktivität kann somit in einer von drei möglichen temporalen Relationen zu einer anderen stehen: Sie kann sich vor, während (bzw. gleichzeitig) oder nach einer anderen ereignen. Damit lässt sich die Frage nach dem „Wann" in einer für die Anwendung annehmbaren Weise beantworten.

Die temporale Einordnung kann auf unterschiedlichen Skalen betrachtet werden. Im Kleinen (Minutenbereich) ist es aus hygienischer Sicht z. B. wichtig, dass das Händewaschen nach dem Toilettengang erfolgt und nicht (ausschließlich) davor. Im größeren Rahmen (Stundenbereich) mögen sich z. B. die Aktivitäten der Essenszubereitung am Morgen und am Abend ähneln, dennoch spricht man im ersten Fall normalerweise vom Frühstück, im letzteren vom Abendbrot.

Verlässt man bei der Betrachtung die Grenzen eines Tages (24 Stunden), so sind bspw. auch wöchentlich, monatlich bzw. jährlich wiederkehrende Ereignisse interessant. Entsprechende Änderungen im Verhalten können Aufschluss über den Zustand der betreffenden Person geben. Wie hat sich z. B. der Zeitpunkt des Frühstückens gegenüber dem gleichen Wochentag der Vorwoche verändert? Selbst wenn diese Information isoliert betrachtet auf keine eindeutige Veränderung bzw. Krankheit schließen lässt, so kann diese dennoch als Indikator nützlich sein, um Lisa daraufhin genauer zu beobachten – mit dem Ziel, den Grad ihrer Selbstständigkeit besser einzuschätzen.

2.3.2 Identifizierung

Die Identifizierung klärt in diesem Zusammenhang die Frage nach dem „Wer". Das Unterscheiden von verschiedenen Personen, die sich gleichzeitig in einem Haushalt aufhalten, ist von großer Bedeutung, damit Assistenzfunktionen personalisiert (d. h. am Benutzerprofil orientiert) arbeiten können. Hintergrund dieser Aussage ist, dass kein Mensch einem anderen in allen Gewohnheiten, Vorlieben und Fähigkeiten gleicht. Jeder Mensch besitzt ein charakteristisches individuelles Verhalten.

Sofern der betreffende Haushalt von nur einer Person bewohnt wird (wie in Lisas Fall) und keine Besucher bzw. Pflegekräfte vor Ort sind (eine dezidierte Verhaltensanalyse ist dann ohnehin schwierig), ist die Identifizierung trivial.

Implizit stellt jede Identifizierung ebenfalls eine Lokalisierung dar, vorausgesetzt, der (meist statische) Installationsort des Lesegeräts ist dem System bekannt.

Die Frage nach der Identität („Wer?") lässt sich auf unterschiedlichste Art beantworten. Bei allen Verfahren läuft dies auf einen eindeutigen Schlüssel (z. B. eine Zahl oder Zeichenkette) hinaus. Die Unterscheidung findet über die zum Auslesen dieses Schlüssels verwendete Technologie statt. So werden Barcodes bzw. Data-Matrix-Codes mithilfe von Licht ausgelesen. Ihr Pendant unter Verwendung von elektromagnetischen Feldern stellen z. B. Radio-Frequency-Identification-Systeme (RFID-Systeme) dar. Neben den genannten Möglichkeiten gibt es eine Vielzahl von weiteren Ansätzen zur Identifizierung.

Eine Identifizierung kann allerdings auch weitaus weniger technisch vorgenommen werden. Angenommen, in einem Zwei-Personen-Haushalt sind beide Betten mit Belegungssensoren ausgestattet bzw. die Personen schlafen in unterschiedlichen Räumen (jeweils mit Präsenzmeldern ausgestattet). Bedingt durch die Angewohnheit des Menschen, stets dasselbe Bett aufzusuchen, lässt sich, ohne dass die Personen einen eindeutigen Schlüssel bei sich tragen müssen, mit hoher Wahrscheinlichkeit erkennen, um welche Person es sich bei einer Aktivität handelt, wenn die andere Person zeitgleich im Bett liegt. Dies kann bspw. besonders dann interessant sein, wenn eine der beiden Personen einen schlechten Schlaf hat und des Nachts häufig umherwandert.

2.3.3 Lokalisierung

Bei der Lokalisierung wird die Frage nach dem „Wo" beantwortet. Unter Lokalisierung wird im Folgenden das Bestimmen bzw. eine möglichst genaue Eingrenzung des jeweils aktuellen Aufenthaltsortes des Bewohners bzw. Nutzers verstanden.

Es existieren verschiedene Prinzipien der Lokalisierung:

- Messung von Abständen (zu bekannten Referenzpunkten),

- Messung von Winkeln bzw. ausgehenden Achsen (zu bekannten Referenzpunkten), wie in (Niculescu und Badrinath, 2003),

- kombinierte Messungen (Abstand und Winkel),

- Näherung (Koordinaten eines Referenzpunktes als eigenen Standort annehmen, vgl. Ortung von Mobilfunkgeräten anhand der Zellen, an denen sie jeweils angemeldet sind) und

- Szenenanalyse (Fusion von unterschiedlichen Daten mit anschließender Ableitung der Position) unter Anwendung von unterschiedlichen Algorithmen sowie bekannten Positionen und Abständen

    - Beispiel für das Prinzip der Szenenanalyse: Trägheitsnavigationssystem (inertiales Navigationssystem) ausgehend von bekannten Referenzpunkten (Baken).

Der Aufenthaltsort einer Person schränkt häufig die aktuell ausgeführte Tätigkeit ein, die unterstützungsbedürftig sein könnte. In der Regel ist bspw. nicht in jedem Raum einer Wohnung eine Wasserentnahmestelle vorhanden. Hält sich die Person aktuell in einem Raum auf, der keine Wasserentnahme ermöglicht, kommen somit (ohne vorherigen Standortwechsel in einen anderen Raum) vorwiegend Aktivitäten in Frage, die kein Wasser benötigen.

Zur Lokalisierung kommen sowohl identifizierende wie auch anonyme Verfahren zum Einsatz. Sofern der genaue Standort eines Lesegeräts zur Identifizierung bekannt respektive konfiguriert ist, findet neben der reinen Identifizierung eine Lokalisierung (basierend auf dem Näherungsverfahren) statt.

Bei der anonymen Lokalisierung findet die Berechnung des momentanen Aufenthaltsortes eben nicht durch das Lokalisierungssystem selbst, sondern die zu ortende Instanz statt. Bekanntestes Beispiel hierfür ist das „Global Positioning-System (GPS)". Das im Orbit befindliche Netz von Satelliten, die GPS ermöglichen, kennt die Standorte der Empfänger auf der Erde nicht. Der Standort wird separat von jedem einzelnen Empfänger berechnet und, sofern er nicht über einen Kommunikationskanal nach außen transportiert wird, verbleibt er auch ausschließlich dort. Auch hier sei darauf hingewiesen, dass es viele weitere Formen der Lokalisierung gibt, siehe hierzu (Hightower und Borriello, 2001).

2.3 Context-Awareness in Pervasive Systems

Je nach Anwendung muss die Lokalisierung nicht die Abbildung auf einen eindeutigen Punkt in der Fläche oder dem Raum darstellen, wie dies z. B. mit spezifischer Ungenauigkeit je nach Methode bei GPS der Fall ist. Zusätzlich zu der sogenannten absoluten Positionierung existiert die relative Positionierung. Sofern eine der beteiligten Stationen bzw. einer der Knoten über die Kenntnis ihres bzw. seines absoluten Standorts verfügt, lässt sich aus der relativen Positionierung zu ebendieser Station bzw. ebendiesem Knoten die absolute eigene Position ermitteln.

Ebenfalls in Abhängigkeit von der Anwendung genügt u. U. auch eine symbolische Lokalisierung. Dabei vergibt man Bezeichnungen für relevante Bereiche, die über eine mehr oder weniger genau spezifizierte Ausdehnung verfügen (z. B. der Eingangsbereich der Wohnung). Hält sich eine Person aktuell in einem dieser Räume auf, wird ihr Standort durch den Namen des Aufenthaltsbereichs ausgedrückt. Bei dieser Methode verzichtet man auf eine formale Angabe in Form von Ungleichungen für die Ortskoordinaten.

Im Folgenden werden einige Arbeiten beschrieben, die eine Beschleunigungssensorik einsetzen, um Personen durch ein inertiales Navigationssystem zu lokalisieren. Dabei spiegeln die Arbeiten den Stand der Literatur bei Planung des Projekts wider. Tabelle 2.1 zeigt eine Übersicht über die im Anschluss detailliert beschriebenen Systeme.

Tabelle 2.1: Beschleunigungssensorik zur Lokalisierung (Quelle: eigene Darstellung)

Titel der Arbeit	verfolgtes Ziel	Publikation
"Personal Position Measurement Using Dead Reckoning"	schrittbasierte Koppelnavigation als Ergänzung zur GPS-Lokalisierung im Außenbereich	(Randell u. a., 2003)
"Personal Dead Reckoning with Accelerometers"	schrittbasierte Koppelnavigation unterstützt durch Informationen von Infrastrukturen (z. B. GPS)	(Dippold, 2006)
"Non-GPS Navigation with the Personal Dead-Reckoning System"	vollständig autarke schrittbasierte Koppelnavigation mit selbstständiger Rekalibrierung	(Ojeda und Borenstein, 2008)
"An Innovative Shoe-Mounted Pedestrian Navigation System"	Vergleich von GPS und am Körper getragenen Sensoren mit am Schuh getragenen Sensoren zur Ortung	(Stirling u. a., 2003)
"Development of a Accelerometer Module for Improvement of the Positioning in a Localization Systems"	inertiales Navigationssystem als Ergänzung zu zellbasierten Systemen	(Lessner, 2008)
"An Introduction to Inertial Navigation"	Untersuchung von Fehlercharakteristika von inertialen Navigationssystemen	(Woodman, 2007)
"Inertial and Magnetic Sensing of Human Motion"	Bestimmung der Körperhaltung durch Messung der Stellung einzelner Gliedmaße	(Roetenberg, 2006)

Randell u. a. (2003) gehen in ihrer Arbeit das Problem der GPS-Schwächung bzw. des -Verlusts in Städten an. Das von ihnen entwickelte System soll GPS im Außenbereich unterstützen, um eine höhere Lokalisierungsgenauigkeit zu erzielen. Schwerpunkt ihrer Arbeit ist eine Sensorevaluierung bzgl. der Richtungs- und Bewegungserkennung. Als Richtungssensoren werden ein Gyroskop (Silicon Sensing Systems CRS-03), ein 2-Achsen-Kompass (Precision Navigation Vector 2X) und ein 3-Achsen-Kompass (Honeywell HMR3300) eingesetzt. Zur Bestimmung der Bewegung werden ein Schrittmesser (keine Angabe zum Typ) und verschiedene Beschleunigungssensor-Konfigurationen (keine Angabe zum Typ) miteinander verglichen.

Es stellt sich heraus, dass 2-Achsen-Kompasse stark durch Neigung und Rollbewegung beeinflusst werden. Diese Beeinflussung lässt sich bei ihren 3-achsigen Pendants nicht feststellen. Das Gyroskop weist Schwächen beim vollständigen Looping auf. Beim direkten Vergleich der Signale lieferten die Kompasse verrauschte Signale, wohingegen das Gyroskop ein relativ glattes Signal liefert.

Anstelle der klassischen zweifachen Integration der Beschleunigungswerte zur Berechnung der zurückgelegten Wegstrecke wählten Randell u. a. (2003) einen Ansatz, der auf der Detektion der menschlichen Schritte beruht. Dieser sei in geringerem Maße von dem verrauschten Signal des Beschleunigungssensors abhängig, als dies bei der klassischen Methode der Fall ist.

Bevor die Schrittcharakteristika aus dem Signal des Beschleunigungssensors extrahiert werden, sorgt ein Filter aus zwei gleitenden Mittelwerten für die Eliminierung von Ausreißern und die anschließende Glättung des Signals. Wesentliche Merkmale der schrittweisen Fortbewegung sind der Zeitpunkt, zu dem sich ein Schritt ereignet hat, und die Schrittlänge. Während der Standphase wird keine zusätzliche Beschleunigung auf den Sensor ausgeübt. Im Signal zeichnet sich ein Plateau ab. Die maximale Beschleunigung während eines Schrittes bildet einen Indikator für die Schrittlänge.

In Bezug auf die Auswertung der inertialen Sensorik verfolgt Dippold (2006) einen ähnlichen Ansatz. Argumentiert wird damit, dass die reine Beschleunigung von der Erdanziehung und dem Sensorrauschen (Sensortyp: XSens MTx) überlagert wird. Unter Ausnutzung der biomechanischen Eigenschaften des menschlichen Gangs werden die Schrittrichtung und -länge sowie die Orientierung des Körpers bestimmt. Das charakteristische Attribut stellt dabei die maximale Beschleunigung in vertikaler Richtung dar.

Zur automatischen Rekalibrierung und Berechnung der Schrittlänge werden bekannte Positionen von Infrastrukturen herangezogen (z. B. GPS, in diesem Fall schränkt dies allerdings die Anwendung auf den Außenbereich ein). Die Fusion dieser Daten mit der Koppelnavigation erfolgt mittels eines Partikelfilter.

Die Schritterkennung zeigt Schwächen bei Steigung und Gefälle im Gelände. Der implementierte Partikelfilter verhindert zuverlässig ein Driftverhalten, ist aber nicht in der Lage, den eigentlichen Streckenverlauf zu korrigieren.

Ojeda und Borenstein (2008) stellen in ihrer Arbeit einen Ansatz vor, der vollkommen autark die Position des Trägers der Apparatur relativ zu dessen Ausgangspunkt bestimmen soll, bspw. dann, wenn kein GPS-Signal zur Verfügung steht. In ihrer Ausarbeitung belegen die Autoren die Anwendbarkeit sowohl für den Innen- als auch den Außenbereich.

Das bekannte Problem, welches durch das Driften der Sensordaten (Sensortyp: Atlantic Inertial Systems SilMU 02) hervorgerufen und durch zweifache Integration verstärkt wird, lösen sie auf beachtenswerte Weise: Dem Driftverhalten wirken sie mit einer ständigen Neukalibrierung der Beschleunigungswerte entgegen. Zur Rekalibrierung nutzen sie den Umstand, dass der Fuß zum Zeitpunkt des Bodenkontakts eine Geschwindigkeit von null aufweist. Ermittelte Abweichungen der Sensorwerte von null werden als Drift identifiziert und beim nächsten Schritt numerisch berücksichtigt.

Wie andere Arbeiten vor ihnen nutzen auch Stirling u. a. (2003) die Charakteristika des menschlichen Gangs zur Bestimmung der zurückgelegten Strecke. Man unterscheidet sich abwechselnde Phasen von Stand und Schwung. In ihrer Arbeit verdeutlichen sie die Vorteile der Fixierung der Sensorik (Sensortyp: Analog Devices ADXL Serie) im Fußbereich gegenüber einer Anbringung bspw. am Torso. Möchte man nämlich aus der Beschleunigung während der Schwungphase auf die Schrittlänge schließen, ist der messbare Zusammenhang am Fuß direkter zu erkennen, als dies am Torso der Fall ist. Der Torso selbst hat beim Gehen nur eine sehr geringe Dynamik und dämpft die Schwingungen des Gangapparats.

Stirling u. a. kommen zu dem Schluss, dass am Fuß gemessene Beschleunigungswerte durchaus das Potenzial besitzen, eine Koppelnavigation am Menschen (beim Gehen) durchzuführen. Sie zeigen allerdings auch auf, dass ein solches System vor dessen flächendeckender Anwendung noch verbessert werden muss. Obwohl die Evaluierung des Systems im Außenbereich stattfand, spricht keine Systemanforderung gegen die Anwendung im Innenbereich. Die Berechnung der Schrittgeschwindigkeit bzw. -länge ähnelt dem Ansatz von Ojeda und Borenstein (2008) sehr.

Die Bachelorarbeit von Lessner (2008) ist als Machbarkeitsstudie anzusehen. Eine reale Anwendung im Feld wird zunächst nicht angestrebt. Schwerpunkte der Untersuchung waren die Bestimmung der Genauigkeit der verwendeten Beschleunigungssensoren (Sensortyp: Analog Devices ADXL203) sowie der optimalen Abtastfrequenz. Zunächst wurde die optimale Abtastfrequenz per Simulation berechnet und anschließend messtechnisch erfasst. Großteile der Arbeit beschreiben den Aufbau der Hardware, die als Evaluierungsplattform genutzt wurde.

Zur Berechnung der Positionsänderung wird der klassische Ansatz (doppelte Integration) verfolgt. Da Lessner zur Koppelnavigation ausschließlich auf Beschleunigungssensoren zurückgegriffen hat, kommt er zu dem Fazit, dass zur Detektion von Schiefstellung und rotatorischer Bewegung zwingend ein Gyroskop vonnöten ist.

Im Kern befasst sich Woodman (2007) sowohl bei der Simulation als auch in realen Messungen mit der zugrunde liegenden Fehlercharakteristik von inertialen Navigationssystemen (am Beispiel eines XSens MTx). Einer kurzen Vorstellung verschiedenartiger Konstruktionen für inertiale Navigationssysteme folgt eine Beschreibung unterschiedlicher Sensortypen (Gyroskope und Beschleunigungsmesser) sowie von deren inhärenten Fehlermodellen. Auch in der Arbeit von Woodman steht eine konkrete Anwendung nicht im Fokus. Ebenso liegt den Berechnungen die doppelte Integration zugrunde.

Woodman stellt in seiner Arbeit heraus, dass Kompasse aufgrund ihrer Störanfälligkeit durch in der Umgebung befindliche Metallobjekte nicht in der Lage sind, Gyroskope vollständig zu ersetzen. Daher regt er eine Fusion von Beschleunigungsmessern, Kompassen und Gyroskope an.

Bezugnehmend auf das Verfahren aus (Ojeda und Borenstein, 2008) weist Woodman darauf hin, dass das Ausnutzen von Domänenwissen stets seine Grenzen hat. So würde die Nutzung einer Rolltreppe der Annahme, dass sich der Fuß in der Standphase nicht bewegt, bspw. widersprechen.

Roetenberg (2006) steht mit seiner Entwicklung in Konkurrenz zu klassischen Motion-Tracking-Verfahren (Tracker), die in der Regel auf Infrarotkameras beruhen. Diesen Systemen ist gemein, dass sie einen deutlich eingeschränkten Einsatzraum, nämlich den durch die Kameras abgedeckten Bereich, aufweisen. Ein mobiles, am Körper getragenes System birgt den Vorteil, dass das Anwendungsgebiet deutlich erweitert wird.

Kapitelweise nimmt Roetenberg Verbesserungen am Gesamtsystem vor. Im zweiten Kapitel widmet er sich dem Problem magnetischer Störungen. Dazu entwirft er ein auf dem Kalman-Filter[6] basierendes Verfahren, welches mithilfe der Daten eines Beschleunigungssensors (Sensortyp: Analog Devices ADXL202E), eines magnetoresistiven Sensors (Sensortyp: Philips KMZ51 und KMZ52) und eines Gyroskops (Sensortyp: Murata ENC03J) die Störungen durch metallische Gegenstände auf einen Bruchteil minimiert.

Zur Evaluierung der vorangegangenen Richtungsmesswerte fusioniert Roetenberg diese im nächsten Schritt mit Ergebnissen eines klassischen Trackers. Daraus geht die Idee hervor, inertiale Sensoren als Ergänzung zu den klassischen Trackingverfahren einzusetzen. Diese unterliegen typischerweise der Problematik der Sichtlinien (Line of Sight). Markerpunkte, die augenblicklich von keiner Kamera erfasst werden, könnten mittels inertialer Sensorik interpoliert werden.

Letztendlich schafft Roetenberg mit dem letzten Schritt wiederum eine Abhängigkeit von lokaler Infrastruktur (dem Kameraaufbau). Um dieses Problem zu umgehen, wird in der nächsten Evolutionsstufe ein autarkes magnetisches Referenzsystem konstruiert. Die zur Beobachtung stehende Person trägt zusätzlich zu den inertialen Sensoren an den Gliedmaßen eine Spule nahe der Körpermitte. Das von dieser Spule ausgehende Magnetfeld dient den Kompassen als synthetische Referenz.

Der letzte Evolutionsschritt besteht in der Fusion von ambulant einsetzbarer inertialer Sensorik und „künstlichem" am Körper getragenen Referenzsystem. Auf diese Weise ist der Träger der Sensorik vollkommen unabhängig von lokaler Infrastruktur und kann sich nicht zuletzt im Außenbereich frei bewegen.

Die Verwendung von Lokalisierungssystemen, die auf am Körper getragener Sensorik beruhen, verspricht zunächst eine Reduktion der in der Umgebung zu installierenden Sensoren. Insbesondere das globale Positionierungssystem GPS weist in Innenräumen extreme Schwächen auf, die in den oben aufgeführten Arbeiten nach Möglichkeit kompensiert werden sollten.

Bedingt durch die zum Teil ernüchternden Ergebnisse dieser Verbesserung und der damit einhergehenden Unbehaglichkeit für den Träger der Sensorik werden Lokalisierungssysteme zumindest für den Bewohner bei dem vorliegend entwickelten System eine untergeordnete Rolle spielen.

Im Rahmen der Ausübung seiner Tätigkeit ist dem Pfleger durchaus zuzumuten, seine aktuelle Position zumindest einmal in der Nähe der Haus-/Wohnungstür bekannt zu geben. Meist sind die Mitarbeiter des Pflegedienstes zwecks Zeiterfassung ohnehin mit entsprechenden Identifizierungsmerkmalen ausgestattet. Spätestens jedoch seit der Einführung des Pflege-Neuausrichtungs-Gesetzes (PNG) (BMG, 2012a), welches neben der herkömmlichen verrich-

---

6 Das Kalman-Filter ist ein Satz von mathematischen Gleichungen, die dazu dienen, durch Messgeräte verursachte Störungen (z. B. Rauschen) zu entfernen (Quelle: Wikipedia-Artikel zu Kalman-Filter, 2013).

tungsbezogenen Abrechnung auch eine zeitbasierte Variante erlaubt, wird der flächendeckende Einsatz von Zeiterfassungssystemen in der ambulanten Pflege bald unumgänglich sein bzw. ist es schon längst. Das Ergebnis der Verhaltensermittlung wird dem Pfleger während dessen Anwesenheit in der Häuslichkeit durch das System mitgeteilt. Die dann und dort stattfindenden Aktivitäten beruhen nicht ausschließlich auf Initiative des Bewohners bzw. werden nicht von diesem durchgeführt.

2.3.4 Aktivitätserkennung

Nach den zuvor beantworteten Fragen nach dem „Wann", „Wer" und „Wo" steht als Letztes die Frage nach dem „Was" aus. Diese seit den Achtzigerjahren in den Fokus der Wissenschaft gerückte Frage[7] zielt auf die von Personen ausgeführte(n) Aktivität(en) ab.

Im Folgenden werden einige wissenschaftliche Arbeiten, im Rahmen derer am Körper getragene Beschleunigungssensoren verwendet werden, aufgelistet und inhaltlich eingeordnet. Die eingesetzte Beschleunigungssensorik dient der Erkennung von unterschiedlichen Aktivitäten. Unterscheidungskriterien, die zur Einordnung herangezogen werden, sind folgende: die Zielumgebung – als System für den Innen- oder Außenbereich –, die eingesetzten Sensoren und die Algorithmen, die zum Einsatz kommen.

In Tabelle 2.2 werden Arbeiten gelistet, die ein Aktivitätserkennungssystem beschreiben, welches auf einer Beschleunigungssensorik beruht. Zudem werden die gelisteten Systeme im Anschluss detailliert beschrieben.

Wieringen und Eklund (2008) entwickeln in ihrer Arbeit ein am Körper getragenes Sensorpaket zur Erkennung von erfolgten Stürzen. Dabei wenden sie sich mit ihrem System an ältere Menschen, die zwar noch zuhause leben können, aber bereits hilfebedürftig sind. Als Plattform setzen sie auf den Nintendo WiiMote Controller. Darin verbaut sind ein 3-Achsen-Beschleunigungssensor (Sensortyp: ADXL330) sowie eine Kommunikationsschnittstelle (Bluetooth).

Der entwickelte Algorithmus detektiert den Sturz zunächst über einen einfachen Beschleunigungsschwellwert. Wurde dieser Schwellwert überschritten, werden jeweils die vergangenen drei Sekunden auf ein hohes Delta in der Beschleunigung hin untersucht. Lässt sich dieses ebenfalls nachweisen, werden die jeweils vergangenen zehn Sekunden auf eine Änderung der Orientierung hin überprüft. Ist auch hier ein Schwellwert überschritten, wird das Ereignis als Sturz deklariert.

Tests von Wieringen und Eklund belegen, dass das beschriebene System keine Fehlalarme produziert, solange man normale Bewegungen (z. B. Gehen, schnelles Drehen, Hinsetzen, Aufstehen oder simuliertes Treppensteigen) ausführt. Allerdings lässt sich das System durchaus mittels Beugebewegungen oder schneller Richtungsänderungen zu Fehlalarmen verleiten. Wieringen und Eklund kommen zu dem Schluss, dass ein System, welches ausschließlich auf Beschleunigungssensorik beruht, nicht in der Lage ist, aussagekräftige und maßgebliche Indikatoren für einen Sturz zu liefern.

Marmasse u. a. (2004) stellen in ihrer Arbeit ein intelligentes Kommunikationsgerät vor, welches sich an den Kontext seines Nutzers anpasst. Die Context-Awareness wird aus einer

---

7 Quelle: englischer Wikipedia-Artikel zu *Activity recognition*, 2013

Kombination aus GPS-Positionen und den Daten zweier orthogonal zueinander angeordneter 2-Achsen-Beschleunigungssensoren ermittelt.

Tabelle 2.2: Beschleunigungssensorik zur Aktivitätserkennung (Quelle: eigene Darstellung)

Titel der Arbeit	verfolgtes Ziel	Publikation
"Real-Time Signal Processing of Accelerometer Data for Wearable Medical Patient Monitoring Devices"	Sturzerkennung	(Wieringen und Eklund, 2008)
"WatchMe: Communication and Awareness between Members of a Closely-Knit Group"	Klassifizierung von Aktivitäten (z. B. Gehen, Laufen, Fahrradfahren)	(Marmasse u. a., 2004)
"Daily Routine Recognition through Activity Spotting"	Erkennung von täglichen Routineabläufen (z. B. Mittagessen, Büroarbeit / Abendessen)	(Blanke und Schiele, 2009)
"Rao-Blackwellized Particle Filters for Recognizing Activities and Spatial Context from Wearable Sensors"	Ermittlung von Aktivitäten und des räumlichen Kontexts einschließlich des Fortbewegungstyps (z. B. Gehen, Laufen, Treppensteigen oder Autofahren)	(Raj u. a., 2006)
"Multi Activity Recognition Based on Bodymodel-Derived Primitives"	Bestimmung von ausgeführten Handgriffen zur automatischen Qualitätssicherung im Automobilbereich	(Zinnen u. a., 2009)
"Improving Location Fingerprinting through Motion Detection and Asynchronous Interval Labeling"	Auffinden von stationären Phasen zur automatischen Rekalibrierung von Funksignalstärken	(Bolliger u. a., 2009)

Unterschieden werden Fortbewegungsformen wie Gehen, Laufen oder Fahrradfahren. Dabei ließen sich mithilfe von Klassifizierungsalgorithmen aus (Intille und Bao, 2003) bis zu 20 verschiedene Aktivitäten unterscheiden. Zur Merkmalsextraktion wurden Mittelwerte über ein gleitendes Zeitfenster gebildet, die auf das Zeitfenster normierte Signalenergie bestimmt, das Frequenzspektrum durch Fourier-Transformation berechnet und schließlich die Korrelation zwischen zwei unterschiedlichen Achsen der Beschleunigungssensoren ermittelt.

Die Zielumgebung ist sowohl im Innen- als auch im Außenbereich zu sehen. Die anschließende Evaluierung befasst sich leider ausschließlich mit der Nutzerschnittstelle bzw. deren Akzeptanz. Eine Versuchsreihe zur Klassifizierungskomponente stand zum Zeitpunkt jener Veröffentlichung noch aus.

Eine Bottom-up-Methode verfolgen Blanke und Schiele (2009), indem sie automatische Verfahren zur Unterscheidungsanalyse einsetzen. Ausgehend von einem markierten Beschleunigungswerte-Datensatz (von einem 2-Achsen-Beschleunigungsmesser; Sensortyp:

2.3 Context-Awareness in Pervasive Systems

ADXL202JE) werden Unterscheidungskriterien gesucht, die bspw. Mittagessen von Bürotätigkeit unterscheidbar machen.

Die Verfahren, die dabei zum Einsatz kommen, umfassen k-means-Clustering sowie „Jointboosting". Es stellt sich heraus, dass die Zeit häufig bereits ein guter Indikator ist. Die Aktivitäten Mittagessen und Abendbrot gleichen sich von den ausgeführten Bewegungen her stark. Lediglich über die Uhrzeit lässt sich hierbei eine Differenzierung finden.

Die in dieser Arbeit erzielte Genauigkeit bei der Erkennung von Routinetätigkeiten liegt oberhalb von 80 %. Dabei umfasst der Pool der Tätigkeiten Mittagessen, Büroarbeit, Abendessen sowie die Pendelstrecken dazwischen. Die Zielumgebung ist demzufolge nicht auf geschlossene Räumlichkeiten begrenzt.

Zur Erkennung von Aktivitäten (namentlich Stehen, Gehen, Laufen, Treppensteigen oder sich mit einem Fahrzeug fortbewegen) setzen Raj u. a. (2006) nebst anderen auf eine Kombination aus GPS-Koordinaten und am Körper abgegriffenen Beschleunigungswerten. Diese Werte stammen von einem 3-Achsen-Beschleunigungssensor, der fester Bestandteil eines Sensorboards ist, welches nicht näher beschrieben wird.

Modelliert wurde ihr System mithilfe eines Bayes'schen Netzes. Im Vordergrund ihrer Arbeit soll die Effizienz der eingesetzten Sensorik stehen. Anders ausgedrückt soll bei minimalem Einsatz von unterschiedlichen Sensoren ein Maximum an Aktivitätserkennung resultieren.

Im Außenbereich verlässt sich ihr System im Normalbetrieb auf die vom GPS bestimmten Koordinaten. Lediglich bei geringer Empfangsleistung werden die Daten des Beschleunigungssensors einbezogen. Innerhalb von Gebäuden spielen die vom GPS gelieferten Koordinaten keine Rolle, da davon ausgegangen wird, dass dort sehr ungenaue Koordinaten zu erwarten sind. Die Lokalisierung beschränkt sich dann in ihrer Granularität auf Gebäudeniveau. Die eigentliche Folgerung im Hinblick auf die jeweils ausgeführte Aktivität erfolgt mit einem angepassten Partikelfilter.

Zur automatischen Dokumentation von Routinearbeitsschritten bei der Endmontage von Automobilen in Fabrikhallen setzen Zinnen u. a. (2009) auf am Körper fixierte Beschleunigungssensoren (fünf inertiale Sensoren der Firma Xsens). Ziel ist es, einzelne, primitive Bewegungsabläufe zu erkennen und daraus auf den gesamten Handlungsablauf zu schließen.

Das vorgestellte Analyseverfahren besitzt einen mehrstufigen Aufbau. Als Erstes findet eine Segmentierung des kontinuierlichen Datenstroms statt. Als besonders relevant haben sich verlangsamte Momente in der Bewegung erwiesen. Ebenso sind Richtungsänderungen von großer Bedeutung.

Diese Segmente werden genutzt, um Bestandteile von ganzen Bewegungssequenzen abzuleiten. Schließlich werden die Bewegungsabläufe mit dem Ort ihrer Ausführung relativ zum inspizierten Automobil angereichert, sodass anschließend bei der Qualitätssicherung auf den ausgeführten Arbeitsschritt geschlossen werden kann.

Als Resultat liefert die Arbeit von Zinnen u. a. (2009), dass außer Tätigkeiten, die mit dem Öffnen oder Schließen von Türen am Fahrzeug in Verbindung stehen, alle weiteren Aktivitäten rund um das Auto mit einer sehr hohen Wahrscheinlichkeit (> 80 %) korrekt erkannt werden können. Besonders hervorzuheben ist hier die Tatsache, dass eine Steigerung der Genauigkeit bei der Aktivitätserkennung erzielt werden kann, indem man zusätzlich die Kontextkomponente des Ortes einfließen lässt.

Viele Lokalisierungssysteme – wie bei Bolliger u. a. (2009) – beruhen auf bereits vorhandenen Infrastrukturen[8] (z. B. Wireless Access-Points) und nutzen auf die Weise den Vorteil, keine dedizierte Hardware installieren zu müssen. Der wesentliche Nachteil solcher Systeme besteht in dem hohen Konfigurationsaufwand, der nötig ist, um normale Wireless Access-Points als präzise Baken zu nutzen. Leider beschränkt sich dies nicht auf die einmalige Einrichtung des Systems. Erweiterungen der Infrastruktur (bspw. durch Hinzufügen von Wireless Access-Points) oder sogar das Verrücken von metallischen (Einrichtungs-)Gegenständen können eine Rekalibrierung erfordern.

Bei der Rekalibrierung muss das Feld an einem festen Ort über einen längeren Zeitraum (> 10 Sekunden) in verschiedenen Richtungen vermessen werden. Um ein möglichst hochwertiges Positionierungsergebnis zu erzielen, wollen Bolliger u. a. die erforderliche Rekalibrierung ständig durch die Nutzer des Systems wiederholen lassen, ohne diese bei ihrer Arbeit zu beeinträchtigen. Von entscheidender Bedeutung ist die Erfassung von Phasen, in denen sich die Nutzer nicht bewegt haben, um aussagekräftige Messungen zu erhalten.

In ihrer Arbeit wird ein Algorithmus vorgestellt, der die erforderlichen Messungen automatisch ausführt und den Nutzer im Nachhinein nach seinem vorherigen Aufenthaltsort befragt. Die Ruhephasen werden mithilfe eines 3-Achsen-Beschleunigungssensors (Sensortyp: Kionix KXM52-1050) und eines Schwellwertverfahrens zuzüglich eines gleitenden Mittelwerts über die letzten 20 Werte bestimmt. Es stellt sich heraus, dass gerade Messungen über einen längeren Zeitraum (> 1 Minute) eine höhere Präzision bei der Lokalisierung ermöglichen.

Auf am Körper getragenen Beschleunigungssensoren basierende Aktivitätserkennungssysteme haben in Bezug auf das eigene Anforderungsprofil viele Nachteile: Zum Teil dienen die vorhandenen Systeme nur der Erkennung von einer bestimmten Aktivität (z. B. Sturz) oder einigen wenigen Aktivitäten. Im letztgenannten Fall lassen sich diese meist recht einfach durch ein stark variierendes Maß an Bewegung unterscheiden (z. B. Gehen, Laufen, Rad- und Autofahren). Zudem entsprechen die erkannten Aktivitäten nicht denen, die im Falle der vorliegenden Arbeit erkannt werden sollen. Letztere lassen sich nicht vergleichbar anhand stark variierender Bewegung klassifizieren.

Blanke und Schiele (2009) stellen heraus, dass die Betrachtung von Daten, die ausschließlich von einem Sensortyp stammen, für die Klassifizierung von Aktivitäten nicht ausreichend ist. So benötigt man zur Unterscheidung von Mittagessen und Bürotätigkeit unbedingt weitere Daten über die von Beschleunigungssensoren gelieferten hinaus, da sich die ausgeführten Bewegungen zum Teil sehr ähneln.

Eine ähnliche Erkenntnis liefern Zinnen u. a. (2009). Durch Anreicherung der Beschleunigungsinformationen bspw. um die Kontextkomponente des Ortes lassen sich die Ergebnisse bzgl. ihrer Erkennungsgenauigkeit deutlich verbessern. Diese Erkenntnis wird auch für das vorliegende Anforderungsprofil eine Rolle spielen (siehe Abschnitt 4.2.3).

Bei der zuletzt zitierten Arbeit wird im Gegensatz zu den übrigen nicht nach den aktiven Phasen gesucht und nicht versucht, diese zu unterscheiden. Die Autoren beschreiben ein Verfahren, welches in der Lage ist, Ruhephasen des Nutzers zu identifizieren.

Chaaraoui u. a. (2012) merken an, dass die optische Erkennung von menschlichen Aktivitäten mehr und mehr das Interesse der Wissenschaft geweckt hat. Dabei sehen sie die wesentlichen Anwendungsfelder im Bereich von Videoüberwachungssystemen und AAL. Mit ihrer Arbeit

---

8 Quelle: englischer Wikipedia-Artikel zu *Indoor positioning system – Wireless technologies*, 2013

2.3 Context-Awareness in Pervasive Systems

liefern sie einen Beitrag, indem sie vorhandene Systeme vorstellen und anhand einer definierten Taxonomie klassifizieren. Ihre Darstellung folgt dabei dem Schema, dass sie mit der Arbeit mit der geringsten Abstraktion und Komplexität beginnen.

Auf der untersten Ebene (motion level) werden Körperhaltung und Blickfeld approximiert. Im nächsten Schritt widmet man sich dann den ausgeführten Tätigkeiten und den Ansätzen zur Aktivitätserkennung. Mit zunehmendem Grad an Semantik und vergrößertem Zeitintervall wird die Verhaltensebene (behavior level) erreicht. Ergänzend werden nützliche Werkzeuge vorgestellt. Einige Datensätze werden analysiert, sodass die Arbeit als Ausgangspunkt für ein eigenes Projekt auf dem Gebiet dienen soll.

Storf (2011) gibt in seinem Artikel einen guten Überblick über die verschiedenen Aspekte der Aktivitätserkennung und warum diese weiterhin eine Herausforderung im Bereich von AAL darstellt. Zunächst weist der Autor auf die Bedeutung von Activities of Daily Living (ADL) bei der Aktivitätserkennung im Bereich von AAL hin. Dabei ist nicht nur die bloße Anzahl der ADL im Tagesverlauf interessant. Auch die Dauer und die Art und Weise, wie eine Aktivität durchgeführt wurde, spielen hierbei eine wichtige Rolle.

Im nächsten Abschnitt werden ambiente Sensoren zur Aktivitätserkennung vorgestellt und kategorisiert. Eine besondere Rolle nehmen die tragbaren Sensoren ein, die in der eigenen Arbeit aus den in 1.5 genannten Gründen nicht zum Einsatz kommen. Generell lassen sich Sensoren unterteilen in jene, die kontinuierlich/periodisch Informationen liefern, und jene, die nur bei Auslösung Informationen übermitteln.

Storf (2011) geht in seiner Arbeit auch auf den Begriff der Wissenspyramide ein. Wie in anderen Bereichen geht es auch bei AAL darum, aus einer hohen Anzahl an Daten auf eine geringere Anzahl an Aktionen zu schließen.

Eine entscheidende Rolle bei der Sensorfusion der Aktivitätserkennung spielen Ereignisse. Sie stellen den Wechsel von einem in den anderen Zustand dar und bestehen jeweils aus einem „Header" und einem „Body". Der „Header" enthält Elemente wie ID, Typ, Name, Zeitstempel, Anzahl, Auftreten und Quelle. Im „Body" befinden sich dann detailliertere Informationen über das Ereignis (z. B. Hintergrundinformationen über den vorherigen Entscheidungsprozess des Erstellers, vgl. z. B. Schwellwert).

Zusätzlich zu denen existieren zwei weitere Arten von Ereignissen. Es gibt solche, die keinen Start- und keinen Endzeitpunkt aufweisen (atomare Ereignisse) und solche (vgl. Sensoren, die kontinuierlich/periodisch Informationen liefern), die eine Vorinterpretation benötigen. Durch das Festlegen eines geeigneten Schwellwerts, kann der zuletzt genannte Ereignistyp in einen zustandsbehafteten verwandelt werden. Die Aktivitätserkennung weist folglich eine ereignisgesteuerte Architektur (Event-Driven Architecture) auf.

Komplexer erweist sich die Auswertung von Signalen, die von am Körper getragenen Sensoren stammen. Um daraus für die Aktivitätserkennung nutzbare Ereignisse abzuleiten, werden Klassifikationsverfahren aus dem Bereich der Signalverarbeitung bzw. Mustererkennung eingesetzt.

Aktivitäten können unterschiedlich charakterisiert sein. Die sequentielle Form kennzeichnet sich vornehmlich durch die Reihenfolge, in der die zugehörigen Ereignisse auftreten. Dabei kann auch der zeitliche Abstand zwischen dem Auftreten von zwei aufeinanderfolgenden Ereignissen von hoher Bedeutung sein.

Bei der zweiten Form ist die Reihenfolge eher unerheblich (Fuzzy-Struktur). Hier kommt es eher auf das gemeinsame Auftreten (in einem Zeitfenster) von bestimmten Ereignissen an.

Schließlich gibt es die Mischform der zuvor vorgestellten Arten, die zum Teil sequentiellen zum Teil aber auch Fuzzy-Charakter aufweist.

Neben der reinen Struktur der Aktivität bestehen weitere Herausforderungen bei der Aktivitätserkennung: Aktivitäten können sehr durch die individuellen Gewohnheiten einer Person geprägt sein. Ebenso können sich Aktivitäten bei ihrer Durchführung überlappen. Man denke hier bspw. an einen Toilettengang während des abendlichen Fernsehens.

Die unterschiedlichen zur Verfügungen stehenden Ansätze und Verfahren zur Aktivitätserkennung lassen sich in drei wesentliche Kategorien einordnen: (A) modelllose/nicht-temporale, (B) modelllose/temporale und (C) modellbasierte/temporale.

Ansätze aus den Kategorien A und B kompensieren das nicht in Form eines Modells enthaltene Expertenwissen durch eine Lernphase. Diese kann einmalig stattfinden und einen allgemeingültigen Charakter besitzen oder individuell sein und mit jeder betroffenen Person durchgeführt werden. Problematisch in diesem Zusammenhang sind Aktivitäten, die in ihrer Ausführung erfahrungsgemäß eine hohe Variabilität aufweisen.

Zur Modellierung von (Experten-)Wissen stehen verschiedenen Sprachen zur Verfügung: Unified Modeling Language (UML) bspw. bietet mit den Aktivitätsdiagramme eine adäquate Lösungen an. Mittels sogenannter Kontroll-/Aktivitätsflüsse können von der Semantik mit Petri-Netz (PN) vergleichbare Abläufe modelliert werden. Hierzu zählen u. a. verzweigen, zusammenführen, aufteilen und synchronisieren.

Eine weitere Variante bietet sich mit den ereignisgesteuerten Prozessketten (EPK/eEPK). Diese liefern u. a. folgende logische Verbindungsstellen: AND, OR und XOR. Gegenüber UML bieten die EPK die Möglichkeit sogenannte Funktionen, Informationsobjekte oder Organisationseinheiten einzubinden.

Als Letztes beschrieb Storf (2011) die Option Aktivitäten mittels Temporallogik auszudrücken und die daraus ableitbaren Algorithmen zur Detektion zu verwenden. Konkrete Instanzen von ADL wären damit zwar möglich, jedoch lässt sich keine generalisierbare Definition mit unterschiedlichen Ausprägungen realisieren.

Schließlich kommt Storf (2011) zu dem Fazit, dass Aktivitätserkennung im Bereich von AAL weiterhin eine Herausforderung bleibt, weil es nicht die eine richtige Lösung gibt und es von vielen Faktoren abhängt, wie eine optimale Konfiguration auszusehen hat. Ergänzend wird angemerkt, dass es auch eine Rolle spielt, ob eine Auswertung zur Laufzeit erwünscht/benötigt wird bzw., ob auch eine Analyse im Nachhinein möglich wäre. Dies beeinflusst bspw. auch eine automatische Bewertung bzw. die Aufbereitung der Ergebnisse.

2.3.5 Activities of Daily Living

Im Pflegeumfeld sind eine Vielzahl von Tätigkeiten des täglichen Lebens definiert, die sogenannten „ADL". Diese strukturieren sich in folgende Rubriken – nach dem Barthel-Index (Mahoney und Barthel, 1965):

- Toilettenbenutzung
- Bewegung
- Bett-/(Roll-)Stuhltransfer
- Ankleiden

- Essen und Trinken
- Waschen (Körperpflege)
- Baden/Duschen
- Treppensteigen

Wilson (2005) beschreibt ADL als „wiederkehrende Tätigkeiten des täglichen Lebens zur Absicherung menschlicher Grundbedürfnisse (Körperpflege, Ernährung und Mobilität)".

In Bezug auf eine ambiente Assistenzfunktion muss das System die eigenständige Ausführung von Tätigkeiten durch die jeweilige Person erkennen, damit der Betreuer diese bei aufgetretenen Schwierigkeiten bzw. Unregelmäßigkeiten bedarfsgerecht unterstützen kann. Ohne die Fähigkeit, ADL selbstständig auszuführen, sind Personen häufig nicht mehr in der Lage, eigenständig zuhause zu leben.

Hierzu ist es zwingend erforderlich, dass die Ausgaben des Systems eine für den Pfleger verständliche Botschaft enthalten. Eine abstrakte Aussage, wie sie bspw. Rashidi u. a. (2011) als Ergebnis liefern, bietet zu viele Interpretationsmöglichkeiten für den Betreuer.

Zur Erkennung der ausgeführten Tätigkeiten versucht man, mithilfe von Indikatoren auf (a priori definierte) Aktivitäten zu schließen. Im einfachsten Fall führt das Eintreten eines einzelnen Indikators zu dem Schluss, dass eine bestimmte Aktivität ausgeführt wird bzw. wurde.

Es folgt das Beispiel eines einfachen Systems: Das automatische Öffnen einer Schiebetür nutzt als Indikator das Signal der meist über der Automatiktür angebrachten Sensoreinheit. Das System nimmt an, dass eine Person im Begriff ist, die Tür zu durchschreiten, wenn sie sich in unmittelbarer Nähe zur Tür aufhält, und veranlasst daraufhin die Öffnung.

Im angestrebten Anwendungsfeld – dem „AAL" (siehe Kapitel 2.2) – sind die wenigsten Aktivitäten mithilfe eines einzelnen Indikators zweifelsfrei zu detektieren. Dies ist im Übrigen auch bei dem Beispiel mit der Automatiktür der Fall: Hierbei wird nicht unterschieden, ob Personen auf die Tür zu oder an ihr vorbeigehen. Eine Person, die an der Tür vorbeigeht, möchte diese nicht zwangsläufig durchschreiten.

Betrachtet man den Bereich der ambulanten bzw. stationären Pflege von kranken und älteren Menschen, so existieren mehrere Schemata zur Dokumentation der Autonomie bei der Ausführung von ADL, die ausschließlich auf Fragebögen basieren. Katz u. a. (1963) mit dem „Index of ADL" und Lawton und Brody (1969) mit ihrem „Instrumental ADL (IADL)" haben jeweils darauf beruhende Bewertungsmaßstäbe definiert.

Das Ergebnis einer solchen Bewertung ist ein möglichst objektiver Anhaltspunkt dahin gehend, ob die betreffende Person noch in der Lage ist, allein für sich zu sorgen (z. B. Hygiene oder Ernährung betreffend) und dementsprechend weiterhin allein zuhause zu leben. Ein weiterer Indikator zur Erfassung der Selbstständigkeit einer Person ist als Barthel-Index bekannt (siehe Abschnitt 2.3.5).

2.4 Formalisierung von Assistenzfunktionen

Als Werkzeug für das weitere Vorgehen wird ein Formalismus in Bezug auf ambiente Assistenzfunktionen definiert. Mithilfe dieses Formalismus sollen bestehende Assistenzfunktionen kategorisiert und neue spezifiziert werden können. Damit werden gleichsam Transparenz und Vergleichbarkeit geschaffen.

Der Formalismus ordnet ambiente Assistenzfunktionen bzgl. der von Dey (2000) aufgestellten Kontextinformationen ein. Der Wertebereich der Assistenzfunktion ergibt sich aus den Wertebereichen ihrer Abhängigkeiten:

$f_{assist}(p, x, a, t)$ mit der Abhängigkeit von:

- der jeweiligen Person p,
- deren Aufenthaltsort im Raum x, mit $x \in Room$,
- ihrer zurzeit ausgeführten Aktivität a, mit $a \in Activity$, und schließlich
- der Zeit t, mit $t \in Time$, zu der die Person diese Aktivität ausführt.

Eine Assistenzfunktion benötigt folglich gerade das zuvor genannte Kontext-Quadrupel. Sofern Aktivitäten nicht als atomare Ereignisse betrachtet werden, existiert zu jeder Aktivität eine Anfangs- und eine Endzeit ($Time$). t kann somit als das Intervall $[t_a, t_e]$ formuliert werden, wobei t_a die Anfangs- und t_e die Endzeit angibt. Aus dem so definierten Intervall lässt sich problemlos eine Ausführungsdauer bestimmen.

Neben der Zeit handelt es sich auch beim Aufenthaltsort und der Aktivität um Intervalle. Der Wertebereich des Aufenthaltsortes wird durch die vorhandenen Räume ($Room$) innerhalb der Häuslichkeit bestimmt, sofern keine feinere Einteilung getroffen wird.

Grundsätzlich gäbe es eine nahezu unendliche Zahl von möglichen Aktivitäten, die eine Person ausführen könnte. Da sich der Formalismus aber auf Assistenzfunktionen beziehen soll, stammt a aus der Menge der ADL ($Activity$).

Alle Variablen der Funktion werden vom entwickelten System mit einer gewissen Unsicherheit erfasst. Es wird davon ausgegangen, dass es sich falls keine andere Person anwesend ist (hierfür müssen sich Besucher beim System identifizieren), ausschließlich um Lisa handelt, die Aktivitäten ausführt. Gleichwohl kann es vorkommen, dass ein Besucher beim Eintreffen vergisst, sich „anzumelden".

Einzelne Sensorereignisse können außer durch die Person selbst durch Fehlverhalten ausgelöst werden. So lösen bspw. einige Bewegungsmeldertypen irrtümlich aus, wenn direktes Sonnenlicht auf sie trifft. In einigen Fällen reicht sogar ein reflektierter Lichtstrahl aus. Da aber stets mehrere Sensorereignisse in durch die Modelle definierter Reihenfolge auftreten müssen, bevor eine Aktivität als ausgeführt erkannt wird, wird individuelles Fehlverhalten einzelner Sensoren bis zu einem gewissen Grad kompensiert.

Der umgekehrte Fall – d. h. das Ausbleiben eines Sensorereignisses trotz Auslösung durch Lisa – ist hingegen wahrscheinlicher. Im schlimmsten Fall wird der Pfleger durch das System auf diesen Umstand aufmerksam gemacht. Anhand der unvollständigen Ausführungen innerhalb der Aktivitätsmodelle kann auf den defekten Sensor reagiert werden.

Einer so spezifizierten Assistenzfunktion ist leicht zu entnehmen, welche Art von Informationen sie von der zu entwickelnden Plattform benötigt. Ebenso lässt sich daraus ableiten, welche Sensoren bzw. Sensortypen zu deren Detektion notwendig sind.

2.5 Grundlagen

2.5.1 Domänenwissen aus dem Bereich der Pflege

Interview

Ziel des mündlichen Interviews mit zwei berufserfahrenen Personen aus dem Pflegeumfeld am 3.11.2010 in Duisburg war es, herauszufinden, wie man ADL mithilfe einfacher Sensorik erfassen kann und welche ADL eine hohe Aussagekraft bzgl. der Alltagskompetenz des Klienten haben.

Ohne wenigstens ein Mindestmaß an Alltagskompetenz zu erfüllen, ist es äußerst bedenklich, die entsprechende Person selbstständig (d. h. ohne fremde Hilfe und ohne regelmäßige Beobachtung) allein zuhause leben zu lassen.

Nach dem Interview sind durch den Autor eine Mindmap über potenzielle Indikatoren, die auf die Ausführung von ADL schließen lassen, sowie eine priorisierte Liste dieser ADL entstanden.

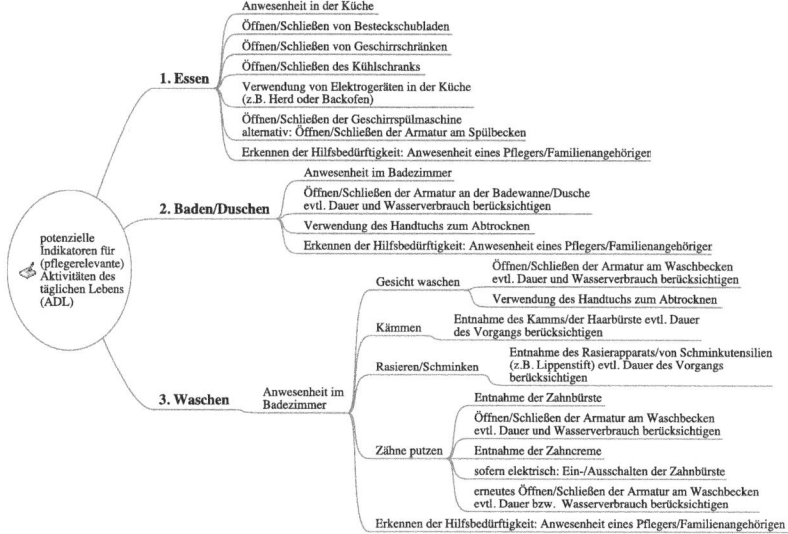

Abb. 2.1: Mindmap potenzieller Indikatoren für bestimmte ADL (rechter Teil; Quelle: Interview, eigene Darstellung)

Die entstandene Mindmap (eine vollständige Darstellung dieser findet sich auf Abbildung A.1 im Anhang) ist auf oberster Ebene in folgende Rubriken unterteilt:

- Essen
- Baden/Duschen

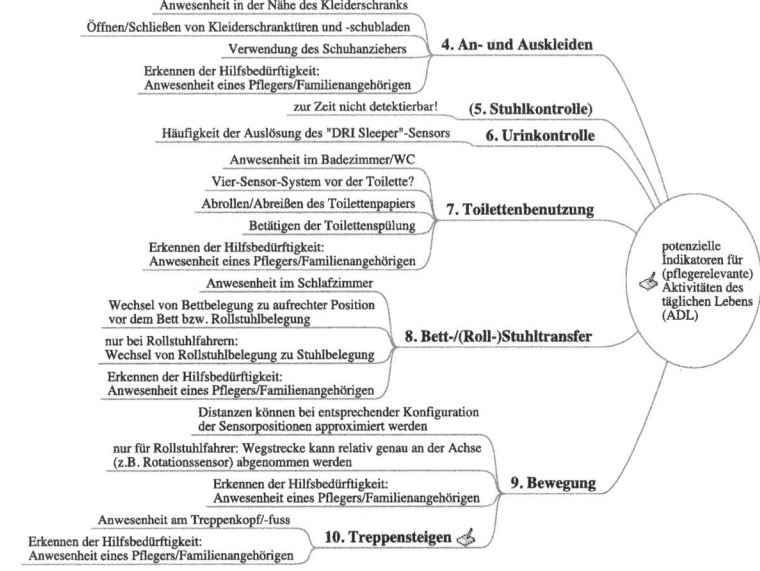

Abb. 2.2: Mindmap potenzieller Indikatoren für bestimmte ADL (linker Teil; Quelle: Interview, eigene Darstellung)

- Waschen
- An- und Auskleiden
- (Stuhlkontrolle)
- Urinkontrolle
- Toilettenbenutzung
- Bett-/(Roll-)Stuhltransfer
- Bewegung (enthält Treppensteigen)

Die gewählte Einteilung der ADL orientiert sich am Barthel-Index. Jeder dieser Rubriken wurden bestimmte Indikatoren zugewiesen. Da eine automatisierte Stuhlkontrolle im Vorweg bereits aus Gründen der Realisierbarkeit ausgeschlossen wurde, ist diese ausgeklammert. Beispielhaft werden nun die Indikatoren für das Essen erläutert.

Zunächst bedarf es zur Essenszubereitung bzw. der Aufnahme von bereits zubereitetem Essen üblicherweise der Anwesenheit einer Person in der Küche. Bestimmte Nahrungsformen erfordern das Öffnen bzw. Schließen von Besteckschubladen, um daraus das passende Besteck zu entnehmen. Sofern die Nahrung nicht aus der Hand gegessen wird (z. B. eine Banane), deutet das Öffnen bzw. Schließen von Geschirrschränken auf die Entnahme von Geschirr hin.

2.5 Grundlagen

Nahrungsmittel, die kühl gelagert werden müssen, befinden sich üblicherweise im Kühl- bzw. Gefrierschrank. Insofern weist das Öffnen bzw. Schließen des Kühl- bzw. Gefrierschranks u. U. auf eine Nahrungsentnahme (oder das Befüllen dessen) hin. Natürlich kann der Kühlschrank auch geöffnet werden, um nachzusehen, was sich darin befindet.

Die Zubereitung von warmen Mahlzeiten erfordert die Verwendung von (Elektro-)Geräten in der Küche. Hierzu zählen bspw. der Herd, die Mikrowelle und der Backofen. Nach dem Essen lässt sich ggf. ein Öffnen bzw. Schließen einer Geschirrspülmaschine (sofern vorhanden) detektieren. Alternativ kann das Öffnen bzw. Schließen der Armatur am Spülbecken als Indiz für den Abwasch herangezogen werden.

Für nähere Details bzgl. der übrigen Rubriken wird an dieser Stelle auf den Anhang A.1 verwiesen. Schließlich hat das am 3.11.2013 durchgeführte Interview des Autors mit den Pflegekräften eine priorisierte Liste von ADL hervorgebracht (siehe Tabelle 2.3).

Tabelle 2.3: Priorisierte Liste der zu erkennenden ADL

Priorität	ADL-Rubrik
1.	Toilettenbenutzung
2.	Urinkontrolle
3.	Bewegung
4.	Essen
5.	Baden/Duschen
6.	Waschen
7.	An-/Auskleiden
8.	Bett-/(Roll-)Stuhltransfer

Das selbstständige Aufsuchen der Toilette und die anschließende Verrichtung der Notdurft haben sich im Interview als elementarste aller ADL herausgestellt. Somit besitzt diese laut der befragten Pflegekräfte die größte Aussagekraft bzgl. der Beurteilung des Autonomiegrades eines Menschen.

Modellierung von Aktivitäten des täglichen Lebens

Entsprechend der priorisierten Liste in Tabelle 2.3 wurden – angefangen mit den aussagekräftigsten ADL – Modelle bestehend aus Sensorereignissen abgeleitet. Anstatt bereits vereinzelte Sensorereignisse (z. B. „Kühlschrank geöffnet") als hinreichendes Indiz für die Ausführung einer Aktivität zu werten, werden die Sensorereignisse in einen Kontext gestellt, d.h., mehrere Sensorereignisse müssen in einer bestimmten Reihenfolge auftreten, bevor die Ausführung der jeweiligen ADL gefolgert wird.

2.5.2 Task-Modelling-Verfahren zur Kontextgenerierung

Sowohl die Aktivitäten des täglichen Lebens selbst als auch die aus ihnen bestehenden Tagesstrukturen können als „Prozesse" aufgefasst werden. Eine ADL stellt eine Sequenz von Teilschritten dar, die zur Erreichung eines bestimmten Ziels notwendig sind (z. B. Zähneputzen, mit dem Ziel, saubere Zähne zu erlangen). Bezogen auf die Tagesstrukturen erstreckt sich der Prozess eines Tages jeweils vom Aufstehen bis zum Schlafengehen. So verstanden ist es naheliegend, bzgl. der Tagesstrukturen zunächst einen Blick auf etablierte Prozess-Modellierungssprachen zu werfen.

Business Process Modelling

Ursprünglich ab 2001 von Stephen A. White zur Modellierung von Geschäftsprozessen entwickelt, wurde das Business Process Modelling (BPM) durch die „Object Management Group (OMG)[9]" in Form der „Business Process Modelling Notation (BPMN)", die seit 2011 in der Version 2.0 vorliegt, standardisiert. In Deutschland wird die BPMN u. a. durch zahlreiche Veranstaltungen der Berliner BPM-Offensive[10] propagiert.

Etliche (kommerzielle wie frei erhältliche) Werkzeuge (z. B. Websphere von IBM oder jBPM von JBoss) unterstützen BPM. Mithilfe dieser Werkzeuge lassen sich die Prozesse nicht nur modellieren und simulieren, sondern anschließend auch ausführen.

Dabei setzen die meisten Software-Werkzeuge bei der Ausführung der in BPMN entworfenen Modelle auf PN. Diese unterstützen zusätzlich zu den sequenziellen nebenläufige und konditionale Arbeitsabläufe. Somit ist gewährleistet, dass sich jedes BPM in ein bzgl. des dynamischen Verhaltens äquivalentes PN überführen lässt.

BPM bietet über das Konstrukt der Pools, wie die Rollen in BPM auch genannt werden, die Möglichkeit, mehrere Rollen innerhalb eines gemeinsamen Schaubildes darzustellen. Im AAL-Anwendungsbereich ist es naheliegend, einen Benutzer- und einen Umgebungs-Pool anzulegen. Die Verknüpfung der beiden Pools findet über Nachrichtenflüsse statt. Tritt ein bestimmtes Ereignis im Pool des Benutzers auf, so löst dies unmittelbar die Generierung einer Nachricht aus. Über den Empfang der Nachricht im Pool der Umgebung kann diese z. B. ihrerseits reagieren.

Hinsichtlich der geplanten Verwendung besitzt BPM gegenüber anderen – im Folgenden beschriebenen – Modellierungssprachen Nachteile, die sich insbesondere auf die resultierenden Modelle auswirken: Der Satz an zur Verfügung stehenden temporalen Operatoren, die eine flexible Abarbeitungsreihenfolge erlauben würden, ist stark begrenzt. Dadurch werden die in BPM modellierten Aktivitätsmodelle sehr schnell sehr umfangreich und meist unübersichtlich.

Fehlende Operatoren, hierzu zählen u. a. „Optional" und „Order Independence", müssen durch entsprechende Abwicklungen kompensiert werden. Gilt es bspw., die reihenfolgenunabhängige Ausführung dreier unterschiedlicher Ereignisse sicherzustellen, müssen alle (sechs) Permutationen ausformuliert und mittels entsprechender Kontrollflusselemente (exklusive Gateways) verknüpft werden.

Ähnlich anderen Aufgabenbeschreibungssprachen erlaubt auch BPM die Speicherung von „Zuständen" nicht ohne Weiteres. Gilt es bspw., im Modell zu sichern, ob ein ambientes Gerät ein- oder ausgeschaltet ist, müssen hierfür separate Kontrollflüsse definiert werden.

---

9 http://www.bpmn.org – Zugriffsdatum: 21.01.2013
10 http://www.bpmb.de – Zugriffsdatum: 21.01.2013

2.5 Grundlagen

ConcurTaskTrees

Neben BPM existieren weitere Beschreibungssprachen, die für den vorliegenden Anwendungsfall in Betracht kommen. Eine davon nennt sich „ConcurTaskTrees (CTT)". Ursprünglich für die Modellierung von interaktiven Benutzerschnittstellen entwickelt, lassen sich damit neben der sequenziellen Abarbeitung ebenfalls Prozesse bzw. Aufgaben modellieren, deren Reihenfolge nicht im Vorweg festgeschrieben werden muss. Werkzeuge, mit denen man CTT modellieren kann, sind z. B. ConcurTaskTrees Environment (CTTE) (Mori u. a., 2002) oder Teresa (Berti u. a., 2004). Beide Vertreter sind öffentlich und frei verfügbar.

CTT hat sich vor allem wegen seiner intuitiven Lesbarkeit einen Namen gemacht. Diese gründet maßgeblich auf der kompakten und verständlichen Darstellung. Wie die Bezeichnung bereits vermuten lässt, sind nach CTT-Notation modellierte Aufgaben hierarchisch (in Form von Bäumen) strukturiert. Um auf die Ausführungsreihenfolge der enthaltenen Teilaufgaben zu schließen, traversiert man den Baum angefangen mit der Wurzel. Zwischen den Knoten einer Ebene sind stets temporale Relationen angegeben, die bei der Traversierung zu berücksichtigen sind. Diese legen fest, wie die konkrete Abfolge auf der jeweiligen Ebene auszusehen hat.

Zu den temporalen Operatoren gehören nebst anderen "Sequential Enabling", "Choice", "Interleaving", "Optional" und "Order Independence". Die Einfachheit der Darstellung sollte demnach nicht über die Mächtigkeit und Flexibilität insbesondere der temporalen Relationen innerhalb der Sprache hinwegtäuschen.

Die genannten temporalen Operatoren wurden allerdings nicht von Paterno eingeführt. In (Paterno, 1999) wird angegeben, dass die Operatoren samt den verwendeten Symbolen von der Language of Temporal Ordering Specification-Notation (LOTOS-Notation) (Bolognesi und Brinksma, 1987) übernommen wurden. Daher wird im nachfolgenden Kapitel der LOTOS-Standard näher betrachtet.

CTT eignet sich nicht nur zur Modellierung der eigentlichen ADL. Auch die Umgebung – genauer gesagt die Sensoren in der Umgebung, in der die Aktivitäten ausgeführt werden – kann zu Simulationszwecken einbezogen werden. Um die Wechselwirkung zwischen der auszuführenden Aktivität und der Umgebung, in der sie stattfindet, nachzuempfinden, wird von dem kooperativen Modus Gebrauch gemacht.

Der Modellierungsvorgang kann auf unterschiedliche Weise begonnen werden. Entweder man sieht zunächst die Umgebung – im Sinne der installierten Sensorik – als gegeben an und definiert basierend auf der Menge der Sensoren eine passende Aktivitätsspezifikation oder man modelliert angefangen bei der Folge von Teilaktivitäten und leitet daraus die benötigten Sensoren ab.

Die Zusammenarbeit von zwei Modellen wird in CTT mittels eines weiteren Modells realisiert, des sogenannten kooperativen Modells. Darin werden die Verknüpfungen zwischen den Tasks des einen und des anderen Modells vorgenommen. Das kooperative Modell stellt die kausalen Zusammenhänge zwischen Benutzeraktionen und Umgebungsreaktionen dar. Beispielsweise führt das durch den Benutzer initiierte Einschalten der elektrischen Zahnbürste dazu, dass die Zahnbürste eingeschaltet ist.

Die Modellierungssprache CTT kennt vier verschiedene Arten von Aufgaben (Tasks):

- abstrakte Aufgaben (*Abstraction-Tasks*),

- Benutzeraufgaben (*User-Tasks*),
- Interaktionsaufgaben (*Interaction-Tasks*) und
- Applikationsaufgaben (*Application-Tasks*).

Abstrakte Aufgaben dienen der Strukturierung von Teilaufgaben innerhalb der hierarchischen Aufgabenbeschreibung. So fordern die zur Verfügung stehenden Entwicklungsumgebungen den Designer auf, einen abstrakten Aufgabentyp zu verwenden, wenn die Knoten unterhalb des aktuellen Knotens unterschiedlichen Aufgabentypen angehören.

Der Wurzelknoten eines Baums wird – mit Ausnahme eines Baums, in dem nur Aufgaben eines Typs vorkommen – stets als abstrakte Aufgabe formuliert. Jedoch können auch die drei übrigen Aufgabentypen der Strukturierung dienen. Im ausführbaren Modell finden sich ausschließlich die Aufgaben aus den Blättern des Baumes wieder.

Paterno (1999) nennt die Aufgaben auf der Blätterebene *basic tasks* und grenzt sie damit von den *high level tasks* ab. Letztere beschreiben abstraktere Aufgaben, indem mehrere *basic tasks* (jedoch mindestens zwei pro Teilzweig) kombiniert werden.

Die Benutzeraufgaben repräsentieren Tätigkeiten, die vom Benutzer geleistet werden. Im Kontext dieser Arbeit werden die Benutzeraufgaben verwendet, um die ADL darzustellen.

Im Gegensatz dazu existieren Applikationsaufgaben. Diese beschreiben Arbeitsschritte, die ausschließlich von der Anwendung erfüllt werden. Bezogen auf die Kontextgenerierung ist dies die Erstellung von Kontextinformationen.

Interaktionsaufgaben behandeln das Zusammenspiel aus Nutzereingaben und der anschließenden Verarbeitung dieser durch das System. In der klassischen Konstellation repräsentieren Interaktionsaufgaben bspw. Eingaben durch eine Tastatur oder Maus. In einer ambienten Umgebung stellen auch Sensorereignisse Eingaben für das System dar. Folglich sind auch diese als Interaktionsaufgaben zu modellieren.

Zusätzlich besteht die Möglichkeit, weitere aufgabenbezogene Informationen zu definieren. Eine dieser Informationen, die im Zusammenhang mit der Definition von ADL besonders hilfreich ist, betrifft den erwarteten Zeitverbrauch bei der Ausführung einzelner Teilaufgaben. Hierzu lassen sich Mindestausführungszeiten (*Minimum*), durchschnittliche Ausführungszeiten (*Average*) und maximale Ausführungszeiten (*Maximum*) spezifizieren. Mit Ausnahme der durchschnittlichen Ausführungsdauer lassen sich diese Ansätze auch in den um den Faktor Zeit erweiterten PN (Nielsen u. a., 2001) wiederfinden.

Language of Temporal Ordering Specification

Paterno (1999) gibt an, dass die von ihm verwendeten temporalen Operatoren aus „LOTOS" übernommen wurden. LOTOS ist erstmals im International Organization for Standardization (ISO) Standard 8807:1989 der ISO niedergeschrieben worden. Im Jahre 2001 kam es zu einer Erweiterung, welche die Bezeichnung ISO/IEC[11] 15437:2001 trägt.

Im Standard werden Syntax und Semantik der formalen Beschreibungssprache definiert. Ursprünglich wurde LOTOS in den Jahren 1981 bis 1986 von ISO-Experten entwickelt, um damit Open-Systems-Interconnection-Architekturen (OSI-Architekturen) formal zu beschreiben. Die

---

11 International Electrotechnical Commission (IEC)

2.5 Grundlagen

Anwendbarkeit erstreckt sich dabei jedoch auch auf verteilte und nebenläufige informationsverarbeitende Systeme.

Das grundlegende Konzept von LOTOS basiert auf der Annahme, dass man (technische) Systeme anhand der temporalen Relationen ihrer Interaktionen, die sich als extern beobachtbares Verhalten bemerkbar machen, beschreiben kann. Die Beschreibungssprache LOTOS nutzt hierzu Methoden der Prozessalgebra von Bolognesi und Brinksma (1987).

Als formales Beschreibungsverfahren besitzt LOTOS eine generelle Anwendbarkeit bei verteilten und nebenläufigen informationsverarbeitenden Systemen und gewährleistet zur Beschreibung von (technischen) Systemen eine formal wohldefinierte Basis. Dabei verfolgt LOTOS einen constraintorientierten Beschreibungsstil.

Einige Anforderungen an LOTOS, die in ähnlicher Weise auch an andere formale Beschreibungssprachen zu stellen sind, sind folgende: Eindeutigkeit, Bestimmtheit, Vollständigkeit und Unabhängigkeit bzgl. der Implementierung. Eine abgeschlossene Spezifikation sollte durch alle beteiligten Rollen lesbar und verständlich sein.

Um diesen Anforderungen zu genügen, wurden bei der Entwicklung der Beschreibungssprache folgende Kriterien berücksichtigt: hohe Ausdrucksstärke, formale Definition von Syntax und Semantik, Abstraktion und Strukturierung.

Bezogen auf die Abstraktion bedeutet dies, dass in der Spezifikation nur gestaltungsrelevante Konzepte wiedergegeben werden und auf implementierungsnahe Details verzichtet wird. Bei der Strukturierung kommt es darauf an, die Spezifikation in einer bedeutungsvollen und intuitiven Art und Weise zu erstellen. CTT und LOTOS verbindet die hierarchische Strukturierung.

Die Ereignisse (*Events*), die bei LOTOS die Interaktion über die Systemgrenzen hinaus ausmachen, gelten als atomar, d. h. unmittelbar, ohne dabei eine Ausführungsdauer zu besitzen. Das beobachtbare Verhalten beruht ausschließlich auf Interaktion. In dieser Hinsicht unterscheiden sich CTT und LOTOS: Bei CTT kann einem Interaktionstask sehr wohl eine Dauer zugewiesen werden.

Die abstrakteste aller Repräsentationen eines Prozesses P ist die Blackbox. Zur Kommunikation mit der Umgebung besitzt diese Blackbox Gatter (*Gates*). Zur Vereinfachung werden die beobachtbaren Ereignisse, d. h. die Interaktionen, anhand des Gatters identifiziert, an dem sie aufgetreten sind. Dabei kann der Prozess mit der Umgebung stets nur mit einem Gatter zurzeit interagieren.

Die Tatsache, dass der Prozess bereit ist, mit seiner Umgebung zu interagieren, wird deutlich, indem der Prozess an einem bestimmten Gatter eine beobachtbare Aktion (*Action*) a anbietet; a entstammt dabei einem finiten Alphabet von beobachtbaren Aktionen. Intern kann der Prozess P ebenfalls via Gatter im Inneren der Blackbox kommunizieren. Interne Gatter bleiben der Umgebung allerdings verborgen (*Hiding*).

Im Folgenden wird ausschließlich die Teilmenge von Verhaltensausdrücken in LOTOS beschrieben, die sich ebenfalls in CTT wiederfinden lassen. Prozessdefinition und Verhaltensbeschreibung gehen bei LOTOS einher.

$B \xrightarrow{a} B'$ ist eine bezeichnete Transition, die aussagt, dass sich B
        nach dem Auftreten der Aktion a wie B' verhält.
G Menge aller vom Benutzer definierbaren Gatter
i nicht beobachtbare Aktion
Act Menge $G \cup \{i\}$

μ Bereich von Act
δ eine Aktion, welche die erfolgreiche Terminierung des Prozesses repräsentiert
Act^+ Menge $Act \cup \{\delta\}$
μ^+ Bereich von Act^+

1. Auswahl (Choice): Gegeben seien zwei Verhaltensausdrücke $B1$ und $B2$, die gleichsam als Prozesse verstanden werden können. Der Ausdruck $B1\,[\,]\,B2$ beschreibt einen Prozess, der sich entweder wie $B1$ oder wie $B2$ verhält. Die Auflösung der Auswahl findet anhand der angebotenen initialen Aktionen der beiden Verhaltensausdrücke statt. Nach Auflösung der Auswahl verhält sich der Prozess wie genau einer (vgl. exklusives Oder) der beiden zur Auswahl stehenden Prozesse. Das Verhalten des jeweils anderen wird abgelegt.

Stimmt die von $B1$ angebotene Aktion mit der Interaktion aus der Umgebung überein, verhält sich der Gesamtprozess $B1\,[\,]\,B2$ wie $B1$. Sollte die Interaktion aus der Umgebung der Initialaktion von $B2$ entsprechen, fällt die konditionale Entscheidung bzgl. des Verhaltens auf $B2$. Bieten sowohl $B1$ als auch $B2$ die gleiche Initialaktion an, so ist das Verhalten des Gesamtprozesses nicht determiniert.

Definition 1. *Die Inferenzregeln bzgl. der Auswahl lauten wie folgt:*

> aus $B1 \xrightarrow{\mu^+} B1'$ folgt $B1\,[\,]\,B2 \xrightarrow{\mu^+} B1'$
> aus $B2 \xrightarrow{\mu^+} B2'$ folgt $B1\,[\,]\,B2 \xrightarrow{\mu^+} B2'$

Der sich aus einer Auswahl ergebende Aktionsumfang kann als Vereinigung der Aktionsumfänge ihrer Komponenten beschrieben werden.

2. Nebenläufigkeit (Pure Interleaving): Gegeben seien wiederum die bekannten Verhaltensausdrücke $B1$ und $B2$. Der Ausdruck $B1|||B2$ beschreibt einen Prozess, bei dem die Verhaltensweisen $B1$ und $B2$ parallel sowie vollkommen unabhängig voneinander auftreten können. Falls beide Prozesse bereit sind, bestimmte Aktionen zu verarbeiten, können diese in beliebiger Reihenfolge auftreten. Es sei angemerkt, dass dies sogar dieselbe Aktion sein kann. Diese Form der parallelen Komposition beschreibt die reine Nebenläufigkeit der beiden beteiligten Prozesse mit einer Ausnahme: der Synchronisation bei erfolgreicher Terminierung des Gesamtprozesses. Diese Tatsache kann der formalen Definition 2 (letzte Inferenzregel) entnommen werden.

Definition 2. *Die Inferenzregeln bzgl. der Nebenläufigkeit lauten wie folgt:*

> aus $B1 \xrightarrow{\mu} B1'$ und $\mu \in G$ folgt $B1\,|||\,B2 \xrightarrow{\mu} B1'\,|||\,B2$
> aus $B2 \xrightarrow{\mu} B2'$ und $\mu \in G$ folgt $B1\,|||\,B2 \xrightarrow{\mu} B1\,|||\,B2'$
> aus $B1 \xrightarrow{\delta} B1'$ und $B2 \xrightarrow{\delta} B2'$ folgt $B1\,|||\,B2 \xrightarrow{\delta} B1'\,|||\,B2'$

3. Kausalität (Sequential Enabling): Der kausale Zusammenhang zwischen $B1$ und $B2$ wird nach der LOTOS-Spezifikation als $B1 >> B2$ repräsentiert. Informal besteht die Aussage des Ausdrucks darin, dass, nachdem $B1$ erfolgreich beendet wurde, $B2$ zur Ausführung bereit ist.

Definition 3. *Die Inferenzregeln bzgl. der Kausalität lauten wie folgt:*

> aus $B1 \xrightarrow{\mu} B1'$ folgt $B1 >> B2 \xrightarrow{\mu} B1' >> B2$
> aus $B1 \xrightarrow{\delta} B1'$ folgt $B1 >> B2 \xrightarrow{i} B2$

2.5 Grundlagen

Die erste Regel gibt an, dass, solange $B1$ nicht terminiert wurde, d. h. $\mu \neq \delta$ ist, $B2$ weiterhin auf die erfolgreiche Beendigung von $B1$ „warten" muss. Mit der zweiten Regel wird deutlich, dass die Beendigung von $B1$ die Aktivierung von $B2$ auslöst. Die Übergabe des Kontrollflusses von $B1$ an $B2$ geht dabei implizit – durch eine für den Beobachter nicht wahrnehmbare Aktion i – vonstatten.

Bezüglich des Abstraktionsgrades von Systembeschreibungen unterscheiden Bolognesi und Brinksma (1987) folgende Begriffe sehr deutlich:

- Spezifikation: eine Beschreibung des Systems auf hoher Abstraktionsebene, die vornehmlich das beabsichtigte Verhalten im Blick hat, dabei allerdings keinerlei Implementierungsanforderungen vorgibt

- Implementierung: eine detaillierte Systembeschreibung; der Fokus ist dabei weniger auf das beabsichtigte Verhalten als vielmehr die Funktionsweise des Systems gerichtet

LOTOS stellt eindeutig eine Spezifikationssprache dar. Dabei ist die Strukturiertheit der Spezifikationen nicht quantifizierbar und liegt im Ermessen des Designers der Modelle. Es lassen sich durchaus bzgl. ihres Verhaltens äquivalente Modelle erzeugen, die unter den Gesichtspunkten Abstraktion und Strukturiertheit auf sehr unterschiedlichen Niveaus liegen.

Beobachtungsgleichheit liegt vor, wenn sich zwei Spezifikationen anhand ihres (beobachtbaren) Verhaltens nicht unterscheiden lassen. Dies lässt sich formal nachweisen. Bei einer verwandten Spezifikationssprache „Communication Sequential Processes (CSP)" (Hoare, 1978) werden hierzu die Mechanismen des Refinements genutzt. Man kann Spezifikationen auf drei unterscheidbaren Ebenen zerlegen, siehe hierzu (Roscoe u. a., 1997):

Die einfachste und allgemeinste Form vergleicht zwei Spezifikationen anhand ihrer verarbeitbaren Interaktionssequenzen (*Traces*). Da das Trace-Refinement nicht kommutativ ist, muss bei den Prozessen $P1$ und $P2$ sowohl geprüft werden, ob $P1$ ein *Refinement* von $P2$ ist, d. h., $traces(P2) \subseteq traces(P1)$), als auch, ob $P2$ ein *Refinement* von $P1$ ist, d. h., $traces(P1) \subseteq traces(P2)$.

Die zweite Form des *Refinements* betrachtet statt der verarbeitbaren Sequenzen diejenigen, die das System zu einem bestimmten Zeitpunkt (definiert durch den *Trace* bis dahin) zu verarbeiten ablehnt (*Failures*). Der Zustand, in dem ein Prozess kein einziges Ereignis mehr verarbeiten kann, wird als Deadlock bezeichnet. Auch hier gilt es, sowohl $failures(P2) \subseteq failure(P1)$ als auch $failures(P1) \subseteq failure(P2)$ zu überprüfen.

Neben dem Deadlock kann sich ein Prozess in einem als Livelock benannten Zustand befinden. Hierbei beschäftigt sich der Prozess fortwährend mit internen Aktionen, ohne dabei extern beobachtbare Events zu produzieren.

Diesen Zustand zu erkennen, ist Ziel des dritten Refinements. Zusätzlich zu den Failures werden die *Divergences* berücksichtigt:

$failures(P2) \subseteq failure(P1) \land divergences(P2) \subseteq divergences(P1)$,
$failures(P1) \subseteq failure(P2) \land divergences(P1) \subseteq divergences(P2)$

In (Bolognesi und Brinksma, 1987) wird die Gleichheit von Prozessen auf die Äquivalenz von Bäumen – bzgl. ihrer Wurzeln – reduziert. Die Bäume repräsentieren dabei die Sequenz von Aktionen, die der Prozess zu erzeugen bereit ist. Gelesen werden die Bäume beginnend mit der Wurzel in Richtung der Blätter.

Zunächst wird hierzu die beobachtbare Sequenzrelation eingeführt. Es handelt sich um das Tripel (B, s, B'), wobei B und B' Bäume sind die Verhaltensausdrücke repräsentieren und s eine Zeichenkette von beobachtbaren Aktionen, die von B nach B' führt. Folgende Schreibweise wird verwendet: $B = s => B'$.

Definition 4. *Gegeben seien das Paar (B_1, B_2) in $\Re$ und eine beliebige Zeichenkette s. Dann wird eine Relation $\Re$ – genannt Bisimulation – wie folgt definiert:*

1. Gibt es $B_1 = s => B_1'$, dann existiert ein B_2' mit $B_2 = s => B_2'$ und $B_1' \Re B_2'$

2. Gibt es $B_2 = s => B_2'$, dann existiert ein B_1' mit $B_1 = s => B_1'$ und $B_1' \Re B_2'$

Als Äquivalenzrelation ist die Bisimulation $\Re$ reflexiv, symmetrisch und transitiv. Eine Bisimulation liegt somit vor, wenn sich unter Zuhilfenahme der gleichen Zeichenkette s zwei Prozesse (in der Baum-Metapher auch Knoten genannt) in zwei Folgeprozessen entwickeln lassen, die bzgl. ihres beobachtbaren Verhaltens ebenfalls äquivalent sind.

Die von LOTOS definierte Beobachtungsgleichheit bzgl. der zwei Verhaltensausdrücke $B1$ und $B2$, die auch als Baum repräsentiert sein können, ist vorhanden, wenn eine Bisimulation $\Re$ existiert, die das Paar (B_1, B_2) enthält. Als Schreibweise wird hierfür $B_1 \approx B_2$ verwendet.

Vergleich und Bewertung

Neben den zuvor vorgestellten BPM und CTT existieren viele weitere grafische sowie nichtgrafische Modellierungssprachen. Um eine möglichst objektive Wahl zu treffen, müssen Anforderungen an eine geeignete Zielsprache gestellt werden. In (Kitanovski, 2011) wurden einige Modellierungssprachen miteinander verglichen und hinsichtlich einer ähnlichen Zielsetzung bewertet. Im Anschluss wird anhand der Kriterien die Entscheidung für eine Modellierungssprache diskutiert.

Folgende drei Kriterien sollen zur Bewertung herangezogen werden:

1. Grafische Modellierungssprache hierarchischen Aufbaus:
   Grafische Modellierungssprachen gelten aufgrund der verwendeten Symbole als intuitiver, schneller lesbar und verständlicher als ihre textuellen Gegenstücke. Mit Piktogrammen lassen sich Zusammenhänge leichter vermitteln als mit reinem Text.
   Dies ist insbesondere hinsichtlich der Verwendung als Metasprache zwischen dem Pflegepersonal und dem Supervisor ein wichtiges Kriterium, da davon auszugehen ist, dass beide Rollen unterschiedliches Hintergrundwissen mitbringen.
   Durch den hierarchischen Aufbau können komplexe Zusammenhänge auf einfachere Strukturen, die isoliert betrachtet und analysiert werden können, heruntergebrochen werden. Zudem erlaubt die Zerlegung in Teilzweige die Wiederverwendung einzelner Komponenten zwischen einzelnen Modellen.

2. Umfangreicher Satz an temporalen Relationen:
   Um innerhalb der Modelle ausreichende Freiheitsgrade unterstützen zu können, sollte die Modellierungssprache der Wahl mindestens ein sequenzielles und nebenläufiges Verhalten erlauben. Mit einem umfangreichen Satz an temporalen Relationen lassen sich Verhaltensmuster flexibel abbilden. So erlaubt der Operator für unabhängige Nebenläufigkeit das Auftreten von mehreren Aktivitäten in unterschiedlicher Reihenfolge, ohne diese explizit formulieren zu müssen.

2.5 Grundlagen

3. Werkzeugunterstützung:
   Damit Modelle unverzüglich erzeugt, analysiert und simuliert werden können, sollte eine breite Palette an (frei) erhältlichen Werkzeugen bestehen.

Tabelle 2.4: Vergleich ausgewählter Modellierungssprachen (Quelle: eigene Darstellung)

	AMBOSS	ANSI/CEA-2018	BPM	CSP	CTT	Diane+	GOMS	GTA	HTA	TSK	UsiXML
grafisch	+	−	+	−	+	+	−	+	+	+	−
hierarchisch	+	+	+	+	+	+	+	+	+	+	+
sequenzieller Operator	+	+	+	+	+	+	+	+	+	+	+
nebenläufiger Operator	+	+	+	+	+	+	−	−	+	−	+
unabhängige Nebenläufigkeit	−	+	−	+	+	+	−	−	−	−	+
Auswahl-Operator	+	+	+	+	+	+	−	+	+	+	+
Unterbrechungs-Operator	−	−	+	+	+	−	−	+	+	−	+
Optional-Operator	+	+	−	−	+	+	+	+	−	−	−
Iteration	−	+	+	+	+	+	+	−	+	−	−
Werkzeugunterstützung	+	−	+	+	+	−	+	−	+	−	+

Bedingt durch das erste Entscheidungskriterium fallen die nichtgrafischen Modellierungssprachen − ANSI/CEA-2018 (Rich, 2009), CSP, Goals, Operators, Methods and Selection Rules (GOMS) und USer Interface eXtended Markup Language (UsiXML) − bereits durch das Raster (vgl. Tabelle 2.4). Von den verbleibenden grafischen Modellierungssprachen besitzen nur AMBOSS (Giese u. a., 2008), BPM, CTT und Hierarchical Task Analysis (HTA) eine gute Werkzeugunterstützung.

BPM erfüllt das zweite Kriterium bzgl. der unterstützten unabhängigen Nebenläufigkeit nicht. Von den verbleibenden vier Modellierungssprachen besitzt CTT den vollständigsten Satz an temporalen Relationen (inkl. unabhängige Nebenläufigkeit).

CTT (bzw. die verfügbaren Werkzeuge) bietet anders als bspw. CSP − das prominenteste Werkzeug hierfür nennt sich „Failures Divergences Refinement (FDR)[12]" − keine Möglichkeit, um an eine Laufzeitumgebung angebunden zu werden. Dieser Mangel lässt sich leichter kompensieren als bspw. der fehlende Operator zur Modellierung von Nebenläufigkeit. Insofern fiel die Wahl des Autors auf CTT.

Zur Anbindung an eine Laufzeitumgebung müssen die Modelle zuvor allerdings in eine ausführbare Sprache transformiert werden. Hierbei fiel die Wahl vorliegend auf PN, da diese ebenfalls nebenläufiges Verhalten unterstützen.

---

12 http://www.fsel.com − Zugriffsdatum: 24.01.2013

2.5.3 Process-Mining-Verfahren zur Verhaltensermittlung

Process-Mining ist eine verhältnismäßig junge Fachrichtung mit Anfängen Ende der neunziger Jahre. Es handelt sich dabei um eine spezialisierte Form des Data-Minings (van der Aalst, 2011). Der Anwendungsbereich von Process-Mining-Verfahren ist die Generierung bzw. Modellierung von Wissen (in Form von Prozessstrukturen) aus definierten Ereignisprotokollen (*Event-Logs*), welche die Grundlage aller Process-Mining-Verfahren bilden, um den zugrunde liegenden Prozess bzw. die Menschen, die ihn ausführen, zu analysieren. Häufig haben die beteiligten Menschen einen stark vereinfachten oder sogar falschen Eindruck vom Gesamtprozess (Mans u. a., 2008). Hier kann Process-Mining helfen, einen vertiefenden Einblick in den Prozess zu erlangen.

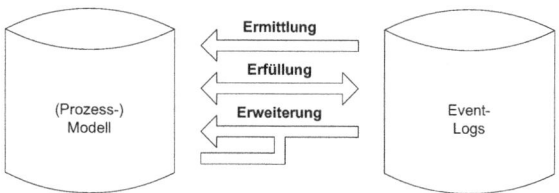

Abb. 2.3: Die drei Varianten des Process-Minings: (1) Ermittlung, (2) Erfüllung und (3) Erweiterung

Wie in Abbildung 2.3 dargestellt, werden beim Process-Mining drei Varianten unterschieden:

- Ermittlung: A priori existiert kein Modell. Process-Mining wird verwendet, um ein bislang unbekanntes Prozessverhalten zu entdecken.
- Erfüllung: Ein im Vorweg bekanntes Modell wird hierbei vorausgesetzt. Mit der zweiten Variante des Process-Minings lässt sich die Konformität zwischen Modell und Event-Logs bzw. umgekehrt nachweisen.
- Erweiterung: Ein (evtl. rudimentäres) Modell liegt vor. Process-Mining-Verfahren können helfen, das vorhandene Modell zu erweitern bzw. zu verbessern.

Für Process-Mining geeignete Datenerhebungen findet man nicht ausschließlich in strikt organisierten Arbeitsumgebungen (z. B. vollautomatisierten Fertigungsstraßen). Beispiele für weitere potenzielle Anwendungsfelder sind folgende: elektronische Patientenakten im Krankenhaus (Mans u. a., 2008), Unternehmen, die ein Business-Process-Management-System einsetzen, professionelle High-End-Geräte, wie Kopierer, medizinische Apparaturen und Lithografiemaschinen, beim Softwareentwicklungsprozess und bei klassischen administrativen Systemen – z. B. Software für Enterprise-Resource-Planning (ERP), Customer-Relationship-Management (CRM) oder Produktdatenmanagement (PDM) Software.

Ein Prozess kennzeichnet sich durch die (zeitliche) Abfolge der Aktivitäten, die er umfasst. Wie bei anderen Workflow-Management-Systemen werden typischerweise jeweils der Beginn und das Ende (genauer: der erfolgreiche Abschluss) einer Aktivität protokolliert.

2.5 Grundlagen

Mit den erzeugten Prozessstrukturen (Modellen) können neue Erkenntnisse über den beobachteten Prozess gewonnen werden. Die so gewonnenen Prozessstrukturen erlauben die analytische Weiterverarbeitung: Zum einen kann festgestellt werden, ob bestimmte Muster innerhalb des Event-Logs vorliegen bzw. nicht enthalten sind. Der zweite Anwendungsfall ist die Delta-Analyse, bei welcher der aktuelle Prozess mit einem vorgegebenen Prozess verglichen wird. Diskrepanzen zwischen dem Modell und dem eigentlichen Prozess können aufgedeckt und zur Verbesserung des Modells genutzt werden.

Wie bei allen Formen der Modellierung wird auch beim Process-Mining davon ausgegangen, man hätte eine repräsentative und hinreichend große Teilmenge aller zu erwartenden Verhalten beobachtet bzw. im Log vorliegen. Das generierte Modell gibt naturgemäß das Verhalten, welches bei dessen Erzeugung vorlag, am besten wieder. Einige im Anschluss vorgestellte Process-Mining-Verfahren versuchen darüber hinaus Erweiterungen vorzusehen.

Grundsätzlich hat sich die Darstellung von Prozessen als Graphen als nützliches und verständliches Hilfsmittel herausgestellt. Man ist damit in der Lage, sich über komplexes Wissen in einer kompakten Form auf hoher Abstraktionsebene austauschen. Ein Process-Mining-Algorithmus kann indes nur so ausdrucksstark sein wie die Zielsprache, die er verwendet. Erlaubt die Zielsprache bspw. keine Nebenläufigkeit, kann der Algorithmus folglich kein Modell liefern, welches eine gleichzeitige Abarbeitung beschreibt.

Bei der hier beschriebenen Verhaltensermittlung stellt das menschliche Verhalten bzgl. der Ausführung von ADL den Gegenstand der Betrachtung – den Prozess – dar.

Vom Autor wurden unterschiedliche Process-Mining-Algorithmen hinsichtlich ihrer Eignung untersucht, um Unterschiede zwischen bisherigem und aktuellem Verhalten zu ermitteln.

Bevor eine Übersicht über die untersuchten Verfahren folgt, werden einige relevante Begriffe eingeführt, die bei allen Process-Mining-Verfahren Verwendung finden:

Der wohldefinierte Schritt eines Prozesses (bzw. Workflows) nennt sich nachfolgend *Aktivität*. Weitere bei Process-Mining-Verfahren anzutreffende Bezeichnungen für Aktivität sind folgende: Aktion, Operation, Task oder *Work-Item*. Zur Anwendung von Process-Mining-Verfahren muss sichergestellt sein, dass sich die Schritte eines Prozesses aufzeichnen lassen. Neben der Aktivität gibt es den Begriff *Fall* bzw. *Prozessinstanz*.

Jedes Ereignis lässt sich einer Aktivität sowie einem Fall zuordnen und besitzt einen Zeitstempel, der den Zeitpunkt des Auftretens charakterisiert. In der Regel gehen die Process-Mining-Algorithmen bzgl. der Zeitstempel von einer vollständig geordneten Menge der Ereignisse aus.

Zudem wird ein Ereignistyp aus der Menge {Start, Complete, Abort} hinterlegt. Aktivitäten werden als atomar bezeichnet, wenn ihre Ausführungsdauer vernachlässigbar kurz (z. B. kürzer als eine Sekunde) ist. In diesem Fall wird häufig nur der „Complete"-Ereignistyp aufgezeichnet. Benötigt eine Aktivität eine nicht zu unterschlagende Ausführungszeit, kennzeichnet der „Start"-Ereignistyp zusätzlich ihren Anfang. Auf diese Weise gelangt man zu einer Intervallrepräsentation der Aktivität. Nur mithilfe von Intervallen lassen sich nebenläufige Aktivitäten entdecken. Für zwei atomare Aktivitäten lässt sich nie eine Parallelität ableiten.

Ein weiteres Attribut ist der „Originator" (auch Akteur oder Ausführender genannt) des Ereignisses. Dies kann entweder eine Person oder eine Systemkomponente sein, welche die jeweilige Aktion ausgeführt hat.

Es gibt drei zu unterscheidende Fragen, auf die bestimmte Process-Mining-Algorithmen eine Antwort liefern können: Wie wird etwas ausgeführt, wer führt etwas aus und was wird ausgeführt? Die Frage nach dem „Wie" befasst sich mit der auf den Prozess gerichteten Perspektive: Man möchte etwas über den Kontrollfluss bzw. die temporale Anordnung von Aktivitäten erfahren. Zu Analysezwecken werden die Kontrollflüsse typischerweise um (absolute oder relative) Frequenzen erweitert.

Fragt man nach dem „Wer", wird der organisatorische Aspekt des Gesamtprozesses in den Vordergrund gerückt. Hierzu ist vor allem das Originator-Attribut der Ereignisse von Interesse. Schließlich wird bei der Was-Frage zusätzlichen (optionalen) Datenfeldern der Ereignisse erhöhte Aufmerksamkeit geschenkt. Sich mit der Fall-Perspektive zu befassen, ist nur sinnvoll, wenn zusätzliche Datenelemente, z. B. Kosten, erhoben wurden. Zwischen verschiedenen Parametern eines Falls lassen sich dann Relationen bilden.

Unabhängig von den zuvor beschriebenen drei Perspektiven lassen sich Process-Mining-Bemühungen nach logischen und leistungsbezogenen Aspekten klassifizieren. Es folgt eine Übersicht über die untersuchten Verfahren.

Alpha Miner

Einer der ersten und damit ältesten Algorithmen aus dem Bereich des Process-Minings ist der Alpha Miner (AM) (van der Aalst und de Medeiros, 2005). Basierend auf einander folgenden Ereignispaaren (Tupel) werden temporale Relationen abgeleitet. Aus den gewonnenen Beziehungen wird direkt ein PN abgeleitet. Van der Aalst und de Medeiros (2005) richten den Fokus auf die Revision von Sicherheitsaspekten.

Zunächst werden zur Beschreibung der Funktionsweise des α-Algorithmus einige Definitionen benötigt, angefangen bei den Workflow-Netzen (WF-Netzen) – einer Unterklasse der PN. Zusätzlich zur Definition von PN besitzen Workflow-Netze eine dedizierte Eingabestelle i und Ausgabestelle o, sodass $\bullet i = \emptyset$ und $o \bullet = \emptyset$ gelten. Von einem Workflow-Netz wird zudem gefordert, dass eine Transition $\bar{t}$ existiert, welche die Eingangsstelle i mit der Ausgangsstelle o verbindet (kurzschließt).

WF-Netze müssen auch bestimmten Korrektheitskriterien entsprechen:

1. Es sollte sich um ein sicheres PN handeln (1-Beschränktheit der Stellen).

2. Sobald die Ausgangsstelle markiert ist, sollten alle übrigen Stellen (einschließlich der Anfangsstelle) nicht markiert sein.

3. Das Netz sollte in der Lage sein, aus jeder erreichbaren Markierung das zweite Korrektheitskriterium zu erfüllen.

4. Es sollten keine toten Transitionen[13] vorhanden sein.

Eine Transition im PN ist gleichzusetzen mit einer Aktivität oder einem Task. Stellen und Kanten repräsentieren kausale Zusammenhänge. Markierte Stellen speichern den aktuellen Zustand des Netzes und können als Vor- bzw. Nachbedingung von Aktivitäten dienen.

Um sequenzielles, konditionales, paralleles und iteratives Routing zu ermöglichen, bieten WF-Netze spezielle Konstrukte: AND-split, AND-join, XOR-split und XOR-join, die auf den Grundelementen von PN beruhen.

---

13 Eine Transition ist tot, wenn sie bei keiner Markierung der Erreichbarkeitsmenge schaltbar ist.

2.5 Grundlagen

Die Generierung von WF-Netzen aus Ereignis-Logs beschränkt sich auf die expliziten Stellen eines Netzes. Explizite Stellen beeinflussen das Verhalten des Netzes, wohingegen implizite Stellen das WF-Netz bzgl. des Verhaltens nicht direkt verändern.

Eine Spezialisierung der WF-Netze bilden die strukturierten Workflow-Netze (SWF-Netze). Ein WF-Netz $N = (P, T, F)$ mit den Stellen P, den Transitionen T und den gerichteten Kanten F ist ein SWF-Netz, wenn folgende Bedingungen erfüllt sind (van der Aalst und de Medeiros, 2005, S. 8):

1. Für alle $p \in P$ und $t \in T$ mit $(p, t) \in F : |p\bullet| > 1$ folgt $|\bullet t| = 1$.
2. Für alle $p \in P$ und $t \in T$ mit $(p, t) \in F : |\bullet t| > 1$ folgt $|\bullet p| = 1$.
3. Es existieren keine impliziten Stellen.

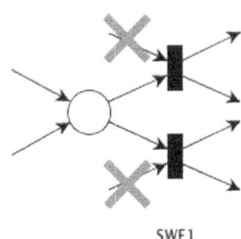 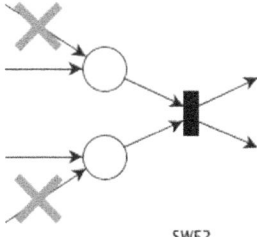

SWF1 SWF2

Abb. 2.4: Beispiele für Verletzungen der SWF-Netz-Bedingungen (van der Aalst und de Medeiros, 2005, S. 8)

Zur Veranschaulichung zeigt Abbildung 2.4 zwei Beispiele für Verletzungen der zuvor aufgestellten Bedingungen, die für ein SWF-Netz erfüllt sein müssen. Dabei zeigt *SWF1* aus Abbildung 2.4 eine Verletzung nach der ersten Bedingung. *SWF2* stellt eine Verletzung nach der zweiten Bedingung dar.

Schließlich werden die Begriffe Ereignissequenz (*Trace*) und Ereignis-Log formal eingeführt: T sei die Menge aller Transitionen. Dann ist $\sigma \in T^*$ ein *Trace* und $W \in \mathcal{P}(T^*)$ ein Ereignis-Log, wobei $\mathcal{P}(T^*)$ die Potenzmenge von T^* ist.

Definition 5. *Die Inferenz des α-Miners beruht auf vier einfachen Relationen, die von van der Aalst und de Medeiros (2005, S. 8) wie folgt definiert wurden, wobei $a, b \in T$:*

- $a >_W b$ dann und nur dann, wenn ein Trace $\sigma = t_1 t_2 t_3 ... t_{n-1}$ und $i \in \{1, ..., n-2\}$ existieren, sodass $\sigma \in W$, $t_i = a$ und $t_{i+1} = b$,
- $a \to_W b$ dann und nur dann, wenn $a >_W b$ und $b \not>_W a$,
- $a \#_W b$ dann und nur dann, wenn $a \not>_W b$ und $b \not>_W a$,
- $a \|_W b$ dann und nur dann, wenn $a >_W b$ und $b >_W a$.

Tritt Ereignis b ausschließlich nach Ereignis a auf, wird von einem kausalen Zusammenhang ausgegangen. Dies setzt natürlich voraus, dass, falls es einen anderen als einen kausalen Zusammenhang gäbe, dieser auch aufgezeichnet worden wäre. Treten die Ereignisse a und b in beliebiger Reihenfolge unmittelbar nacheinander auf, wird daraus die Relation der Nebenläufigkeit gefolgert.

Sollte keine der beiden zuletzt genannten Beziehungen zutreffen, d. h., a oder b folgen einander nie direkt, wird die Paarung der Ereignisse mit der $\#_W$-Relation gekennzeichnet.

Sofern eine Aktivität einer anderen bei normalem Prozessverhalten folgen kann, sollte dieser Umstand zumindest einmal im Log vorkommen. Die schwache Forderung nach Vollständigkeit bzgl. des Event-Logs W gibt an, dass jede Ereignissequenz $\sigma \in W$ mit der Aktivität der Eingangsstelle beginnt und mit der Aktivität der Ausgangsstelle endet.

Definition 6. *Folgende Definition gibt dann an, was ein vollständiges Event-Log auszeichnet:*

1. *Für jedes Event-Log W' aus $N :>_{W'} \subseteq >_W$,*

2. *Für jedes $t \in T$ existiert ein $\sigma \in W$, sodass $t \in \sigma$.*

Definition 7. *Schließlich folgt die Definition des eigentlichen α-Miners (van der Aalst und de Medeiros, 2005, S. 9), wobei W ein Event-Log von T, d. h. $W \subseteq T^*$, ist:*

1. $T_W = \{t \in T | \exists_{\sigma \in W}\, t \in \sigma\}$,

2. $T_I = \{t \in T | \exists_{\sigma \in W}\, t = first(\sigma)\}$,

3. $T_O = \{t \in T | \exists_{\sigma \in W}\, t = last(\sigma)\}$,

4. $X_W = \left\{ \begin{array}{l} (A,B)|A \subseteq T_W \wedge B \subseteq T_W \wedge \forall_{a \in A} \forall_{b \in B} \to_W b \wedge \\ \forall_{a_1,a_2 \in A}\, a_1 \#_W a_2 \wedge \forall_{b_1,b_2 \in B}\, b_1 \#_W b_2 \end{array} \right\}$,

5. $Y_W = \{(A,B) \in X_W | \forall_{(A',B') \in X_W}\, A \subseteq A' \wedge B \subseteq B' \Rightarrow (A,B) = (A',B')\}$,

6. $P_W = \{p_{(A,B)}|(A,B) \in Y_W\} \cup \{i_W, o_W\}$,

7. $F_W = \begin{array}{l} \{(a, p_{(A,B)})|(A,B) \in Y_W \wedge a \in A\} \cup \\ \{(p_{(A,B)}, b)|(A,B) \in Y_W \wedge b \in B\} \cup \{(i_W, t)|t \in T_I\} \cup \\ \{(t, o_W)|t \in T_O\} \end{array}$,

8. $\alpha(W) = (P_W, T_W, F_W)$.

Der erste Verarbeitungsschritt des Algorithmus extrahiert sämtliche Transitionen aus dem Event-Log. Im zweiten Schritt werden die jeweils ersten (*first*) Ereignisse sämtlicher *Traces* in der Menge T_I konzentriert. Ähnlich wird im nächsten Schritt verfahren, nur dass $last(\sigma)$ jeweils das letzte Ereignis eines *Traces* liefert.

Schritt vier findet die Transitionen, die in kausalem Zusammenhang zueinander stehen, aus der Menge aller Transitionen. Im erzeugten Tupel (A, B) aus X_W steht jede Transition aus A zu allen Transitionen aus B in kausaler Relation. Zusätzlich wurde dafür gesorgt, dass innerhalb der Menge A und B keine Kombination aus zwei Transitionen in anderer als der $\#_W$-Relation zueinander stehen. Diese Zusatzbedingungen stellen sicher, dass die SWF-Netz-Konstrukte (AND-split, AND-join, XOR-split und XOR-join) korrekt erkannt werden können.

2.5 Grundlagen

Die Menge Y_W (fünfter Schritt) entsteht mithilfe der Mengeninklusion aus X_W. Von zwei unmittelbar aufeinander folgenden Transitionen liefert die Teilmengenbeziehung die sie verbindende gemeinsame Stelle. Lediglich die Eingangsstelle i_W und die Ausgangsstelle o_W können auf die Weise nicht erfasst werden. Sie verfügen per Definition nur einseitig über Verbindungskanten (siehe Definition 7). $|Y_W| + 2$ entspricht somit genau der Zahl von Stellen, die das erzeugte WF-Netz besitzt. So erklärt es sich dann auch, dass bei der Bildung der Menge aller Stellen (Schritt sechs) die Vereinigung der Stellen aus dem vorherigen Schritt und der Menge $\{i_W, o_W\}$ genutzt wird.

Nachdem als Erstes die Transitionen (inkl. der Transitionen von der Eingangsstelle und zur Ausgangsstelle) des Logs extrahiert wurden und anschließend die Stellen ermittelt wurden, fehlen nur noch die Verbindungen (gerichtete Kanten), um das WF-Netz zu komplettieren. Diese werden im siebten Schritt definiert.

Begonnen wird mit den Kanten, die eine Transition a mit einer Stelle $p_{(A,B)}$ verknüpfen. Das zweite Element der Vereinigungsmenge ergänzt die Kanten, die von einer Stelle $p_{(A,B)}$ zu einer Transition b verlaufen. Zuletzt werden die Kanten *von* der Eingangsstelle (Quelle) und *zur* Ausgangsstelle (Senke) hinzugefügt.

Im finalen Schritt wird das aus dem Log W erzeugte WF-Netz (Tripel aus den Stellen P_W, Transitionen T_W und den gerichteten Kanten F_W) als Resultat des α-Miners zurückgegeben.

Vorausgesetzt, es existiert ein Event-Log W, welches die korrekte Abfolge von Ereignissen eines zu beobachtenden Prozesses enthält, und ein mithilfe des Process-Mining-Algorithmus $\alpha(W)$ generiertes WF-Netz $N = (P, T, F)$, dann ist es möglich, unerwünschtes Verhalten des Prozesses aufzudecken. Das gewonnene WF-Netz N repräsentiert dabei das beabsichtigte Verhalten (Normalverhalten).

Mittels Delta-Analyse ist man in der Lage, Abweichungen zwischen den im WF-Netz enthaltenen Pfaden und den zuletzt beobachteten Ereignissequenzen (*Traces*) festzustellen. Zunächst initialisiert man hierzu das WF-Netz mit einer einzigen Marke in seiner Quelle. Danach segmentiert man die zu bewertende Ereignissequenz beginnend mit dem ersten Ereignis. Die aufgetretenen (geparsten) Ereignisse entscheiden darüber, welche Transition schaltet (sofern diese aktiviert ist).

Die Analyse erlaubt die Verifikation des *Traces* in Echtzeit. Erreicht die Marke eine Stelle, von der aus das nächste Ereignis des *Traces* nicht mit einer von dort aus möglichen Transition übereinstimmt, gilt eine soweit gültige Sequenz von Ereignissen als nicht mit dem Normalverhalten konform.

Tritt eine Ereignissequenz auf, die durchaus erwünschtes Prozessverhalten wiedergibt, welches bislang jedoch noch nicht beobachtet wurde, lässt sich durch Hinzufügen der neuesten Ausprägung zum vorhandenen Log und erneutes Anwenden des α-Miners das Normalverhalten erweitern. Umgekehrt lassen sich ebenfalls Ausprägungen, die zunächst akzeptabel erschienen, sich später jedoch als potenziell gefährlich – weil z. B. die Medikamenteneinnahme vergessen wurde – herausgestellt haben, vom Normalverhalten entfernen, indem sie aus der Menge W gelöscht werden und der α-Miner auf das veränderte W angewandt wird.

Der Ansatz zur Verifikation muss sich nicht zwangsläufig auf den gesamten Prozess erstrecken. In manchen Fällen genügt es, Teile des Prozesses auf bestimmte geforderte Muster (z. B. Aufstehverhalten und Regelmäßigkeit der Nahrungsaufnahme) hin zu überprüfen. Der wesentliche Vorteil bei der Betrachtung von Teilprozessen ist der Wegfall der Notwendigkeit eines vollständigen Logs des Gesamtprozesses. Ein vollständiges Log zu erhalten, stellt sich in einigen

Anwendungsfeldern (bspw. Arbeitsumgebungen, in denen Brüche in der Informationsverarbeitungskette – etwa durch papierbasierte Aufzeichnungen – existieren) als durchaus anspruchsvoll dar.

Heuristics Miner

Der Heuristics Miner (HM) (Weijters und de Medeiros, 2006) kann als eine Weiterentwicklung des α-Miners mit einer besonderen Eignung im Umgang mit Fehlern im Log angesehen werden. Über die vom AM bekannten Verfahren hinaus werden beim HM zusätzlich Schwellwerte eingeführt. Diese sorgen dafür, dass selten vorkommende Ereignisse aus dem Protokoll herausgefiltert werden. Diese seltenen Ereignisse werden als Störungen (Rauschen) interpretiert. Das Ergebnis des HM ist ein heuristisches Netz (HN). Zusätzlich werden Metriken zur Quantifizierung von Process-Mining-Algorithmen angegeben. Dabei wird der Begriff Metrik von Weijters und de Medeiros (2006) im Sinne eines normierten Zählmaßes, welches gewichtete Größen aufaddiert, verwendet. Eine verwandte Arbeit, in der ebenfalls ein Process-Mining-Verfahren – genauer: der HM – zum Einsatz kommt, stammt von Doğangün (2012).

Beim HM handelt es sich um einen heuristisch getriebenen Ansatz zur Erzeugung von Wissen aus Ereignis-Logs, die aus einer Umgebung stammen, in der mit fehlerhaften Aufzeichnungen zu rechnen ist. Die Behandlung von Fehlern sorgt dafür, dass das generierte HN nur das wesentliche Verhalten des Prozesses repräsentiert. Die Schwierigkeit besteht darin, zwischen echten Fehlern, seltenen Aktivitäten, seltenen Aktivitätssequenzen und Ausnahmen zu unterscheiden.

Wie beim AM bedingt die Anwendbarkeit des HM, dass sich Event-Logs des Prozesses erzeugen lassen. Diese bilden die Basis eines jeden Process-Mining-Ansatzes. Weiterhin sollte das Log (überwiegend) das gewünschte Verhalten des Prozesses beinhalten. Dies geht einher mit der Forderung nach der Aufzeichnung einer ausreichend großen Untermenge von möglichen Verhaltensweisen.

Der HM fokussiert wie zuvor der AM auch auf die Prozessperspektive, d. h. die Reihenfolge, in der Ereignisse innerhalb einer Prozessinstanz (Fall) auftreten. Hierzu werden der Zeitstempel, die Aktivität und die Fallnummer berücksichtigt. An der Tatsache, dass kein Ereignistyp unterstützt wird, kann man bereits erkennen, dass der HM nur für atomare Aktivitäten geeignet ist.

Definition 8. *Gegenüber den im AM aufgestellten Relationen ergänzt der HM mit W als Event-Log von T, d. h. $W \subseteq T^*$ und $a, b \in T$ folgende zwei Definitionen (Weijters und de Medeiros, 2006, S. 6):*

- $a >>_W b$, *genau dann, wenn ein Trace* $\sigma = t_1, t_2, t_3 ... t_n \wedge i \in \{1, ..., n-2\}$ *existiert, sodass* $\sigma \in W \wedge t_i = a \wedge t_{i+1} = b \wedge t_{i+2} = a$ *gilt,*

- $a >>>_W b$, *genau dann, wenn* $\sigma = t_1, t_2, t_3 ... t_n \wedge i < j \wedge i, j \in \{1, ..., n\}$ *existieren, sodass* $\sigma \in W \wedge t_i = a \wedge t_j = b$ *gilt.*

Zusätzlich zu der bereits bekannten direkten Abhängigkeitsrelation $\rightarrow_W$ werden zwei indirektere Abhängigkeiten formuliert: Die erste Relation gibt an, dass ein Ereignis a im *Trace* nach Auftreten eines Zwischenereignisses b wiederholt wird.

2.5 Grundlagen

Ein noch weiter gefasster Abhängigkeitsbegriff wird in der zweiten Relation gefasst. Diese stellt sicher, dass Ereignis b im *Trace* ausschließlich nach Ereignis a vorkommt.

Um auch in schwierigen Situationen, die z. B. Störungen bzw. Rauschen beinhalten, zu korrekten Schlüssen bzgl. des Prozessverhaltens zu gelangen, verwendet der HM Verfahren, die weniger von vollständigen und fehlerfreien Logs abhängigen, als dies z. b. beim AM der Fall ist. Der Kern des Ansatzes besteht in der Berücksichtigung der Auftrittshäufigkeiten von Relationen.

Zunächst wird hierzu eine Metrik (Weijters und de Medeiros, 2006, S. 7 ff.) eingeführt, die angibt, wie wahrscheinlich die Relation zwischen den Ereignissen a und b ist. W sei ein Event-Log von T und $a, b \in T$. $|a >_W b|$ symbolisiere die Zahl der Vorkommnisse von $a >_W b$ in W. $|b >_W a|$ steht demzufolge für die Zahl der Vorkommnisse der inversen Relation.

Definition 9. *Berechnung der Wahrscheinlichkeit für die Relation $a >_W b$:*

- $a \Rightarrow_W b := \left(\frac{|a>_W b| - |b>_W a|}{|a>_W b| + |b>_W a| + 1} \right)$

Je größer der Wert, den die Metrik liefert, desto größer ist die Wahrscheinlichkeit, dass a und b tatsächlich in Beziehung zueinander stehen. Bei einer annähernd gleich großen Zahl von a und b stellen sich Werte nahe null ein.

Im Gegensatz zum perfekten Anspruch an das Event-Log, der durch den AM erhoben wird, ist die Forderung nach einem möglichst hohen Metrikwert deutlich abgeschwächter. Zu bestimmen, wie hoch dieser Wert sein sollte, ist jedoch nicht trivial. Abhängigkeiten scheinen zwischen der Höhe des Grenzwerts und (i) der Menge an fehlerhaften *Traces*, (ii) dem Grad der Nebenläufigkeit des zugrunde liegenden Prozesses und (iii) der Häufigkeit der beteiligten Aktivitäten vorzuliegen.

Bestimmte Eigenschaften des zu erzeugenden HN sind jedoch bekannt: Jede Nicht-Eingangsstelle besitzt wenigstens eine weitere Aktivität, die deren Ursache darstellt. Ebenso lässt sich über jede Nicht-Ausgangsstelle aussagen, dass ihr jeweils eine Ursache vorausgeht. In diesen Ausnahmefällen wird kein konkreter Grenzwert benötigt.

Dieses Wissen wird auch als Zusammenhangsheuristik (*all-activities-connected*) bezeichnet. Man kann sich – unabhängig von einem konkreten Grenzwert – laut der Metrik jeweils für den besten Kandidaten entscheiden, weil davon auszugehen ist, dass das Netz in sich verbunden ist. Anhand der Metrik lässt sich ebenfalls die Eingangsstelle ausmachen. Sie liefert in Relation zu keiner anderen Aktivität einen positiven Metrikwert.

In der praktischen Anwendung, in der das Prozessmodell nicht im Vorweg bekannt ist, besteht jedoch weiterhin das Risiko, nie definitiv zwischen seltenen Ereignissen und Fehlern unterscheiden zu können.

Da in einigen Fällen (ohne die oben genannten Ausnahmen) eine Entscheidung unausweichlich bleibt, muss der HM Grenzwerte festlegen:

- Abhängigkeitsgrenzwert (*Dependency-Threshold*): Dieser legt die Grenze fest, ab welchem Metrikwert eine Relation als solche akzeptiert wird.

- Grenzwert positiver Beobachtungen (*Positive-Observations-Threshold*): Dieser bezieht sich nicht auf den Metrikwert, sondern auf das bloße Auftreten von Relationen innerhalb des Event-Logs. Nur Relationen, die häufiger auftreten als der Grenzwert, werden in das HN übernommen.

- Relativ-zum-Bestmöglichen-Grenzwert (*Relative-to-Best-Threshold*): Anstatt davon auszugehen, dass die Metrik den Maximalwert erreicht, berücksichtigt der dritte Grenzwert den Abstand zum bestmöglichen Wert. Ist dieser Abstand kleiner als der Grenzwert, wird die Relation ebenfalls angenommen.

Im Gegensatz zum AM ist der HM in der Lage, kurze Iterationen im Prozessverhalten zu entdecken. Um Schleifen der Länge eins und zwei effektiv auffinden zu können, werden zwei weitere Metriken eingeführt, wobei $|a >>_W a|$ und $|a >>>_W a|$ den Frequenzen der jeweiligen Relation entsprechen:

Definition 10. *Zwei Metriken zum Auffinden von Schleifen:*

- $a \Rightarrow_W a := \left(\frac{|a>_W a|}{|a>_W a|+1} \right)$

- $a \Rightarrow_{2W} b := \left(\frac{|a>>_W b|+|b>>_W a|}{|a>>_W b|+|b>>_W a|+1} \right)$

Schleifen der Länge zwei benötigen eine gesonderte Behandlung bei der Erstellung des HN. Als Gesamtheit besitzt dieser Iterationstyp nur eine Ursache und nur eine abhängige Aktivität.

Der AM modelliert komplexere Prozessstrukturen (wie AND-split, AND-join, XOR-split und XOR-join) auf andere Weise, als es ihrer logischen Repräsentation entspräche, vgl. (van der Aalst und de Medeiros, 2005). In dem Zusammenhang spricht man auch von nicht wahrnehmbaren Aktivitäten. Diese zu erkennen und direkt in einem PN wiederzugeben, gestaltet sich äußerst schwierig. Sie besitzen kein Pendant im Event-Log.

Um die explizite Modellierung dieser Aktivitäten zu umgehen, wird die Darstellungsform der Kausalmatrix gewählt. Diese lässt sich anschließend in ein PN überführen. Zur Erkennung von UND-Relationen aus fehlerbehafteten Event-Logs wurde ebenfalls eine Metrik aufgestellt, wobei W wiederum ein Event-Log von T ist, $a, b, c \in T$ und $b \wedge c$ in Abhängigkeit zu a stehen.

Definition 11. *Metrik zur Erkennung von UND-Relationen:*

- $a \Rightarrow_W b \wedge c := \left(\frac{|b>_W c|+|c>_W b|}{|a>_W b|+|a>_W c|+1} \right)$

Dabei gibt $|b >_W c| + |c >_W b|$ an, wie häufig eine UND-Relation nach a beobachtet wurde. Der Zählerterm berechnet die Zahl der Beobachtungen, in denen b und c einander unmittelbar folgen, welches der UND-Relation widersprechen würde. Neben den drei bereits genannten Grenzwerten wird zur Einordnung der letzten Metrik ein eigenständiger UND-Grenzwert eingeführt.

Die meisten Process-Mining-Algorithmen sind dafür ungeeignet, nichtlokales Verhalten zu erkennen. Nichtlokales Verhalten liegt vor, wenn eine Entscheidung am Anfang des Prozesses Einfluss auf einen nicht direkt folgenden Abschnitt des Prozesses hat. Der Grund hierfür liegt in der binären Informationsverarbeitung (z. B. $a >_W b$) von Process-Mining-Algorithmen.

2.5 Grundlagen

Hierzu bedient sich der HM der $a >>>_W b$-Relation (siehe oben). Diese sehr allgemeine Relation kann Hinweise auf entferntes (nichtlokales) Verhalten liefern, welches bisher noch nicht Teil des Prozessmodells ist.
Zur Bewertung, ob eine entfernte Relation vorliegt, wird eine weitere Metrik aufgestellt:

Definition 12. *Metrik zur Bewertung von entfernten Relationen:*

- $a \Rightarrow^l_W b := \left(\frac{|a>>>_W b|}{|a|+1} \right)$

Die Metrik setzt die Fälle, in denen b im Event-Log a folgt, ins Verhältnis zum reinen Auftreten von a. Dabei deuten Werte nahe 1 auf einen entfernten Zusammenhang hin.
Allerdings liefert die Metrik auch hohe Werte für Paarungen, die bereits im Prozessmodell enthalten sind, denn auch für direkte Nachfolger gilt $i > j$. Im in (Weijters und de Medeiros, 2006) abgedruckten Pseudocode wird beschrieben, wie man herausfinden kann, ob eine Abhängigkeit bereits durch die zuvor angewandten Verfahren erkannt wurde.
Ist es in einem Prozessmodell bspw. nicht möglich, unter Ausführung der Aktivität a das Ende des Prozesses zu erreichen, ohne dabei ebenfalls Aktivität b auszuführen, dann gilt die Abhängigkeit zwischen a und b als bereits erkannt. Durch Anwendung der Metrik wird in dem Fall keine weitere Abhängigkeitsrelation eingeführt.
In den anschließend ausgeführten Experimenten wird beschrieben, wie aus korrekten *Traces* eines Prozesses durch Operationen synthetisches Rauschen erzeugt wird. Hierzu verwenden Weijters und de Medeiros (2006) folgende fünf Operationen:

- $\sigma' = \sigma \backslash \{first(\sigma)\}$ entfernt die erste Aktivität des *Traces*,

- $\sigma' = \sigma \backslash \{last(\sigma)\}$ entfernt die letzte Aktivität des *Traces*,

- $\sigma' = \sigma \backslash \{bodyPart(\sigma)\}$ entfernt einen Teil aus dem Rumpf des *Traces*, wobei die Funktion $bodyPart(\sigma)$ einen Teil des *Traces* liefert, in dem $first(\sigma)$ und $last(\sigma)$ nicht vorkommen,

- $\sigma' = \sigma \backslash \{randomEvent(\sigma)\}$ entfernt eine zufällig gewählte Aktivität des *Traces*,

- $\sigma' = \{swap(\sigma, a, b) | \sigma = t_1, t_2, t_3 ... t_n \wedge i, j \in \{1, ..., n\} \wedge i \neq j \wedge a = t_i \wedge b = t_j\}$ tauscht die Aktivitäten a und b des *Traces* aus, wobei $swap(\sigma, a, b)$ eine Funktion ist, die als Rückgabewert ein *trace* liefert, dessen Aktivitäten a und b in ihrem Auftreten innerhalb des *Traces* vertauscht sind, so liefert $swap(\langle a, c, b, d \rangle, a, d)$ den Trace $\langle d, c, b, a \rangle$.

Unter Anwendung der Default-Parameter:

- Abhängigkeitsgrenzwert: 0,9

- Grenzwert positiver Beobachtungen: 3

- Relativ-zum-Bestmöglichen-Grenzwert: 0,05

- UND-Grenzwert: 0,1

wird gezeigt, dass trotz eines um 5 % verrauschten Event-Logs ein identisches Prozessmodell generiert wird. Die Untersuchung belegt jedoch ebenfalls die eingangs aufgestellte Vermutung: Ein Justieren der Parameter dahin gehend, dass auch seltenere Muster erkannt werden können, birgt stets die Gefahr, dass auch fehlerhaftes Verhalten abgebildet wird.

Zur Quantifizierung der Qualität von Prozessmodellen, die der HM liefert, werden zwei Zählmaße aufgestellt, mit dem Event-Log W von T:

Definition 13. *ParsingMeasure (PM):* $PM := \frac{c}{n}$, *wobei c die Zahl der korrekt verarbeitbaren Traces symbolisiert und $n = |W|$ ist.*

Definition 14. *Continuous Parsing Measure (CPM):* $CPM := \frac{1}{2}\frac{(e-m)}{e} + \frac{1}{2}\frac{(e-r)}{e}$, *wobei e die Zahl der Ereignisse in W repräsentiert. Nicht aktivierte Ereignisse während der Verarbeitung (Parsing) werden durch m gezählt; r gibt nach der Verarbeitung weiterhin aktivierte Ereignisse an.*

Beiden Zählmaßen liegen unterschiedliche Bewertungen zugrunde. Die erste naive Wahrscheinlichkeit bezieht die Qualität des Prozessmodells auf die Zahl der erfolgreich verarbeiteten *Traces* (als Ganzes). Die zweite Wahrscheinlichkeit stützt sich auf die erfolgreich verarbeiteten Ereignisse (innerhalb eines *Traces*), d. h. eine in der Regel deutlich größere Menge.

Fuzzy Miner

Der Fuzzy Miner (FM) (Günther und van der Aalst, 2007) clustert konfigurierbar häufig gemeinsam auftretenden Aktivitätsfolgen zu Gruppen. Zielsetzung ist hier vor allem die Darstellung des Wesentlichen der Prozessstruktur. Es resultiert ein Fuzzy-Graph, der nicht ohne weitere Transformation in ein ausführbares Pendant (bspw. ein PN) zu überführen ist. Die anschauliche Repräsentation steht deutlich im Vordergrund. Nicht selten befördert man damit bislang unbekanntes Wissen über den Prozess zutage.

Bis zur Entwicklung des FM bestehende Process-Mining-Algorithmen (z. B. AM und HM) haben im Einsatz mit Event-Logs von Prozessen aus dem alltäglichen Leben gezeigt – z. B. der Datensatz aus dem Krankenhaus-Umfeld in Kombination mit dem AM, siehe (Mans u. a., 2008) –, dass teilweise sehr große, unüberschaubare und wenig aufschlussreiche Prozessmodelle entstehen können. Dabei wird jeder Aktivität die gleiche Bedeutung zugemessen. Die Modelle reflektieren die realen Prozesse. Man spricht in diesem Zusammenhang auch von Spaghetti ähnlichen Prozessmodellen.

Dies hängt damit zusammen, dass Datensätze aus der Praxis nicht so strukturiert sind, wie die Beispiele, mit denen Process-Mining-Algorithmen üblicherweise getestet werden. Reale Prozesse wurden in der Regel nicht zweckmäßig entworfen und optimiert, sondern resultieren aus der Beibehaltung von seit Jahren vorherrschenden Routinen. Der Mehrwert eines exakten Modells, welches alle Details des Prozesses enthält, ist unter den Voraussetzungen verhältnismäßig gering. Dem Modell fehlt die notwendige und angemessene Abstraktion.

Günther und van der Aalst (2007) argumentieren, dass weder die unstrukturierten Prozesse an sich noch das Process-Mining im Allgemeinen die Ursachen dieses Problems sind. Vielmehr sind es die Annahmen, die bspw. dem AM und HM zugrunde liegen: streng kontrollierte Umgebungen – aus denen die Event-Logs stammen – und absolut strukturierte Prozesse.

2.5 Grundlagen

Bei der ersten Annahme wird davon ausgegangen, dass jedes Ereignis eine logische Entsprechung im Prozess hat. Nicht berücksichtigt wird, dass einige Aktivitäten auch nicht aufgezeichnet worden sein könnten. Die Vermutung, dass Event-Logs stets balanciert und homogen sind, lässt sich oft ebenfalls nicht halten.

Als wesentliche Fehleinschätzung, die hauptsächlich zur Entwicklung des FM geführt hat, wird die Annahme der Gleichwertigkeit aller erhobenen Aktivitäten gesehen. Prozessdaten aus einem realitätsnahen Umfeld sind mitunter auf ganz unterschiedlichen Abstraktionsebenen angesiedelt. Demnach sollte ihnen auch die entsprechende Bedeutung zukommen bzw. entzogen werden.

Die zweite Annahme besagt, dass es *ein* optimales Modell zur Beschreibung eines jeden Prozesses gibt, welches den Prozess vollständig, fehlerfrei und präzise wiedergibt. Diese Annahme ist jedoch höchstens in der Theorie haltbar. In der Wirklichkeit findet man vor allem unvollständig erhobenes Prozessverhalten, das häufig fehlerbehaftet und unpräzise ist. Daher regen Günther und van der Aalst (2007) ein erforschendes Vorgehen zur Erkundung des Prozesses an.

Anhand eines exakten und detaillierten Modells eines unstrukturierten Prozesses ist der Abgleich – zumindest durch den Menschen – zwischen tatsächlichem und beabsichtigtem Verhalten eingeschränkt. Vielmehr interessiert sich der menschliche Betrachter für das wesentliche Prozessverhalten. Danach sollte es weiterhin möglich sein, in ausgewählte Details zu gehen.

Dieser vorherrschende Gedanke wird zum Anlass genommen, beim FM die Metapher einer Straßenkarte zu verwenden. Bei der Planung einer Reise beschäftigt man sich auch nicht eher mit den kleinsten Verzweigungen, bevor man die grobe Route zum Ziel (etwa auf Autobahnen oder Landstraßen) gefunden hat. Hierzu berücksichtigt der FM die Bedeutung von Aktivitäten und die Relationen der Aktivitäten untereinander. Dabei lassen sich bestimmte Aktivitäten zusammenfassen bzw. entfernen, weil sie zum grundsätzlichen Prozessverhalten keinen Beitrag leisten.

Bislang galt der HM als einer der tolerantesten Process-Mining-Algorithmen im Umgang mit realen, vom Menschen erzeugten Datensätzen (Weijters und van der Aalst, 2003). Menschen tendieren dazu, die ihnen gegebene Freiheit bzgl. der Ausführungsreihenfolge von Prozessen auszunutzen (Günther und van der Aalst, 2007).

Wie bei der Kartografie abstrahiert der FM auf der obersten Abstraktionsebene von nicht relevanten Details. Dabei lassen sich vier konzeptionelle Ansätze unterscheiden:

1. Aggregation – die bewusste Begrenzung der dargestellten Informationsdichte. Detailinformationen werden zu Clustern zusammengefasst.

2. Abstraktion – für den Kontext unbedeutende Informationen werden nicht dargestellt.

3. Hervorhebung – bedeutende Informationen werden visuell verstärkt.

4. Adaptierbarkeit – sie sorgt dafür, dass jede Darstellung individuell auf den lokalen Kontext abgestimmt ist.

Um zu entscheiden, wann welche Strategie anzuwenden ist, wurden zwei Kenngrößen entwickelt: (1) Signifikanz *sig* und (2) Korrelation *cor*.

Unter *sig* verstehen Günther und van der Aalst (2007) ein Maß für die relative Gewichtung eines Verhaltens. Eine Möglichkeit, um dies zu messen, wäre die Auftrittshäufigkeit (Frequenz).

cor gibt an, wie stark die Beziehung zwischen zwei aufeinander folgenden Ereignissen ist. Maße hierfür könnten bspw. gemeinsame Attribute oder ähnliche Namen der Ereignisse sein. Basierend auf den zwei genannten Kenngrößen, wird beim FM nach folgendem Schema der Detaillierungsgrad bestimmt:

- signifikantes Verhalten wird beibehalten,
- weniger signifikantes, dafür aber stark korreliertes Verhalten wird aggregiert und
- weniger signifikantes und schwach korreliertes Verhalten wird abstrahiert.

Zur Bewertung von *sig* und *cor* werden Parameter (einschließlich zugehöriger Intervalle, in denen sich die Parameter bewegen dürfen) eingeführt. Mithilfe dieser Werte kann ein Benutzer (Prozessanalyst) die Ausgabe des FM adaptieren und somit an seine Bedürfnisse anpassen. Später haben Günther und van der Aalst die aufgestellten Kenngrößen erweitert. Ihr Einfluss auf das Resultat des FM ist von großer Bedeutung. Insofern ist es wichtig, die Einflussgrößen in adäquater Weise zu erheben. Die drei primären Kenngrößentypen lauten: unäre Signifikanz (*unary sig*), binäre Signifikanz (*binary sig*) und binäre Korrelation (*binary cor*). Dabei wird unterschieden, ob die Kenngröße direkt vom Event-Log stammt oder von anderen Maßen (wie z. B. bei der Distanzsignifikanzmetrik) abgeleitet wurde. Ähnlich wie der HM ist der FM in der Lage, entfernte Abhängigkeiten (d. h. von nicht direkt folgenden Ereignissen) zu erkennen und zu messen.

Ein Kenngrößentyp der binären *cor* gibt an, wie eng zwei aufeinander folgende Ereignisse korreliert sind. Es wird davon ausgegangen, dass Aktivitäten, die im selben Kontext ausgeführt werden (z. B. durch die gleiche Person oder in einem kurzen Zeitabstand), eine hohe *cor* zueinander aufweisen. Lag hingegen deutlich mehr Zeit zwischen der Ausführung zweier Aktivitäten oder hat sich der Ausführende geändert, wird ein Kontextwechsel gefolgert. Als entsprechend geringer ist dessen binäre *cor* einzustufen. Diese Metrik dient als wesentliches Entscheidungskriterium zwischen der Anwendung von Aggregations- und Abstraktionsstrategien.

Folgende fünf Formen der binären *cor* werden unterschieden:

1. Temporale Korrelation: Treten Ereignisse innerhalb einer kurzen Folge auf, gelten sie als temporal korreliert. Es bietet sich in dem Fall an, sie zu clustern.

2. Originator-Korrelation: Ereignisse, die durch dieselbe Person ausgeführt wurden, gehören diesem Korrelationstypen an.

3. Namens-Korrelation: Da die Bezeichnungen für im Event-Log enthaltene Aktivitäten meist durch Menschen vorgenommen werden, ist davon auszugehen, dass Aktivitäten mit ähnlichen Bezeichnungen ebenfalls korreliert sind.

4. Datentyp-Korrelation: Sofern das Event-Log im Attributbereich Datentypen enthält, lassen sich diese ebenfalls als Indikator heranziehen.

5. Datenwert-Korrelation: Zusätzlich zu den reinen Datentypen (siehe 4.) werden bei dieser Form der *cor* die konkreten Werte miteinander verglichen.

2.5 Grundlagen

Aus mehreren Gründen lässt sich der FM nicht direkt mit den übrigen Process-Mining-Algorithmen – AM, HM und Transition System Miner (TSM) – vergleichen. Andere Algorithmen verfolgen einen interpretativen Ansatz, d. h., sie versuchen, eine Ausgabe der Prozesse einschließlich der enthaltenen Strukturen (AND oder XOR) zu liefern, wie ein Prozessanalyst sie evtl. entworfen hätte. Der FM verfolgt ein abweichendes Ziel: Er versucht, dem Benutzer auf höherer Abstraktionsebene ein Verständnis des Prozessverhaltens zu verschaffen.

Als Ergebnis erzeugt der FM ein Fuzzy-Modell, in dem Ereignisklassen in Aktivitätsknoten überführt werden. Aus jeder Vorrangbeziehung entsteht eine gerichtete Kante. Anschließend werden auf das Modell drei Transformationsmethoden angewandt:

1. Konfliktauflösung

2. Kantenfilterung

3. Aggregation bzw. Abstraktion

Ein Konflikt liegt vor, wenn laut dem Event-Log zwei Aktivitäten (A und B) von Kanten in beiden Richtungen, d. h. $A \to B$ und $B \to A$, miteinander verbunden sind. Hierfür kommen drei mögliche Ursachen in Frage:

- Schleifen der Länge zwei: A und B können wiederholt nacheinander ausgeführt werden ($ABABAB$).

- Ausnahmen: Sollte es sich bspw. beim Auftreten von $B \to A$ um eine Ausnahme handeln, sollte dieser Fall deutlich seltener im Event-Log vorkommen als der umgekehrte Fall $A \to B$. Der jeweils seltenere Fall sollte vom Fuzzy-Modell entfernt werden. Hierin ähneln sich die Ansätze von HM und FM.

- Nebenläufigkeit: Die Aktivitäten A und B können in beliebiger Reihenfolge ausgeführt werden, gehören demnach unterschiedlichen Pfaden an. Die in Konflikt zueinander stehenden Kanten werden vom Fuzzy-Modell entfernt.

Die Kantenfilterung stellt durch Entfernen von unwichtigen Kanten das bedeutsamste Verhalten des Prozesses heraus. Der gewählte Ansatz verwendet eine gewichtete Kombination aus sig und cor. Dabei findet die Gewichtung mithilfe der Nutzwertrate (*Utility-Ratio*) $ur \in [0, 1]$ statt. Der Nutzwert einer Relation $A \to B$ ergibt sich zu: $util(A, B) := ur \cdot sig(A, B) + (1 - ur) \cdot cor(A, B)$. Je größer $util(A, B)$ ist, desto höher ist der Nutzwert der Kante für den Gesamtprozess.

Die Entscheidung, welche Kanten im Fuzzy-Modell beibehalten werden, lässt sich mit einem (*Cut-off-*)Parameter $co \in [0, 1]$ beeinflussen. Liegt der normalisierte $util(A, B)$ oberhalb von co, wird die entsprechende Kante bewahrt. Der Parameter beeinflusst demnach maßgeblich die Aggressivität des Kantenfilters. Entscheidend ist, dass, ob eine Kante entfernt wird oder nicht, ausschließlich von lokalen Einflussgrößen abhängig ist. Nähme man globale Faktoren (z. B. Frequenz) in die Betrachtung auf, würden sich u. U. kleine und miteinander unvereinbare Cluster bilden.

Der letzte und effektivste Schritt im Hinblick auf die Vereinfachung des Fuzzy-Modells ist die Aggregation bzw. Abstraktion, d. h. die Vereinfachung durch das Einsparen von Knoten. Wie zuvor die Kantenfilterung basiert dieser Schritt auf dem *co*-Parameter. Knoten, deren unäre

sig unterhalb von co liegen (potenzielle Einsparungsopfer), werden entweder zusammen mit anderen aggregiert oder abstrahiert. Der Transformationsschritt unterteilt sich in drei separate Phasen, wobei die ersten beiden die Aggregation ausmachen und die letzte Phase der Abstraktion entspricht.

In der ersten Phase werden initiale Cluster basierend auf den Opfern gebildet. Diese können mit ihren direkten Nachbarn zusammengefasst werden, sofern diese die jeweils höchste cor aufweisen. Sollte der Nachbar bereits einem Cluster angehören, wird das Opfer diesem hinzugefügt, andernfalls bildet das Opfer das erste Element eines neuen Clusters.

Die zweite Phase der Aggregation fasst so entstandene Cluster weiter zusammen. Es kommt nur zu einer Fusion, wenn das Opfer ausschließlich Cluster in seinen ein- oder ausgehenden Verbindungen besitzt.

Die Abstraktion (letzte Phase) entfernt isolierte bzw. singuläre Cluster. Letztere bestehen aus nur einem Aktivitätsknoten, der demnach keinen Beitrag zum Gesamtprozess liefern kann. Sollte es bei dessen Entfernung zu Brüchen innerhalb des Fuzzy-Modells kommen, werden der Vorgänger und der Nachfolger eines gelöschten singulären Clusters miteinander verbunden.

Transition System Miner

Schließlich existiert der TSM (van der Aalst u. a., 2010), dessen Urheber zum Ziel hatten, die Balance zwischen *Overfitting* und *Underfitting* (siehe unten) zu gewährleisten. Sie adressieren damit den bereits in (Günther und van der Aalst, 2007) aufgezeigten Irrglauben über die Balanciertheit von Event-Logs. Aus dem gewonnenen Prozessmodell lässt sich ein (garantiert) ausführbares Prozessmodell (d. h. ein PN) synthetisieren. Wie die anderen vorgestellten Algorithmen konzentriert sich der TSM auf den Aspekt der Kontrollflusserkennung eines Prozesses.

In ihrer Arbeit argumentieren van der Aalst u. a., dass klassische Process-Mining-Ansätze Schwierigkeiten im Umgang mit Nebenläufigkeit, Rauschen und komplexeren Strukturen (z. B. mit entfernten Abhängigkeiten) aufweisen. Zudem verlassen sie sich meist zu stark auf die Annahme, jegliches Prozessverhalten bereits beobachtet (d. h. aufgezeichnet) zu haben. Sie vernachlässigen dabei, dass jedes Event-Log stets nur einen Ausschnitt aus der Realität wiedergibt.

Diese Algorithmen suchen nach einem Modell, welches das im Event-Log enthaltene Verhalten so genau wie möglich nachempfindet. Fast immer (eine Ausnahme ist der FM) führt dieser Ansatz zu Modellen, die eine Überanpassung (*Overfitting*) des Prozessverhaltens darstellen. Das Prozessverhalten erlaubt nicht genügend Freiheitsgrade, sollte sich in Zukunft auch nur ein geringfügig verändertes Verhalten einstellen. Trotz zahlreicher Versuche, dieses Problem mittels Generalisierung zu lösen, sind meist Teile des Modells zu exakt (*Overfitting*) und andere wiederum zu ungenau (*Underfitting*) modelliert.

Einen anderen Lösungsweg beschreibt der TSM: In einem zweistufigen Verfahren wird zunächst als Zwischenprodukt ein Transitionssystem (TS) erzeugt und anschließend daraus ein PN zur Repräsentation des Prozessverhaltens synthetisiert.

Im ersten Schritt werden die fünf parametrisierbaren Stufen der Abstraktion realisiert. Das TS kann je nach Komplexität bzw. Unstrukturiertheit des zugrunde liegenden Prozesses sehr viele Zustände hervorbringen (vgl. Problem der Zustandsexplosion), da es nicht in der Lage ist, nebenläufiges Verhalten in kompakter Form wiederzugeben.

Durch den zweiten Schritt der Synthetisierung, in dem die Theorie der Regionen (Badouel und Darondeau, 1998) Anwendung findet, lassen sich insbesondere Prozesse mit nebenläufi-

2.5 Grundlagen

gen Kontrollflüssen in eine kompaktere Darstellung „falten". Reale Datensätze – wie z. B. in (Mans u. a., 2008) – aus unterschiedlichen Umgebungen (z. B. Krankenhäusern, Banken, Herstellerfirmen von Medizingeräten und Kommunalverwaltungen) haben gezeigt, dass (vor der Entwicklung von TSM) bestehende Process-Mining-Verfahren in der Praxis dabei Probleme bereiten, die richtige Balance zwischen *Over-* und *Underfitting* zu finden. Gute Prozessmodelle waren bzgl. ihrer Erzeugung bisher zeitaufwendig und nur durch erfahrene Prozessanalysten zu verwirklichen.

Ein Modell M eines Logs L, welches keine Generalisierung vornimmt, ist überangepasst. *Overfitting* liegt vor, wenn geringfügige Änderungen an L ein vollkommen anderes M hervorbringen. Einem überangepassten M kann nur vorgebeugt werden, indem man mehr Verhaltensweisen zulässt, als in L aufgezeichnet wurden.

Der umgekehrte Fall – *Underfitting* – liegt vor, wenn ein Modell M zu allgemein ist. Es lässt u. U. Verhaltensweisen zu, die nicht gewünscht sind bzw. keinem korrekten Prozessverlauf entsprechen. Weil man sich nicht auf die Vollständigkeit eines Logs verlassen kann bzw. sollte, ist man gezwungen, eher zu generalisieren, als zu einschränkende Modelle zu erzeugen.

Zur Erzeugung des TS werden nachfolgend fünf unterschiedliche Abstraktionsstufen präsentiert, die sich in ihrer Anwendung kombinieren lassen. Der Grad der Generalisierung lässt sich dabei über fünf zugehörige Parameter feingranular beeinflussen. Die konfigurierbaren Parameter lauten wie folgt: maximaler Horizont, Filter, max. Zahl gefilterter Ereignisse, {Sequenz, Multimenge, Menge} und sichtbare Ereignisse.

Das so erzeugte finite TS beliebiger Ausprägung lässt sich in ein garantiert ausführbares PN überführen. Hier zeigt sich ein Vorteil insbesondere gegenüber dem AM. Bei der Realisierung der Transformation haben van der Aalst u. a. (2010) Petrify (Cortadella u. a., 1997) gewählt.

Die einzige Voraussetzung, die der TSM an das als Eingabe dienende Event-Log stellt, ist, dass sich jedes Ereignis eindeutig einem Fall (Prozessinstanz) und einer Aktivität zuordnen lässt. In Einklang mit den bereits vorgestellten Process-Mining-Algorithmen abstrahiert der TSM auch von der Abhängigkeit verschiedener Prozessinstanzen untereinander. Es wird davon ausgegangen, dass jeder Fall separat ausgeführt wird.

Ein einzelner Fall σ wird auch als Sequenz seiner Aktivitäten A aufgefasst, sodass $\sigma \in A^*$, wobei A die Menge aller Aktivitäten ist. Folglich lässt sich ein Event-Log L auch als $L \subseteq A^*$ repräsentieren.

Bevor der Ansatz des TSM im Detail beschrieben wird, widmen sich van der Aalst u. a. dem Begriff der Vollständigkeit in Bezug auf das Event-Log. Ihrer Meinung nach ist die Annahme der Vollständigkeit bzgl. der Event-Logs, wie sie bei einigen anderen Process-Mining-Algorithmen (z. B. dem AM) vorherrscht, verantwortlich dafür, dass unausgewogene, d. h. entweder *over-* oder *underfitted*, Modelle produziert werden.

Sei M ein Modell, welches den Prozess korrekt beschreibt, L_M die Menge aller *Traces*, die das Modell M zulässt und L das bereits erwähnte Event-Log, dann ist $L \subseteq L_M$, d. h., das vorliegende Event-Log beschreibt stets einen Teil des Verhaltens, welches das Modell zulässt.

Die Gleichung $L = L_M$ beschreibt dabei den trivialen Fall der Vollständigkeit, wobei dieser auch gleichzeitig praktisch nie erreichbar sein wird. In der Praxis wird $|L| << |L_M|$ gelten, d. h., die Zahl der beobachteten Ereignissequenzen ist sehr viel geringer als die mögliche Zahl an *Traces*, die M zu produzieren in der Lage wäre.

Auf der Suche nach einer praktikablen Definition von Vollständigkeit bzgl. des Event-Logs ist $|L|/|L_M|$ ebenfalls nicht geeignet. Dies wird insbesondere dann deutlich, wenn das Modell eine Vielzahl von nebenläufigen Kontrollflüssen enthält.

Lokale Vollständigkeit, wie sie beim AM definiert wurde, könnte Abhilfe schaffen. Hierzu folgt ein Beispiel: Es existiere ein Teilprozess, bei dem zehn Aktivitäten in beliebiger Reihenfolge ausführbar seien. Die daraus resultierende Zahl der Permutationen wäre somit $|L_M| = 10! = 3.628.800$ bezogen auf die globale Definition von Vollständigkeit.

Bei dem lokalen Pendant, bei dem ausschließlich binäre Relationen wie $a >_W b$ betrachtet werden, ergäbe sich eine Permutationszahl von lediglich $|L_M| = 10 \cdot (10-1) = 90$. Dies erklärt sich dadurch, dass, sofern die erste Aktivität, z. B. a, bekannt ist, die Folgeaktivität b nur noch aus der Menge der neun verbleibenden Möglichkeiten stammen kann. Die lokale Betrachtung verhindert zudem, dass weitere Folgeaktivitäten betrachtet werden.

Der Vergleich zwischen Event-Log und abgeleitetem Prozessmodell bzw. dessen Quantifizierung ist nicht trivial. Zwei Maße, die nicht mit *Over-* bzw. *Underfitting* zu verwechseln sind, haben sich bisher etabliert: Fitness und Angemessenheit. Fitness (Wertebereich: $[0, 1]$) besagt, dass ein Modell in der Lage ist, jede Ereignissequenz eines Logs zu erzeugen. Die Aussagekraft dieser Metrik ist jedoch relativ eingeschränkt; bspw. könnten Marken im PN verbleiben und trotzdem der Maximalwert von eins erzielt werden.

Die zweite Metrik – Angemessenheit – unterscheidet zwei Aspekte eines Modells: strukturelle und verhaltensbezogene Angemessenheit, wobei Erstere einen hohen Wert annimmt, wenn das Modell von der Struktur her so minimal wie möglich ist. Eine minimale Struktur gewährleistet, dass sich das Modell auf die Wiedergabe des Wesentlichen beschränkt, welches die Lesbarkeit deutlich erhöht. Minimales Verhalten hingegen fokussiert auf möglichst nah am Event-Log angelehnte Modelle.

Trotz dieser Bewertungsmaßstäbe bleibt es schwierig, eine in sich geschlossene Definition von einem „optimalen Modell" (ein vorliegendes Event-Log vorausgesetzt) zu formulieren. Hierbei spielt auch das nicht zu vernachlässigende Vorhandensein von Rauschen innerhalb eines Event-Logs eine Rolle.

Die Motivation, die zur Entwicklung von TSM geführt hat, entstand aus der Beobachtung, dass existierende Process-Mining-Algorithmen angewandt auf Daten aus dem realen Umfeld überwiegend die wenig aussagekräftigen Spaghetti ähnlichen Prozessmodelle liefern. Diese bilden zwar genau das in den Event-Logs manifestierte Verhalten ab, bieten einem menschlichen Betrachter aber praktisch keine Möglichkeit, um den Prozess nachzuvollziehen.

Bevor die Mechanismen der Abstraktion und der Repräsentation beschrieben werden können, müssen einige Formalismen eingeführt werden:

$f \in A \to \mathfrak{B}$ sei eine Funktion mit der Domäne A und dem Bereich $\mathfrak{B}$. $f \in A \not\to \mathfrak{B}$ sei eine partielle Funktion.

Eine Multimenge (im Engl. gelegentlich als *Bag* bezeichnet) erlaubt im Gegensatz zur Menge das mehrfache Auftreten ihrer Elemente. $B(A) = A \to N$ ist eine Menge von Multimengen einer endlichen Domäne A. Mit $X \in B(A)$ und $a \in A$ gibt $X(a)$ die Zahl der in der Menge A vorkommenden Aktivitäten a an. Die Operationen Addition $(X + Y)$, Subtraktion $(X - Y)$ und die Teilmengenbildung $(X \leq Y)$ sind erwartungsgemäß definiert.

Die Kardinalität einer Multimenge X von A ist definiert als $|X| := \sum_{a \in A} X(a)$. Die Funktion $set(X)$ transformiert eine Multimenge X in eine (echte) Menge: $set(X) := \{a \in X | X(a) > 0\}$.

2.5 Grundlagen

$\wp(A)$ ist die Obermenge von A, sodass $\wp(A) = \{X | X \subseteq A\}$ gilt. A^* ist die Menge aller endlichen Sequenzen der Menge A. Eine endliche Sequenz der Länge n von A ist die Relation $\sigma \in \{1, ..., n\} \to A$. Zur Veranschaulichung einer solchen Sequenz bedient man sich einer Zeichenkette, sodass $\sigma = \langle a_1, a_2, ..., a_n \rangle$ mit $a_i = \sigma(i)$ für alle $1 < i \leq n$.
Die Funktion $hd(\sigma, k) = \langle a_1, a_2, ..., a_{k \, min \, n} \rangle$ (engl. *head*) liefert entweder die ersten k- oder die ersten n-Elemente einer Zeichenkette, je nachdem, ob k oder n kleiner ist, wobei $hd(\sigma, 0)$ einer leeren Zeichenkette $\langle \rangle$ entspricht. Umgekehrt liefert $tl(\sigma, k) = \langle a_{(n-k+1) \, max \, 1}, a_{k+2}, ..., a_n \rangle$ (engl. *tail*) die letzten k- oder n-Elemente, je nachdem, ob k oder n größer ist, wobei $tl(\sigma, k)$ wiederum eine Darstellung der leeren Sequenz ist.
Die Projektion $\sigma \upharpoonright X$ erzeugt eine Zeichenkette, die ausschließlich die Elemente der Teilmenge X enthält, z. B. $\langle a, b, c, a, b, c, d \rangle \upharpoonright \{a, b\} = \langle a, b, a, b \rangle$, im Ergebnis kommt sie folglich einer Filtration gleich. Der Parikh-Vektor $par(\sigma)$ weist jedem $a \in A$ die entsprechende Auftrittshäufigkeit (Frequenz) zu, sodass $par(\sigma)(a) = |\sigma \upharpoonright \{a\}|$ gilt.

In Übereinstimmung mit den zuvor beschriebenen Process-Mining-Algorithmen konzentriert sich auch der TSM auf den Ablauf von Aktivitäten innerhalb eines Event-Logs, wobei die enthaltenen Prozessinstanzen (Fälle) separat voneinander betrachtet werden. Ein Fall definiert sich durch die Abfolge der darin enthaltenen Aktivitäten (Sequenz). Ein Event-Log stellt sich als Menge von Sequenzen dar.

Definition 15. *$\sigma \in A^*$ sei ein Trace und $L \in \wp(A^*)$ ein Event-Log. Zunächst wird vereinfachend davon ausgegangen, dass ein Ereignis eine ausgeführte Aktivität ist. Aus der Beobachtung von ausgeführten Aktivitäten (Ereignissen) versucht man, Rückschlüsse auf den zugrunde liegenden Prozess zu ziehen (van der Aalst u. a., 2010, S. 13).*

Im Gegensatz zu anderen Process-Mining-Algorithmen definiert der TSM Zustände explizit. In der ersten Phase entsteht folglich ein TS. Da ein Event-Log keine Zustände, sondern nur Ereignisse enthält, werden im Folgenden drei Ansätze präsentiert, wie man aus der Abfolge von Ereignissen Zustände ableiten kann:

- Rückblick: Aus der Historie eines Falls wird der aktuelle Zustand abgeleitet.

- Vorschau: Da Process-Mining-Algorithmen in der Regel offline angewandt werden, stehen ebenfalls zukünftige Ereignisse zur Zustandsbildung zur Verfügung.

- Rückblick & Vorschau: eine Kombination aus den obigen zwei Ansätzen.

Dieser Zusammenhang lässt sich auch in Abbildung 2.5 erkennen. Dargestellt ist der Ausschnitt einer Ereignisfolge rings um den aktuellen Zustand. Zusätzlich enthält die Abbildung die Bezeichnungen für die Zeichenkette unmittelbar vor (Präfix) und nach (Postfix) dem aktuellen Zustand.

Die Bezeichnung „$\langle d, e \rangle, \langle f, a \rangle$" symbolisiert bspw. den aktuellen Zustand in der Abbildung, wenn man sich für den dritten Ansatz (Rückblick & Vorschau) entscheidet und jeweils zwei Zeichen heranzieht. Je mehr Zeichen zur Zustandsbeschreibung verwendet werden, desto mehr Zustände entstehen. Je weniger Zeichen verwendet werden, desto höher ist die Abstraktion. Bei der Abstraktion können alle drei Ansätze eingesetzt werden.

Abstraktionsstufe 1 – Maximaler Horizont (h): Der maximale Horizont beschreibt die Zahl der Zeichen, die vom Präfix (Postfix) verwendet werden. Im Beispiel wurde ein Horizont von $h = 2$ angenommen. Im Präfix bezieht sich der Horizont auf die zuletzt aufgetretenen Ereignisse. Die drei zuletzt aufgetretenen Ereignisse in Abbildung 2.5 sind $\langle e, d, c \rangle$. Beim Postfix werden die unmittelbar folgenden Ereignisse eingeschlossen. Möchte man die Abstraktionsstufe deaktivieren, wird $h = \infty$ angenommen, welches dem vollständigen Präfix bzw. Postfix entspricht.

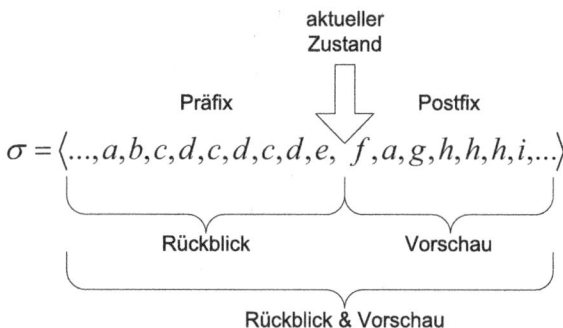

Abb. 2.5: Prozesszustand aus Präfix und Postfix

Abstraktionsstufe 2 – Filter (F): Nachdem der maximale Horizont die zur Zustandsgenerierung herangezogenen Ereignisse bereits eingeschränkt hat, besteht die Option, die resultierende(n) Zeichenkette(n) zu filtrieren. Die Filtration dient der Einschränkung auf die für die Zustände relevanten Ereignisse. Dieser Schritt kann auch als Projektion des Horizonts auf die Menge F betrachtet werden. Angenommen, das Filter sei definiert als $F = \{a, b, c, d\}$. Die Projektion ergäbe dann $\langle d \rangle, \langle a \rangle$.

Abstraktionsstufe 3 – Maximale Zahl gefilterter Ereignisse (m): Anders als nach der ersten Abstraktionsstufe, nach der die Länge der resultierenden Zeichenkette(n) fix war, liefert die zweite Abstraktionsstufe eine/zwei Zeichenkette(n) variabler Länge ($0 \leq n \leq h$). Der Parameter m gibt die maximale Länge der aus dieser Stufe resultierenden Zeichenkette(n) an, sodass $0 \leq n \leq m$ gilt.

Abstraktionsstufe 4 – Sequenz, Multimenge, Menge (q): Bisher wurde davon ausgegangen, dass die Reihenfolge, in der die Ereignisse aufgetreten sind, eine bedeutende Rolle bei der Zustandsbildung spielt. Sollte dies in der konkreten Anwendung nicht der Fall sein, bietet die vierte Stufe die Möglichkeit, von der Reihenfolge oder der Auftrittshäufigkeit (Frequenz) weiter zu abstrahieren.

Hierzu wird das in Form von Ereignissen repräsentierte Wissen entweder als Multimenge oder Menge abgelegt. Die Verwendung der Sequenz entspricht der Beibehaltung der Reihenfolge bezogen auf die zuvor abstrahierte Zeichenkette.

Die damit verbundenen Auswirkungen sind folgende:

- Sequenz: Beibehaltung der Reihenfolgeninformation

2.5 Grundlagen

- Multimenge: Verwerfen der Information über die Reihenfolge; Bewahren der Frequenz von Ereignissen
- Menge: Beschränkung auf das reine Vorhandensein von Ereignissen (ohne Reihenfolge, ohne Frequenz)

Bezogen auf das Präfix aus Abbildung 2.5 ergäben sich beispielhaft:

- $\langle a, b, c, d, c, d, c, d, e \rangle$ (Sequenz)
- $\{a, b, c^3, d^3, e\}$ (Multimenge)
- $\{a, b, c, d, e\}$ (Menge)

Abstraktionsstufe 5 – Sichtbare Ereignisse (V): Die letzte Abstraktionsstufe adressiert (als einzige) die Bezeichnungen an den Kanten des TS. Die vorangegangenen vier Stufen haben ausschließlich die Zustandsbildung beeinflusst. Ereignisse bzw. die Aktivitäten, auf die sie schließen lassen, für die $V \subseteq A$ gilt, werden an den Kanten dargestellt. Ausgeblendet werden hingegen $A \backslash V$. Es ist wichtig, darauf hinzuweisen, dass im Gegensatz zu den Abstraktionsstufen eins bis drei die ausgeblendeten Ereignisse in der fünften Stufe nicht gänzlich entfernt werden. Findet ein Zustandswechsel statt, der durch ein ausgeblendetes Ereignis angestoßen wurde, wird eine unbezeichnete Kante erzeugt. Sollen bestimmte Ereignisse vollständig aus dem TS entfernt werden, bietet es sich an, identische Mengen für F und V zu verwenden.

Die beschriebenen Abstraktionsstufen erlauben ein feingranulares Austarieren zwischen *Over-* und *Underfitting*. Je mehr Abstraktionsstufen verwendet werden, desto größer ist das Risiko, ein Modell zu generieren, welches zu generell ist (*Underfitting*). Mit einer geringeren Zahl von genutzten Abstraktionsstufen wächst die Gefahr, ein zu spezifisches Modell zu erzeugen (*Overfitting*). Die erforderlichen Entscheidungen zur Konfiguration des TSM liegen beim Prozessanalysten. In der beschriebenen Form ist der TSM nicht automatisierbar.

Nachfolgend werden die bislang vorgestellten Konzepte formalisiert (van der Aalst u. a., 2010, S. 17 ff.):

Definition 16. *Die Funktion $state(\sigma, k)$ liefert mit gegebener Sequenz σ und Zahl k (Zahl von Ereignissen aus σ, die bereits ausgeführt wurden) eine Zustandsrepräsentation r. Sei A eine Menge von Aktivitäten und R eine Menge von Zustandsrepräsentationen (Sequenz, Multimenge, Menge; siehe Abstraktionsstufe 4), dann ist der Zustand als $state \in (A^* \times \mathbb{N}) \not\to R$ definiert. Die Definitionsmenge der **Zustandsfunktion** lautet: $dom(state) = \{(\sigma, k) \in A^* \times \mathbb{N} | 0 \leq k \leq |\sigma|\}$.*

Definition 17. *Zusätzlich zur Zustandsfunktion wird zur Definition eines TS eine Funktion benötigt, die ausgeblendete Ereignisse in τ umbenennt (van der Aalst u. a., 2010, S. 22):*

$$j_V(a) = \begin{cases} a, & wenn\ a \in V \\ \tau & andernfalls \end{cases}.$$

Definition 18. *Die Menge aller Aktivitäten sei A und $L \in \wp(A^*)$ sei ein Event-Log. Weiterhin existiere eine Menge sichtbarer Ereignisse $V \subseteq A$. Ein **gelabeltes TS** lässt sich als das Tripel $TS = (S, E, T)$ angeben mit (van der Aalst u. a., 2010, S. 22):*

- *Zustandsmenge $S = \{state(\sigma, k) | \sigma \in L \wedge 0 \leq k \leq |\sigma|\}$,*

- *Ereignismenge (Labels)* $E = V \cup \{\tau\}$ *und*
- *Transitionsrelation* $T \subseteq S \times E \times S$ *mit* $T = \{(state(\sigma, k), j_V(\sigma(k+1)), state(\sigma, k+1)) | \sigma \in L \wedge 0 \leq k \leq |\sigma|\}$.

Definition 19. $S^{start} \subseteq S$ *ist die Menge aller initialen Zustände mit* $S^{start} = \{state(\sigma, 0) | \sigma \in L\}$ *(van der Aalst u. a., 2010, S. 22)*.

Definition 20. $S^{end} \subseteq S$ *ist die Menge aller finalen Zustände mit* $S^{end} = \{state(\sigma, |\sigma|) | \sigma \in L\}$ *(van der Aalst u. a., 2010, S. 22)*.

Die automatische Erzeugung eines TS bei gegebener Zustandsfunktion und Menge sichtbarer Ereignisse ist geradlinig: Jede Sequenz σ wird von $0 \leq k \leq |\sigma|$ iteriert. Sofern dabei ein Zustand $state(\sigma, k)$ gefunden wird, der noch nicht existiert, wird dieser erzeugt.

Danach werden die Sequenzen auf Transitionen der Form $state(\sigma, k-1) \xrightarrow{j_V(\sigma(k))} state(\sigma, k)$ untersucht. Diese werden dem TS, sofern sie noch nicht vorhanden waren, ebenfalls hinzugefügt.

Definition 21. *Die Menge aller Aktivitäten sei* A *und* $\sigma = \langle a_1, a_2, ..., a_n \rangle \in A^*$ *bildet die Ausführung eines vollständigen Falls (Prozessinstanz) ab. Der Rückblick (Vergangenheit), nachdem* k-*Schritte* $(0 \leq k \leq n)$ *ausgeführt wurden, heißt* $hd(\sigma, k)$. *Die Vorschau (Zukunft), nachdem* k-*Schritte* $(0 \leq k \leq n)$ *ausgeführt wurden, heißt* $tl(\sigma, k)$. *Das Paar aus Rückblick und Vorschau* $(hd(\sigma, k), tl(\sigma, k))$ *ergibt wiederum den vollständigen Fall (van der Aalst u. a., 2010, S. 23)*.

Nachfolgend werden die ersten vier Abstraktionsstufen der ersten Phase formal und tabellarisch (siehe Tabelle 2.5) dargestellt:

Tabelle 2.5: Formale Beschreibung der Abstraktionsstufen 0 bis 4

Stufe	Rückblick	Vorschau
0	$\sigma_{R0} := hd^k(\sigma)$	$\sigma_{V0} := tl^k(\sigma)$
1	$\sigma_{R1} := tl^h(\sigma_{R0})$	$\sigma_{V1} := hd^h(\sigma_{V0})$
2	$\sigma_{R2} := \sigma_{R1} \uparrow F$	$\sigma_{V2} := \sigma_{V1} \uparrow F$
3	$\sigma_{R3} := tl^m(\sigma_{R2})$	$\sigma_{V3} := hd^m(\sigma_{V2})$
4	$\sigma_{R4} := \begin{cases} \sigma_{R3} & \text{if } q = seq \\ par(\sigma_{R3}) & \text{if } q = ms \\ set(par(\sigma_{R3})) & \text{if } q = set \end{cases}$	$\sigma_{V4} := \begin{cases} \sigma_{V3} & \text{if } q = seq \\ par(\sigma_{V3}) & \text{if } q = ms \\ set(par(\sigma_{V3})) & \text{if } q = set \end{cases}$

Nachdem die Abstraktionsstufen zusammengefasst wurden, folgt die Beschreibung einiger Erweiterungen. Eine Erweiterung entfernt Schleifen, die im selben Zustand enden, wie sie begonnen haben. Diese Form der Schleifen ist verzichtbar, da die auslösende Aktivität nicht zu einer Zustandsänderung innerhalb des TS beträgt.

Bei der nächsten Erweiterung wird eine im Datensatz nicht vorhandene Kante ergänzt. Hierbei handelt es sich um ein rautenförmiges Gebilde innerhalb des TS. Ausgehend von einem gemeinsamen Startzustand, teilt sich der Kontrollfluss in zwei getrennte Zweige auf. Zur Erreichung der jeweiligen Zwischenzustände seien die Aktivitäten a und b erforderlich. Das

2.5 Grundlagen

Event-Log legt nahe, dass, nachdem a aufgetreten ist, b folgt. Für den umgekehrten Fall existiert jedoch kein Beleg. Der Teilzweig verharrt – nachdem b aufgetreten ist – im Zwischenzustand. Diese Erweiterung ergänzt die Kante vom Zwischenzustand zum gemeinsamen Endzustand und bezeichnet sie mit der Aktivität a. Die Raute ist nun geschlossen.

Im Gegensatz zu den bisher betrachteten Datenfeldern besitzen reale Event-Logs typischerweise weitere Informationen wie Zeitstempel, Ressourcenangaben, Transaktionstyp etc. Die erweiterte Definition einer Sequenz bzw. eines Event-Logs lautet daher wie folgt (van der Aalst u. a., 2010, S. 25 f.):

Definition 22. *E sei die Menge aller Ereignisse. Die zugehörige Menge an Eigenschaften sei definiert durch $\{prop_1, ..., prop_n\}$. Jede Eigenschaft besitze einen spezifischen Bereich $1 \leq i \leq p$: $prop_i \in E \rightarrow R_i$. Die Funktion $prop_i(e)$ weist dem Ereignis $e \in E$ den entsprechenden Eigenschaftswert zu. Die erweiterten Definitionen für eine Sequenz bzw. ein Event-Log lauten dann $\sigma \in E^*$ bzw. $L \in \wp(E^*)$.*

Es folgt eine Auflistung der im Mining-eXtensible-Markup-Language-Standard (MXML-Standard) (van Dongen und van der Aalst, 2005) verwandten Eigenschaften:

- Aktivität: $activity \in E \rightarrow A$, wobei A die Menge aller im Event-Log vorkommenden Aktivitäten darstellt. $activity(e)$ liefert die dem Ereignis zugehörige Aktivität.

- Zeitstempel: $timestamp \in E \rightarrow TS$, wobei TS die Menge aller Zeitstempel im Event-Log angibt. Die zugehörige Funktion zur Eigenschaftsextraktion lautet konsequenterweise $timestamp(e)$.

- Ressource: $performer \in E \rightarrow P$, wobei P der Menge der beteiligten Personen entspricht. $performer(e)$ gibt die ausführende Person eines Ereignisses e zurück.

- Transaktionstyp: $trans\_type \in E \rightarrow \{start, complete, abort, ...\}$ weist einem Ereignis einen Transaktionstyp zu. $trans\_type$ extrahiert den Transaktionstyp des Ereignisses e.

Die Kombination aus $activity(e) = "Eating0" \land trans\_type(e) = start$ kennzeichnet bspw. den Beginn der ersten Mahlzeit des Tages – gewöhnlich als Frühstück bezeichnet.

Mithilfe dieser Erweiterungen lassen sich mit dem TSM ebenfalls Prozessmodelle ableiten, die nicht ausschließlich auf der temporalen Anordnung von Aktivitäten beruhen.

Der zweite Schritt des TSM nutzt das entstandene TS, um daraus ein ausführbares PN abzuleiten, welches dasselbe Verhalten wie das TS aufweist. Wie auf Seite 86 erwähnt, findet hierzu die Theorie der Regionen Anwendung. Beinhaltet das TS nebenläufige Strukturen, lässt sich durch diese Transformation ein erheblich vereinfachtes PN folgern.

Zwei Ansätze zur Erzeugung des PN lassen sich unterscheiden: ein zustands- und ein sprachbasierter Ansatz. Der erste Ansatz nutzt als Eingabe ein TS, wodurch er unmittelbar anwendbar ist. Der zweite Ansatz kann ein TS nicht direkt verarbeiten. Die Entscheidung für den ersten Ansatz fällt somit nicht schwer.

Zur Beschreibung des weiteren Vorgehens wird zunächst die Definition einer Region benötigt (van der Aalst u. a., 2010, S. 26 f.):

Definition 23. *Sei* $TS = (S, E, T)$ *ein TS und* $S' \subseteq S$ *eine Untermenge seiner Zustände. S' ist genau dann eine Region für jedes Ereignis* $e \in E$, *wenn wenigstens eine der folgenden Bedingungen gilt:*

1. *Alle Transitionen e aus* $s_1 \xrightarrow{e} s_2$ *betreten die Region* S', *d. h.* $s_1 \notin S' \land s_2 \notin S'$,
2. *alle Transitionen e aus* $s_1 \xrightarrow{e} s_2$ *verlassen die Region* S', *d. h.* $s_1 \in S' \land s_2 \notin S'$,
3. *alle Transitionen e aus* $s_1 \xrightarrow{e} s_2$ *überqueren* S' *nicht, d. h.* $s_1, s_2 \in S' \lor s_1, s_2 \notin S'$.

Die auf diese Weise entdeckten Regionen bilden später im PN die Stellen. Transitionen, die der ersten Bedingung (siehe 1.) entsprechen, werden der jeweiligen Stelle als Eingabetransition hinzugefügt. Umgekehrt findet man Transitionen, die der zweiten Bedingung (siehe 2.) entsprechen, als Ausgangstransitionen der Stelle wieder.

Betrachtet werden sollen nur relevante Regionen. Ausgenommen werden somit die beiden trivialen Regionen: die leere Region und die Region, die aus allen verfügbaren Zuständen besteht. Ferner werden vier Begriffe im Zusammenhang mit Regionen eingeführt: Für eine *Subregion* r' einer Region r gilt $r' \subseteq r$. Eine Region r wird als *minimal* betrachtet, wenn keine nichttriviale Region r' existiert, die gleichzeitig Subregion von r ist. Eine Region wird als *Präregion* von e bezeichnet, wenn ein e existiert, welches r verlässt. Eine Region r' wird als *Postregion* von e bezeichnet, wenn ein e existiert, welches r betritt.

Bei der Synthetisierung von PN aus Transitionssystemen erzeugt jede minimale Region r_i eine Stelle p_i im resultierenden PN. Jedes Ereignis e führt zu einer mit e bezeichneten Transition. Zur Komplettierung des PN werden die Kanten nach folgendem Schema angelegt:

- wenn r_i eine Präregion von e ist: $e \in p_i^\bullet$ und
- wenn r_i eine Postregion von e ist: $e \in {}^\bullet p_i$.

Im Gegensatz zu frühen Ansätzen der Theorie der Regionen – vgl. (Desel und Reisig, 1996), bei denen nur elementare Transitionssysteme verarbeitet werden konnten, erlauben jüngere Ansätze – wie z. B. der von Badouel und Darondeau (1998) – Mehrfachtransitionen, die sich auf das gleiche Ereignis beziehen. In dem Zusammenhang spricht man auch von *Label-Splitting*. Obwohl sich mithilfe des *Label-Splittings* auch im nicht elementaren Fall bisimilare PN erzeugen lassen, führt die Vorgehensweise unweigerlich zu einem Anstieg der Transitionen. *Label-Splitting* wird daher nur eingesetzt, wenn sich ansonsten kein bisimilares PN ableiten ließe.

Anhand der Erreichbarkeitsgraphen konnte gezeigt werden, dass entsprechende PN bisimilar bzgl. ihres Verhaltens gegenüber dem ursprünglichen TS sind. Obwohl die Theorie der Regionen dazu neigt, eher überangepasste PN zu erzeugen, besteht die Gefahr, dass bei nicht elementaren Transitionssystemen in unkontrollierter Weise verallgemeinert wird.

Generalisierung und Abstraktion finden ausschließlich im ersten Schritt des TSM statt. Im zweiten Schritt richtet sich der Fokus auf Fragen bzgl. der Repräsentation, auf die der Prozessanalyst keinen Einfluss hat. Aus Gründen der Vollständigkeit sei darauf hingewiesen, dass man theoretisch auch bei der Synthetisierung Einflussmöglichkeiten vorsehen könnte. Dabei entspricht das Hinzufügen einer weiteren Stelle im PN stets einer weiteren Bedingung, die auf jeden Fall erfüllt werden muss (Constraint).

Im Hinblick auf das beabsichtigte Ziel, Prozessmodelle zu erzeugen, die sowohl für den Prozessanalysten wie auch den Endnutzer verständlich sind, birgt die Theorie der Regionen eine

2.5 Grundlagen

Gefahr: Die resultierenden PN neigen dazu, Stellen aufzuweisen, die viele Kanten besitzen und nicht ausschließlich lokales Verhalten darstellen. Diese Repräsentationsform ist zwar einerseits sehr kompakt, auf der anderen Seite jedoch nicht zwangsläufig leicht zu überblicken.
Man hat die Möglichkeit, die Generierung von Stellen durch zusätzliche Anforderungen zu beeinflussen. Beispielsweise könnte man eine Kostenfunktion einführen, die automatisch zwischen *Over-* und *Underfitting* balanciert. Dabei würde jede zusätzliche Stelle die „Kosten" erhöhen, da dies einer Erhöhung der Komplexität des PN entspricht. Generell kann man festhalten, dass Stellen, die überdurchschnittlich viele Verbindungskanten (Eingangs- und/oder Ausgangstransitionen) aufweisen, ein typisches Zeichen für *Overfitting* sind.
Auf der anderen Seite „kostet" der Verzicht auf eine bestimmte Stelle etwas: Das PN erlaubt u. U. Verhalten, für welches es anhand des Event-Logs überhaupt keine Anhaltspunkte gibt – d. h. im Sinne von *Underfitting*. Eine Umsetzung der Idee einer Kostenfunktion bleibt die Arbeit von van der Aalst u. a. (2010) allerdings schuldig.

Zurzeit bleibt es ausschließlich dem Prozessanalysten überlassen, wie er die fünf Parameter (siehe Seite 87) wählt. Insofern verwundert es nicht, dass van der Aalst u. a. nebst anderen zu dem Schluss kommen, zukünftig bessere Unterstützung bei der Auswahl von für den vorliegenden Datensatz geeigneten Parametern anbieten zu wollen.

Vergleich und Bewertung

In diesem Abschnitt werden die bisher vorgestellten vier Process-Mining-Algorithmen (AM, HM, FM und TSM) verglichen und hinsichtlich eines potenziellen Einsatzes als Grundlage für einen Verhaltensermittlungsalgorithmus bewertet. Aufgrund der zum Teil unterschiedlichen Zielsetzungen der gelisteten Algorithmen fällt ein in allen Belangen objektiver und in allen Dimensionen ausgeführter Vergleich schwer. Dennoch wird versucht, alle Algorithmen anhand eines einheitlichen Schemas gleichartig zu bewerten.
Die verwendeten Abkürzungen finden sich in den jeweiligen Überschriften wieder. Zusätzlich deuten HM+ und TSM+ jeweils eine Erweiterung der ihnen zugrunde liegenden Algorithmen an, wobei TSM+ der Erweiterung am TSM-Algorithmus entspricht, die aus der eigenen Arbeit hervorgegangen ist. Diese Abkürzung (d. h. TSM+) wird allerdings ausschließlich für den folgenden Vergleich verwendet.
Viele der vorgestellten Process-Mining-Verfahren nutzen bei der Kontrollfluss-Ermittlung PN zur Repräsentation des Suchraums als Mittel der Wahl. Hierzu zählen auch die zwei in Kapitel 2.5.3 vorgestellten Algorithmen: AM und TSM. Aalst (2011) argumentiert, dass trotz ihrer weiten Verbreitung im Bereich der Process-Mining-Verfahren PN nicht optimal geeignet sind. Daher schlägt der Autor der Arbeit vor in Zukunft anstatt auf PN auf kausale Netze (C-Netze) zu setzen.
Eine Grundannahme bei allen Process-Mining-Verfahren besteht darin, dass alle Beobachtungen (*traces*) in einem initialen Zustand ihren Anfang nehmen und ebenso in einem wohldefinierten Zustand enden. Die Qualität eines ermittelten Kontrollflusses lässt sich generell anhand der vier folgenden Dimensionen festmachen: Fitness, Einfachheit, Präzision und Generalisierbarkeit. Typischerweise interessiert man sich bei einem Prozess vor allem für häufig auftretendes Verhalten. Sofern man seltene Verhaltensweisen bzw. Ausnahmen bei der Erzeugung des Prozessmodells miteinbezieht, so führt dies in aller Regel zu komplexen Modellen und somit zu ei-

ner schlechteren Qualität. Es ist meistens ausgeschlossen, verlässliche Aussagen über Rauschen innerhalb des Event-Logs zu treffen, da fast immer lediglich ein kleiner Satz an Beobachtungen vorliegt.

Ein weiterer wichtiger Aspekt, der gegen die Verwendung von PN als Basis spricht, ist die Forderung nach Korrektheit. Der Suchraum, den PN erzeugen, ist einfach zu groß. Ein PN sollte stets in der Lage sein von jeder beliebigen Markierung den Endzustand erreichen zu können. Zudem sollten keine toten Transitionen vorkommen. Viele der Prozess-Mining-Verfahren, darunter auch der in Abschnitt 2.5.3 beschriebene AM, erzeugen inkorrekte PN, die u. U. Deadlocks bzw. Livelocks enthalten und nicht ausführbar sind.

PN können das wesentliche Prozessverhalten nicht in einer kompakten Weise repräsentieren. Kontrollfluss-Elemente, die in Repräsentationen auf höhere Ebene existieren (z. B. ODER-Verzweigungen und -Verknüpfungen), sind bei den PN nicht vorhanden. Transformationen von Repräsentationen auf höherer Ebene hin zu solchen auf niedrigerer Ebene fallen verhältnismäßig leicht. Umgekehrt also von niedriger zu höherer Ebene fällt die Transformation häufig schwer.

Es ist äußerst schwierig für PN, Kontrollfluss-Elemente zu schaffen. Stellen, duplizierte sowie unbeschriftete Transitionen können nicht direkt mit Beobachtungen aus dem Event-Log verknüpft werden. Die Tatsache, dass solche Strukturen neu geschaffen werden müssen, führt zu einem größeren Suchraum und einem indirekteren Zusammenhang zwischen Modell und Event-Log.

Der Low-Level-Charakter der PN ist nicht gerade förderlich bei der Suche nach der richtigen Balance zwischen Under- und Overfitting. Strukturen, die Generalisierbarkeit unterstützen, sind a priori nicht verfügbar. Die Repräsentationsbasis unterstützt nicht bei der Verhaltensermittlung.

Die genannten Probleme sind nicht unbedingt nur gültig für PN. Auch andere Repräsentationen, wie z. B. BPMN leiden unter ähnlichen Problemen: Der Anteil der korrekten BPMN-Modelle ist klein. Auch dort muss das Process-Mining-Verfahren neue Kontrollfluss-Elemente erschaffen (z. B. Gateways), um das Prozessverfahren adäquat zu erfassen. Im direkten Vergleich zu PN kann BPMN eine größere Zahl von Mustern direkt erfassen.

Die kausalen Netze (C-Netze) verwenden eine deklarative Semantik, die nicht auf einer lokalen Feuerregel – wie bei den PN – basiert. Dabei repräsentieren die Knoten Ereignisse aus dem Event-Log. Die Kanten stellen kausalen Abhängigkeiten dar. Jede Aktivität (also auch jeder Knoten) besitzt Ein- und Ausgabeabhängigkeiten.

Daraufhin beschreibt der Autor die Formalismen der C-Netze. Eine Abhängigkeitssequenz ist valide, wenn jeweils Vorgänger- und Nachfolgeaktivitäten sich auf ihre Abhängigkeiten „einigen" können. Korrekte C-Netze kennzeichnen sich durch ausschließlich valide Abhängigkeiten. Im Vergleich zu PN sind C-Netze von den sprachlichen Mitteln her ausdrucksstärker.

C-Netze sind (valide Abhängigkeiten vorausgesetzt) immer korrekt. C-Netze erfassen wichtige Verhaltensstrukturen auf eine direktere Art und Weise als PN dies können. Es gibt keinen Bedarf unbeschriftete oder duplizierte Transitionen einzuführen. Ebenso wenig gibt es die Notwendigkeit neue Kontrollfluss-Elemente zu erschaffen. Ein- und Ausgabeabhängigkeiten haben einen direkten Bezug zum Event-Log. C-Netze sind darauf zugeschnitten eine optimale Balance zwischen Under- und Overfitting zu finden.

Resümierend stellt Aalst (2011) fest, dass PN sich weniger gut zur Repräsentation von automatisch abgeleitetem Prozessverhalten eigenen als C-Netze. Dabei lassen sich C-Netze durch die klassische Theorie der Regionen synthetisieren. Sie sind ebenfalls geeignet für genetische Process-Mining-Verfahren sowie Kombinationen aus heuristischen und genetischen Verfahren.

2.5 Grundlagen

Operatoren wie Überlagerung und Mutation lassen sich unkompliziert auch auf C-Netze anwenden. Die Fitness-Funktion lässt sich durch Wiederholung der Prozessinstanzen aus dem Event-Log konstruieren.
Der FM legt den Schwerpunkt anhand der Zielsetzung nicht zwangsläufig auf die Ausführbarkeit. Beim AM wird zwar versucht, ausführbare PN zu erzeugen, diese sind jedoch je nach Komplexität des Prozesses, der das Event-Log erzeugt hat, nicht garantiert ausführbar. Es kann zu Dead- und Livelocks (siehe Seite 69) kommen. In gewisser Weise bewältigt der HM dieses Problem, sofern sich die Komplexität innerhalb des Event-Logs auf wenige – in Bezug auf die gesetzten Schwellwerte – Ausnahmen bezieht, die als Fehler (Rauschen) interpretiert werden. Sollte es sich bei der Komplexität um reguläres (häufig vorkommendes) Verhalten handeln, ist der HM bzgl. der garantierten Ausführbarkeit des resultierenden PN mit dem AM vergleichbar. Einzig der TSM (sowie dessen Erweiterung TSM+) garantiert unter allen Umständen ein ausführbares Resultat (d. h. PN).

Hinsichtlich der Unterstützung, nebenläufiges Prozessverhalten zu erkennen, bildet der FM die einzige Ausnahme. Wie eingangs erwähnt, verfolgt der FM eine abweichende Zielsetzung, sodass die Erkennung der Nebenläufigkeit hierbei nicht im Fokus stand. Darüber hinaus bietet sich die Zielsprache (Fuzzy-Modell) nicht sonderlich an, um Nebenläufigkeit zu repräsentieren, wie dies bei PN der Fall ist. Die übrigen Algorithmen sind allesamt in der Lage, nebenläufiges Verhalten im Resultat wiederzugeben. Insbesondere bei der Entwicklung des TSM (bzw. TSM+) wurde Wert auf eine möglichst kompakte Darstellung von nebenläufigen Teilbereichen des Prozesses gelegt.
Bezogen auf die jeweiligen Basisvarianten unterstützt nur der TSM als Intervalle repräsentierte Aktivitäten. Die verbleibenden Algorithmen gehen ausschließlich von atomaren Aktivitäten aus. Um diesem Defizit zu begegnen, wurde der HM um Zeitintervalle erweitert (Burattin und Sperduti, 2010). Kern dieser Erweiterung sind zwei Definitionen: die erste (siehe Definition 24) behandelt die direkte Folgerelation, wohingegen die zweite die Parallelität (Nebenläufigkeit) von nicht atomaren Aktivitäten betrachtet (siehe Definition 25).

Definition 24. *X und Y seien zwei Aktivitäten, die als Intervalle (mit Start- und Endzeitpunkt) vorliegen und im Event-Log W auftauchen; $X \overline{>}_W Y$ gilt genau dann, wenn $\exists \sigma = t_1, ..., t_n \wedge i \in \{2, ..., n-2\}, j \in \{3, ..., n-1\}$, sodass $\sigma \in W, t_i = X_{end} \wedge t_j = Y_{start}$ und $\forall k$, sodass $i < k < j$ und $typeOf[t_k] \neq start$.*

Weniger formal lässt sich die direkte Folgerelation zweier Aktivitäten X und Y so beschreiben: Bevor Y beginnt, muss X abgeschlossen sein. Ferner darf nach dem Ende von X keine andere Aktivität begonnen werden, bevor Y beginnt.

Definition 25. *X und Y seien wiederum zwei Intervall-Aktivitäten in einem Event-Log W. $X\|_W Y$ gilt genau dann, wenn $\exists \sigma = t_1, ..., t_n \wedge i, j, u, v \in \{1, ..., n\}$ mit $t_i = X_{start}, t_j = X_{end} \wedge t_u = Y_{start}, t_v = Y_{end}$, sodass $u < i < v \vee i < u < j$.*

Die zuletzt genannten Ungleichungen geben an, dass sich die Intervalle entweder überschneiden oder das eine Intervall das andere enthalten muss, damit sie parallel zueinander liegen. Dabei lässt sich der letzte Fall (ein Intervall enthält das andere) mit noch spezifischeren Ungleichungen formulieren: $u < i < j < v \vee i < u < v < j$.
Insgesamt existieren 13 verschiedene Positionierungen, wie zwei Intervalle zueinander angeordnet sein können. Mithilfe der genannten Modifikationen am ursprünglichen HM wurde der HM+ für die Verarbeitung von Intervallen vorbereitet.

Einzig der AM ist nicht in der Lage, mit kurzen Iterationen innerhalb des Prozesses umzugehen. Bereits beim einfachen HM haben sich Weijters und de Medeiros (2006) dieses Problems angenommen und die $>>_W$-Relation eingeführt.

Der AM ist ebenfalls nicht in der Lage, entfernte Abhängigkeiten bzw. nichtlokales Verhalten des Prozesses zu erkennen. Beim HM kommt hierfür die $>>>_W$-Relation zum Einsatz. Ob der TSM (bzw. seine Erweiterung TSM+) entfernte Abhängigkeiten im resultierenden PN abbilden kann, hängt von der jeweiligen Parametrisierung ab. Kleine – in Bezug auf die durchschnittliche Länge aller Zeichenketten – Werte für h (maximaler Horizont) werden nichtlokales Verhalten herausfiltern, wohingegen größere Werte für h entfernte Abhängigkeit bewahren werden.

Der auf die übersichtliche Visualisierung spezialisierte FM sowie der AM sind dafür ungeeignet, nicht wahrnehmbare Aktivitäten zu erkennen. Bei dieser Art von Aktivitäten handelt es sich um Tätigkeiten, die zwar ausgeführt werden und Einfluss auf das Prozessverhalten haben, jedoch nicht aufgezeichnet wurden, d. h. nicht im Event-Log vorzufinden sind.

Schwierigkeiten bereiten dem AM ebenso unvollständige Event-Logs. Die zweifelhafte Grundannahme, das Event-Log enthalte alle Verhaltensmuster eines Prozesses, hat zu einer hohen Abhängigkeit von vollständigen Event-Logs geführt. Die übrigen Algorithmen sind in dieser Hinsicht wesentlich toleranter.

Der FM – bedingt durch die eingesetzten Metriken – sowie der speziell für fehlerhafte Event-Logs entwickelte HM beweisen ihre Stärken vor allem bei der nächsten Dimension. Über Schwellwerte werden fehlerhafte, d. h. seltene Ereignisse herausgefiltert, bevor das Prozessmodell erzeugt wird. Insofern ist es nicht weiter verwunderlich, dass ebendiese Algorithmen die Frequenz von *Traces* berücksichtigen. Beim FM handelt es sich allerdings eher um eine implizite Betrachtung, die in die Metriken einfließt.

Einer von zwei wesentlichen Unterschieden zeigt sich hier zwischen dem TSM und dem TSM+: Der TSM+ erlaubt die Berechnung von Metriken anhand des erzeugten TS. Daher fließen die Frequenzen von *Traces* bzw. Ereignissen hier ebenfalls in das Ergebnis ein.

Mit Ausnahme des AM sind alle untersuchten Process-Mining-Algorithmen parametrisierbar. Dies hat direkten Einfluss auf die Automatisierbarkeit. Die parametrisierbaren Algorithmen basieren darauf, dass ein Prozessanalyst mit entsprechendem Fachwissen die optimalen Parameter einstellt. Insofern sind parametrisierbare Algorithmen nicht ohne Weiteres automatisierbar. Beim TSM+ wurde der Algorithmus derart erweitert, dass er automatisch geeignete Parameter findet. Daher ist der TSM+ automatisierbar, obwohl er parametrisierbar ist.

Der FM hat nicht zum Ziel, ein ausführbares Prozessabbild zu erzeugen. Nur so ist die Toleranz gegenüber unstrukturierten Prozessen zu erklären. Beide HM sind nur dann tolerant gegenüber unstrukturierten Prozessen, wenn die Auftrittshäufigkeit dieser Beobachtungen unterhalb der definierten Schwellwerte liegt. Dies würde unweigerlich zur Entfernung der fehlerhaften (seltenen) Event-Logs führen, bevor das Prozessmodell abgeleitet wird.

Der TSM sowie der TSM+ verwenden als einzige Algorithmen einen zweistufigen Ansatz, bei dem zwischen Generalisierung/Abstraktion und Repräsentation unterschieden wird. Alle anderen Process-Mining-Algorithmen bündeln diese Aufgaben in einer einzigen Verarbeitungsstufe.

2.5 Grundlagen

Die meisten Process-Mining-Algorithmen verstehen sich auf die Ausgabe von PN. Letztere unterstützen Nebenläufigkeit und bieten die Möglichkeit, in weitere Formate, z. B. in die Business Process Execution Language (BPEL), transformiert zu werden. Zu dieser Gruppe zählen: der AM, der TSM und dessen Erweiterung TSM+. Der HM sowie dessen Erweiterung HM+ produzieren ein heuristisches Netz. Anders als ein PN liefert es Informationen über die Frequenz von einzelnen Aktivitäten.

Eine nicht zur Ausführung geeignete Prozessbeschreibung liefert der FM: ein Fuzzy-Modell. Im Gegensatz zu den anderen Ausgabesprachen besitzt das Fuzzy-Modell Repräsentationen auf unterschiedlichen Abstraktionsebenen. Knoten eines Fuzzy-Modells können entweder eine einzelne Aktivität oder eine Ansammlung von gleichartigen Aktivitäten (*Cluster*) darstellen.

Infolge der zweistufigen Verarbeitung liefern TSM und TSM+ als einzige Algorithmen zwei unterschiedliche Ausgabeformate. Neben dem bereits erwähnten PN (Resultat des zweiten Schritts) erzeugen sie als Zwischenprodukt ein TS. Im Falle des TSM+ werden die Kanten des TS sogar mit absoluten und relativen Gewichten versehen.

Eine Zusammenfassung aller Ergebnisse dieses Vergleichs ist in Tabelle 2.6 abgebildet. Sofern sich in den Originalarbeiten Belege finden ließen, wurden die Algorithmen entsprechend der Legende mit „–" bzw. „+" bewertet.

Der Vorteil des AM besteht in seiner Simplizität. Dieser ist es auch zu verdanken, dass der Algorithmus sehr performant ist. Auf der anderen Seite führt die Einfachheit zu sehr vielen Einschränkungen bzgl. der unterstützten Prozessstrukturen. Einige Beispiele hierfür werden nachfolgend genannt: frei wählbare und verschachtelte Iterationen, unausgewogene Verzweigungen und Vereinigungen, partielle Synchronisation und Strukturen, bei denen sich Nebenläufigkeit und alternative Abarbeitungspfade begegnen (*Non-free Choice*). Insbesondere Letztere treten in realen Datensätzen häufig auf.

Die Grundannahme des AM besteht darin, dass das vorliegende Event-Log vollständig und fehlerfrei ist. Vollständigkeit gilt insofern, als es bereits alle Verhaltensweisen des Prozesses enthält. Die geforderte Fehlerfreiheit besagt, dass keine inkorrekten Prozessabläufe aufgezeichnet wurden.

Der Hauptkritikpunkt von van der Aalst u. a. (2010) am AM ist die fehlende Garantie dafür, dass das erzeugte PN korrekt ausführbar, d. h. in der Lage ist, alle Prozessinstanzen aus dem Event-Log zu „verarbeiten" (*parsen*). Dies wurde u. a. in ihrer Arbeit (van der Aalst u. a., 2010) bestätigt. Bei ausreichend komplexen Prozessstrukturen erzeugt der AM Petri-Netze, die Dead- oder Livelocks enthalten können. Die Modelle weisen demnach keine interne Konsistenz auf.

Im Zusammenhang mit PN sollte eine selbstverständliche Forderung stets die nach der Fehlerfreiheit sein: PN sollten die Möglichkeit bieten, von jedem Zustand aus das Ende zu erreichen, keine toten Transitionen enthalten und nach der Ausführung keine Marken im Netz übrig lassen.

Der HM ist mit Sicherheit die erste Wahl, wenn im Vorweg bekannt ist, dass das Event-Log fehlerhafte *Traces* enthält und sich diese anhand ihrer Frequenz von den korrekten *Traces* unterscheiden lassen. Sollten sich komplexe Strukturen ausschließlich in selten auftretenden *Traces* wiederfinden lassen (in Form von Ausnahmen oder fehlerhaftem Verhalten), so überwindet der HM das Problem der garantierten Ausführbarkeit, welches der AM nicht zu lösen imstande war. Sind die komplexen Strukturen dem Prozess inhärent, so führt die Verwandtschaft der theoretischen Grundlage zwischen AM und HM allerdings zu den oben bereits beschriebenen Problemen (vgl. Hauptkritikpunkt am AM).

Anders als der AM ist der HM in der Lage, mit einem gewissen Rauschen im Datensatz umzugehen. Unvollständige und fehlerbehaftete Event-Logs können sinnvoll verarbeitet werden, welches ebenfalls eine Verbesserung gegenüber dem AM darstellt.
Das Ergebnis des HM wird sehr negativ beeinflusst, wenn das zugrunde liegende Event-Log extrem unbalanciert – also unausgewogen – ist. Dies betrifft die Wahrscheinlichkeit, mit der die Reihenfolge der gleichzeitig aktivierten Transitionen bestimmt wird.
Grundsätzlich wäre der HM als Grundlage für die Verhaltensermittlung anwendbar. Die Schwellwerte werden allerdings nicht benötigt, weil bereits durch die Kontextgenerierung (bezogen auf die Task-Modelle) eine fehlerfreie Aktivitätserkennung vorliegt. Im Falle eines Defekts einzelner Sensoren würden Aktivitäten eher nicht erkannt, als dass es zu „überflüssigen" Detektionen (Rauschen) käme. Der wesentliche Nutzen des HM kann somit nicht in Erscheinung treten.

Der FM arbeitet je nach Parametrisierung sehr großzügig die Aspekte Aggregation und Abstraktion betreffend. Können bspw. zwei Aktivitäten in beliebiger Reihenfolge ausgeführt werden, betrachtet der FM diese als in Konflikt zueinander stehend und entfernt sie daraufhin vom Fuzzy-Modell. Diese nebenläufigen Pfade des Prozesses liefern jedoch u. U. wichtige Informationen über das Verhalten.
Wie bei allen parametrisierbaren Process-Mining-Algorithmen ist es stets schwierig bzw. zeitaufwendig, die passenden Schwellwerte zu finden. Eine Automatisierung der Parameterfindung ist nicht vorgesehen. Ferner ist die Zielsprache nicht darauf ausgelegt, ausführbar zu sein.
Gegenüber den einstufigen Ansätzen ist der TSM rechenintensiver. Die Ausgabe eines PN und eines TS kann nicht in derselben Zeit erfolgen wie bspw. nur die Ausgabe eines PN (vgl. AM). Gegenüber dem AM garantiert der TSM (sowie der TSM+) ein deadlock- und livelockfreies PN. Weiterhin bietet er ein parametrisierbares Mining-Resultat.
Die Abstraktionsstufen des TSM ermöglichen, das resultierende Modell auszubalancieren, d.h. *Over-* bzw. *Underfitting* zu vermeiden. Das Problem der Unausgewogenheit steht in engem Zusammenhang mit der Unvollständigkeit des Event-Logs. Wie bei anderen Ansätzen (etwa aus dem Bereich des Machine-Learnings) sollte man auch beim Process-Mining nicht davon ausgehen, dass das Event-Log bzgl. des abgebildeten Verhaltens vollkommen ist. Dies wäre fast damit gleichzusetzen, dass man die Zukunft vorhersehen könnte. Nur so wäre es möglich, abzuschätzen, ob es zukünftig nicht doch zu anderen Verhaltensweisen kommen könnte.
Sowohl AM, FM als auch HM (in seiner Grundform) betrachten ausschließlich atomare Aktivitäten. Mit der Erweiterung des HM um Intervalle, siehe (Burattin und Sperduti, 2010), diese wird in der Tabelle 2.6 als HM+ ausgewiesen, entfällt dieser Nachteil zumindest im letzten Fall.
Tragen unterschiedliche Ausführungen ein und derselben Aktivität innerhalb einer Prozessinstanz die gleiche Bezeichnung (*Footprint*), bilden die meisten Process-Mining-Algorithmen diese auf das gleiche Objekt in der Zielsprache ab. Nicht selten führt dies zu inkorrekten bzw. nicht eingängigen Modellen. Einzig der TSM stellt in diesem Punkt eine Ausnahme dar (siehe Parametrisierung des maximalen Horizonts).

Nach Abwägung der oben genannten Argumente hat sich der TSM als beste und flexibelste Lösung herausgestellt. Einzig hinsichtlich der Kriterien Automatisierbarkeit und Berücksichtigung der Frequenz von *Traces* besitzt der TSM entscheidende Nachteile, die bspw. der AM bzw. der HM nicht aufweisen.

2.5 Grundlagen

Tabelle 2.6: Vergleich der untersuchten Process-Mining-Algorithmen

	AM	HM	HM+	FM	TSM	TSM+
(garantierte) Ausführbarkeit	−	?	?	−	+	+
Nebenläufigkeit	+	+	+	−	+	+
Intervalle	−	−	+	−	+	+
kurze Iterationen (Schleifenlänge ≤ 2)	−	+	+	+	+	+
entfernte Abhängigkeiten/ nichtlokales Verhalten	−	+	+	+	+	+
nicht wahrnehmbare Aktivitäten	−	+	+	−	+	+
Eignung für unvollständige Event-Logs	−	+	+	+	+	+
Eignung für fehlerbehaftete Event-Logs	−	+	+	+	−	−
Frequenz von *Traces* wird berücksichtigt	−	+	+	?	−	+
parametrisierbar	−	+	+	+	+	+
automatisierbar	+	−	−	−	−	+
tolerant gegenüber unstrukturierten Prozessen	−	?	?	+	−	−
ein Mining-Schritt	+	+	+	+	−	−
zwei Mining-Schritte	−	−	−	−	+	+
Ausgabeformat						
Petri-Netz	+	−	−	−	+	+
heuristisches Netz	−	+	+	−	−	−
Fuzzy-Modell	−	−	−	+	−	−
Transitionssystem	−	−	−	−	+	+

Legende:

- „−" deutet an, dass der Algorithmus das Kriterium nicht erfüllt.
- „+" kennzeichnet das Erfüllen des jeweiligen Kriteriums.
- „?" gibt an, dass eine boolesche Beantwortung der Frage nicht möglich bzw. nicht sinnvoll ist oder kein konkreter Beleg gefunden wurde.

Die Unzulänglichkeiten dieser beiden Algorithmen in anderen Dimensionen der Vergleichstabelle verhinderten jedoch ihren Einsatz.

Basierend auf einer theoretischen Analyse wurde der geeignetste Algorithmus ausgewählt und hinsichtlich seiner Schwächen optimiert. Die Analyse orientiert sich dabei überwiegend an der Chronologie der Entwicklung der benannten Algorithmen. So lassen sich die Verfahren des HM bspw. einfacher erklären, nachdem der AM vorgestellt wurde. Es werden dieselben bzw. ergänzende binäre Operatoren verwendet. Der HM sowie der HM+ sind als Weiterentwicklungen des AM zu betrachten. In ähnlicher Weise stellt der TSM+ eine optimierte Form des TSM dar. Beim FM wird ein mit den übrigen Process-Minern nicht verwandter Ansatz aufgezeigt. Der FM zeichnet sich gegenüber den übrigen Algorithmen vor allem in den Dimensionen „Eignung für fehlerbehaftete Event-Logs" (zusammen mit HM und HM+) und „tolerant gegenüber unstrukturierten Prozessen" aus, wobei Letzteres ein Alleinstellungsmerkmal ist.

Der in der Tabelle als TSM+ bezeichnete Algorithmus stellt einen auf der Grundlage des TSM weiterentwickelten Process-Miner dar, dessen Implementierungsdetails in Abschnitt 5.2.5 zu finden sind. Darin wird beschrieben, wie die Schwächen hinsichtlich der Automatisierbarkeit und fehlenden Berücksichtigung von *Traces* überwunden werden. Durch die Berücksichtigung von *Traces* kann der TSM+ mit den Algorithmen aus der HM-Familie aufschließen. Durch die Automatisierbarkeit wird dem TSM+ ein entscheidender Vorteil zuteil, der ansonsten dem AM vorenthalten war.

3 Anforderungsanalyse

3.1 Voraussetzungen

An dieser Stelle werden die Voraussetzungen bzw. die getroffenen Annahmen für die in Kapitel 4 beschriebene Plattform zusammengetragen: Welche Anforderungen sind an das Zielsystem zu stellen? Welche vereinfachenden Annahmen werden im Vorweg getroffen?

Zunächst muss ein Satz an – hinsichtlich des Ergebnisses aussagekräftigen – Tätigkeiten bzw. Aktivitäten benannt werden, die Lisa (siehe Kapitel 1.2) im Laufe eines Tages ausführt. Aktivitäten, die nicht wenigstens einmal pro Tag ausgeführt werden (z. B. Arztbesuche), können zwar ebenfalls zur Verhaltensermittlung herangezogen werden, eignen sich aber weniger gut zur Ableitung von Verhaltensänderungen auf einer täglichen Basis.

Um Veränderungen innerhalb eines täglichen Ablaufs erfassen zu können, benötigt man eine Referenz, gegenüber der Abweichungen bestimmt werden: Was bildet den Inhalt dieser Referenz und wie werden die Abweichungen gemessen?

Auf höchster Abstraktionsebene lauten die wichtigsten Anforderungen an das computerbasierte System wie folgt: Das Zielsystem muss in der Lage sein, Veränderungen im täglichen Ablauf eines pflegebedürftigen Menschen wie Lisa zu detektieren und für interne Zwecke zu dokumentieren. Anschließend muss das Ergebnis für den Pflegedienst anschaulich aufbereitet werden.

Technisch möglich wäre auch eine Aufbereitung der Ergebnisse für den Klienten, die ihn ermutigt, erforderliche, aber versäumte Aktivitäten nachzuholen. Da zur Zielgruppe ebenfalls demenziell erkrankte Menschen gehören und fehlerhafte Ergebnisse des entwickelten Systems nie ganz auszuschließen sind, wurde im Einvernehmen mit den Anwendern (Pflegedienst) entschieden, vorerst auf die Darstellung der Ergebnisse für den Klienten zu verzichten.

Es bedarf pflegerischer Expertise, um die vom System dargebotenen Informationen richtig zu interpretieren. Allein durch die Anzeige von leicht abweichendem Verhalten könnten demenziell erkrankte Menschen verunsichert werden, welches nach Möglichkeit auszuschließen ist. Stattdessen sieht das Konzept vor, dass der Pfleger die Ergebnisse mit dem jeweiligen Klienten bespricht. Dieses Vorgehen ist bspw. vergleichbar mit der Auswertung von Ultraschallbildern: Ein Mediziner wird seinem Patienten nur selten unkommentiert ein Ultraschallbild zur Verfügung stellen, es sei denn, dieser besitzt den nötigen Sachverstand, um es selbst zu interpretieren.

Andererseits bedeutet dies keineswegs, dass die Klienten nicht in den gesamten Prozess eingebunden werden. Durch eine Einwilligungserklärung – speziell für die ausgeführten Feldtests (siehe Kapitel 6) von Bedeutung – wurden die Klienten ausführlich über die aufgezeichneten Daten informiert.

Das bloße Auffinden von Veränderungen im Sinne von Abweichungen gegenüber einer persönlichen Norm ist zwar essenziell auf dem Weg zur finalen Ausgabe, bietet dem Pflegedienst jedoch keine besonders anschauliche Aufbereitung. Demnach muss eine geeignete Quantifizierung gefunden werden, die dem Pflegedienst den Grad der Übereinstimmung mit der Referenz darlegt.

Nach einem Grundsatz der Physik bzw. der Messtechnik darf die Messung an sich das Messobjekt nicht (gravierend) beeinflussen. Angewandt auf den vorliegenden Fall bedeutet dies, dass Lisa durch das Anbringen von notwendiger Sensorik zur Bestimmung des Kontexts in ihrem normalen täglichen Ablauf so wenig wie möglich beeinträchtigt werden sollte.

Aus dieser allgemeingültigen Anforderung folgt die Verwendung von ambienter Sensorik gegenüber bspw. am Körper getragenen Sensoren. Hinsichtlich Letzterer besteht nicht nur die Gefahr, Lisa in ihrem persönlichen Wohlbefinden einzuschränken, sondern diese erfordern in der Regel auch eine sorgfältige Handhabung, sowohl bei der Akkupflege als auch beim Anlegen der Sensorik.

Nach Fouquet u. a. (2010) können Verhaltensänderungen, welche die Activities of Daily Living (ADL) (siehe Abschnitt 2.3.5) betreffen, als früher Indikator für Autonomieverlust dienen. Daher werden die ADL als erster grober Satz an zu erkennenden Tätigkeiten für die Verhaltensermittlung herangezogen.

Es gäbe sicherlich Aktivitäten im Tagesverlauf, die sensorisch einfacher zu erfassen wären. Bezüglich ihrer Aussagekraft im Hinblick auf die Fähigkeit, selbstständig in der eigenen Häuslichkeit zu leben, bestünde dann jedoch keine Gewissheit. Nicht alle ADL eignen sich gleichermaßen zur (semi-)automatischen Erfassung. Zur Vereinfachung werden für die verbleibenden Aktivitäten im Vorfeld folgende Annahmen getroffen:

- Es wird von einem Ein-Personen-Haushalt ausgegangen.

  Bei dieser Personengruppe wird eine potenzielle (gesundheitlich bedenkliche) Verhaltensänderung später erkannt als bei Paaren, bei denen etwa ein Partner frühzeitig darauf hinweisen könnte. Somit stellt diese Annahme zwar eine Vereinfachung im Sinne der Realisierung dar, gleichzeitig eignet sich das entwickelte System jedoch insbesondere für diese Personengruppe. Zudem zeigt die Analyse der Zielgruppe (siehe hierzu Kapitel 1.2), dass gerade Personen, für welche die Verwendung des Systems sinnvoll sein kann, überwiegend allein leben.

- Personen, die Lisa besuchen bzw. pflegen, identifizieren sich dem System gegenüber etwa mit einem Radio-Frequency-Identification-Tag (RFID-Tag) an der Eingangstür:

  Je nach Rolle der Person wird diese Zeit im Verhaltensmodell als „Besuchszeit" oder „Pflegezeit" aufgezeichnet. Der Mehraufwand, der von Lisas Besucher/Pfleger zu erbringen ist, sorgt dafür, dass Lisa selbst keinerlei Identifikationsmerkmal (z. B. ein RFID-Tag) bei sich tragen muss. Folglich kann Lisa auch nicht vergessen, dieses Merkmal „anzulegen".

- In der Wohnung leben keine (großen) Haustiere, welche die eingesetzte Sensorik beeinflussen können. Kleine Hunde (z. B. Dackel), Katzen, Vögel und Fische sind in Anbetracht der eingesetzten Sensorik unproblematisch. Große Hunde, die etwa so groß sind wie Kleinkinder, die selbstständig laufen können, Türen aufstoßen und Bewegungsmelder auslösen, können das System hingegen beeinflussen.

Die Tatsache, dass Lisa auf einen Pflegedienst angewiesen ist, signalisiert eine gewisse Abhängigkeit. Es stellt sich die Frage, ob man eine solche Person mit einer zusätzlichen Verantwortung betrauen und damit potenziell belasten sollte bzw. darf. Gerade im Bereich von demenziellen Erkrankungen haben tiergestützte Therapien (dann allerdings im stationären Fall) jedoch ihre Berechtigung gezeigt.

In der Literatur existieren einige Hinweise darauf, dass die Mensch-Tier-Beziehung gerade bei demenziellen Erkrankungen für den Patienten förderlich sein kann, z. B. (Schäfer, 2009). Haustiere verbessern oftmals die Lebensqualität von Menschen, die unter Demenz leiden; deshalb werden in einigen Pflegeeinrichtungen speziell ausgebildete Tiere (häufig Hunde) eingesetzt. Ansonsten oft anzutreffende depressive Verstimmungen können dadurch gemildert werden.

Auch in der eigenen Häuslichkeit können Tiere in Bezug auf die Krankheit hilfreich sein: Sie ermöglichen einen emotionalen Zugang und fördern das Gefühl, gebraucht zu werden. Problematisch wird die Tierhaltung, wenn der Betroffene (teilweise) vergisst, ADL auszuführen. Man sollte sich dann die Frage stellen, ob die Fürsorge für das Tier in dem Fall nicht auch zumindest gefährdet bzw. gefährlich ist. Sofern ständig eine weitere Person anwesend ist, liegt bereits ein Ausschlusskriterium nach der ersten Annahme vor.

Bei der sensorischen Erfassung von ausgeführten ADL (insbesondere durch Lichtschranken und Bewegungsmelder) können Haustiere deren Erkennung verfälschen. Ein möglicher Ansatzpunkt wäre das „Kennzeichnen" des Tieres durch einen Transponder (z. B. RFID-Tag) ähnlich einer Hundemarke.

Zurzeit wird davon ausgegangen, dass keinerlei Fehler bei der sensorischen Detektion auftreten; im Falle eines binären Sensors folgt einem Einschalten immer ein Ausschalten und umgekehrt. Man könnte an dieser Stelle aus einem mehrfach hintereinander auftretenden Einschalten- (oder Ausschalten-)Sensorereignis auf eine fehlerhafte Sensorik bzw. Infrastruktur schließen. Auf diese Form der Selbstdiagnose wird aktuell (noch) verzichtet.

Jede andere Person außer Lisa selbst muss sich dem System gegenüber an der Eingangstür identifizieren. Dies können Pfleger, Besucher, Haushaltshilfen, Handwerker, Ärzte, Medizinischer Dienst der Krankenversicherung (MDK) etc. sein. Personen, die sich nicht explizit identifiziert haben, werden als Lisa angenommen.

Es ist davon auszugehen, dass die Identifizierung mitunter vergessen wird. Dies ist jedoch auch der Fall, wenn Lisa sich identifizieren müsste. In dem Fall wäre die Gefahr evtl. sogar noch größer. Dennoch sollte das Verhältnis von Anwesenheitszeiten von Lisa im Vergleich zu Fremden in der Wohnung dafür sorgen, dass diese Fehler weitestgehend zu vernachlässigen sind, bzw., wenn sie regelmäßig auftreten, auch nicht als Abweichung erkannt werden.

3.2 Expertenwissen

Definition 26. *„Pflegebedürftig" im Sinne des Sozialgesetzbuchs (SGB) XI sind Personen, die wegen einer körperlichen, geistigen oder seelischen Krankheit oder Behinderung für die gewöhnlichen und regelmäßigen wiederkehrenden Verrichtungen im Ablauf des täglichen Lebens auf Dauer, voraussichtlich für mindestens sechs Monate, in erheblichem Maße der Hilfe bedürfen, § 14 SGB XI (2012).*

Definition 27. *„Pflegerelevante Aktivitäten", bezeichnet Aktivitäten des täglichen Lebens, die im Bedarfsfall (siehe Definition 26) von einer Pflegekraft (teilweise oder sogar vollständig) übernommen werden.*

Zur Bewertung des Grades der Pflegebedürftigkeit bzw. zur Einordnung in die entsprechende Pflegestufe existieren standardisierte Tests mit den zugehörigen Fragebögen. Des Weiteren bestehen Gesetze (Standards), die im vorliegenden Fall Anwendung finden sollen. International gehören (Katz u. a., 1963) und (Lawton, 1983) in der angegebenen Reihenfolge zu den ersten Arbeiten, die sich mit der Quantifizierung der Pflegebedürftigkeit beschäftigt haben.

Katz u. a. (1963) adressierten in ihrer frühen Studie folgende sechs ADL: Baden, Kleiden, Toilettennutzung, Mobilität, Kontinenz und Ernährung. Nach jeder dieser Kategorien wird vom Betreuer eine Bewertung vorgenommen. Die Bewertung reicht von „selbstständige Ausführung" bis „vollständige Übernahme notwendig". Die dritte Bemessung orientiert sich mal eher an ersterem oder letzterem Extrem. Hauptsächlich wird dadurch versucht, die Aufmerksamkeit bei der Erhebung zu stimulieren, um so einem „maschinellen" Abhaken entgegenzuwirken.

Nachdem der Fragebogen vollständig ausgefüllt wurde, lässt sich aus der Zusammenfassung der sechs Einzelbewertungen der Grad der Pflegebedürftigkeit ableiten. Die von Katz u. a. aufgestellte Skala reicht von A, welches vollständige Unabhängigkeit bescheinigt, bis hin zu G – Abhängigkeit in allen sechs Kategorien.

Da nicht alle möglichen Bewertungskombinationen der sechs Kategorien auf der Skala abgebildet werden können, wird eine weitere Stufe (*other*) definiert. Diese steht stellvertretend für alle übrigen Varianten und beinhaltet die Aussage, dass die vorliegende Bewertung zu keinem der vordefinierten Grade der Skala passt.

Ein wesentlicher Nachteil dieser durch Fachkräfte ausgeführten Tests besteht darin, dass Menschen, wenn es darum geht, sich die eigenen Schwächen einzugestehen, häufig nicht wahrheitsgemäß antworten. Dies mag Scham oder Angst vor möglichen Konsequenzen geschuldet sein. Manchmal ist es auch einfach soziale Erwünschtheit.

In Deutschland existiert seit 1988 in der heutigen Form eine zentrale Instanz, welche die Bewertung der Pflegebedürftigkeit vornimmt, der MDK. Auch dort wird von vergleichbaren Vorkommnissen berichtet: Personen verschweigen dem MDK absichtlich mögliche Schwächen – aus Angst, in ein Heim eingeliefert zu werden. Anders als bei (Katz u. a., 1963) werden die Schwellwerte zum Übergang von einer zur anderen Pflegestufe anhand der voraussichtlichen Pflegezeiten definiert.

Lawton (1990) hat eine hierarchische Taxonomie der Verhaltenskompetenz (siehe Abbildung 3.1) entwickelt. Dabei reichen die fünf enthaltenen Kategorien von einfach bis komplex: Gesundheit, funktionale Gesundheit, Kognition, (Frei-)Zeitgestaltung und soziales Verhalten.

Zu den instrumentellen ADL zählen bspw. Einkaufen, Telekommunikation, Nahrungszubereitung, Haushaltsführung, Benutzen von Transportmitteln und Umgang mit Finanzen. Im Unterschied dazu gehören folgende Aktivitäten zur Gruppe der physischen ADL: der menschliche Gang bzw. Gehen, Körperhygiene, Ankleiden, Nahrungsaufnahme und Toilettengang (Steinhagen-Thiessen, 2003).

Die klassische Konditionierung nutzt die Verknüpfung aus Stimuli und Reaktion. Die Wechselwirkung (Verstärkung bzw. Abschwächung) zwischen dem Verhalten des Individuums und der Umwelt wird hingegen als operante Konditionierung bezeichnet (Reinecker, 2005).

Die hierarchische Struktur zeigt deutlich, dass die komplexeren stark von den einfacheren Kompetenzen abhängig sind. Bevor man sich bspw. um Verbesserungen des Sozialverhaltens kümmert, würde man sicherstellen, dass grundlegendere Fähigkeiten wie Ernährung (aus dem Bereich der funktionalen Gesundheit) gewährleistet sind. Lawton (1990) führt aus, dass das häusliche Verhalten und die kognitive Kompetenzebene in enger Beziehung zueinander stehen.

National existieren die Begutachtungsrichtlinie (BRi) der Krankenkassen (MDS, 2009) und das elfte Buch (XI.) des Sozialgesetzbuches (SGB XI, 2012). Rein rechtlich gehört die Medi-

3.2 Expertenwissen

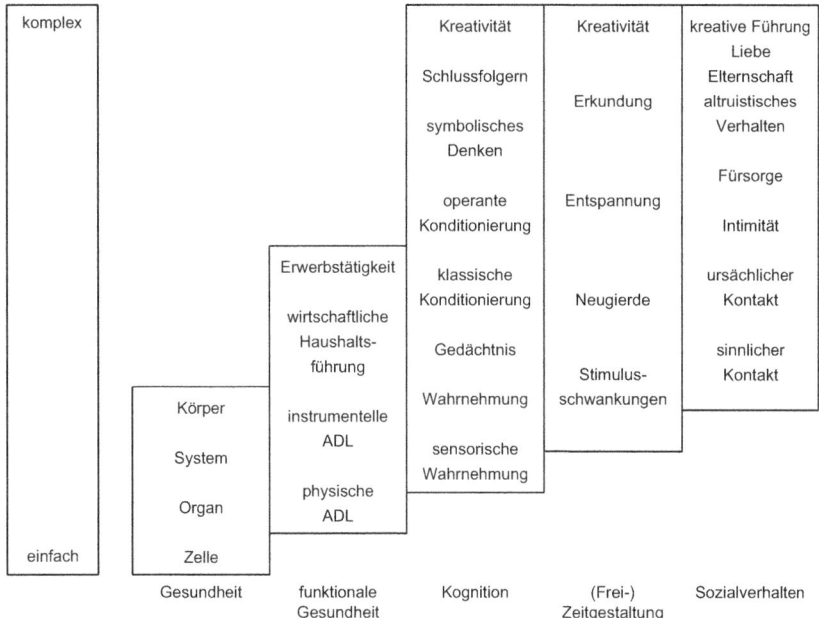

Abb. 3.1: Hierarchische Taxonomie der Verhaltenskompetenz (Lawton, 1990)

kamenteneinnahme nicht zu den ADL. Die ADL stammen aus dem elften Buch (XI.) des SGB, wohingegen Leistungen der Krankenkassen – wie die Verabreichung von Medikamenten – im fünften Buch (V.) des SGB niedergeschrieben sind.

Zur Orientierung enthält SGB XI Werte zur Pflegezeitbemessung. Sind die Voraussetzungen nach § 14 SGB XI erfüllt, so gelten die in Tabelle 3.1 angegebenen Zeitkorridore für die 13 häufigsten Verrichtungen der Grundpflege. Dabei handelt es sich bereits um die umfassendste Hilfeform: die „vollständige Übernahme". Sollte die pflegebedürftige Person in der Lage sein, bestimmte Teile der Aktivitäten selbstständig auszuführen, reduzieren sich diese Werte entsprechend.

Einige Aktivitäten, wie das Kämmen, lassen sich aufgrund von individuell stark variablen Einflussfaktoren (z.B. Haarlänge) nicht zeitlich erfassen. Häufig wird zwischen einer vollständigen Ausführung und einer Teilausführung unterschieden.

Sofern nicht anders angegeben, gelten die Zeitkorridore für eine maximale tägliche Ausführung. Ausnahmen hiervon existieren z.B. bei der mundgerechten Zubereitung von Nahrung, der Aufnahme von Nahrung und dem Umlagern. Aktivitäten aus der Rubrik „Ernährung" dürfen mehrmals am Tag bzw. dreimal täglich ausgeführt werden. Bei Dekubitus-Patienten ist eine Umlagerung je nach Bedarf bzw. alle zwei Stunden gestattet.

3.3 Ambiente Sensorik

Bisher am Markt erhältliche Sensoren bzw. daraus bestehende Telemonitoring-Systeme kümmern sich vor allem um das Wohlbefinden auf der Gesundheitsebene der von Lawton (1990) aufgestellten Taxonomie – d. h. der untersten Hierarchiestufe. Ein Beispiel für ein solches System ist ein Langzeit-EKG, bei dem normalerweise über 24 Stunden das Elektrokardiogramm registriert wird.

Diese Form der Sensorik ist – nicht zuletzt wegen der Forderung nach ambienten Sensoren – für den vorliegenden Anwendungsfall ungeeignet, obgleich es möglich wäre, zwischen körperlich anstrengenden und weniger anstrengenden Tätigkeiten zu unterscheiden. Eine spezifischere Aktivitätseinstufung ist jedoch aufgrund von z. T. ähnlichen körperlichen Belastungen sehr schwierig.

In (Fouquet u. a., 2010) wird davon ausgegangen, dass unabhängig von der Wahl des Sensortyps ein einziger Sensortyp in keinem Fall ausreichend sein wird.

Die vom beschriebenen System geforderten Sensoren müssen die Erkennung von Aktivitäten auf der funktionalen Gesundheitsebene der Lawton'schen Taxonomie erlauben. Präziser ausgedrückt handelt es sich um die physischen und instrumentellen Aspekte der ADL. Geeignete Sensoren müssen Aktivitäten wie Toilettennutzung, Mobilität innerhalb der Häuslichkeit, Wachen/Schlafen, Kleiden, Essen, Waschen/Baden und Ausruhen detektieren können.

Entsprechend der Arbeitshypothese können ambiente Sensoren nur die Teilaktivitäten der ADL erkennen, die unmittelbar in Interaktion mit der Umgebung stehen, z. B. die Toilettenpapierentnahme (d. h. eine Objektmanipulation).

Über dieses Zusammenspiel mit unserer Umgebung geben wir zu einem gewissen Grad unseren momentanen Kontext (ausgeführte Tätigkeit, Ausführungsort, Initiator und Ausführungszeit/-dauer) preis (Dey und Abowd, 1999). Dies könnte bspw. das Öffnen der Schublade eines Küchenmöbels sein. Besteht ein semantischer Zusammenhang zwischen dem jeweiligen Objekt (in diesem Fall der Schublade, in der das Besteck gelagert wird) und einer Aktivität (das Decken des Esstisches als Vorbereitung zur Nahrungsaufnahme oder das Einräumen der Schublade / des Schranks nach dem Besteck- bzw. Geschirrspülen), die dessen Manipulation erforderlich werden lässt, so sind weitere Schlussfolgerungen möglich.

Nach Meinung von Fouquet u. a. (2010) kann eine zu große Datenmenge kontraproduktiv sein. Es ist daher genau abzuwägen, ob man sich für Sensoren, die einen reichhaltigen Informationsgehalt liefern (z. B. Mikrofone oder Videokameras), oder einfache binäre Sensoren entscheidet.

Sensoren der erstgenannten Kategorie zeichnen sich vor allem durch die Missachtung von Kosteneffizienz, Energieverbrauch, Speicherbedarf und Intimsphäre des Klienten aus. Binäre Sensoren sind hingegen wesentlich kostengünstiger. Dies betrifft sowohl die Anschaffung als auch den Betrieb. Sie besitzen einen deutlich geringeren Energieverbrauch. Der Speicherbedarf, um Daten über einen bestimmten Zeitraum vorzuhalten, ist ebenfalls geringer.

3.3 Ambiente Sensorik

Tabelle 3.1: Pflegebemessungszeiten aus SGB XI

	Zeitkorridor (in Minuten)	
	von	bis
Körperpflege		
Baden	20	25
Duschen (vollständig)	15	20
Haare waschen	individuell	
Kämmen	1	3
Rasieren	5	10
Richten der Bekleidung	2	2
Stuhlgang	3	6
Waschen (vollständig)	20	25
nur Oberkörper	8	10
nur Unterkörper	12	15
nur Hände/Gesicht	1	2
Wasserlassen	2	3
Wechseln der Vorlagen		
nach dem Wasserlassen	4	6
nach dem Stuhlgang	7	10
kleine Vorlagen	1	2
bzw. Entleeren/Urinbeutel	2	3
bzw. Entleeren/Stomabeutel	3	4
Zahnpflege	5	5
Ernährung		
Zubereitung mundgerecht	2	3
Aufnahme der Nahrung	15	20
Nahrung per Magensonde	15	20
Mobilität		
Aufstehen & Zubettgehen	1	2
Umlagern	2	3
Ankleiden	8	10
nur Ober- oder Unterkörper	5	6
Entkleiden	4	6
nur Ober- oder Unterkörper	2	3
Transfer	1	1
Treppensteigen	individuell	
Hauswirtschaft	nicht vorhanden	

Ein weiterer bestimmender Faktor ist die zu wählende Abtastrate. Bauartbedingt erlauben batteriebetriebene Sensoren oder jene Sensortypen, die sich selbstständig mit Energie versorgen, eine maximale Abtastrate. Typischerweise wird für netzspannungsunabhängige Sensoren eine Batterielaufzeit von ca. ein bis zwei Jahren zugrunde gelegt. Im Falle der batterielosen Sensoren wird durch einen Energiepuffer (z. B. Kondensator) dafür gesorgt, dass bei vorübergehendem Ausbleiben der benötigten Energie ein kontinuierlicher Betrieb gewährleistet ist.

Welcher Sensortyp für die Erkennung welcher (Teil-)Aktivität geeignet ist, ist so individuell wie die (Teil-)Aktivitäten selbst. Dabei spielt nicht nur die zu detektierende Handlung eine Rolle, sondern auch die baulichen Gegebenheiten. Gilt es bspw., das Abwaschen des Geschirrs im Anschluss an die Mahlzeit zu erkennen, wird sich die anwendbare Sensorik in Abhängigkeit vom Vorhandensein einer Spülmaschine unterscheiden. Ist eine Spülmaschine vorhanden, so ist es naheliegend, den momentanen Stromverbrauch (Smart Metering) der Spülmaschine als Indikator auszuwerten, wie bspw. in (Lübeck, 2010) vorgeschlagen. Ohne eine solche Möglichkeit muss zwangsläufig auf indirekte Anzeichen zurückgegriffen werden (bspw. Wasser- oder Spülmittelverbrauch).

Ambiente Sensorik verspricht ohne Beeinträchtigung von Personen, die technische Lösung der benötigten Indikatoren zu sein. Im Gegensatz zu körpernaher Sensorik befinden sich ambiente Sensoren ausschließlich in der Umgebung; im Idealfall lassen sie sich nicht als solche wahrnehmen. Dass die Umgebung von älteren Menschen nur wenig Veränderung erfahren darf, ist in der Literatur unstrittig (Fouquet u. a., 2010).

Häufig führt das Tragen von körpernaher Sensorik nicht zuletzt durch teils aufwändige Verkabelung und das Eigengewicht der portablen Stromversorgung zum Unwohlsein ihres Trägers. Sofern sich auf den Einsatz von am Körper getragenen Sensoren verzichten lässt, sollte dies zur Steigerung des Wohlbefindens führen und damit letztendlich auch die Akzeptanz eines solchen Systems erhöhen.

Es sollte auf den Einsatz von Video- und Tonaufzeichnungen verzichtet werden (obwohl diese durchaus ambient sein könnten). Der Grund hierfür ist die Wahrung der Privatsphäre.

3.4 Schutz der Privatsphäre

Zunächst fällt auf, dass ein Missverhältnis besteht zwischen den Informationen, die ein ambientes Assistenzsystem benötigt, die einerseits wünschenswert und technisch realisierbar, andererseits ethisch vertretbar sind.

Obwohl bei dem gewählten Ansatz bewusst auf Video- und Tonaufzeichnungen verzichtet wird, ist dennoch größte Vorsicht mit den sehr sensiblen Daten geboten. Das Auslösen eines Bewegungsmelders oder das Öffnen eines Kontaktes mutet für sich genommen für Außenstehende zunächst nicht als sehr informativ und somit nicht als sonderlich schützenswert an. Versieht man diese Ereignisse mit zusätzlichem Wissen über ihre Semantik (siehe Abschnitt 4.2.3), können hieraus jedoch durchaus Schlüsse gezogen werden, die in nicht autorisierten Händen Schaden anrichten könnten.

Man stelle sich vor, es handele sich bei den oben genannten Ereignissen um das Betreten der Küche und das Öffnen des Kühlschranks. Bleibt dieses ansonsten regelmäßig zu einer bestimmten Tageszeit zu beobachtende Muster aus, so kann gefolgert werden, dass die Person nicht zuhause ist; dies ist eine Information, die ein potenzieller Einbrecher nur allzu gern besäße.

3.4 Schutz der Privatsphäre

Binäre Sensorik bietet – sieht man einmal von gar keiner Sensorik ab – den größtmöglicher Schutz der Privatsphäre, welches mit dem niedrigsten erhobenen Informationsgrad einhergeht. Das Resultat der Gesamtplattform – ein Ampelzustand und u. U. ein skalarer Wert einer Ähnlichkeitsmetrik – ist deutlich weniger persönlich und damit sensibler als eine minuziöse Auflistung aller am Tage ausgeführten Aktivitäten.

Kritiker – wie z. B. Weichert (2010) – von Ambient-Assisted-Living-Systemen (AAL-Systemen) sehen durch die Einbringung von Sensoren in die Wohnung die im Grundgesetz (GG) verankerte „Unverletzlichkeit der Wohnung" (siehe GG Art. 13) gefährdet. Letztere wird insbesondere dann gewahrt, wenn sämtliche Daten, die zur Generierung des Ampelzustandes sowie des Metrikwerts benötigt werden, in der eigenen Häuslichkeit verbleiben.

In der ersten Phase, die mit der Veröffentlichung dieser Arbeit abgeschlossen sein wird, ist eine automatische Alarmierung durch das System ohnehin nicht vorgesehen. Später würden lediglich diese zwei skalaren Daten (Ampelzustand und Metrikwert) und eine anonymisierte Zeichenkette zur Identifikation des Klienten den physikalischen Ort der Wohnung verlassen. Die Zuordnung zwischen der ID und den Stammdaten des Klienten ist nur innerhalb der Infrastruktur des Pflegedienstleisters möglich. Man spricht in dem Zusammenhang auch von einer Pseudonymisierung der Daten.

Auf nationaler und europäischer – d. h. Europäische Union (EU) – Ebene sind hinsichtlich des Datenschutzes unterschiedliche Normen zu beachten. In Deutschland regelt das Bundesdatenschutzgesetz (BDSG) den sensiblen Umgang mit personenbezogenen Daten, unabhängig davon, ob diese manuell oder durch ein Informationstechnik-System (IT-System) verarbeitet werden. Das deutsche BDSG setzt das „Übereinkommen des Europarates zum Schutz des Menschen bei der automatischen Verarbeitung personenbezogener Daten (EDSK)" sowie die Datenschutzrichtlinie 95/46/EG der Europäischen Gemeinschaft (EG) um.

Man unterteilt personenbezogene Daten in jene mit direkter Bestimmbarkeit (z. B. Name) und indirekter Bestimmbarkeit (z. B. Versicherungsnummer). Die entwickelten Algorithmen sind nicht auf personenbezogene Daten mit direkter Bestimmbarkeit angewiesen. Das System verwendet daher eine anonymisierte Repräsentation in Form einer Identifikationsnummer (d. h. Pseudonymisierung), die erst mit entsprechendem Wissen, welches in der Zentrale des Pflegedienstes vorgehalten wird, einer realen Person zuzuordnen ist.

Zwei zentrale Begriffe des BDSG sind „Verarbeiten" und „Nutzen".

Definition 28. *Werden Daten gespeichert, auf irgendeine Weise verändert, übermittelt, gesperrt oder gelöscht, spricht § 3 Abs. 4 BDSG von der **Verarbeitung**.*

Definition 29. *Jegliche andere Form der Handhabung der Daten entspricht dann automatisch laut Definition (vgl. § 3 Abs. 5 BDSG) einer **Nutzung** der Daten.*

Ein vergleichbarer Zusammenhang besteht zwischen dem Telekommunikationsgesetz (TKG), welches deutsches Recht ist, und der EU-Richtlinie zum Datenschutz in der Telekommunikation 97/66/EG. Gemäß § 1 Abs. 3 des BDSG ist bereichsspezifischen Datenschutzregelungen Vorrang gegenüber denen des BDSG zu gewähren.

Bevor personenbezogene Daten erhoben, verarbeitet und genutzt werden dürfen, muss die betroffene Person darin eingewilligt haben. In der ausgeführten Feldtestphase zur Erhebung der zur Evaluation benötigten Daten wurden die Teilnehmer eingehend über die stattfindenden Messungen aufgeklärt und es wurde eine Einwilligungserklärung eingeholt.

Durch Letztere ist festgelegt, wem und in welchem Umfang die erhobenen Daten aus der häuslichen Umgebung zugänglich sind; aktuell betrifft dies den Klienten selbst, den Pfleger des Klienten und – sofern der Klient dies wünscht – seine Angehörigen.

Ein weiterer wichtiger Aspekt, den es zwingend zu beachten gilt, ist die Zweckbindung der Datenerhebung. Das BDSG (vgl. § 28 Abs. 1, 2) schreibt vor, dass der Verarbeitungs- bzw. Nutzungszweck bei der Erhebung (z. B. innerhalb der Einwilligungserklärung) genannt werden muss. Eine anderweitige als die angegebene Nutzung ist dann ausgeschlossen.

Besondere Beachtung gilt personenbezogenen Daten, sofern diese mithilfe von IT-Systemen verarbeitet oder genutzt werden. Es muss sichergestellt sein, dass ausschließlich befugte Personen Zutritt zu den Systemen haben und auch nur diese Personen Zugang zu den Daten erlangen können.

Der Zugriff auf solche Systeme sollte ebenfalls gemäß § 9 Satz 1 BDSG geregelt sein. Eine Eingabe, Veränderung oder Löschung der Daten muss nachträglich zweifelsfrei verfolgbar sein. Zu diesem Zweck wird protokolliert, wann wer (eine entsprechende Berechtigung vorausgesetzt) Daten eingegeben, verändert oder gelöscht hat. Hierzu ist in der Umsetzung der Zugriff auf die Daten nach Benutzern (mit entsprechenden Rollen) und zugehörigen Passwörtern geschützt.

Sollten personenbezogene Daten übermittelt werden, etwa aus der häuslichen Umgebung an eine Zentrale, muss garantiert werden, dass Unbefugte die Daten weder lesen, verändern noch löschen können (z. B. durch eine gesicherte Verbindung mit Verschlüsselung). In der Zentrale muss mit entsprechenden Mechanismen (z. B. Datensicherungen) dafür Sorge getragen werden, dass die Daten nicht zerstört werden bzw. kein Verlust dieser droht.

Entgegen dem unabsichtlichen Verlust schreibt § 35 Abs. 2 Satz 2 BDSG sogar das kontrollierte und regelmäßige Löschen vor. Im Rahmen der Feldtestphase werden zunächst sämtliche Daten zur nachträglichen Auswertung gespeichert. Nach Abschluss des Forschungsprojekts werden alle Daten gelöscht. In einem späteren Produktivsystem wäre definitiv eine geeignete Strategie zur regelmäßigen Löschung der Daten vonnöten.

Zusammen mit dem an der Feldtestphase beteiligten Pflegedienst wurde der Sachverhalt einer Ethikkommission vorgetragen. Diese sieht nach Durchsicht des vorgelegten Forschungsvorhabens in ihrem Schreiben vom 27.01.2011 jedoch keine rechtliche Grundlage zur Bewertung. Es handelt sich demnach weder um ein biomedizinisches noch ein epidemiologisches Vorhaben im Sinne von § 15 der Berufsordnung für die nordrheinischen – und damit zuständigen – Ärztinnen und Ärzte.

Zudem wurde das gesamte Vorhaben einschließlich der geplanten Feldtestphase dem Datenschutzbeauftragten des Pflegedienstleisters vorgestellt. Besonderen Wert hat er auf den Verbleib der Sensordaten in den Häuslichkeiten der Klienten sowie die Pseudonymisierung der Daten vor der Übertragung gelegt.

Die aufgezeichneten bzw. bewerteten Tagesabläufe führen in keiner Weise zu einer automatischen Entscheidung bzw. Reaktion durch das System. In letzter Instanz bleibt es dem Betreuer/Pfleger überlassen, ob und wie auf evtl. angezeigte Verhaltensänderungen zu reagieren ist.

Die Zweckbestimmung des Systems sieht keinen diagnostischen oder therapeutischen Einsatz vor. Die erhobenen Daten bzw. die daraus generierten Verhaltensabweichungen sind nicht zur Behandlung bzw. Linderung von Krankheiten geeignet. Ebenso wenig handelt es sich dabei im klassischen Sinne um ein lebenssicherndes System. Insofern ist das Resultat gemäß § 3 Medizinproduktgesetz (MPG) bzw. Richtlinie 93/42/EWG nicht als Medizinprodukt einzustufen. Dieses Vorgehen ist (zumindest aktuell) aus rechtlicher Sicht unumgänglich. Würde das Assistenzsystem selbstständig Maßnahmen einleiten können, wäre im Falle einer falschen Entscheidung die Frage nach der Schuld schwierig zu klären: Läge die Schuld dann beim Entwickler des Systems und/oder beim Pflegedienst, d. h. demjenigen, der das System genutzt hat?

Analoge Probleme existieren im Automobilbereich: Als Beispiel soll ein Einpark-Assistent dienen. Führt dieser vollständig und absolut autonom ein Einparkmanöver aus und beschädigt dabei ein fremdes Fahrzeug, einen anderen Gegenstand oder gar eine Person, stellt sich auch hier die Frage nach der Schuld: Muss der Hersteller des Kraftfahrzeugs haften, weil der Assistent fehlerhaft ist? Oder liegt die Schuld vielmehr beim Kraftfahrzeugführer, der das Unglück hätte verhindern müssen?

Im Falle dieses konkreten Beispiels geht der Automobilbauer der Problematik insofern aus dem Weg, als der Fahrzeugführer weiterhin selbstständig beschleunigen bzw. verzögern muss. Ein evtl. Verschulden läge folglich – wie auch ohne einen solchen Assistenten – eindeutig beim Fahrer.

Die Verantwortung für die Betreuung eines pflegebedürftigen Menschen liegt nach Abschluss eines entsprechenden Vertrages beim Pflegedienst und den von ihm beauftragten Personen. Darüber hinaus kann ein menschlicher Betreuer zusätzliche Informationen (bspw. die Ansprache) einfließen lassen, die dem System – u. a. bedingt durch die ausschließliche Aufzeichnung der funktionalen ADL – nicht vorliegen.

3.5 Systematische Analyse

In diesem Kapitel wird eine systematische Untersuchung des Sachverhaltes hinsichtlich aller bestimmenden Faktoren und Komponenten bei der Konzeptionierung sowie der Realisierung durchgeführt.

3.5.1 Einsatzbereitschaft und kurze Interaktionszeit

Das System sollte so schnell wie möglich einsatzbereit, d. h. ab dem ersten Tag in der Lage sein, ADL zu erkennen und aufzuzeichnen, und nach sehr kurzer Zeit (diese wurde durch die Evaluierung in Kapitel 6.3 nachgewiesen) auch in der Lage sein, Verhaltensänderungen zu bestimmen.

Der Hintergrund dieser Forderung ist folgender: Natürlich ist es wünschenswert, dass das beschriebene Assistenzsystem so zeitnah wie möglich in Lisas Wohnung Einzug hält (etwa ab dem Zeitpunkt des Alleinlebens von Lisa). Auf diese Weise ließe sich das System mit ihrem bis dato typischen Verhalten als „Referenzverhalten" anlernen. In der Praxis zeigt sich jedoch immer wieder, dass sich Menschen entweder aus finanziellen Gründen und/oder aus Eitelkeit nicht die eigenen Defizite eingestehen wollen (vgl. Sehhilfe oder Hörgeräte). Unterstützung wird somit meist erst dann abgerufen, wenn es gar nicht mehr anders geht.

Dieser erste bestimmende Faktor verbietet nahezu ein Vorgehen, welches einen gelabelten Trainingsdatensatz voraussetzt. Hierbei ist nicht nur die Zeit zu berücksichtigen, die zur Erstellung des Datensatzes notwendig ist. Es ist auch fraglich, ob Lisa die Bereitschaft und Fähigkeit aufbringen kann, die für das systematische Vorgehen beim Labeln erforderlich sind.

Unter Labeln wird beim maschinellen Lernen gemeinhin das Anreichern von Daten um entsprechende Bezeichner verstanden (Klassifikation). Übertragen auf den vorliegenden Fall wären die Bezeichner (Klassen) jeweils die Namen der ausgeführten Aktivitäten (z. B. Toilettenbenutzung, Medikamenteneinnahme oder Körperpflege). Zeitlich parallel zu den aufgezeichneten Sensorrohdaten würde man jeweils die Aktivitätsbezeichnung finden. Das Ergebnis des Labelns ist der fertige Trainingsdatensatz. Beim Labeln handelt es sich um eine kognitiv anspruchsvolle Aufgabe, die durchaus als ermüdend empfunden werden kann.

Der zweite bestimmende Faktor betrifft den geringen Zeitbedarf bei der Interaktion zwischen System und Anwender. Bereits anhand der engen zeitlichen Vorgaben durch die Pflegebemessungszeiten (siehe Tabelle 3.1) lässt sich erahnen, wie wenig Zeit einem Pfleger/Betreuer beim Klienten zur Verfügung steht. Um eine hohe Akzeptanz bei den Anwendern zu erlangen, muss die Interaktionszeit mit dem System auf ein Minimum reduziert werden.

3.5.2 Kognitive Aufgabenanalyse

Die aus (Roth u. a., 2002) bekannte kognitive Aufgabenanalyse liefert ein Rahmenwerk (siehe Abbildungen 3.2, 3.3 & 3.4, die für die eigene Entwicklung relevanten Teilzweige sind jeweils mit Ausrufezeichen markiert), nach dem Entwicklungen systematisch bewertet werden können. Dieses Rahmenwerk wird im Folgenden angewandt, um die vorliegende Entwicklung systematisch zu analysieren. Eine vollständige Darstellung der Mindmap zur kognitiven Aufgabenanalyse nach Roth u. a. (2002) befindet sich im Anhang A.2.

Kognitives System

Bei der entwickelten Plattform handelt es sich zweifelsfrei um ein kognitives System, welches sich durch die Interaktion zwischen den beteiligten Menschen und den computerbasierten Agenten äußert. Die Domäne, in der gearbeitet wird, setzt sich aus folgenden Bestandteilen zusammen: den beteiligten Rollen, Arbeits- und Kommunikationsnormen, Artefakten (u. a. externe Repräsentation der Ergebnisse) und Arbeitsabläufen.

Betrachtet man die häusliche Umgebung als räumlichen Kontext für das System, so sind folgende Rollen involviert: die Klientin, der (ambulante) Betreuer/Pfleger und ein Techniker – Supervisor genannt. Abgesehen vom Letztgenannten finden sich die Rollen ebenfalls im Arbeitsablauf ohne die Plattform wieder. Die Hauptaufgabe des Technikers besteht darin, das System initial zu konfigurieren. Danach beschränkt sich sein Tätigkeitsfeld auf evtl. Wartungs- bzw. Instandsetzungsmaßnahmen.

Die Arbeitsnormen, die es zu beachten gilt, wurden in Kapitel 3.4 genannt. Bezüglich der digitalen Übertragung von Daten ist zwischen der lokalen Kommunikation innerhalb der Wohnung und der in der zweiten Stufe geplanten Übertragung der Ergebnisse an eine zentrale Stelle des Pflegedienstes zu unterscheiden.

Lokal wird auf Kommunikationsstandards zurückgegriffen. Für die entfernte Übertragung werden den Industrienormen entsprechende und dem BDSG genügende Verschlüsselungen eingesetzt. Zu den Artefakten, die ihrerseits ebenfalls Bestandteil der Arbeitsdomäne sind, zählt die externe Repräsentation der Ergebnisse. Weitere Einzelheiten bzgl. der Artefakte folgen.

3.5 Systematische Analyse

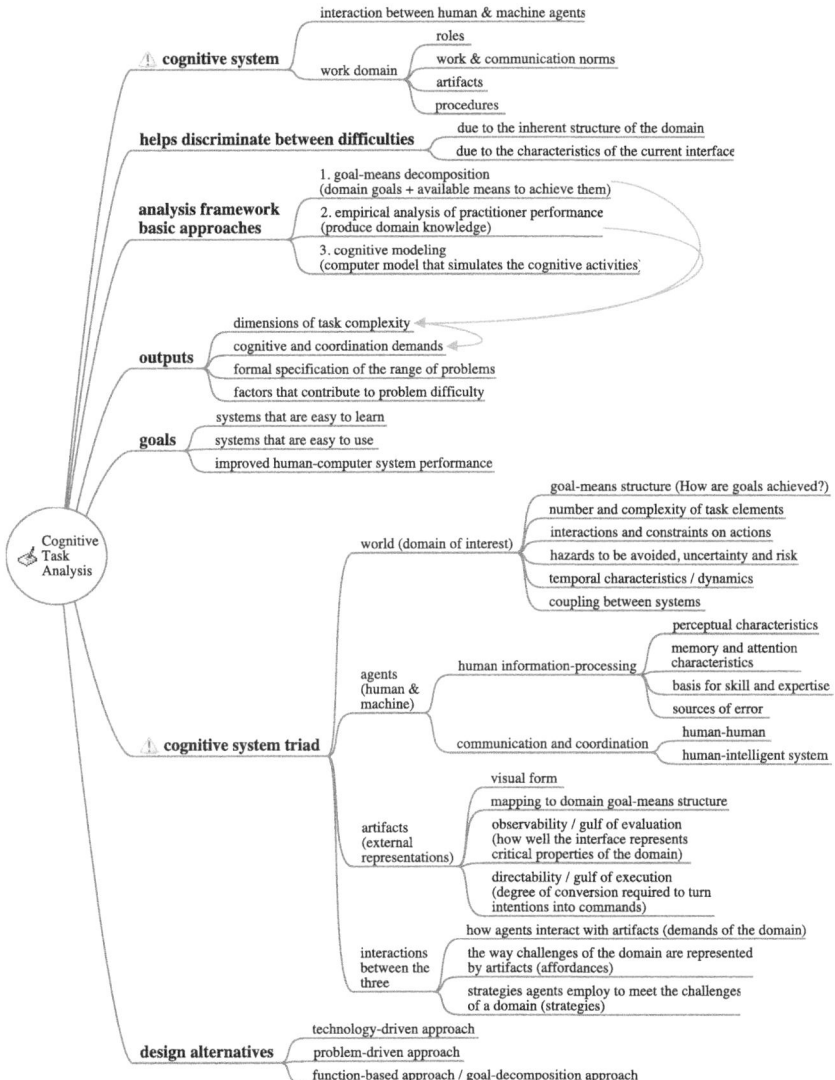

Abb. 3.2: Mindmap zur kognitiven Aufgabenanalyse (Roth u. a., 2002), rechts

Unter der Überschrift „Arbeitsabläufe" soll speziell auf jene Vorgänge fokussiert werden, die sich durch die entwickelte Plattform verändert haben bzw. durch sie entstanden sind; hierzu zählen das Ablesen des Pflegeampelzustandes (evtl. einschließlich des Metrikwerts) sowie das Einschätzen des angezeigten Tagesablaufs.

Die angewandte kognitive Aufgabenanalyse (siehe Abbildungen 3.2, 3.3 & 3.4) soll helfen, zwischen Schwierigkeiten zu unterscheiden, die einerseits aus der Komplexität der Domäne resultieren können, andererseits durch eine nicht adäquate Benutzerschnittstelle entstehen.

Die generelle Herangehensweise des Rahmenwerks zur kognitiven Aufgabenanalyse umfasst folgende drei Schritte:

1. Festlegung der Domänenziele sowie Nennung der Hilfsmittel zur Zielerreichung,

2. empirische Erhebung der Arbeitsleistung durch Fachleute (zur Erlangung von Domänenwissen) und

3. kognitive Modellbildung, sodass die auszuführenden Aktivitäten am Computer simuliert werden können.

Insbesondere durch den ersten Schritt erhält man einen Überblick über die Aufgabenkomplexität. Daraus sowie aus dem Ergebnis des zweiten Schritts leiten sich die kognitiven und koordinativen Anforderungen ab.

Weitere Ausgaben sind eine formale Spezifikation des Problembereichs sowie eine Übersicht über weitere Faktoren, die erschwerend zur Problemlösung beitragen.

Vorrangige Domänenziele sind,

- einen maßgeblichen Beitrag zur Erhöhung der Sicherheit und Lebensqualität von pflegebedürftigen Menschen sowie deren Angehörigen zu leisten und

- das Pflegepersonal bei seiner täglichen Arbeit zu unterstützen, wodurch die Pflegequalität gesteigert werden kann.

Als Hilfsmittel werden die ausschließliche Nutzung von ambienten Sensoren in der häuslichen Umgebung des Pflegebedürftigen sowie einer Daten verarbeitenden Einheit (Rechner) samt Ein- und Ausgabemöglichkeiten angestrebt. In der zweiten Ausbaustufe muss der Rechner zusätzlich über ein technisches Kommunikationsmittel (z. B. Datenfunk) verfügen.

Das Domänenwissen für den vorliegenden Anwendungsfall ergibt sich aus den rechtlichen Rahmenbedingungen aus SGB V und SGB XI, der Begutachtungsrichtlinie (BRi) und dem Expertenwissen (d. h. Erfahrung) der Pflegekräfte, wobei sich Letzteres speziell auf den einzelnen betreuten Klienten bezieht und durch die Tagesstrukturen (siehe Abschnitt 6.3.1) dokumentiert ist.

Neben der Person selbst und deren Angehörigen zählt der Betreuer definitiv zum Kreis derer, welche die Person sowie ihr Verhalten am besten einzuschätzen wissen. Bezogen auf die Ausführung der täglichen Aktivitäten (d. h. den funktionalen Bereich der Alltagskompetenz betreffend) hat das zu entwickelnde System die Erfahrung des Betreuers als Maßstab und nutzt diese gleichsam, um die Person stetig besser kennenzulernen. Obwohl der menschliche Maßstab kaum erreichbar scheint und nicht übertroffen werden kann, werden absichtliche Fehler bzw. Nachlässigkeiten durch das automatische Verfahren ausgeschlossen.

3.5 Systematische Analyse

Eine kognitive Modellbildung findet sich bei der entwickelten Plattform in beiden Modulen, der Aktivitätserkennung und der Verhaltensermittlung. Grundlage der Aktivitätserkennung sind Aufgabenmodelle, welche die Interaktion zwischen dem Menschen und seiner (sensorisch ausgestatteten) Umgebung beschreiben. Diese Aufgabenmodelle formulieren unter Zuhilfenahme von Sensorereignissen in gewisser Weise die kognitive Leistung, die erbracht werden muss, damit bestimmte Tätigkeiten des täglichen Lebens vollständig ausgeführt werden können.

Die Beschreibung kann sich – bedingt durch die Forderung nach ambienter Sensorik (siehe Kapitel 3.1) – lediglich auf die sensorisch „beobachtbaren" Interaktionen mit der Umgebung beschränken. Dabei müssen die Modelle sämtliche Variationen innerhalb der Sensorereignisse erlauben, die u. U. bei unterschiedlichen Personen auftreten.

Im Gegensatz zur manuellen A-priori-Modellbildung bei der Aktivitätserkennung handelt es sich bei der Verhaltensermittlung um eine automatische In-vivo-Modellbildung. Das personenspezifische Verhaltensmodell entwickelt sich dynamisch mit dem Verhalten der Person weiter. Der Geltungsbereich dieser Modelle beschränkt sich nicht auf einzelne Aktivitäten (d. h. ADL) – wie bei der Aktivitätserkennung –, sondern erstreckt sich auf den gesamten Tagesablauf bzw. die gesamte Tagesstruktur. Anhand eines fortgeschrittenen Verhaltensmodells ist es möglich, den typischen Tagesablauf einer bestimmten Person abzuleiten.

Bei der Entwicklung von kognitiven Systemen werden drei wesentliche Ziele verfolgt: Systeme zu schaffen,

1. deren Bedienung leicht zu erlernen ist,

2. die leicht zu bedienen sind und

3. welche die Leistungsfähigkeit der Kombination aus Mensch und System erhöhen.

Triade eines kognitiven Systems

Die Dreiergruppe eines kognitiven Systems besteht aus der Welt – d. h. der Domäne des Interesses –, den Agenten – sowohl menschlichen als auch maschinellen – und den sogenannten Artefakten.

Wenn man über die Welt des kognitiven Systems spricht, sollte man zunächst die Struktur zwischen den Zielen, die erreicht werden sollen, und den zur Verfügung stehenden Hilfsmitteln betrachten. Dadurch lässt sich feststellen, wie die Ziele erreicht werden können.

Im nächsten Schritt werden die Ziele in Teilaufgaben zerlegt (vgl. „*Divide and Conquer*"-Grundsatz der Informatik) und sowohl deren Zahl als auch deren Komplexität bestimmt. Eine vollständige Beschreibung eines Ziels liegt vor, wenn dieses nach der Ausführung aller beteiligten Teilaufgaben erreicht wird.

Die einzelnen Aktionen, die zur Zielerreichung ausgeführt werden müssen, sind aufeinander abgestimmt. Hierzu ist es notwendig, dass die beteiligten Akteure (Klient, Betreuer/Pfleger und Supervisor) interagieren. In dem Zusammenhang gilt es, die temporalen Charakteristika bzw. das dynamische Verhalten des Systems zu spezifizieren. Zudem existieren in der Regel zu jeder Aktion bestimmte Randbedingungen (*Constraints*); bspw. kann die vollständige Abarbeitung bzw. Beendigung einer Aktion die notwendige Bedingung für eine andere Aktion sein.

Zur vollständigen Beschreibung der Domäne gehört ebenfalls eine Abschätzung möglicher Risiken und Gefahren, die vom kognitiven System ausgehen bzw. aus dessen Nutzung resultieren können. In jedem physikalischen bzw. technischen System existiert Unsicherheit aufgrund von Informationslücken bzw. unvollkommenem Wissen. Rührt das unvollkommene Wissen ausschließlich von Messungenauigkeiten der Sensoren, ist es der aleatorischen Unsicherheit zuzuordnen. Unsicherheiten, die ihren Ursprung in fehlendem Wissen über die kausalen Zusammenhänge bzw. Hintergründe der betrachteten Prozesse haben (im vorliegenden Fall bspw. über das menschliche Verhalten in Bezug auf die Ausführung von ADL), bezeichnet man als epistemisch. Hierfür gilt es, in adäquater Weise Vorkehrungen zu treffen.

Beide Formen von Unsicherheit treten beim vorliegenden System auf. Verschiedene Mechanismen beim Systementwurf sollen diese Unsicherheiten abbilden und schließlich beherrschbar machen.

Bereits bei der Aktivitätserkennung herrscht Unsicherheit darüber, wie lange die Ausführung einer konkreten Aktivität durch eine bestimmte Person dauern wird: Bis zu welcher Ausführungsdauer handelt es sich noch um die vermutete Aktivität? Ab wann kann davon ausgegangen werden, dass die Ausführung endgültig abgebrochen wurde?

Das System begegnet dieser Frage mit einem adaptiven Ansatz. Ausgehend von einem Initialwert (*Default*), der seinen Ursprung in den Pflegebemessungszeiten des SGB hat, passt sich die maximale Ausführungsdauer stets den zuletzt beobachteten Ausführungszeiten (mit gewissen Sicherheitspuffern) an. Zudem wird eine spezielle Variante von Petri-Netzen (PN) verwendet, die es gestattet, an den Transitionen Zeitbereiche festzulegen (*Timed-Arc-Petri-Nets*).

Unsicherheit besteht auch innerhalb des Referenzmodells über das Normalverhalten. Hierzu wurde der Transition System Miner (TSM) (vgl. Abschnitt 2.5.3) um einen stochastischen Ansatz erweitert. An jeder Verzweigung des Verhaltensmodells wird eine zugehörige Wahrscheinlichkeit berechnet. Die Wahrscheinlichkeiten passen sich im Laufe der Zeit dynamisch an das Verhalten des Nutzers an. Das entstehende Modell gibt somit stets eine Momentaufnahme der zuletzt beobachteten Verhaltensweisen wieder und orientiert sich damit am Vorgehen eines menschlichen Beobachters.

Das errechnete Ähnlichkeitsmaß hängt demnach von beiden Formen der Unsicherheit ab. Einem Betreuer/Pfleger liegen ebenfalls nur bestimmte Informationen über den betreuten Klienten vor. Insofern unterliegt sein Urteil stets einer gewissen Unsicherheit, da ihm Dinge, die sich in seiner Abwesenheit ereignet haben, zunächst nicht bekannt sind.

Bedingt durch eine fehlerhafte Berechnung einer Verhaltensänderung könnte der Pfleger dazu verleitet werden, bzgl. des Betreuungsaufwandes falsche Schlussfolgerungen zu ziehen. Schwerwiegender als ein zu hoch eingeschätzter Betreuungsaufwand ist die Angabe eines gewöhnlichen Verhaltens, wenn in Wirklichkeit anormales Verhalten vorliegt. In diesem Fall könnte der Pfleger erforderliche Maßnahmen unterlassen. Die geschilderte Gefahr ist insofern beherrschbar, als ihm weiterhin seine eigenen Sinne zur Verfügung stehen, wenn er vor Ort beim Klienten ist, und es nicht darum geht, diesen persönlichen Kontakt durch ein technisches System zu ersetzen.

Speziell im Zeitalter der (nahezu) vollständigen Vernetzung spielt die Berücksichtigung von Systemen, die mit dem zu entwickelnden System über einen Kommunikationskanal verbunden sind, eine wichtige Rolle. Diese gehören ebenfalls zur Welt des kognitiven Systems.

Bei den Agenten werden grundsätzlich zwei Formen der Kommunikation bzw. Koordination unterschieden: die zwischen zwei Menschen sowie die zwischen einem Menschen und einem intelligenten System. Bei der ersten Kommunikationsform könnte die Mensch-zu-Mensch-

3.5 Systematische Analyse

Verbindung durch ein technisches System unterstützt sein (z. B. den Austausch von Kurznachrichten).
Das vorliegende System kennt beide Formen der Kommunikation: Mensch-zu-Mensch-Verbindungen bestehen bspw. zwischen dem Betreuer/Pfleger und dem Supervisor sowie zwischen dem Klienten und dem Betreuer/Pfleger. Die zweite Form der Kommunikation (Mensch ↔ intelligentes System) besteht zwischen dem Betreuer/Pfleger und dem entwickelten Assistenzsystem.

Die Entwicklung von kognitiven Systemen erfordert besondere Beachtung bzgl. der Art und Weise, wie Menschen Informationen verarbeiten. Die erste Besonderheit tritt bereits bei der Wahrnehmung von Informationen auf. Das menschliche Auffassungsvermögen sowie die Aufmerksamkeit sind begrenzt. Das kognitive System darf in keinem Fall beide zuvor genannten Ressourcen in dem Maße beanspruchen, dass der Nutzer vollständig von der eigentlichen Aufgabe, die durch das System erleichtert werden soll, abgelenkt wird.
Insbesondere die Schnittstelle zwischen Mensch und Maschine birgt eine große Fehlerquelle. Zunächst muss die grundsätzliche Bereitschaft zur Nutzung vorhanden sein. Die Grundlage zur erfolgreichen Bedienung eines kognitiven Systems bilden Qualifikation und fachliche Kompetenz des Bedieners. Ein häufig anzutreffender Irrglaube besteht darin, dass ein solches System die Notwendigkeit für entsprechenden Sachverstand ersetzt (Alpar, 1986).
Nur weil zukünftig Assistenzsysteme im Bereich der Pflege zum Einsatz kommen könnten, bedeutet dies nicht, dass anstelle von Fachkräften ungelernte Personen die Betreuung von pflegebedürftigen Menschen übernehmen können bzw. sollen. Wichtig ist auch, dass das Personal, welches mit dem System arbeiten soll, in Hinsicht auf die Bedienung entsprechend eingewiesen wird. Nur so lässt sich ein optimales Zusammenspiel von Mensch und Computer gewährleisten. Andernfalls kann es sogar vorkommen, dass die Leistungsfähigkeit der Kombination von Mensch und computerbasiertem System schlechter ausfällt als die des auf sich allein gestellten Menschen.

Die externe Repräsentation (Artefakte) äußert sich in der visuellen Darstellung. Diese muss eine zielgerichtete Bedienung gestatten. Hierfür ist eine nachvollziehbare Zuordnung von zu erreichenden Zielen und zur Verfügung stehenden Instrumenten essenziell.
Inwiefern das entwickelte User Interface (UI) dieses Ziel erfüllt, lässt sich an zwei grundlegenden Dimensionen erkennen: Observierbarkeit und Ausführbarkeit. Mit Observierbarkeit ist gemeint, wie gut das UI kritische Zustände (bzw. deren Eigenschaften) der Domäne repräsentiert bzw. wie schnell kritische Zustände für den Nutzer ersichtlich sind.
Hierbei sind unterschiedliche Nutzergruppen und verschiedene Modi zu unterscheiden. Beispielsweise spielt es eine Rolle, ob der Pfleger vor Ort die Systemausgabe sieht oder eine Person der Pflegeleitung in der Zentrale. Beide gehören unterschiedlichen Nutzergruppen an. Zudem kann der Pfleger vor Ort auf evtl. Verhaltensänderungen direkt reagieren, wohingegen sein administrativer Arbeitskollege die Werte eher aus Dokumentationssicht betrachtet.
Unter Ausführbarkeit wird nicht die grundsätzliche Funktionalität des Systems verstanden. Vielmehr handelt es sich dabei um die Bemessung des kognitiven Aufwands, den ein Nutzer vollbringen muss, um eine Intention in eine verarbeitbare Anweisung zu überführen: Wie schnell kann bspw. eine erforderliche Aktion mit dem UI umgesetzt werden?
Bei dem entwickelten Monitoringsystem halten sich die Aktionen mit der UI für den Pfleger vor Ort u. a. bedingt durch die knapp bemessene Zeit stark in Grenzen. Dem Pfleger wird

lediglich eine einzige boolesche Entscheidung abverlangt: Hat es sich unter Berücksichtigung der eigenen Einschätzung sowie unter Zuhilfenahme der präsentierten Informationen um einen „normalen" Tag für den Klienten gehandelt oder nicht?

Die zuvor beschriebenen drei Bestandteile können zwar isoliert betrachtet werden, durch deren Interaktion ergibt sich jedoch erst das kognitive System. Die erste Form der Interaktion betrifft die Art und Weise, wie Nutzer mit den Artefakten umgehen. Diese ergeben sich aus den Anforderungen der Domäne.

Zudem spielt es eine Rolle, wie die Herausforderungen der Domäne durch Artefakte repräsentiert werden. In dem Zusammenhang spricht man vom Angebotscharakter der Artefakte, d. h. davon, welche Eignung sie hinsichtlich der zu erfüllenden Aufgabe besitzen.

Abschließend drücken sich durch die Interaktion zwischen Nutzer und UI die Strategien aus, die der Nutzer verfolgt, um bestimmte Ziele bzw. Herausforderungen zu erreichen.

Designalternativen und bestimmende Fragen

Bei der Konzeption des Systems stehen mehrere Ansätze zur Verfügung. Insbesondere bei kommerziellen Systemen wird ein technologiegetriebener Ansatz verfolgt. Dabei legt man sich zuerst auf eine Basistechnologie (bspw. IEEE[1] 802.15.4 - ZigBee) fest. Nachfolgende Entscheidungen ergeben sich meist aus Einschränkungen, welche die Technologie der Wahl mit sich bringt.

Beim zweiten Ansatz steht das zu lösende Problem im Vordergrund. Designentscheidungen richten sich hierbei nach dem bzgl. des Problems gewählten Lösungsweg. Schließlich existiert ein weiterer Ansatz, der zum Ziel führen kann. Dabei wird das Ziel zunächst in Teilziele zerlegt. Man spricht in dem Zusammenhang auch von einem funktionsbasierten Ansatz, wobei die Teilziele und die Funktionen nicht zwangsläufig in einer 1:1-Beziehung stehen müssen.

Im vorliegenden Fall wurde der dritte Ansatz gewählt. Das Ziel wurde in die Teilziele Kontextgenerierung und Verhaltensermittlung zerlegt. Danach wurden die Teilziele weiter zergliedert, und zwar bezogen auf die Kontextgenerierung in die einzelnen ADL. Bei der Verhaltensermittlung fand eine Aufgliederung des Verhaltens (Tagesstrukturen) in einzelne Tage statt.

Fragen nach der einzusetzenden Basistechnologie standen erst am Ende der Überlegungen. Ein technologiegetriebener Ansatz kam nicht in Frage, da dieser u. U. Einschränkungen auf der Ebene der ambienten Sensoren mit sich gebracht hätte, die sich dann wiederum auf höhere Ebenen hätten auswirken können.

Dabei treiben unterschiedliche Fragen den Entwicklungsprozess:

- Welche Bandbreite von Aufgaben liegt vor, die durch den/die Anwender auszuführen sind?

- Welche Faktoren tragen maßgeblich zur Steigerung der Komplexität der Aufgaben bei?

- Welche Ziele und Bedingungen werden durch die Anwendungsdomäne vorgegeben?

- Welche Strategien verfolgen Anwender bei der Ausführung von Aufgaben bereits vor der Einführung eines kognitiven Systems?

---

[1] Institute of Electrical and Electronics Engineers (IEEE)

3.5 Systematische Analyse

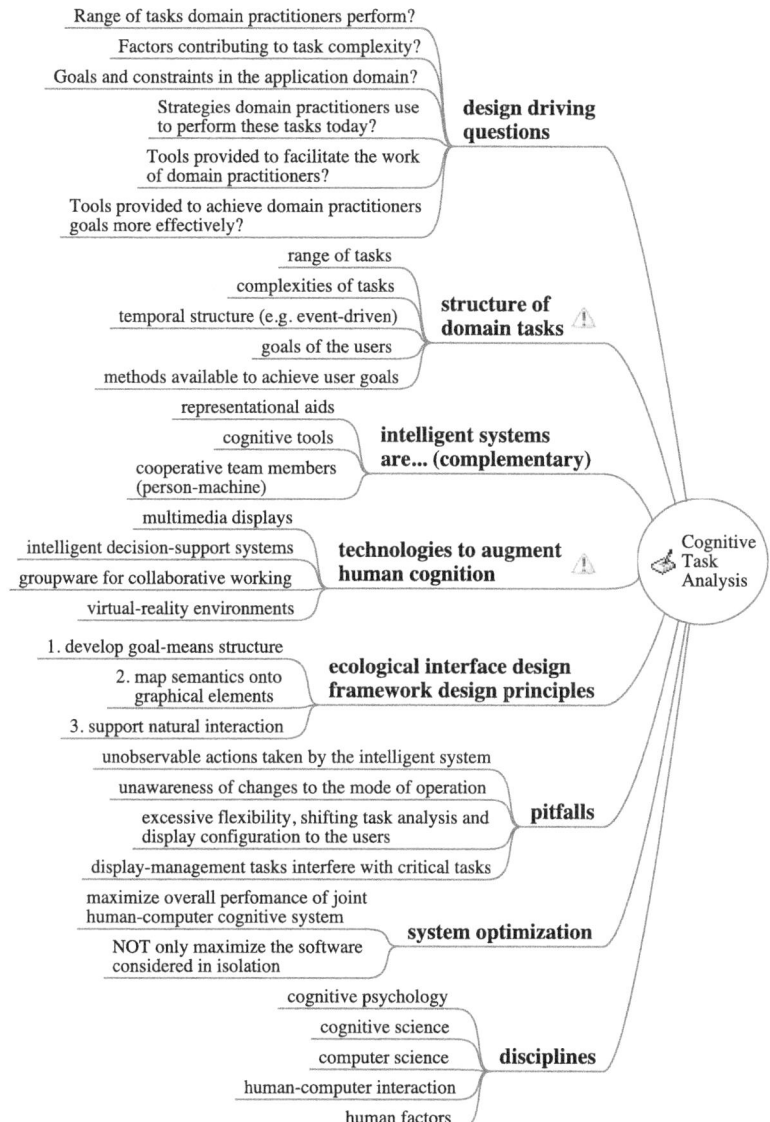

Abb. 3.3: Mindmap zur kognitiven Aufgabenanalyse (Roth u. a., 2002), links

- Welche Werkzeuge existieren, um die Arbeit der Anwender zu unterstützen?
- Mit welchen Werkzeugen könnten Anwender noch effektiver ihre Ziele erreichen?

Struktur von Domänenaufgaben

Anhand dieser Fragen können die Aufgaben der Domäne strukturiert werden. Einen groben Überblick verschafft die Bandbreite der Aufgaben. Erst durch die Betrachtung der Faktoren, die zur Komplexität beitragen, ist eine detaillierte Einschätzung des Sachverhalts möglich.

Bestimmende Faktoren der Anwendungsdomäne sowie die zu verfolgenden Ziele führen zu etablierten Strategien der Anwender bei der Erledigung der erforderlichen Aufgaben. Besondere Beachtung gilt der temporalen Struktur der Aufgaben. Diese legt bspw. fest, ob bestimmte Aufgaben parallel abgearbeitet werden können oder zwangsläufig nacheinander ausgeführt werden müssen.

Ein kognitives System kann entweder ereignis- oder zeitgesteuert ablaufen. Im ersten Fall führen Ereignisse zu entsprechenden Reaktionen. In einem rein zeitgesteuerten System werden Aktionen ausschließlich nach einer bestimmten Zeit ausgeführt. In einigen Fällen findet man Mischformen vor.

Bei dem entwickelten kognitiven System tauchen beide Formen in Kombination auf. Die Kontextgenerierung arbeitet überwiegend ereignisgesteuert. Jedes eintreffende Sensorereignis beeinflusst u. U. die PN-Repräsentation der ADL. Die Verhaltensermittlung arbeitet hingegen zeitgesteuert. Nach jeweils 24 Stunden wird die zuletzt erhobene Tagesstruktur in das Verhaltensmodell eingepflegt und entsprechende Berechnungen zur Bestimmung des Metrikwerts werden durchgeführt.

Schließlich geben die Ziele der Nutzer ebenfalls eine Strukturierung vor. Zudem lässt sich das kognitive System anhand der zur Zielerreichung zur Verfügung stehenden Methoden gliedern.

Intelligente Systeme und Technologien

Komplementäre Ausprägungen eines intelligenten Systems sind folgende: Visualisierungshilfen, kognitive Werkzeuge, die benutzt werden, um die Ziele zu erreichen, und kooperative Teammitglieder zur Unterstützung der jeweiligen Anwender. Das entwickelte System ist hierbei als kognitives Werkzeug für den Pfleger einzustufen.

Zur Entwicklung eines kognitiven Systems stehen unterschiedliche Technologien zur Auswahl, welche die menschliche Kognition erweitern können; hierzu zählen bspw. multimediale Anzeigesysteme, intelligente Entscheidungsfindungssysteme, Groupware-Systeme zum gemeinsamen (kollaborativen) Arbeiten sowie Umgebungen mit virtueller Realität. Das Assistenzsystem enthält multimediale Anzeigeelemente und kann auch als intelligentes Entscheidungsfindungssystem (Expertensystem) angesehen werden.

Das Rahmenwerk zur Erstellung eines „ökologischen Interfaces" (Vicente, 2002) unterscheidet drei Designprinzipien:

1. Entwicklung der Ziel-Hilfsmittel-Struktur,

3.5 Systematische Analyse

2. Verknüpfung von Semantik mit grafischen Elementen der UI und
3. Unterstützung der natürlichen Nutzerinteraktion.

Fallstricke und Systemoptimierung

Trotz der oben genannten koordinierten Vorgehensweise birgt die kognitive Aufgabenanalyse einige Fallen. Hierzu zählen für den Nutzer nicht wahrnehmbare Aktionen, die das System ausgeführt hat. Ebenso unerwünscht sind Wechsel der Operationsmodi, deren sich der Nutzer nicht bewusst ist.

Ein prominentes Beispiel hierfür stellt das Design des Autopiloten eines Verkehrsflugzeuges dar (Dekker, 2004). Infolgedessen ist es zu einigen Unfällen gekommen, weil der Pilot den Moduswechsel des Autopiloten nicht registriert hatte bzw. davon ausgegangen war, dass dieser deaktiviert sei.

In manchen Fällen wird die Verantwortung für die Aufgabenanalyse vom Systemdesigner auf den Nutzer übertragen. Dies macht sich insbesondere durch übermäßige bzw. unverhältnismäßige Flexibilität bei der Konfiguration der Visualisierung bemerkbar (Ramirez, 2001).

Ebenso können sich Verwaltungsaufgaben, die mit der Rekonfiguration der Benutzungsoberfläche in Verbindung stehen, mit kritischen Aufgaben überlagern bzw. einander beeinträchtigen. Bei der Entwicklung des UI, welches dem Pfleger präsentiert wird, wurde daher komplett auf die Konfiguration der Visualisierung verzichtet.

Häufig wird bei der Systemoptimierung vergessen, dass es gerade das Zusammenspiel aus Mensch und computerbasiertem System ist, welches die gesamte Leistungsfähigkeit ausmacht und die Hard- bzw. Software isoliert betrachtet. Idealerweise werden bei der kognitiven Aufgabenanalyse die folgenden Disziplinen beteiligt: die Psychologie, die Kognitionswissenschaft, die Informatik, die Mensch-Maschine-Interaktion und der Humanfaktor.

3.5.3 Anforderungen an Mensch-Computer-Systeme

Bei der Entwicklung von Mensch-Computer-Systemen gilt es, eine Reihe von Anforderungen zu beachten, damit die Kombination aus Mensch und computerbasiertem System zu einem optimalen Ergebnis führt (siehe Abbildung 3.4). Im Folgenden werden drei unterschiedliche Ansätze mit sich jeweils ergänzenden Methoden diskutiert.

Analytischer Ansatz

Der analytische Ansatz definiert zunächst präzise die Problemstellung. Hierzu zählt die Bestimmung der Bandbreite und der Komplexität der Aufgaben, welche die Domäne an den Anwender stellt. Als Nächstes folgt die Aufgliederung der Ziele und der zur Verfügung stehenden Wege, um diese zu erreichen.

Das resultierende Modell über die Problemstellung, die es in der Domäne zu lösen gilt, besteht aus drei wesentlichen Teilen:

1. einer strukturierten Übersicht über die Domänenaufgaben hinsichtlich der zu erreichenden Ziele,

2. dem Verhältnis zwischen diesen Zielen und

3. den zur Verfügung stehenden Hilfsmitteln, um diese Ziele zu erreichen.

Die Repräsentation der Ziel-Lösungsweg-Struktur beschreibt tatsächlich und potenziell vorhandene Regel- und Steuergrößen sowie Informationen. Zur korrekten Durchführung wird das Vorhandensein folgender Informationen gefordert: das Erkennen von problematischen Situationen, die in der Domäne auftreten können, das Wissen um die Überwindung solcher Situationen und benötigte Informationen, welche die Problemlösung evtl. unterstützen können. Die Aufgliederung der Ziele und der zur Verfügung stehenden Wege wird ebenfalls benötigt, um empirische Studien über das Anwenderverhalten durchzuführen. Der analytische Ansatz eignet sich vor allem in wohlgeordneten und dokumentierten Domänen (bspw. im Krankenhaus, vgl. (Mans u. a., 2008)).

Empirischer Ansatz

Beim empirischen Ansatz ist der Fokus auf die Analyse von guter und schlechter Arbeitsleistung gerichtet. Durch die aufmerksame Beobachtung von Experten bei der Durchführung ihrer Aufgaben wird die Struktur der Domäne untersucht.

Weitere Methoden der empirischen Datensammlung sind informelle Interviews, formale Verhaltensstudien und die retrospektive Analyse tatsächlicher (Geschäfts-)Vorfälle. Beispielsweise kann in einer simulierten Umgebung eine kritische Situation forciert werden, um aus der Reaktion der Experten zu lernen, wie in einem solchen Fall zu verfahren ist, siehe hierzu bspw. (Weyers u. a., 2010).

In informellen Interviews mit Pflegern hat der Autor erfragt, wie sie die Herausforderungen ihres Arbeitsalltags bewältigen. Dabei lag der Schwerpunkt besonders auf der Alltagswahrnehmung der Klienten. Die Begleitung eines ambulanten Pflegers bei seinen Tätigkeiten wäre nicht ohne Weiteres möglich gewesen, da hierzu die privaten Häuslichkeiten der Klienten betreten werden müssen.

Hintergrund dieser Vorgehensweisen ist es, das mentale Modell, welches Experten aufgrund ihrer Erfahrung bei der Problemlösung intuitiv nutzen, zu verstehen. Daraufhin kann man dieses Wissen und die Informationsverarbeitungsstrategien von Experten aus der Anwendungsdomäne genau spezifizieren – man schafft Domänenwissen. Zudem lassen sich Fehler bzw. schwache Arbeitsleistungen identifizieren. Der empirische Ansatz ist entgegen dem analytischen vor allem in weniger geordneten und evtl. schlecht dokumentierten Anwendungsbereichen (z. B. in der ambulanten Pflege, vgl. (Brunen und Herold, 2001)) vorzuziehen.

Kognitive Modellierung

Der dritte Ansatz beschreibt die kognitive Modellierung. Dabei geht es um die Verfolgung der informationsverarbeitenden Abläufe. Der Ansatz nutzt extensiv ausführbare Computersimulationen. Durch die Entwicklung der Simulation erlangt man ein gutes Verständnis über den Grad der kognitiven Komplexität.

Die Simulation ermöglicht zudem die einfache Untersuchung von Änderungen, die sich durch abgewandelte Parameter und Szenarien ergeben. Ein prominentes Beispiel für eine solche kognitive Simulation ist das „Man-machine Integration Design and Analysis System (MIDAS)" (Gore u. a., 2011) der National Aeronautics and Space Administration (NASA), welches u. a. dazu genutzt wird, die Leistungsfähigkeit von Piloten nachzustellen.

In der Anwendungsdomäne einer Notruf-Zentrale eignet sich bspw. die „Software for Agent-based Modeling (SWARM)" (Castle und Crooks, 2006), um die kooperative Arbeit zwischen den einzelnen beteiligten menschlichen Agenten zu modellieren bzw. simulieren.

In speziellen Domänen kann ein erhöhter Geräuschpegel dazu führen, dass sich die einzelnen Agenten gegenseitig überhören. Dies ist z. B. bei Feuerwehrleuten oder medizinischem Personal im Einsatz ein Problem.

Per Simulation kann bestimmt werden, wie hoch das individuelle Bewusstseinsniveau (*Awareness*) zu jedem Zeitpunkt ist. Sinkt das Bewusstseinsniveau bspw. unter eine bestimmte Schwelle, können evtl. lebenswichtige Aufgaben übersehen werden. Die Simulation stellt somit einen ergänzenden Ansatz zur kognitiven Aufgabenanalyse dar. Mit ihr kann die kognitive Aufgabenanalyse validiert und erweitert werden.

Bei der Erstellung der Aufgabenmodelle, welche die ADL widerspiegeln, nutzt der Systementwickler das Mittel der Simulation. Änderungen, die sich bspw. durch die Verwendung von anderen Sensortypen ergeben, können im Vorweg erprobt werden, ohne sie vorher installieren zu müssen. Ebenso können Aufgabenmodelle an individuelle Bedürfnisse von körperlich eingeschränkten Personen angepasst werden.

Das vorliegend entwickelte System nutzt demnach eine Kombination der letzten beiden Ansätze. Der erste Ansatz ist in der vorliegenden – im Vergleich bspw. zum Krankenhaus nicht sehr geordneten – Domäne nicht so gut geeignet.

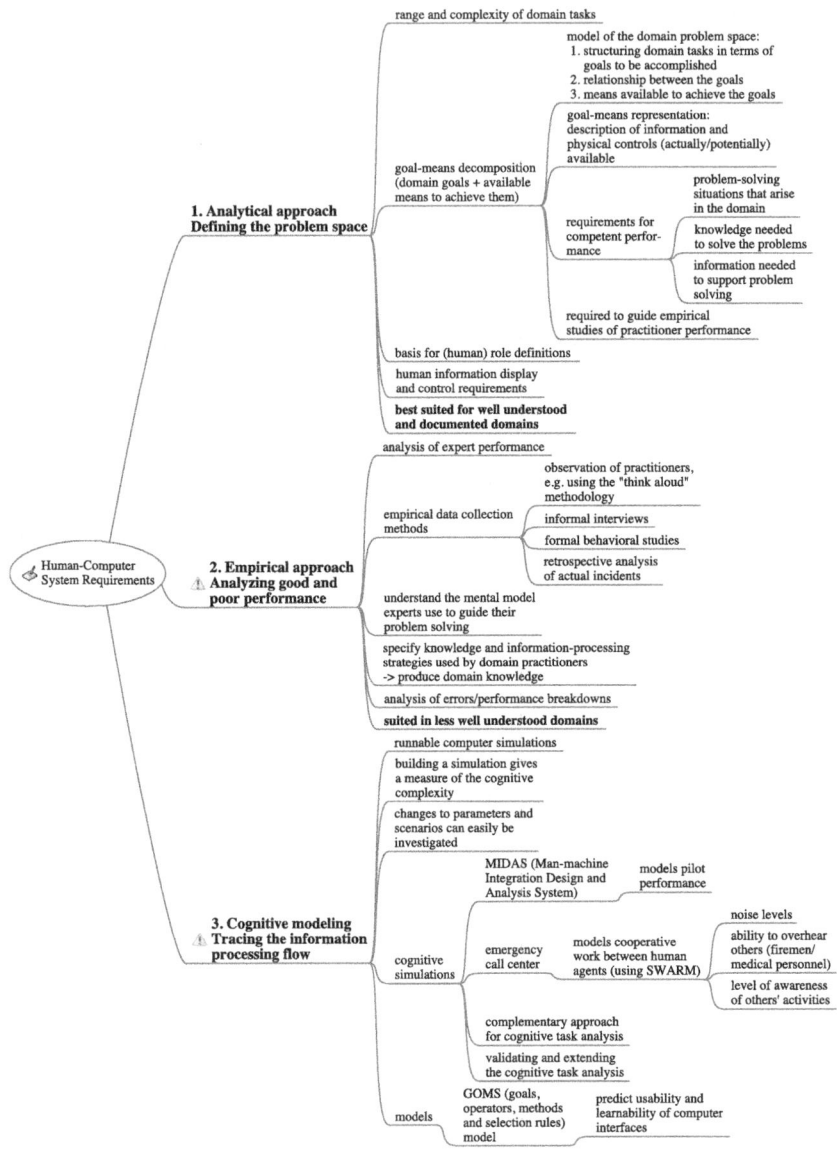

Abb. 3.4: Mindmap über Anforderungen an Mensch-Computer-Systeme (Roth u. a., 2002)

4 Entwurf des Gesamtsystems

In diesem Kapitel wird das grundlegende Konzept des entwickelten Systems erläutert. Zunächst werden hierzu die beteiligten Rollen definiert. Es folgt eine Beschreibung der gesamten Plattform in ihren Einzelteilen. Dazu gehört die Auswahl der geeigneten Sensoren. Dieser Aspekt umfasst z. B. die Fragen, ob binäre oder analoge Sensoren besser geeignet sind, welche Zahl von Sensoren benötigt wird und wie die Privatsphäre der Klienten am besten geschützt werden kann.

Anschließend werden geeignete Methoden vorgestellt. Dies betrifft sowohl die gewählten Verfahren für die Kontextgenerierung als auch die zur Verhaltensermittlung. Anhand von formalen Beschreibungen der Activities of Daily Living (ADL) (siehe Abschnitt 2.3.5) wird der Kontextgenerierung ermöglicht, verschiedene Aktivitäten durch die bei der Ausführung erzeugten Muster innerhalb der Sensorereignisse zu kategorisieren. Bei der Verhaltensermittlung kommt ein lernendes Verfahren zum Einsatz.

Die Darstellung des Konzepts wäre nicht vollständig ohne eine Aufteilung des Systems auf die beteiligten Module; hierzu zählen der Editor, die Middleware[1], die Kontextgenerierung und die Verhaltensermittlung. Abschließend wird der Aspekt der Reproduzierbarkeit diskutiert.

Das Kapitel endet mit einer Übersicht über vorhandene Maßstäbe zur Quantifizierung von Verhaltensänderungen sowie der Vorstellung des eigenen Ansatzes.

4.1 Ansätze zur Systemevaluation

Beteiligte Rollen sind folgende:

- in ihrer eigenen Häuslichkeit alleinlebende Person (Klient/Lisa),

- Betreuer von Lisa (Betreuer/Pfleger) und

- Pfleger mit technischem Sachverstand, der das entwickelte System für eine bestimmte Person einrichten kann (Supervisor).

Das System arbeitet aus Sicht des Klienten passiv, d.h., es sind keinerlei Benutzereingaben durch die alleinlebende Person erforderlich. Personen aus Lisas Generation – zwischen 1930 und 1940 geboren – sind es nicht gewohnt, in dem Maße mit aktueller Technik zu interagieren, wie es die Generation von deren Kindern und Enkelkindern gewohnt ist.

Die Beobachtung über 24 Stunden hinweg (Kontextgenerierung) findet vollautomatisch statt. Auch hinsichtlich des Pflegers bedarf es hierzu keiner Aktion.

Zur Bewertung von Verhaltensänderungen (Verhaltensermittlung) verlässt sich das System auf das Expertenwissen des Pflegers. Der Betreuer nimmt hierbei eine aktive Rolle ein. Die Aufgaben des Supervisors sind zeitlich eng begrenzt und aktiv. Im Wesentlichen betrifft dies

---
1 Verteilungsplattform, die zwischen der Hardware (Sensoren) und der Software (Kontextgenerierung bzw. Verhaltensermittlung) vermittelt, sodass die Komplexität des Systems sowie dessen Infrastruktur verborgen bleibt

die Installation und Einrichtung des Systems vor Ort. Nach der Installation ist der Supervisor nur noch für evtl. anfallende Reparatur- und Wartungsarbeiten an der technischen Ausstattung zuständig.

4.2 Grundlagen des Gesamtkonzepts

Das in den folgenden Abschnitten präsentierte Vorhaben lässt sich in das in den vergangenen zwei Jahrzehnten entwickelte Konzept eines „Health Smart Homes (HSH)" (Fouquet u. a., 2010) einordnen. Ein HSH charakterisiert sich durch die Einbringung von Technik, die sich der Gesundheit des Bewohners widmet, in dessen eigene Häuslichkeit.

Ein HSH muss u. a. in der Lage sein, Daten, die durch ambiente Sensoren erhoben werden, zu fusionieren und zu analysieren. Es muss ein Abgleich zwischen dem bereits bestehenden Benutzerprofil erfolgen und dieses muss ggf. aktualisiert werden. Im Bedarfsfall, d. h., wenn auffällige Abweichungen erkannt werden, muss das HSH imstande sein, auf diesen Zustand hinzuweisen. Diese Eigenschaften treffen gleichermaßen auf das eigene Konzept zu.

4.2.1 Auswahl von geeigneten Sensoren

Sämtliche Arbeiten zu dem Themenkomplex „Erhebung von ADL mittels ambienter Sensorik" bestätigen gleichermaßen, dass die Wahl der Sensoren die anwendbaren Verfahren beeinflusst, bzw. umgekehrt, dass bestimmte Methoden die Bevorzugung spezieller Sensorik nahelegen (Fleury u. a., 2008; Rammal und Trouilhet, 2008). Sensoren und Methodik stehen demnach unmittelbar in Wechselwirkung zueinander.

Der eingeschlagene Lösungsweg beruht auf der verlässlichen Detektion von Objektmanipulation – primär unter der Verwendung von binären Sensoren, wie sie bspw. bei Alarmanlagen verwendet werden. Im Gegensatz zu anderen Ansätzen, die auf Audioaufzeichnungen (Negishi und Kawaguchi, 2007; Poupyrev u. a., 2007) oder Videoaufzeichnungen (Chan u. a., 2008) beruhen, bietet der Einsatz von binären Sensoren ein größtmögliches Maß an Diskretion und entspricht bzgl. der Sensorik z. B. der Arbeit von Wilson, vgl. (Wilson, 2005, S. 81).

Die Detektion von Objektmanipulationen bietet einen robusten Ansatz, um auf die jeweils von Lisa ausgeführten Aktivitäten zu schließen. Der größte Nachteil, der sich daraus ergibt, besteht in dem hohen Installationsaufwand, der von vielen binären Sensoren an unterschiedlichen Orten innerhalb der Häuslichkeit hervorgerufen wird.

Dass eine verlässliche sensorische Erhebung ihren Preis hat, bekräftigen (Fouquet u. a., 2010) mit folgender Aussage: "Concerning health, no rough estimate is bearable but minimizing uncertainty has a cost." Frei übersetzt sagen sie aus, dass die Gesundheit betreffend eine grobe Abschätzung nicht tragbar ist, vielmehr besitzt die Reduktion von Unsicherheit ihren Preis.

Betrachtet man die Erhebung durch binäre Sensoren hinsichtlich des Kontext-Quadrupels (Zeit, Identität, Ort und Aktivität), so stellt sicherlich die zeitliche Komponente den größten Eingriff in die Privatsphäre dar. Ausgerechnet dieser Bestandteil ermöglicht erst die Berechnung von potenziell abweichendem Verhalten.

Bei der in Kapitel 1.2 getroffenen Annahme einer alleinlebenden Person (Lisa) ist es nicht weiter verwunderlich, wenn es die Bewohnerin selbst ist, die eine Aktion in ihrer Häuslichkeit

4.2 Grundlagen des Gesamtkonzepts

ausführt und somit ein entsprechendes Sensorereignis auslöst. Insofern birgt die Identität nur selten Überraschungen.

Dadurch bedingt, dass die Sensoren an praktisch immobilen Einrichtungsgegenständen des Haushalts befestigt werden und Lisa sich, um sie nutzen zu können, in deren Nähe aufhalten muss, überrascht auch die gelieferte Ortsinformation nicht. Ebenso verhält es sich mit den Indizien, die von der Nutzung der Gegenstände ausgehen und letztlich auf die ausgeführte Aktivität schließen lassen.

Einzig der Zeitpunkt (in Verbindung mit der Häufigkeit des Ereignisses zu diesem Zeitpunkt), zu dem eine Aktion ausgeführt wird, kann u. U. überraschende Informationen zutage befördern, die zur Verhaltensermittlung herangezogen werden.

An dieser Stelle sei darauf hingewiesen, dass das Öffnen bzw. Schließen der Kühlschranktür für sich genommen nur begrenzt Aussagekraft bzgl. der ausgeführten Aktivität hat. Man öffnet den Kühlschrank, um diesem etwa feste oder flüssige Nahrung zu entnehmen. Damit es etwas zu entnehmen gibt, muss zuvor eine Befüllung dessen erfolgt sein. Hieran kann man erkennen, dass der direkte Zusammenhang zwischen einer geöffneten Kühlschranktür und der Nahrungsaufnahme ein Trugschluss sein kann.

Wie man dem in Abschnitt 5.2.3 präsentierten Aktivitätsmodell „Essen" entnehmen kann, werden weitere Indikatoren durch die Aktivitätsbeschreibung gefordert, bevor man auf eine Nahrungsaufnahme schließt. Diese umfassen u. a. das Aufnehmen von Besteck bzw. Trinkgefäßen.

Selbst wenn sich der Bewohner entschließt, seine Gewohnheiten oder seine Umgebung komplett umzugestalten (z. B. durch das Verrücken der Einrichtungsgegenstände), so bleiben die zur Ausführung von ADL benötigten Objekte (z. B. der Kühlschrank oder die Toilette) über die Zeit unverändert. Andere Sensorarten verlassen sich stark auf die Unveränderlichkeit der Umgebung, z. B. (Patel u. a., 2006). Im Gegensatz dazu ist der eigene Ansatz verhältnismäßig unabhängig von der Umgebung.

Die Manipulation eines konkreten Objektes (z. B. Wasserhahn) legt bereits bestimmte ADL nahe, mit einhergehender Abnahme der Wahrscheinlichkeit, dass es sich um andere ADL handelt. Die Detektion der Objektnutzung stellt somit einen höheren Informationsgehalt dar, als dies durch Präsenz- bzw. Bewegungsmelder oder Kontaktschalter der Fall ist.

Die genaue Platzierung eines jeden Sensors ist maßgeblich für die durch ihn gelieferte Informationsgüte verantwortlich. Erste Einschränkungen bei der Wahl eines geeigneten Sensors können somit bereits vom intendierten Einsatzort stammen.

Ein Kontaktschalter bspw. an der Tür zum Wohnzimmer ist wenig aussagekräftig, wenn diese nicht regelmäßig bzw. situationsabhängig betätigt wird. Der gleiche Kontaktschalter an der Kühlschranktür liefert hingegen einen deutlich höheren Mehrwert. Die Kühlschranktür sollte (für eine gesunde Ernährung) regelmäßig betätigt werden. Die Situation, in der die Kühlschranktür geöffnet bzw. geschlossen wird, geht in der Regel mit der Entnahme bzw. Aufstockung von Objekten einher, die Kühlung benötigen. Bei diesen Objekten handelt es sich größtenteils um Lebensmittel.

Insbesondere für Aktivitäten, bei denen Elektrogeräte (elektrische Verbraucher) zum Einsatz kommen (z. B. beim Kochen die Herdplatte, bei der Haushaltsführung der Staubsauger und beim Fernsehen das TV-Gerät) eignet sich die Messung des aktuellen Stromverbrauchs hervorragend, um auf die jeweilige ADL zu schließen. Sensordaten über die jeweilige Helligkeit, Temperatur oder Feuchtigkeit liefern hingegen nur bedingt auswertbare Informationen hinsichtlich der aus-

geführten ADL, da Lisa diese Größen nur indirekt direkt beeinflussen kann (ein Gegenbeispiel stellt die ADL „Körperpflege" [siehe Abschnitt 5.2.3] dar).
In (Aztiria u. a., 2009) wird eine Kategorisierung von Sensoren anhand der Informationen, die sie liefern, vorgenommen. Folgende drei Sensortypen werden identifiziert: Sensoren, die sich an bzw. in Objekten befinden (Typ O), Kontextsensoren (Typ C) und Bewegungssensoren (Typ M).
In Tabelle 4.1 werden der jeweilige Sensortyp und die von ihm gelieferten Informationen gegenübergestellt. Zudem werden beispielhaft Installationsorte und konkrete Sensorausprägungen angegeben. Hinsichtlich des entwickelten Systems sind Sensoren der Typen O und M gute Informationsquellen. Sensoren nach dem C-Typ (Kontextsensoren) sind im vorliegenden Fall aufgrund ihrer begrenzten Aussagekraft bzgl. ausgeführter ADL nur bedingt nutzbar.

Tabelle 4.1: Kategorisierung von drei Sensortypen (Quelle: eigene Darstellung)

Typ	Informationsart	Installationsort	Sensoren
O	direkte Informationen über Aktionen, die der Klient ausgeführt hat	Möbel, Haushaltsgeräte, Kleingeräte etc.	Kontaktschalter, Stromverbrauch etc.
C	Umgebungsinformationen ohne direkten Bezug zu ausgeführten Aktionen	Wohnzimmer, Badezimmer, Küche etc.	Temperatur-/ Feuchtefühler, Lichtsensor, Rauchmelder etc.
M	Lokalisierung des Klienten	Schlafzimmer, Außenbereich etc.	Bewegungsmelder, Lichtschranken etc.

Bei der Auswahl geeigneter Sensoren sollte ebenfalls über die „Zumutbarkeit" ebendieser nachgedacht werden. Was Präsenz- bzw. Bewegungsmelder und Kontaktschalter anbelangt, so werden diese allgemein als Bestandteile einer Einbruchmeldeanlage akzeptiert.

Sensoren, die der Detektion von Objektnutzung dienen, begegnen uns häufiger in öffentlichen Einrichtungen und Gebäuden als im privaten Wohnungsumfeld. Beispiele hierfür sind Wasserhähne, die nur bei vorgehaltener Hand aktiv werden, oder Papierhandtuchspender, die ebenfalls auf eine Handbewegung reagieren.

Temperatur- und Feuchtigkeitswerte erfassen wir meist sogar freiwillig im Rahmen einer privat genutzten Wetterstation, um unser persönliches Wohlfühlklima zu messen bzw. einzustellen.

Häufig werden bei Bewegungsmeldern gleichzeitig Helligkeitssensoren integriert. Diese erlauben zumindest den Zusammenschluss von zwei Parametern, die einfache logische Verknüpfungen ermöglichen: Gesetzt den Fall, dass ein bestimmter Helligkeitsschwellwert unterschritten ist und sich eine „Person" (je nach Sensortyp genügt ein bewegtes Objekt mit entsprechender Wärmeabstrahlung) in den Empfangsbereich des Sensors begibt, dann schaltet sich das Licht ein.

In Zeiten steigender Energiekosten sind auch Stromzähler in Form von Zwischensteckern keine Seltenheit mehr. Diese helfen uns, „heimliche Verbraucher" aufzuspüren.

Die Frage der Zumutbarkeit der eingesetzten Sensorik stellt sich insofern nicht von Neuem, als wir ohnehin schon nahezu täglich mit den meisten Sensortypen konfrontiert sind. Dabei ist die Überwachung auf öffentlichen Plätzen oder in öffentlichen Verkehrsmitteln sogar oft noch weitreichender, weil dort Video- und/oder Audioaufzeichnungen angefertigt werden.

4.2.2 Auswahl von geeigneten Methoden

Gewähltes Verfahren zur Kontextgenerierung

Die zur Entwicklung eines unterstützenden Systems in Frage kommenden Verfahren richten sich stark nach der verwendeten Sensorik. Unter ausschließlicher Verwendung von binären Sensoren sind klassische Methoden der Sensordatenfusion (Hall, 1992) nicht anwendbar. Diese beruhen größtenteils auf analogen Signalen (wie das Kalman-Filter) bzw. der Fusion von digitalen und analogen Signalen.

Um der aufgestellten Forderung nach sofortiger Einsatzbereitschaft des Systems bzgl. der Kontextgenerierung nach der Installation nachkommen zu können, wird ein Top-down-Ansatz gewählt. In Anbetracht bestehender Arbeiten (siehe Kapitel 1.4) im Themenfeld Aktivitätserkennung existieren vor allem Ansätze, die einer Einlernphase bedürfen. Solche Systeme erfüllen die Anforderung nach sofortiger Einsatzbereitschaft nicht.

In Ausnahmefällen werden die Systeme a priori mit zusätzlichem Wissen (*Common Sense*) angereichert. Dies hat in der Regel allerdings nicht den Grund, eine schnellere Einsatzbereitschaft zu gewähren, sondern, wie Helaoui u. a. (2011) gezeigt haben, die Genauigkeit bei der Erkennung zu steigern.

Die Anreicherung der Kontextgenerierung um Wissen, welches Zeitverhalten bzgl. der temporalen Anordnung der Kontextinformationen enthält – siehe hierzu das Hintergrundwissen in Tabelle III in (Helaoui u. a., 2011) –, ist beim vorliegenden Konzept kontraproduktiv: Hinsichtlich des Ziels, Verhaltensänderungen der Person erkennen und darauf aufmerksam machen zu können, wirken Vorgaben zum Zeitverhalten, um die Erkennungsrate zu steigern, wie ein Filter, welcher ungewöhnliches persönliches Verhalten ausblendet. Genau auf dieses Momentum ist das nachfolgend beschriebene Konzept der Verhaltensermittlung jedoch angewiesen.

Hierzu folgt ein ausführliches Beispiel: Helaoui u. a. (2011) legen drei Regeln dafür fest, dass das Tischdecken vor dem Frühstücken und das Tischabräumen nach dem Frühstücken erfolgen. Grundsätzlich ist dieses Allgemeinwissen korrekt und anwendbar.

Bei einer (hoch)betagten Zielgruppe kann es jedoch durchaus zu Unregelmäßigkeiten bzgl. der Reihenfolge kommen. Werden während der Lernphase die Gewichte an den Kanten unter Zuhilfenahme der in (Helaoui u. a., 2011) beschriebenen Regeln abgeleitet, ist das System später nicht (bzw. schlechter) in der Lage, anormales Verhalten zu detektieren.

Angenommen, Lisa würde – wie jeden Tag – abends vor dem Zubettgehen den Frühstückstisch decken. Am nächsten Morgen würde sie – nach einigen anderen Aktivitäten (z. B. aus der Kategorie der morgendlichen Hygiene) – mit dem Frühstücken beginnen. Beim Frühstücken fällt ihr allerdings auf, dass sie am Abend zuvor nachlässig war. Es fehlen einige zum Frühstücken relevante Utensilien auf dem Tisch. Daraufhin geht Lisa in die Küche, um die benötigten Gegenstände zu holen.

Laut Regel 3 aus (Helaoui u. a., 2011) würde, wenn es sich bei der aktuellen Aktivität um das Frühstücken handelt, ein Tischdecken „unterdrückt" werden. Gerade ein solcher Impuls, der etwa das Vergessen einer bestimmten Handlung wiedergibt, ist für die Verhaltensermittlung bzw. bei der Erkennung von Abweichungen jedoch entscheidend.

In (Wang, 2005) wird zum Ausdruck gebracht, dass, sofern ein zuverlässiges analytisches und geschlossenes Modell existiert bzw. abgeleitet werden kann, kein Grund besteht, auf lernende Algorithmen (wie Support Vector Machine (SVM)) zu setzen. Die Komplexität und der daraus resultierende Rechenaufwand werden gering gehalten, wodurch nicht zuletzt die Kosten zur Realisierung eines solchen Systems gesenkt werden können.

Die Tatsache, die eine universelle Aktivitätsdefinition für jede ADL realisierbar erscheinen lässt, ist einerseits in der Einfachheit der Tätigkeiten begründet, auf der anderen Seite in der Art und Zahl der beteiligten Sensoren. Zweifellos ist die Ausführung von ADL generell personenspezifisch, jedoch beruht das Zutreffen dieser Aussage auf der menschlichen Wahrnehmung der Handlungen mit allen Sinnen.

Wird die Ausführung von Tätigkeiten an wenigen Indizien festgemacht – wie dies im Falle einer automatischen Beobachtung mit binären Sensoren der Fall ist –, so reduzieren sich die Variationsmöglichkeiten rapide. Dennoch müssen an geeigneter Stelle entsprechende Freiheitsgrade bei der Ausübung der Tätigkeiten vorgesehen werden.

Zur Untermauerung dieser Einschätzung wird nachfolgendes Beispiel angeführt: Es gilt, die ADL „Toilettengang" sensorisch zu erfassen. Aus dem Interview vom 13.05.2011 mit dem Pflegedienst ist hervorgegangen, dass bzgl. der Einschätzung der Alltagskompetenz die selbstständige Ausführung dieser durchaus intimen Tätigkeit an erster Stelle steht.

Kein Mensch würde sich freiwillig bei der Verrichtung der Notdurft helfen lassen, wenn dies in irgendeiner Weise vermeidbar wäre. Insofern lässt sich aus dem Ausbleiben bzw. einer untypischen Ausführung dieser Handlung eine Beeinträchtigung auf der funktionalen ADL-Ebene (Lawton, 1990) folgern. Gleichzeitig erfüllt diese ADL das Kriterium der Einfachheit. Bereits in jungen Jahren (in der Regel vor dem 3. Lebensjahr) erlernt man den bewussten Gang zur Toilette.

Reduziert man die Betrachtung des „Toilettengangs" auf drei binäre Sensorwerte: Anwesenheit auf der Toilette (Präsenzmelder), Betätigung der Toilettenspülung (Drucktaster) und Entnahme von Toilettenpapier (Lichtschranke), so lässt sich erkennen, dass nur begrenzt viele Variationsmöglichkeiten bei der Ausführung bestehen. Einfache Tätigkeiten und eine limitierte Zahl von Eingangsgrößen vorausgesetzt, lassen demzufolge eine universelle Aktivitätsdefinition für jede relevante ADL realisierbar erscheinen.

Als Nächstes wird die benötigte Sensorik betrachtet. Unter Zuhilfenahme der zuvor formalisierten Assistenzfunktion $f_{assist}(p, x, a, t)$ (siehe Kapitel 2.4) kann bestimmt werden, welche Art der Sensorik erforderlich sein wird. Bedingt durch die Annahme, dass Lisa allein lebt und sich wohnungsfremde Personen an der Eingangstür elektronisch „ausweisen", ist für den Toilettengang selbst keine Detektion der Person p erforderlich.

Anders verhält es sich bzgl. des Aufenthaltsortes im Raum x. Eine hygienisch einwandfreie Ausführung der betrachteten ADL erfordert zwingend die Anwesenheit auf einem WC. Hier wird deutlich, dass, sofern Lisas Wohnung über mehr als ein WC verfügt, alle Einrichtungen identisch auszustatten sind.

Nach der *Closed-World-Assumption* (siehe z.B. (Reiter, 1978)) wird davon ausgegangen, dass es sich bei allen anderen Formen der Notdurft nicht um den modellierten und bevorzugten Ablauf handelt. Nur durch diese Komplettierung der Wissensbasis ist eine korrekte Ausführung von einer inkorrekten zu unterscheiden. Wie diese Anwesenheit im Einzelnen realisiert wird, spielt aus semantischer Sicht keine Rolle. Im vorliegenden Fall wären mechanische Verfahren (Druckmessung) bzw. optische Verfahren (Distanzmessung) denkbar.

Als Nächstes werden die zu beobachtenden Teilaktivitäten a beleuchtet. Ohne Zweifel hätte man die größte Gewissheit über die tatsächlich ausgeführte Notdurft, wenn man die Exkremen-

4.2 Grundlagen des Gesamtkonzepts

te nachweisen würde. Sensorisch stellt dies allerdings nicht nur hygienisch ein beträchtliches Problem dar. Ebenso wäre eine nachträgliche Installation eines solchen Sensors nur schwerlich zu realisieren.

Hier tritt der indirekte Beweis an die Stelle eines direkten. Unmittelbar nach der Verrichtung der Notdurft treten typischerweise (und wenn nichts vergessen wurde) zwei Folgeaktivitäten in beliebiger Reihenfolge auf: Entnahme von Toilettenpapier und Betätigung der WC-Spülung. Diese zwei Indizien zu beobachten, kommt einem impliziten Nachweis gleich. Hier sollte sich die Art der genutzten Sensoren nach den örtlichen Gegebenheiten richten. Dies betrifft sowohl die Spültaste als auch den Toilettenpapierspender bzw. -halter.

An dieser Stelle soll auf die Vorteile des impliziten Nachweises eingegangen werden: Gegenüber der Detektion der Exkremente erlaubt die Folgerung aus den „Begleiterscheinungen" eine Absicherung ihrer Ausführung. Im Falle ihres Ausbleibens läge u. U. zwar auch eine Ausscheidung vor, jedoch entspräche diese nicht der Ausführung der vollständigen ADL-Definition. Diese sollte im pflegerischen Sinne vollständig sein, d. h. alle hygienisch relevanten Bestandteile aufweisen.

Zuletzt wird der Zeitfaktor t berücksichtigt. Bezüglich des Zeitpunktes sind Einschränkungen weder erforderlich noch sinnvoll. Eine Ausführungsinstanz muss morgens wie abends detektiert werden können. Eine im Aktivitätsmodell veranschlagte Mindestausführungsdauer erlaubt jedoch eine Abgrenzung gegenüber Fehlinterpretationen. Eine solche läge vor, wenn zwar alle von der ADL-Definition geforderten Handlungsschritte in der spezifizierten Reihenfolge aufträten, es jedoch anhand der kurzen Ausführungsdauer mehr als unwahrscheinlich erschiene, dass die zu detektierende Handlung (in diesem Fall die Ausscheidung) tatsächlich stattgefunden hätte.

Es ist gleichermaßen sinnvoll, eine maximale Ausführungszeit definieren zu können. Dauert die Ausführung einer Aktivität länger als für die Person üblich, so ist davon auszugehen, dass es zu Schwierigkeiten gekommen ist. Treten nach dem initialen Sensorereignis überhaupt keine der ADL zugehörigen Handlungsschritte auf, liegt der Verdacht nahe, dass deren Ausführung abgebrochen wurde.

Grundsätzlich sind Fehlinterpretationen bei dieser Beispielaktivität vorstellbar, wenn etwa die beteiligten Sensoren unbeabsichtigt ausgelöst würden (z. B. bei der Reinigung des WC mit nachträglicher Toilettenpapierentnahme). Man kann hierbei argumentieren, dass eine andere – nicht spezifizierte – Aktivität als Toilettengang interpretiert wurde (Fehler 2. Art bzw. *False Negative*). Formal entspricht dies natürlich den Tatsachen.

Betrachtet man den Worst Case, der im Zuge der Weiterverarbeitung dieser bzgl. der ausgeführten Aktivität fehlerhaften Kontextinformation entstehen kann, stellt sich heraus, dass das Risiko einer solchen Fehlinterpretation überschaubar bleibt. Zusätzlich zu den eigentlichen Toilettengängen werden die Reinigungszyklen der Toilette in die Tagesstruktur und somit in das personenindividuelle Verhalten einbezogen.

Auf der anderen Seite ist auch einer Argumentation, welche die an den eigentlichen Toilettengang anschließende Reinigung des WC (zumindest im Bedarfsfall) als dessen Bestandteil ansieht, zu folgen. Insofern ließe sich diese Form der Fehlinterpretation nicht einmal durch einen zusätzlichen Sensor an der Toilettenbürste ausschließen.

Aus pflegerischer Sicht scheinen lediglich nächtliche Toilettengänge, die zeitlich zwischen dem Zubettgehen und dem Aufstehen liegen, von Interesse zu sein. Ebendiese Toilettengänge werden zumindest nach ihrer Auftrittshäufigkeit in den Tagesstrukturen von den Pflegekräften protokolliert (siehe Tabellen D.1 bis D.5). Es ist ohnehin nicht die Regel, dass die Toilette des Nachts routinemäßig gründlich gereinigt wird, sodass eine Verfälschung der Kontextinformation zwar weiterhin nicht auszuschließen, allerdings auch nicht unbedingt zu befürchten ist.

An dieser Stelle kann die Frage nach dem Umgang mit einer mutwilligen Überlistung des Systems auftreten. Angenommen, Lisa ist in der Lage, alle zur Erfüllung einer Aktivitätsdefinition nötigen Teilschritte korrekt auszuführen. Dann wäre es ihr möglich, dem System zu suggerieren, dass ihre Tagesstruktur ihrem Normalverhalten entspricht. So scheint es, als wäre die durch das System gebotene Assistenz (noch) nicht vonnöten.

Für den beschriebenen Fall wurde ein Demonstrator (siehe Kapitel 6.2) entworfen und realisiert. Die detaillierten Ergebnisse der damit ausgeführten Evaluation finden sich in Kapitel 6.2. Trotz des Einsatzes eines prototypischen Sensors wurde beim Toilettengang eine Erkennungsrate von 90% erzielt. Es ist somit davon auszugehen, dass eine nahezu fehlerfreie Detektion realisierbar ist.

Die hauptsächliche Schwierigkeit beim gewählten Top-down-Ansatz besteht darin, eine Balance zwischen Generalisierung und Spezialisierung zu finden. Sind Modelle zu generell, läuft man Gefahr, dass die Aktivitätsdefinitionen nicht ausschließlich dazu beitragen, die beabsichtigte ADL zu erkennen, sodass auch bei anderen Handlungen Kontextinformationen generiert werden. Sind sie hingegen zu speziell, lassen sie sich nicht bei der Mehrheit der Personen aus der Zielgruppe anwenden.

Zu generell sind Modelle vor allem dann, wenn aufgrund weniger Sensorereignisse nicht zweifelsfrei auf eine bestimmte ADL geschlossen werden kann. Ähnlich einem Beweisverfahren, welches sich auf Indizien stützt, ist ein einziges Indiz, welches ebenso für andere Schlüsse sprechen kann, als nicht ausreichend einzuschätzen.

Verwenden mehrere ADL einen gemeinsamen Satz an Sensoren zu ihrer Detektion, so müssen sie sich zumindest in ihrer Ausführungsreihenfolge oder -dauer unterscheiden. Ansonsten fällt auch dieser Umstand in die Kategorie der zu generellen Aktivitätsdefinitionen.

Bei der Modellierung von Aktivitäten des täglichen Lebens fällt auf, dass menschliches Handeln zum einen personenindividuell verschieden ist und zum anderen von ein und derselben Person von Zeit zu Zeit unterschiedlich ausgeführt werden kann. Dies muss bei der Modellierung (bzw. durch die verwendete Sprache/Notation) berücksichtigt werden. Bestehen diese Freiheitsgrade innerhalb der Modelle nicht, so wird eine abgewandelte Form der Aktivität nicht als solche erkennbar sein.

Bei ConcurTaskTrees (CTT) (vgl. Abschnitt 2.5.2), welches ursprünglich zur Unterstützung des Designs von interaktiven Systemen (Mensch-Maschine-Interaktionen) entwickelt wurde, existiert ein reichhaltiger Satz an temporalen Relationen (z.B. *Choice*, *Optional*, *Order-Independence* etc.), wodurch es dem Entwickler erleichtert wird, die benötigten Freiheitsgrade einzuplanen und dennoch übersichtliche und wartbare Modelle zu erzeugen. Redundanzen, wie sie bei anderen Modellierungssprachen – siehe Business Process Modelling (BPM) (vgl. Abschnitt 2.5.2) – entstehen, werden hierdurch vermieden.

Tabelle 4.2: Zusammenfassung der Vor- und Nachteile von BPM bzw. CTT bei der Modellierung von ADL im AAL-Kontext (Quelle: eigene Darstellung)

BPM	CTT
Vorteile:	Vorteile:
• schnell erlernbar durch überschaubare Sprachmittel (Basis: PN) • intuitive Abbildung von rein sequenziellen Prozessen (z. B. Geschäftsprozesse) • Komposition mittels von Teilprozessen möglich	• umfangreicher Satz an temporalen Relationen (*Choice*, *Optional*, *Order-Independence* etc.) • bessere Unterstützung bei der Berücksichtigung von Freiheitsgraden • hierarchisch strukturierte Modelle
Nachteile:	Nachteile:
• keine explizite Modellierung der Sensorlogik • keine gesonderte Speicherung von Zuständen • komplexe Aktivitäten mit mehreren Freiheitsgraden nur umständlich modellierbar (sämtliche Permutationen bei *Order-Independence*)	• Programmfehler in den aktuellen Versionen von CTTE (2.4.4) und Teresa (3.4) vorhanden • Ausführungsumgebung bzw. Schnittstelle zu anderer Ausführungsumgebung existieren nicht

Eine Untersuchung an beispielhaften CTT-Modellen hat gezeigt, dass die Nachempfindung der fehlenden Operatoren zwar möglich ist, aber die resultierenden Modelle schnell unübersichtlich und – bedingt durch die entstehenden Redundanzen – schlecht wartbar sind. Die Ergebnisse dieser Voruntersuchung lassen sich Tabelle 4.2 entnehmen.

Nach dem BPM-Schema modellierte Prozesse sind relativ unflexibel bzgl. ihrer Ausführungsreihenfolge (sie kennen als temporale Relationen ausschließlich sequenzielle und sich verzweigende Operatoren). Dies gibt die Kontrollflüsse von Aktivitäten des täglichen Lebens nicht besonders gut wieder (abhängig von verschiedensten Faktoren führt man Aktivitäten durchaus unterschiedlich aus). Zudem ist es nicht selten, dass man während der Ausführung einer Aktivität unterbrochen wird (bspw. durch ein Telefonat) und diese dann im Anschluss fortführt.

Die hierarchische Struktur der CTT-Modelle gibt den Abstraktionsgrad der modellierten Aktivitäten auf unterschiedlichen Ebenen wieder, wodurch sich Teilbäume für andere Aktivitäten leichter wiederverwenden lassen.

Hidden Markov Models (HMM) eignen sich besonders bei rein sequenziellen Prozessen (Helaoui u. a., 2011). Sofern verschachtelte oder nebenläufige Prozessstrukturen vorliegen, weisen HMM Defizite auf.

Ebenso wie bei anderen klassischen Verfahren der Aktivitätserkennung (z. B. Bayes-Klassifikator) lässt sich der definitive Abbruch einer Aktivität bei HMM nicht sicher detektieren. Probabilistische Methoden verwenden bspw. einen Schwellwert, um zu entscheiden, ob die bisher beobachteten Ereignisse ausreichen, um die Ausführung einer bestimmten Aktivität zu folgern. Das Problem verschiebt sich insofern hin zur Bestimmung eines geeigneten Schwellwerts.

Im Hinblick auf die Realisierung einer kontexterfassenden Plattform macht sich die Tatsache bemerkbar, dass es sich bei CTT um eine figürliche Repräsentation handelt, die sich nicht ohne Weiteres ausführen lässt. Neben dem eigentlichen Entwurf und einer anschließenden Simulation – in ConcurTaskTrees Environment (CTTE) bzw. Teresa – existiert keine Möglichkeit, um das entworfene System mit den Daten von realen Sensoren zu speisen.

Will man die Aktivitätsmodelle innerhalb einer Laufzeitumgebung ausführen, bedarf es der vorherigen Transformation. Da man mit CTT in der Lage ist, nebenläufiges und nicht deterministisches Verhalten zu modellieren, liegt es nahe, sich als Zielsprache für PN (Weyers u. a., 2011) zu entscheiden.

Hier liegen die entsprechenden Vorteile bei BPM. Die überschaubare Komplexität der in der BPM-Notation angegebenen Sprachmittel hat zu einer ausgeprägten Werkzeugvielfalt geführt. Die verfügbaren Tools bieten größtenteils die Flexibilität, eigene Systeme mit einer Ausführungsumgebung (*Execution-Engine*) zu koppeln. Auf diese Weise lässt sich ein System, welches die zuvor modellierten Aktivitäten aus Sequenzen von Sensorereignissen detektieren kann, verwirklichen.

Die entstandenen Modelle sind somit nicht nur dazu geeignet, Aktivitäten zu beschreiben, zu erklären oder mit ihrer Hilfe neuen Fragen nachzugehen, man kann mit ihnen computergestützt auch Benutzeraktivitäten – beruhend auf beeinflusstem Systemverhalten – analysieren.

Es bleibt festzuhalten, dass die Komplexität des Modells mit der Zahl der zugelassenen Freiheitsgrade innerhalb der Ausführung steigt: Je mehr Handlungsalternativen zu Beginn der Aktivität zugelassen werden, desto mehr Handlungsstränge müssen gegen Ende dieser berücksichtigt werden.

Gewähltes Verfahren zur Verhaltensermittlung

Bisher dienen der nachträglichen Alltagswahrnehmung bzw. -beobachtung vor allem manuell erfasste Tagesstrukturen (siehe hierzu auch Abschnitt 6.3.1). Diese entstehen entweder durch Selbsteinschätzung (*Self-Reporting*) der betreffenden Personen oder im Interview durch den Betreuer. Gerade von älteren Menschen sollte man aufgrund evtl. zunehmender Vergesslichkeit nicht erwarten, dass diese absolut fehlerfrei über ihr Verhalten berichten werden. Klassische Verfahren der Aktivitätserkennung sind jedoch zwingend auf möglichst gut gelabelte Datensätze angewiesen (van Kasteren u. a., 2008).

Eine wichtige Voraussetzung, um anormales Verhalten erkennen zu können, ist die vorherige Generierung eines „Normalverhaltens". Verglichen mit der Kontextgenerierung ist es nicht

4.2 Grundlagen des Gesamtkonzepts

möglich, ein generisches Verhaltensmodell, welches für alle Personen gleichermaßen anwendbar ist, zu erzeugen (Fouquet u. a., 2010).

Das System muss in der Lage sein, das Normalverhalten des Nutzers (semi-)automatisch und selbstständig zu erlernen. Grundlage dieses Verhaltensmodells ist die typische Ausführung von ADL bzgl. deren Häufigkeit, Dauer, Vollendungsgrad etc.

Abweichungen vom erwarteten Normalverhalten können in zwei unterscheidbare Gruppen eingestuft werden: erstens Veränderungen, die lediglich bisher unbekannte Verhaltensweisen manifestieren, diese wären hinzuzulernen, und zweitens pathologische Veränderungen, die eine adäquate Benachrichtigung des Pflegers zur Folge haben sollten. Diese sollten in keinem Fall dem Normalverhalten zugerechnet werden, da ansonsten bei einem erneuten Auftreten keine Benachrichtigung erfolgen würde. Mögliche Abweichungen des zirkadianen Aktivitätsrhythmus[2] bilden meist die ersten Anzeichen für diese Pathologien (Monk, 2005).

Welche der beiden Gruppen eine Verhaltensänderung angehört, kann insbesondere während der Einlernphase ausschließlich durch den Pfleger begutachtet werden. Je länger das System bei ein und derselben Person in Betrieb ist, desto weniger ist das System auf die Eingaben des Pflegers angewiesen. Die exakte Dauer der Einlernphase wird in Abschnitt 6.3.3 bestimmt.

Im Gegensatz zur Herangehensweise bei der Kontextgenerierung wird bei der Verhaltensermittlung ein Bottom-up-Ansatz verwendet. Dies ist dem personenspezifischen Charakter des Tagesverlaufs geschuldet.

Ruft man sich die eigene tägliche Routine vor Augen (bspw. die erste Stunde nach dem Aufstehen), so stellt man fest, dass darin durchaus repetitive Muster beobachtbar sind (Bamis u. a., 2010).

Jeder Tag (bezogen auf die Wachzeit) beginnt mit dem Aufstehen und endet mit dem Schlafengehen. Nachtschichtarbeiter brauchen nicht berücksichtigt zu werden, da die Zielgruppe (vgl. Kapitel 1.2) im Ruhestand ist. Insofern werden die produzierten Prozessketten durch die genannten Aktivitäten eingeschlossen.

Hat man von einer bestimmten Person über einen ausreichenden Zeitraum (Quantifizierung erfolgt im Evaluierungskapitel 6) Kontextinformationen und deren temporale Relationen zueinander gesammelt, ist eine Bewertung des aktuellen Tages gegenüber den zuvor beobachteten hinsichtlich der Normalität (über die jeweilige Auftrittswahrscheinlichkeit) möglich.

Der Tagesverlauf zwischen diesen zwei Intervallgrenzen kann dafür in hohem Maße veränderlich sein. Vorstellbar wäre hier eine Unterscheidung zwischen Werktagen und Wochenenden oder sogar eine separate Betrachtung jedes einzelnen Wochentags. Auf diese Weise könnten wiederkehrende Ereignisse (bspw. routinemäßige Termine) Berücksichtigung finden, ohne fälschlicherweise als Verhaltensänderung detektiert zu werden.

Obwohl Fouquet u. a. (2010) herausgefunden haben, dass eine Einteilung der Daten nach Wochentagen zu einer Verbesserung der Erkennungsrate führt, wird beim vorliegenden Konzept zugunsten einer beschleunigten Einlernphase (zunächst) darauf verzichtet. Teilt man die Daten ab dem ersten Erhebungstag sofort in Wochentage ein, versiebenfacht sich die Einlernphase. Folglich stünde dies mit der Anforderung in Konflikt, eine sehr kurze Einlernphase zur Detektion von Verhaltensänderungen zu gewährleisten.

Fouquet u. a. (2009) wollen herausfinden, ob in Bezug auf das Verhalten sogar saisonale Effekte (z. B. späteres Aufstehen im Winter) beobachtbar sind.

---

2 Aktivitätsrhythmus, der eine Periodenlänge von circa 24 Stunden hat

138   4 Entwurf des Gesamtsystems

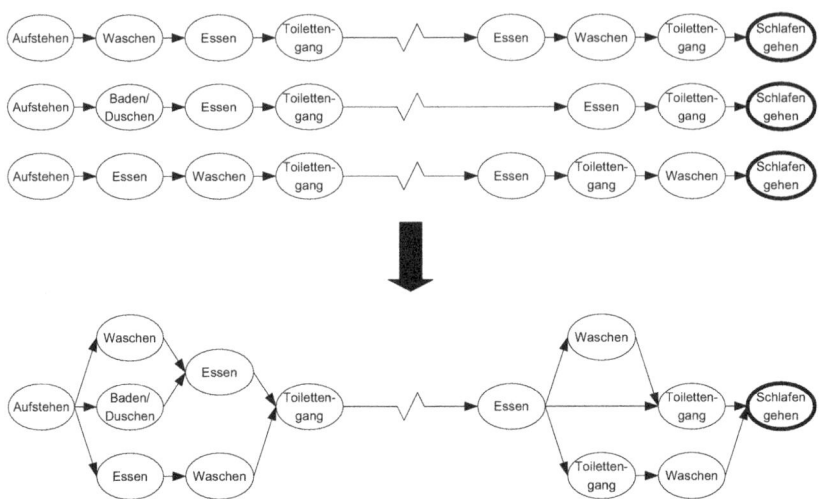

Abb. 4.1: Ermittlung des Normalverhaltens aus einzelnen Tagesverläufen (Quelle: eigene Darstellung)

Abbildung 4.1 zeigt oberhalb des vertikalen Pfeils exemplarisch einen Auszug von drei unterschiedlichen Tagesverläufen. Aus Platzgründen wurden Aktivitäten zur Tagesmitte ausgespart. Ebenso wird zur Vereinfachung auf die Darstellung der Aktivitäten als Intervalle verzichtet.
Man kann erkennen, dass der morgendliche bzw. abendliche Ablauf durchaus variabel sein kann. In der ersten Zeile beginnt der Morgen nach dem Aufstehen mit folgender Aktivitätsfolge: Waschen, Essen, Toilettengang, wohingegen sich der dritte Tag bzgl. der Reihenfolge von Essen und Waschen unterscheidet. Die zweite Zeile entspricht im Grunde der ersten, nur dass die Aktivität Waschen durch Baden/Duschen ersetzt wurde. Allen Tagen gemeinsam ist die Notwendigkeit des Toilettengangs als dritte Aktivität nach dem Aufstehen.
Vor dem Schlafengehen zeichnet sich ein ähnliches Bild ab. Auch dort existieren unterschiedliche Verhaltensweisen. Angefangen mit dem Abendessen wurde am zweiten Tag ausschließlich der Toilettengang detektiert. Die übrigen zwei Zeilen (erste und dritte) unterscheiden sich in der Reihenfolge der Aktivitäten Waschen und Toilettengang, wobei jeweils beide Aktivitäten vorhanden waren.
Zur Umsetzung eines Systems, welches die oben beschriebenen Gesetzmäßigkeiten automatisch extrahieren kann, existieren Methoden und zugehörige Werkzeuge. Dabei handelt es sich um eine spezielle Form des Data-Minings, das sogenannte Process-Mining. Man geht dabei grundsätzlich davon aus, dass die Abfolge, in der die Aktivitäten auftreten, einer bestimmten Struktur folgt. Diese Struktur zu berechnen, ist das erklärte Ziel des *Process-Minings*. Bezogen auf die geplante Anwendung entspricht dies der Suche nach dem Normalverhalten, d. h. einer Gesetzmäßigkeit innerhalb der zum Teil variablen Tagesstruktur.

4.2 Grundlagen des Gesamtkonzepts

Innerhalb des *Process-Minings* wurden unterschiedliche Algorithmen zur Berechnung der Prozessstruktur herausgestellt. Beispiele für Algorithmen aus der Familie der Process-Miner sind der „Alpha Miner (AM)", der „Heuristics Miner (HM)", der „Fuzzy Miner (FM)" sowie der „Transition System Miner (TSM)". Diese wurden im Rahmen der Grundlagen (siehe Abschnitt 2.5.3) vorgestellt. Der wesentliche Vorzug des HM gegenüber anderen Algorithmen ist dessen Toleranz gegenüber vereinzelten Ausreißern innerhalb der Prozessketten. Würden andere Algorithmen wegen einer einzigen Abweichung innerhalb der Daten einen Zusammenhang nicht zweifelsfrei bestimmen, filtert der HM das abweichende Vorkommnis nach definierten Parametern heraus.

Ein bekanntes Tool aus dieser Domäne nennt sich „Process Mining Framework (ProM)". Beruhend auf im Mining-eXtensible-Markup-Language-Format (MXML-Format) gespeicherten Ereignissequenzen generiert es „Wissen" über die vorliegenden Prozesse.

4.2.3 Konzept der Gesamtplattform

Die hybride Plattform, die in diesem Abschnitt vorgestellt wird, besteht aus zwei strikt voneinander getrennten Modulen: Kontextgenerierung und Verhaltensermittlung. Dabei übernimmt das Modul der Kontextgenerierung die Aufgabe, die Sensorrohdaten zu segmentieren. Entsprechend den a priori definierten Aktivitätsmodellen interpretiert das erste Modul eingehende Sensorereignisse und weist ihnen die korrekte Bezeichnung zu. Anders als bei herkömmlichen Aktivitätserkennungssystemen ist die Kontextgenerierung auch in der Lage, zwischen einer korrekten (vollständigen) und einer abgebrochenen (unvollständigen) Ausführung zu unterscheiden. Alle von der Aktivitätsdefinition geforderten Sensorereignisse müssen aufgetreten sein. Darüber hinaus müssen sie in der vom Modell vorgegebenen Reihenfolge beobachtet worden sein. Schließlich entscheidet eine zeitliche Begrenzung darüber, ob die Aktivität im Rahmen ihrer üblichen Ausführungszeit geblieben ist bzw. vorher abgebrochen wurde.

Die Kontextgenerierung gibt gemäß der Schnittstellendefinition zwischen den beiden Modulen jeweils nach ca. 24 Stunden eine Beobachtungssequenz der durch den Bewohner ausgeführten Tätigkeiten aus, jeweils beginnend mit dem Aufstehen am Morgen. Die Definition der Aktivitäten erfolgt mit einem modellbasierten Ansatz. Eine individuelle Anpassung des Systems ist für Personen mit vergleichbaren Voraussetzungen nicht notwendig. Bei gravierenden Einschränkungen, wie sie bspw. bei Rollstuhlfahrern vorliegen, sind entsprechend angepasste Modelle notwendig. Bedingt durch die Aktivitätsmodelle ist man zur Inbetriebnahme nicht auf manuell gelabelte Datensätze angewiesen.

Das zweite Modul (Verhaltensermittlung) verarbeitet die von der Kontextgenerierung gelieferten Informationen. An dieser Stelle wird bereits vollständig von den zugrunde liegenden Sensorereignissen abstrahiert. Insofern könnte die Kontextgenerierung aus Sicht der Verhaltensermittlung durch ein anderes Modul (gleicher Schnittstellenspezifikation) ausgetauscht werden. Umgekehrt ließe sich die Kontextgenerierung mit einer anderen Verhaltensermittlung kombinieren.

Basierend auf den Kontextinformationen ist es die Aufgabe der Verhaltensermittlung, die täglichen Gewohnheiten des Bewohners aufzuzeichnen. Je mehr Tage der Verhaltensermittlung zur Verfügung standen, desto genauer ist das abgeleitete personenspezifische Normalverhalten.

Im Evaluierungsteil (siehe Abschnitt 6.3.3) wird bestimmt, wie viele Tage benötigt werden, damit eine verlässliche Ausgabe des Systems bzgl. Verhaltensänderungen resultiert.

Bedingt durch die Komplexität menschlichen Verhaltens wird zur Entwicklung der Verhaltensermittlung ein probabilistisches Modell eingesetzt. Die Komplexität zeichnet sich u. a. dadurch aus, dass Aktivitäten durchaus unterbrochen und von anderen Aktivitäten überlappt werden können. Zu einem späteren Zeitpunkt kann die unterbrochene Aktivität dann fortgeführt werden.

Nur wenige ADL sind als atomare Prozesse anzusehen. Beispiele für atomare Aktivitäten sind z. B. Aufstehen, Zubettgehen oder Medikamenteneinnahme. Die meisten ADL benötigen eine nicht zu vernachlässigende Ausführungszeit. Demzufolge ist es erforderlich, Aktivitäten als Intervalle – mit Start- und Endzeitpunkt – zu betrachten. Nur so sind Unterbrechungen bzw. Verschachtelungen problemlos abzubilden.

Das abgeleitete typische Verhalten einer Person dient gleichzeitig als Referenz, um spontane Verhaltensänderungen zu detektieren. Im einfachsten Fall findet sich der aktuelle Tagesablauf bezogen auf die ausgeführten ADL – im kumulierten Verhalten wieder. Es liegt keine Verhaltensänderung vor.

Anhand der Auftrittswahrscheinlichkeit für den vorliegenden Tagesablauf lässt sich der Grad der Normalität bestimmen. Die Verhaltensermittlung soll dem Betreuer oder einer pflegenden Person als Beobachtungs- und Bewertungswerkzeug bei der Pflegetätigkeit behilflich sein. Dabei bieten wesentliche und unerwartete Abweichungen vom Normalverhalten (geringer Metrikwert) ein gutes Anzeichen, um Benachrichtigungen für den Betreuer zu generieren.

Wie der Pfleger im Einzelfall bzgl. eines gesteigerten Betreuungsbedarfs zu entscheiden bzw. ob er eine Empfehlung auszusprechen hat, gehört nicht zum Leistungsumfang des Systems. Knill und Pouget (2004) sowie Körding und Wolpert (2004) setzen hierzu Bayes'sche Netze ein.

Eine bisher noch nicht beschriebene Teilkomponente der gesamten Plattform ist die Middleware. Ihr kommt die Aufgabe zu, nach vorheriger Konfiguration aus den Sensorrohdaten semantisch bedeutsamere „logische" Sensorereignisse zu erzeugen. Diese Aufteilung ermöglicht es, die Aktivitätsmodelle weitgehend frei von konkreter Sensorhardware zu spezifizieren, wenngleich zu deren Definition ein Mindestmaß an sensorischem Verständnis erforderlich bleibt.

Die Module der Kontextgenerierung und Verhaltensermittlung sowie die Middleware-Teilkomponente werden hierarchisch im Zusammenspiel in Abbildung 4.2 abgebildet. Die Struktur orientiert sich bzgl. der Abstraktion an dem Open-Systems-Interconnection-Schichtenmodell (OSI-Schichtenmodell) der International Organization for Standardization (ISO) (Tanenbaum, 2003). Auf unterster Ebene sind die zur Detektion von Benutzeraktionen erforderlichen ambienten Sensoren angeordnet (Übertragung von Bits). Sie liefern ihre Rohdaten an die Middleware. Diese transformiert die Sensorrohdaten entsprechend der Konfiguration in Sensorereignisse (Vermittlungsschicht). Zahlenmäßig entsprechen sich Sensorrohdaten und -ereignisse 1:1.

Die Sensorereignisse bilden die Eingabe für die Aktivitätsmodelle innerhalb des Moduls der Kontextgenerierung. In Echtzeit werden dort eingehende Sensorereignisse verarbeitet. Dabei wird geprüft, ob das aktuelle Sensorereignis ein oder mehrere Modelle bei seiner bzw. ihrer Ausführung vervollständigen kann oder ob eine neue Aktivität begonnen wurde.

Ist eine Aktivität entweder vollständig abgeschlossen oder vorzeitig abgebrochen worden, so wird ein entsprechendes Kontext-Quadrupel (Zeit, Identität, Aufenthaltsort und ausgeführ-

4.2 Grundlagen des Gesamtkonzepts

te Aktivität) erzeugt (Darstellungsschicht). Es erfolgt keine unmittelbare Weiterverarbeitung durch die Verhaltensermittlung.

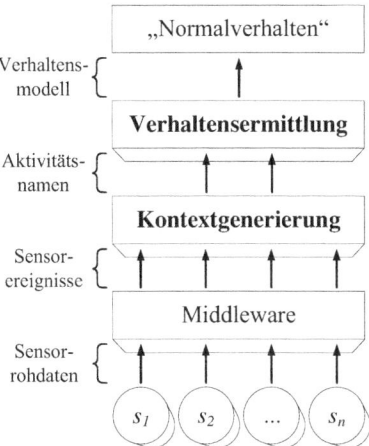

Abb. 4.2: Übersicht über die an der Ableitung des „Normalverhaltens" beteiligten Komponenten und Module (Quelle: eigene Darstellung)

Alle zu einer 24-stündigen Aktivitätssequenz zugehörigen Bestandteile werden vorgehalten, bis (eingeleitet durch das Aufstehen) der nächste Tag anbricht. Die Entscheidung für dieses Vorgehen ist in der Natur des biologischen Zyklus des Menschen verankert.
  Wie kein anderer prägt der zirkadiane Rhythmus unser Leben. Ähnlich unseren Vitalparametern – z. B. Körperkerntemperatur, Gewicht, Muskelkraft und arterieller Druck (Virone u. a., 2002) – folgt die biologische Uhr älterer Menschen diesem täglichen Zyklus (Hofman und Swaab, 2006). ADL folgen ebenfalls periodischen Schwankungen, die entweder biologischen (Reinberg, 1997) oder soziologischen (Demongeot u. a., 2002) Ursprungs sind.

Die reduzierte Zahl von Pfeilen, die den Informationsfluss zwischen dem Modul der Kontextgenerierung und der Verhaltensermittlung repräsentieren, deutet an, dass hier bereits ein erster Schritt in Richtung einer komprimierten Darstellung vollzogen wurde. Ein Aktivitätsmodell besteht aus zwei oder mehr Sensorereignissen. Insofern ist hier bereits eine Reduktion der Datenmenge möglich und wird auch realisiert.
  Auf der nächsten Ebene wird die Datenmenge weiter verringert, woraus eine noch höhere Komprimierung der Informationen resultiert. Die Tagesverläufe erweitern das Modell des bislang angesammelten Verhaltens nur, wenn sie neue (Teil-)Muster enthalten. Wurde derselbe Tagesablauf zuvor bereits beobachtet, so bedarf es keiner Erweiterung des Verhaltensmodells. In diesem Fall wird nur das Auftreten dieses Musters gezählt.
  Das so gewonnene „Normalverhalten" stellt die Grundlage für alle weiteren Berechnungen dar und wird fortan als Referenz betrachtet. Abweichendes Verhalten wird relativ zur Referenz

bestimmt. Das Verhaltensmodell ist vollständig dynamisch, sodass es sich mit jedem Tag präziser an das Verhalten von Lisa anpasst.

Nachdem das Konzept von seiner logischen Struktur her beleuchtet wurde, folgt eine zeitlich orientierte Betrachtung der Datenflüsse. Das zugehörige Schaubild ist durch Abbildung 4.3 visualisiert.

Führt Lisa einen einzelnen Handlungsschritt – auch Teilaktivität genannt – aus, indem sie mit der Umgebung interagiert, was somit für ambiente Sensorik detektierbar ist, wird von den Sensoren ein entsprechendes Signal generiert. Die beteiligte Middleware wandelt das physikalische Sensorsignal in ein aus semantischer Sicht höherwertiges Sensorereignis. Aus der Änderung eines Bits resultiert bspw. die Interpretation, dass Lisa *soeben* in der Küche die Kühlschranktür *geöffnet* hat. Aus einem einzigen Bit wird das gesamte Kontext-Quadrupel (wer, wann, wo und was) gewonnen.

Diese beispielhafte Interpretation erfordert allerdings eine ganze Reihe von Voraussetzungen: Weshalb kann davon ausgegangen werden, dass es sich bei dem Initiator tatsächlich um Lisa gehandelt hat? Es muss – selbst im Ein-Personen-Haushalt – dafür Sorge getragen werden, dass, sofern neben Lisa weitere Personen anwesend sind, sich diese beim Eintritt in die Häuslichkeit einmal gegenüber dem Assistenzsystem anmelden (d. h. identifizieren). Wenn sie Lisas Wohnumgebung verlassen, müssen sie sich abmelden.

Auf diese Weise können Besuchs- bzw. Pflegezeiten im Tagesverlauf entsprechend gekennzeichnet werden, sodass Aktivitäten während dieser Zeiten nicht fälschlicherweise als durch Lisa ausgeführte Aktivitäten gewertet werden.

Haustiere (vgl. Kapitel 3.1) stellen eine zusätzliche Herausforderung dar. Viele Sensortypen sind zwar gegenüber der aktiven Betätigung durch Haustiere verhältnismäßig immun (z. B. Kontaktschalter oder Stromverbrauchsmesser), jedoch kann es speziell bei größeren Haustieren (in der Größe von Kleinkindern) in Bezug auf Bewegungsmelder und Lichtschranken zu Problemen kommen, indem die tierischen Aktivitäten aufgezeichnet und als menschliche interpretiert werden.

Speziell in Bezug auf Bewegungsmelder hat sich die alternative Befestigung der Sensoren an der Wand anstelle der Zimmerdecke mit einhergehender Einschränkung des Erfassungsbereiches (insbesondere nach unten) als probates Mittel erwiesen. Die wenigsten Haustiere bewegen sich auf einer Höhe ab 1,2 Metern über dem Boden. Kleine Kinder (z. B. die Enkelkinder von Lisa) mit einer Körpergröße von unter 1,2 Metern werden auf diese Weise ebenfalls nicht von den Bewegungsmeldern erfasst. Eine grundsätzliche Identifizierung von Besuchern ist dennoch erforderlich, da die anderen Sensoren (z. B. die Toilettenspülung) weiterhin von fremden Personen beeinflusst werden.

Selbst wenn Besucher oder Pfleger kein zusätzliches Sensorereignis auslösen würden, stellt sich die Frage, ob nicht durch ihre bloße Anwesenheit eine Veränderung des Verhaltens von Lisa ausgelöst wird. Tatsächlich ist es sogar sehr wahrscheinlich, dass Lisa in irgendeiner Form auf den Besuch reagiert. Insofern bietet es sich an, Besuchs- und Pflegezeiten durch die Identifizierung gesondert zu kennzeichnen und bei der Ermittlung des Normalverhaltens gesondert zu behandeln.

Die Verantwortung zur Identifikation auf den Pfleger bzw. andere Besucher zu übertragen, hat zwei wesentliche Vorteile:

(i) Lisa muss keinerlei Identifikationsmerkmal – z. B. Radio-Frequency-Identification-Tag (RFID-Tag) – bei sich tragen, schließlich ist sie die meiste Zeit des Tages anwesend. Sie pro-

4.2 Grundlagen des Gesamtkonzepts

fitiert folglich von dem Erhalt der Bewegungsfreiheit am meisten. Zudem erlauben bestimmte Aktivitäten (vor allem aus dem Bereich Körperpflege) das Tragen einer solchen Marke nicht. Dem Pfleger bzw. Besucher ist das „elektronische Ausweisen" am ehesten zumutbar. Natürlich bedarf es einer gewissen Sorgfalt seitens des Pflegers bzw. der Besucher, daran zu denken, sich gegenüber dem System entsprechend zu erkennen zu geben. Dennoch ist diese Pflicht bei der Personengruppe eher angebracht, als sie es bei der in unserem Beispiel 73-jährigen Lisa wäre. Lisa kann auf diese Weise nicht durch versehentliches Vergessen einer Marke zu Fehlinterpretationen durch das System beitragen.

(ii) Die Identifikation von Besuchern jeglicher Art erfolgt zentral (z. B. an der Eingangstür). Das System setzt für die Dauer des Besuchs speziell die Verhaltensermittlung aus, da nicht sichergestellt ist, dass die sensorisch beobachtbaren Handlungen ausschließlich und selbstständig von Lisa ausgeführt wurden.

Zusätzlich sind ein Lesegerät und einige ID-Karten notwendig. Dafür kann man ansonsten auf günstigere Sensorik (ohne Identifikation) zurückgreifen. In gewisser Weise bleibt immer ein geringes Restrisiko, dass ein Besucher sich nicht ordentlich dem System gegenüber zu erkennen gibt. Unter bestimmten Umständen ist es indes möglich, dieses Versäumnis zu detektieren (bspw. durch nahezu zeitgleiche Sensorereignisse an entfernten Orten innerhalb der Wohnung, die sich nicht durch eine einzige Person erklären lassen).

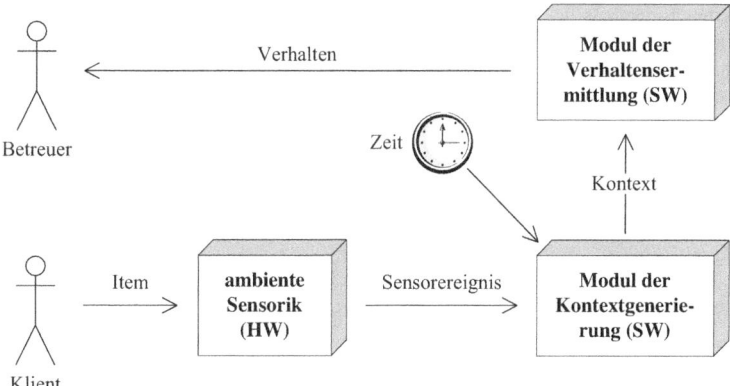

Abb. 4.3: Aufbau des Systems (Datenfluss vom Klienten zum Betreuer; Quelle: eigene Darstellung)

Die Frage nach dem *Wann* erfordert die wenigsten Voraussetzungen: Bei einer Sensorinfrastruktur mit nur einer chronometrischen Instanz (siehe Abbildung 4.3) ist eine Uhrensynchronisation überflüssig. Einzig eine korrekt eingestellte Systemzeit ist erforderlich, damit man den konkreten Zeitpunkt am Tag präzisieren kann.

Beim *Wo* gäbe es sicherlich technische Möglichkeiten, um auf ein bis zwei Meter genau arbeitende Indoor-Ortungssysteme zurückzugreifen (siehe Abschnitt 2.3.3). Die Installation dieser ist allerdings aufwendig und mit erheblichen Kosten verbunden.

Hier kann man von der initialen Konfiguration profitieren. Wenn der Supervisor Lisas Wohnung mit Sensoren ausstattet, gibt er neben der Sensorkennung (z. B. Hardware-Adresse) den symbolischen Ort des Sensors an. Voraussetzung hierfür ist, dass sich dieser Ort nicht dynamisch ändern kann.

Bezogen bspw. auf den Kühlschrank scheint diese Voraussetzung erfüllt zu sein: in diesem Fall gilt folglich, dass es sich um den Kühlschrank „in der Küche" handelt. Die resultierende Ortsauflösung (in Reichweite des Kühlschranks in der Küche) ist ausreichend und in ihrer Bedeutung viel aussagekräftiger als eine räumliche Ortung in Form von Koordinaten zu einem Bezugspunkt.

Auch beim *Was* wird auf die vom Supervisor vorgenommenen Grundeinstellungen zurückgegriffen. Der betreffende Kontakt wird hierzu als dem Kühlschrank zugehörig markiert. Bedingt durch die Anwendung der zuvor definierten Aktivitätsbeschreibungen, läge der Verdacht nahe, dass sich Lisa z. B. etwas zu essen oder zu trinken aus dem Kühlschrank genommen bzw. etwas hineingestellt hat.

Die Weiterverarbeitung des Kontexts findet im Modul der Kontextgenerierung statt. Darin wird unter Berücksichtigung des externen Faktors Zeit geprüft, ob eine der definierten Aktivitäten durch dieses Ereignis der kompletten Ausführung einen Schritt näher gekommen ist. Wurde eine Aktivität innerhalb der festgelegten maximalen Dauer von Anfang bis Ende detektiert, so liefert das Modul der Kontextgenerierung eine entsprechende Ausgabe.

Damit gewährleistet werden kann, dass das System zu jedem Zeitpunkt jegliche relevante Aktivität erkennen kann und gleichzeitig einfach um zusätzliche Aktivitäten erweiterbar ist, wird eine mehrschichtige (*layered*) und nebenläufige (*multithreaded*) Architektur eingesetzt.

Layered ist sie insofern, als alle Aktivitätsmodelle bereit sind, neu eintreffende Sensorereignisse zu verarbeiten, um ggf. zum Fortschreiten der jeweiligen Aktivitätserkennung beizutragen. Da ebenfalls angenommen wird, dass Aktivitäten gleichzeitig und ineinander verschachtelt auftreten können, ist die gewählte Architektur zudem *multithreaded*.

Eine strikte Einteilung in eine „Trainingsphase" und eine anschließende „Produktivphase", wie dies durchaus bei Systemen, die mit gelabelten Datensätzen arbeiten, üblich ist, existiert beim vorliegenden Systemkonzept nicht. Die einzige Ausnahme stellt der erste Tag dar, nachdem das System in Betrieb genommen wurde. Aus logischen Gründen ist mit nur einer Tagesstruktur kein Vergleich gegenüber einem „Normalverhalten" möglich. Das Normalverhalten wird aus der zeitlichen Abfolge von Aktivitäten (den modellierten ADL) abgeleitet, indem die entsprechenden Prozessstrukturen gebildet werden.

Ebenfalls offensichtlich ist, dass die Qualität der Aussage mit nur einem Referenztag (d. h. zwei beobachtete Tage insgesamt) bis hin zu wenigen Referenztagen (z. B. eine Woche) nicht mit der erzielbaren Relevanz vergleichbar ist, die etwa nach vier bis sechs Wochen resultiert (die zugehörige Evaluation findet sich in Abschnitt 6.3.3).

Selbst später, wenn ausreichend Strukturen vorliegen, die als Referenz herangezogen werden können, wird das „Normalverhalten" fortlaufend aktualisiert, indem auftretende Aktivitätssequenzen zur Verfeinerung des erlernten Verhaltens herangezogen werden. Sind Abweichungen zwischen dem aktuellen Tag und den bekannten Abläufen vorhanden, so ist es die Aufgabe des Systems, dem Betreuer diese Informationen kenntlich zu machen.

4.2 Grundlagen des Gesamtkonzepts

Die entwickelte Plattform und die zugehörige Software lassen sich in folgende Komponenten unterteilen, die nachfolgend ausführlicher beschrieben werden:

- Editor (zur einfachen Konfiguration von zu detektierenden Aktivitäten; Personalisierung, wie Krankheitsbilder, körperliche Einschränkungen etc.; Ausgabe von benötigten Sensoren – Unterstützung bei der Sensorinstallation; Startzeitpunkt der Datenaufzeichnung). Die Reihenfolge, in der die Teilbereiche des Editors aufgezählt wurden, entspricht den Schritten, die der Supervisor mit dem Editor durchführt. Nach der Konfiguration bzw. Personalisierung kann das System die benötigten Sensoren bestimmen. Zum Schluss wird festgelegt, wann die Aufzeichnung beginnen soll.

- Sensorhardware bzw. Middleware (enthält keinerlei Wissen über die Anwendung; erfasst durch den Klienten ausgeführte Tätigkeiten)

- Modul der Kontextgenerierung (beinhaltet die Aktivitätsmodelle der ADL)

- Modul der Verhaltensermittlung (kumuliert beobachtetes Verhalten der Person und gibt dem Betreuer Auskunft über mögliche Verhaltensänderungen)

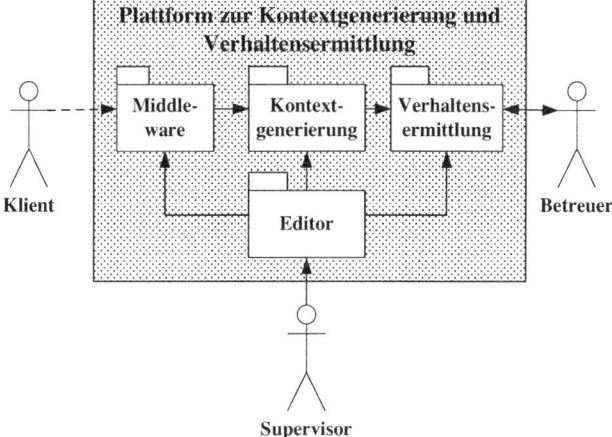

Abb. 4.4: Gesamtsystem aufgeteilt in die Komponenten: Editor, Middleware, Kontextgenerierung und Verhaltensermittlung – beteiligte Rollen: Klient, Supervisor und Betreuer (Quelle: eigene Darstellung)

Zur Veranschaulichung sind die Module nebst zugehörigen Rollen in Abbildung 4.4 visualisiert. Jede Rolle interagiert nur mit einem Modul der Plattform, wobei das „Editor"-Modul intern unidirektional mit den übrigen Komponenten verknüpft ist.
Der Klient sowie der Supervisor beliefern die Plattform ausschließlich mit Informationen. Beim Supervisor geschieht dies bewusst und explizit (durchgezogene Linie), wobei der Klient

– bedingt durch die ambiente Sensorik – eher unbewusst und implizit (gestrichelte Linie) Informationen liefert. Dies ist gewünscht, da auf diese Weise eine möglichst geringe Beeinflussung der alltäglichen Aktivitäten des Klienten trotz Einsatzes des Systems zu befürchten ist. Der Betreuer interagiert bidirektional mit dem System: Einerseits generiert die Plattform einen Indikator für den Grad der Normalität des beobachteten Verhaltens des Klienten, die den Betreuer bei der Einschätzung der Autonomie des Klienten unterstützen soll, andererseits ist das System (insbesondere in der Phase direkt nach der Installation) auf die fachliche Kompetenz des Betreuers angewiesen, um beobachtete Verhaltensweisen korrekt einzustufen.

Bevor die Komponenten im Anschluss im Einzelnen beschrieben werden, wird an dieser Stelle auf die Aufteilung in personenunabhängige und -spezifische Datenbasen sowie die daraus resultierenden Vorzüge eingegangen:

Ausschließlich personenspezifisch sind die Daten innerhalb des Moduls zur Verhaltensermittlung. Jedes persönliche Verhalten ist so individuell, dass es nicht als Referenz für mehrere Personen dienen kann. Die Datenbasis darin muss jeweils durch den jeweiligen Klienten angelernt und erzeugt werden.

Mithilfe des Editors werden die Komponenten Middleware, Kontextgenerierung und Verhaltensermittlung konfiguriert bzw. parametrisiert. Ausgangspunkt dieses Prozesses ist die durch den Betreuer empfohlene Notwendigkeit der gesonderten Beobachtung bestimmter ADL. Diese Auswahl beeinflusst die Parametrisierung der Middleware, der Kontextgenerierung sowie der Verhaltensermittlung:

Die Auswahl der zu beobachtenden ADL entscheidet darüber, welche der zuvor definierten Aktivitätsmodelle in die Kontextgenerierung geladen werden. Dies hat unmittelbar Auswirkungen auf die benötigten Sensoren sowie deren Konfiguration innerhalb der Middleware. Beide Module sind demnach zwar etwa an das Krankheitsbild bzw. die Einschränkungen des Klienten gebunden, würden aber in ähnlicher Weise auch auf eine andere Person mit ähnlichen Einschränkungen angewendet werden können. Verglichen mit dem Modul der Verhaltensermittlung sind Middleware und Kontextgenerierung deutlich personen-unabhängiger.

Die „Kontextgenerierung" wird aus funktionalen Überlegungen heraus parametrisiert. Bei der Middleware spielen ebenfalls die örtlichen Gegebenheiten innerhalb der eigenen Häuslichkeit des Klienten eine Rolle. Der Verhaltensermittlung wird der gesamte Satz an definierten ADL zur Verfügung gestellt.

Editor

Die „Editor" genannte Komponente wird vom Supervisor verwendet und dient ihm als Schnittstelle zu den Komponenten Middleware, Kontextgenerierung und Verhaltensermittlung. In Absprache mit dem Betreuer/Pfleger kann ein auf den jeweiligen Klienten mit seiner häuslichen Umgebung zugeschnittener Satz zu beobachteter Aktivitäten ausgewählt bzw., sofern erforderlich, können neue Aktivitätsmodelle definiert werden, wobei Letzteres aktuell auf dem externen Hilfsprogramm Teresa beruht.

Grundsätzlich soll auf die im Rahmen dieser Arbeit erstellten CTT-Modelle zurückgegriffen werden. Dennoch kann insbesondere die Variabilität der Wohnumgebung Anpassungen und Konfigurationen an einzelnen Modellen erfordern. Diese sind im Sinne einer Checkliste durch den Supervisor zu überprüfen. Je größer die Übereinstimmung zwischen der jeweiligen

4.2 Grundlagen des Gesamtkonzepts

Wohnumgebung und der zuvor definierten Defaultumgebung ist, desto geringer fallen die notwendigen Anpassungen aus.

Folgende Daten (über den Patienten bzw. dessen häusliches Umfeld) sollten vom Supervisor zur Inbetriebnahme erhoben bzw. berücksichtigt werden:

- motorische Einschränkungen des Klienten (z. B. bei Rollstuhlfahrern), die besondere ADL-Definitionen erforderlich werden lassen
- Grundriss der Häuslichkeit
  - Vorhandensein bzw. Zahl der Treppen
  - Zahl der Ein-/Ausgänge (z. B. Haus- und Terrassentür), über welche die Wohnung verlassen werden kann
  - Zahl der Räume (insgesamt)
  - direkte Verbindungen zwischen Räumen (Zugänge zu den benachbarten Räumen)
- Ausstattung der Häuslichkeit
  - Toiletten
    * Zahl der Toiletten
    * vorhandener Spülmechanismus (z. B. Druckspüler) bzw. Auslöseform (z. B. Kette)
  - Aufenthaltsort des Bewohners während des nächtlichen Schlafs (z. B. Bett im Schlafzimmer)
  - Aufenthaltsort des Bewohners während eines möglichen mittäglichen Schlafs (z. B. Liege im Wohnzimmer oder auch Bett im Schlafzimmer)
  - Aufbewahrungsort der Medikamente
  - Aufbewahrungsort der Lebensmittel
    * Kühlschrank (evtl. sind mehrere Kühl-/Gefrierschränke vorhanden)
    * Vorratsschrank bzw. -schränke
  - Vorhandensein einer Geschirrspülmaschine
  - Aufbewahrungsort der Waschutensilien (Seife, Duschgel, Badeschaum etc.)
  - Aufbewahrungsort der Gerätschaften zur Haushaltsführung (wie Staubsauger, Eimer und Tuch zum Aufwischen etc.)
  - Vorhandensein bzw. Zahl der Fernseher
- geplanter Startzeitpunkt für die sensorbasierte Beobachtung

Bei der Erhebung der klientenbezogenen Daten arbeiten Betreuer und Supervisor eng zusammen. Was den Grundriss und die Ausstattung der Häuslichkeit betrifft, ist der Supervisor selbstständig in der Lage, die benötigten Informationen zu gewinnen. Der gesamte Vorgang zur Erhebung des Grundrisses ähnelt dabei der Ausstattung einer Häuslichkeit mit einer Alarmanlage.

Beim Erfassen der Ausstattung der Häuslichkeit kann das Gespräch mit dem Klienten bzw. dessen Betreuer dem Supervisor viel Zeit ersparen. Insbesondere die Aufbewahrungsorte von lebensnotwendigen Dingen (bspw. Medikamente) sind nicht immer leicht zu identifizieren. Ganz und gar auf die Mithilfe des Klienten bzw. von dessen Betreuer ist der Supervisor jedoch bei der Bestimmung des Aufenthaltsortes während eines möglichen mittäglichen Schlafs angewiesen.

Die gesamte Erhebung hat direkten Einfluss auf die Ausstattung der Häuslichkeit mit Sensoren und die Konfiguration dieser. Die Konfigurationsdatei ist persistent und wird in einem Extensible-Markup-Language-Format (XML-Format) auf der Recheneinheit in der Häuslichkeit des Klienten abgelegt.

Der gewählte Ansatz zur Transformation von Task-Modellen in CTT-Notation hin zu PN verwendet die „Theorie der Regionen" (Desel und Reisig, 1996). Dazu sucht der entwickelte Algorithmus typische Strukturen innerhalb des CTT-Baums und reproduziert diese in entsprechender PN-Form. Die Transformationsroutinen unterstützen folgende temporale Operatoren aus der CTT-Notation: *Independent Concurrency*, *Choice* und *Enabling*.

Der Grund für den Verzicht darauf, die übrigen Operatoren zu unterstützen, liegt in der Tatsache begründet, dass es nicht das Ziel war, einen generischen Transformationsalgorithmus zu entwickeln. Es wurde vielmehr Wert darauf gelegt, dass alle in den ADL-Modellen benötigten Operatoren übersetzbar sind.

Betrachtet man die Gesamtzahl der von Paterno (1999) definierten temporalen Relationen, so stellt man fest, dass es Inkonsistenzen zwischen den im Buch (Paterno, 1999) angegebenen und den in den Softwarewerkzeugen „CTTE" (Mori u. a., 2002) und „Multimodel Teresa" (Berti u. a., 2004) realisierten Operatoren gibt. Diese Inkonsistenzen beziehen sich einerseits auf die Namensgebung. Andererseits existieren im Buch beschriebene Operatoren (bspw. finite Iteration) zum Teil nicht in den Tools und umgekehrt.

Im Buch wird zwar auf den zu unterscheidenden Einsatz des *Independent-Concurrency*-Operators auf unterschiedlichen Ebenen innerhalb des Baums eingegangen, jedoch werden hierfür keine getrennten Operatoren verwendet. Im Gegensatz dazu verwenden beide Tools separate *Order-Independence*- bzw. *Independency*-Operatoren, um diesen Unterschied zu manifestieren.

Die Begriffe *Interleaving* bzw. *Concurrency* entsprechen im Buch dem Ausdruck *Independent Concurrency*. Das im Buch beschriebene Konzept *Deactivation* wird in den Tools durch *Disabling* repräsentiert.

Von der infiniten Iteration (T^*) und der finiten Iteration (T^m) wurde schließlich nur Erstere anhand der Softwarewerkzeuge realisiert. Da die infinite Iteration ebenfalls ein vollständiges Auslassen der Iteration erlaubt, ist sie im Hinblick auf die Aktivitätsmodelle nicht sehr nützlich. Man definiert einen Teilbaum, installiert die entsprechenden Sensoren und u. U. wird der Teilzweig überhaupt nicht ausgeführt.

Abbildung 4.5 zeigt eine Iteration der Tasks T_1 und T_2 (in der angegebenen Reihenfolge), wobei die Tasks mindestens einmal ausgeführt werden müssen: $(T\_1 >> T\_2)^1$. Die Darstellung bedient sich der von CTT vorgegebenen Sprachmittel sowie der grafischen Repräsentation von Interaktionsaufgaben (Icons).

4.2 Grundlagen des Gesamtkonzepts 149

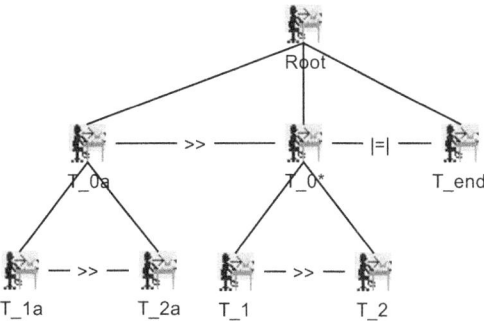

Abb. 4.5: Nachbildung einer Iteration, die mindestens einen Durchlauf gewährleistet (Quelle: eigene Darstellung)

Um mindestens eine Ausführung zu gewährleisten, müssten die Tasks der Iteration (in diesem Fall T_1 und T_2) innerhalb des Baums dupliziert werden und per *Enabling*-Operator vor der infiniten Iteration eingefügt werden. Dies hätte allerdings eine unvorteilhafte Redundanz zur Folge.

Wenn sich, wie im Beispiel aus Abbildung 4.5, die Tasks T_1 bzw. T_2 ändern, muss seitens des Entwicklers darauf geachtet werden, dass die Änderungen ebenfalls bei T_1a bzw. T_2a (den Kopien von T_1 und T_2) nachgeholt werden. Der Inhalt des Teilbaums T_0* – die sequenzielle Abarbeitung von T_2 nach T_1 – wird zu T_0a dupliziert und per *Enabling*-Operator vor T_0* eingefügt. Das Verhalten des Baums aus Abbildung 4.5 garantiert die einmalige Abarbeitung von T_2a nach T_1a, bevor T_end ausgeführt werden kann. Zusätzlich können der Abarbeitung von T_0a mehrere beobachtete Durchläufe von T_0* folgen.

Es stellt sich die Frage, welchen Nutzen der Supervisor durch die Iteration haben könnte. Eine mögliche Antwort wäre, die Zahl der tatsächlichen Ausführungen der Iteration zählen zu wollen. Gilt es lediglich, das einmalige Auftreten sicherzustellen, genügt hierzu der T_0a-Teilbaum – das einmalige Ausführen der Iteration.

Nach der Transformation in ein PN würde mehrfaches Auftreten nach dem ersten zwar zu keinem weiteren Fortschreiten innerhalb des Netzes führen, aber gleichzeitig auch nicht in Konflikt zu dessen erfolgreichen Abarbeitung stehen.

Ein weiterer Operator, der ebenfalls nicht realisiert wurde, ist die Rekursion.

Zwei der insgesamt elf von Paterno (1999) beschriebenen temporalen Relationen synchronisieren die Ausführung von Aufgaben über einen Informationsaustausch (*Information-Exchange*). Da es dem Nutzer im Falle der Verwendung von binären Sensoren nicht möglich ist, über die eigentliche Auslösung hinaus weitere Informationen mitzuteilen, kommen diese Operatoren bzgl. der Anwendung nicht in Frage.

In Anlehnung an die von Paterno verwendete Nomenklatur wird im Folgenden der Zusammenhang zwischen den temporalen Relationen der CTT-Notation und den entsprechenden PN-Strukturen wiedergegeben. Werden diese angegebenen Strukturen in einem vorliegenden CTT gefunden, resultieren entsprechende PN-Äquivalente nach der Transformation.

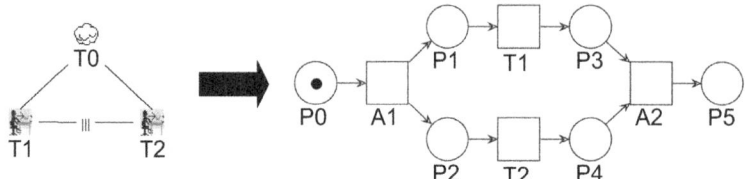

Abb. 4.6: Transformation des *Independent-Concurrency*-Operators aus der CTT-Notation hin zu einer PN-Repräsentation (Quelle: eigene Darstellung)

Die Betrachtung beginnt mit dem im PN strukturell komplexesten Fall, dem *Independent-Concurrency*-Operator. Im Gegensatz zu klassischen Zustandsautomaten bieten PN die Möglichkeit, Nebenläufigkeit direkt und unmissverständlich abzubilden. Abbildung 4.6 zeigt auf der linken Seite des Transformationspfeils einen Teilbaum in CTT-Notation, der unterhalb der Wurzel $T0$ die Teilaufgaben $T1$ und $T2$ über den *Independent-Concurrency*-Operator verbindet. An dieser Stelle sei darauf hingewiesen, dass es sich hierbei ebenso um n Teilaufgaben ($T1$ bis Tn) handeln könnte. Dies gilt jeweils auch für die nachfolgenden Transformationen.

Laut Paterno (1999) erlaubt ($T1 \mid\mid\mid T2$) die Ausführung der Teilaufgaben $T1$ und $T2$ in beliebiger Reihenfolge ohne spezifische Bedingungen (*Constraints*). Für das abgebildete Beispiel bedeutet dies, dass die Sequenzen $\langle T1, T2 \rangle$ und $\langle T2, T1 \rangle$ resultieren können.

Rechts vom Transformationspfeil ist jeweils das PN-Pendant abgebildet. Um die Nebenläufigkeit zu initialisieren bzw. den Prozess zu synchronisieren, bedarf es zusätzlicher Transitionen. $A1$ und $A2$ repräsentieren Transitionen, die automatisch eintreten, sofern sie bedingt durch die Markierung des Netzes aktiviert sind. Die Transitionen $T1$ und $T2$ entsprechen dabei den Teilaufgaben (bzw. Interaktionsaufgaben) $T1$ und $T2$ aus dem CTT-Modell.

Ist die Stelle $P0$ wie in der Abbildung 4.6 markiert, ist die automatische Transition $A1$ in der Lage, unverzüglich zu feuern. Die Markierung des Netzes ändert sich daraufhin zu einem unmarkierten $P0$ und einfach markierten Stellen $P1$ und $P2$. Der so geschaffene Initialzustand bzgl. der Nebenläufigkeit erlaubt das Ausführen von $T1$ und $T2$ in beliebiger Reihenfolge. Wird Teilaufgabe $T1$ (entspricht Transition $T1$) erledigt, wird die Marke in $P1$ entfernt und in $P3$ gesetzt. Gleiches gilt für das Feuern von $T2$ bzgl. der Stellen $P2$ und $P4$.

Nach erfolgreicher Abarbeitung beider Teilaufgaben in beliebiger Reihenfolge sind $P3$ und $P4$ markiert. In diesem Zustand ist $A2$ aktiviert und wird demnach unverzüglich feuern. Die Nebenläufigkeit wird durch $A2$ synchronisiert. Im Endzustand ist das PN mit einer Marke in $P5$ markiert.

Als Nächstes galt es, eine Transformation für den *Choice*-Operator zu finden. Nach Paterno (1999) wird der Operator wie folgt beschrieben: Aus dem Satz der zur Verfügung stehenden Teilaufgaben (im Beispiel in Abbildung 4.7 $T1$ und $T2$) kann eine einzige ausgewählt werden. Die ausgesuchte Teilaufgabe kann ausgeführt werden. Sofern diese Entscheidung getroffen ist, stehen die übrigen Teilaufgaben nicht mehr zur Auswahl. Im auf zwei Teilaufgaben beschränkten Beispiel können die Sequenzen $\langle T1 \rangle$ und $\langle T2 \rangle$ resultieren. Den Vorzug erhält die zuerst ausgeführte Teilaktivität.

4.2 Grundlagen des Gesamtkonzepts 151

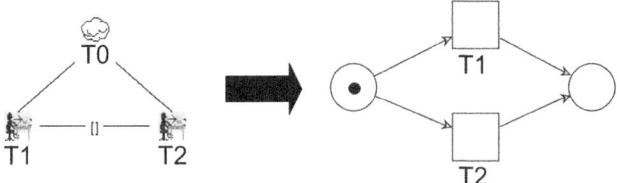

Abb. 4.7: Transformation des *Choice*-Operators aus der CTT-Notation hin zu einer PN-Repräsentation (Quelle: eigene Darstellung)

Um den *Choice*-Operator mit PN-Sprachmitteln abzubilden, macht man sich die Eigenschaft des Nicht-Determinismus von PN zunutze. Bei der in Abbildung 4.7 dargestellten Markierung ist sowohl Transition $T1$ wie auch Transition $T2$ aktiviert. Ein Feuern einer der beiden Übergänge verhindert erfolgreich das Feuern des jeweils anderen. Hierfür ist auch die Markierung des PN – speziell die einfache Markierung der linken Stelle – verantwortlich. Insofern bildet die PN-Struktur die Operatorenbeschreibung adäquat nach. In jedem Fall ist nach der Abarbeitung von $T1$ oder $T2$ die Folgestelle markiert und die Initialstelle unmarkiert.

Abschließend wird der *Enabling*-Operator betrachtet. Dieser trägt dafür Sorge, dass eine nachfolgende Teilaufgabe erst dann begonnen werden kann, wenn die vorausgehende Teilaufgabe vollständig abgeschlossen ist. Bezogen auf das in Abbildung 4.8 dargestellte Beispiel bedeutet dies, dass die Teilaufgabe $T2$ erst dann starten kann, wenn die Teilaufgabe $T1$ komplett vollzogen ist. Die Reihenfolge wird entgegen den zuvor beschriebenen Operatoren, d.h. im Vorweg fest vorgegeben. Es gibt nur eine mögliche Sequenz: $\langle T1, T2 \rangle$. Man spricht in diesem Zusammenhang auch von einer kausalen Abhängigkeit zwischen $T2$ und $T1$.

Die Umsetzung in ein PN ist in diesem Fall trivial. Entsprechend der im CTT-Modell vorgegebenen Reihenfolge werden die Transitionen – verbunden durch eine Zwischenstelle – nacheinander angeordnet. Laut der Markierung in Abbildung 4.8 ist die Transition $T1$ aktiviert und kann demnach feuern. Nach dem erfolgreichen Abschluss von $T1$ wandert die Marke von der ersten auf die zweite Stelle. Hierdurch ist sichergestellt, dass das in der CTT-Beschreibung geforderte Verhalten eingehalten wird. Als nächste kann ausschließlich die Transition $T2$ feuern. Abschließend befindet sich auch hier die Marke in der letzten Stelle.

Nachfolgend werden die zur Konfiguration und Parametrisierung des Systems durch den Supervisor notwendigen Schritte erläutert: Das „ContextGenerationEditor" genannte Werkzeug bietet die Möglichkeit, ein neues Benutzerprofil anzulegen bzw. ein bestehendes Profil zu bearbeiten (siehe hierzu Abbildung 4.9; links oben).

Der Editor führt den Supervisor in Abhängigkeit von der Auswahl auf dem Start-Bildschirm Schritt für Schritt durch den gesamten Einrichtungsprozess. Die Bearbeitung der Daten eines bestehenden Profils gliedert sich dabei in drei Kategorien: die persönlichen Daten (*Personal Details*), die zu erkennenden Aktivitäten (*ADL*) und das Erkennungszeitfenster (*Recognition-Timeframe*).

Bei der Eingabe der persönlichen Daten wird der Supervisor aufgefordert, das Geburtsdatum, das Geschlecht und den Namen einzugeben. Aus diesen Informationen wird automatisch die

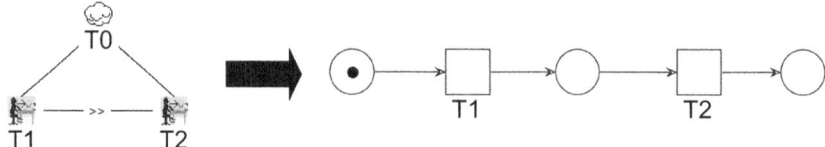

Abb. 4.8: Transformation des *Enabling*-Operators aus der CTT-Notation hin zu einer PN-Repräsentation (Quelle: eigene Darstellung)

Klientenkennung erzeugt. Letztere wird nicht nur zur nachträglichen Bearbeitung des Profils verwendet. Die Verhaltensermittlung nutzt diese ID bspw. auch zur Benennung des abgeleiteten Normalverhaltens.

Zusätzlich muss durch den Editor eine Verknüpfung zwischen einem Klienten und der installierten Hardware zur Erkennung von Aktivitäten erfolgen. Die Recheneinheit in der häuslichen Umgebung, auf der die Sensordaten gesammelt werden, ist ebenfalls durch eine entsprechende Kennung identifizierbar (*PC-ID*). Sollte bspw. durch einen Defekt der Hardware ein Austausch erforderlich werden, kann durch Eingabe einer anderen *PC-ID* diese Verknüpfung erneut hergestellt werden.

Das nächste Fenster des Editors ist optional; es kann komplett unausgefüllt bleiben. Die Vermutung liegt nahe, dass es einen Zusammenhang zwischen vorliegenden Krankheiten und zu erkennenden ADL gibt, dessen Untersuchung aber nicht Bestandteil dieser Arbeit war. Beispielsweise legt eine vorliegende Inkontinenz nahe, die (nächtlichen) Toilettengänge zu beobachten.

Durch die Erhebung der vorliegenden Krankheit(en) und die anschließende Eingabe von ADL, die der Betreuer beobachtet haben möchte, kann in Zukunft bereits ein Vorschlag für die zu erkennenden ADL (siehe nächstes Eingabefenster) ermittelt werden. Im Moment dient diese Maske ausschließlich der Datenerhebung.

Auf dem vorletzten Bildschirm wird der Supervisor schließlich aufgefordert, die zu erkennenden ADL einzugeben. Da dies u. U. die fachliche Qualifikation des Supervisors überschreitet, wurde ein Formular entwickelt, welches der Betreuer ausfüllt, auf dem die gewünschten ADL angegeben werden.

Bevor der Einrichtungsprozess abgeschlossen ist, möchte der Editor vom Supervisor noch wissen, wann die Beobachtung gestartet werden soll. Das genaue Datum der Beendigung der Aktivitätserkennung kann ebenfalls angegeben werden, ist allerdings optional. Die Angabe des Beendigungszeitpunkts ist insbesondere für die Durchführung von Feldtests mit definierter Dauer sinnvoll.

Bei der Eingabe des Startzeitpunkts ist folgende Besonderheit zu beachten: Die Detektion des Aufstehens bzw. Zubettgehens ist nicht in der Liste der ADL aufgeführt. Diese beiden Aktivitäten werden standardmäßig erkannt, weil diese obligatorisch für die Einteilung in Tage bei der Verhaltensermittlung sind. Letztere kann erst mit dem nächsten Aufstehen beginnen. Inso-

4.2 Grundlagen des Gesamtkonzepts 153

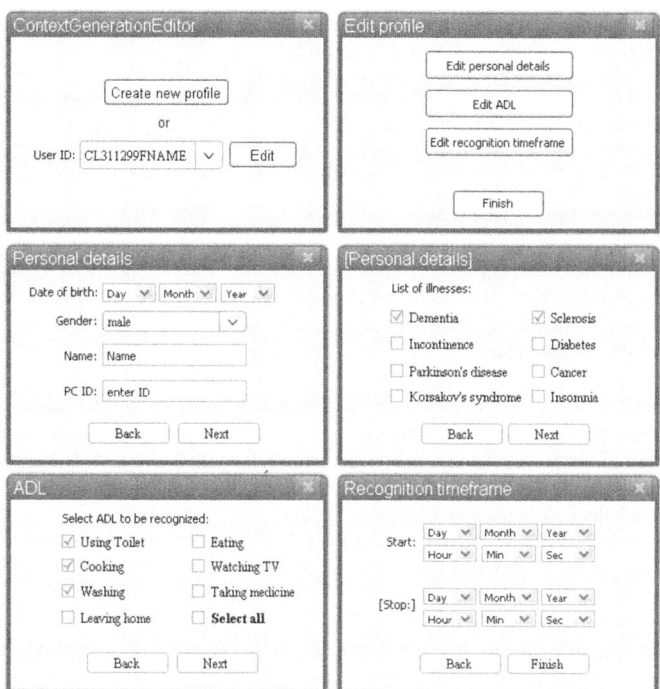

Abb. 4.9: Bildschirmfotos des „ContextGenerationEditors" (Start-, Bearbeitungs-Bildschirm, persönliche Daten, Liste vorliegender Krankheitsbilder, zu erkennende ADL, Erkennungszeitfenster; von links nach rechts, von oben nach unten, Quelle: eigene Darstellung)

fern bietet es sich an, eine Uhrzeit zu wählen, die vor dem erwarteten Aufstehzeitpunkt liegt. Ansonsten beginnt die Verhaltensermittlung erst am darauffolgenden Tag nach dem Aufstehen.

Middleware

Der Middleware fällt die Aufgabe zu, physikalische Größen, wie sie von den Sensoren gemessen werden (z. B. Beleuchtungsstärke), in logische Sensorereignisse (bspw. „hell" bzw. „dunkel") zu transformieren. Man kann sich die Middleware als eine Abstraktionsschicht vorstellen.
    Fordert eine bestimmte ADL innerhalb des zugehörigen Task-Modells bspw. die Detektion der Toilettenbelegung, kann diese auf unterschiedliche Weise mit anders gearteter Sensorik von unterschiedlichen Herstellern umgesetzt werden. Damit diese Variationen bei der Definition der

Task-Modelle irrelevant werden, setzt die Middleware entsprechend der konfigurierten Hardware die Sensordaten in vereinheitlichte Bezeichner um.
Im Gesamtverbund muss die Middleware Folgendes leisten:

- Konfigurationsübernahme vom Editor und

- Abgleich mit den zur geforderten Aktivitätserkennung benötigten Sensoren.

Wählt der Betreuer bzw. stellvertretend für ihn der Supervisor die Menge an zu erkennenden ADL aus, ergibt sich unmittelbar die Verwendung bestimmter zu installierender Sensoren, da die Task-Modelle der ADL a priori vorliegen. Die Middleware muss folglich die konkrete Konfiguration vom Editor übernehmen und bereits installierte Sensoren mit benötigten abgleichen können. Der Betrieb der Middleware sollte erst dann freigegeben werden, wenn alle benötigen Sensoren korrekt installiert sind.

Nachfolgend wird die Konfiguration der Middleware, wie sie für die Evaluation der Toilettenumgebung genutzt wurde (siehe Kapitel 6.2), erläutert. Betrachtet man die Aktivitätsbeschreibung der „Toilettenbenutzung", siehe Abbildung 5.1, so stellt man fest, dass drei Sensoren benötigt werden: „*toiletPresence*", „*toiletPaper*" und „*toilet*". Diese lassen sich an den Taskbezeichnern (nach dem Unterstrich) erkennen.

Aktiviert der Supervisor das Modell „*Using Toilet*" im Editor, so müssen die geforderten Sensoren installiert und konfiguriert werden. Dies kann der Editor anhand der Konfigurationsdatei überprüfen.

Zudem benötigt jeder Sensor die namentliche Spezifikation seiner Ausgabe. Der Sensor zur Erfassung der Präsenz auf der Toilette meldet bspw. „*turnOn*" oder „*turnOff*" (vor dem Unterstrich). Bei den übrigen beiden Sensoren spielt es keine Rolle, ob die steigende oder fallende Flanke detektiert wird. In beiden Fällen kann daher die gleiche Bezeichnung verwendet werden. Auch diese Informationen kann der Editor zwischen aktivierter Aktivitätsbeschreibung und Konfigurationsdatei abgleichen.

Eine Besonderheit, die in diesem Fall vorliegt, bezieht sich auf den „*analog-module*" genannten Datenkollektor. Es handelt sich dabei um ein Datenakquisitionsmodul der Firma Advantech, welches sechs analoge Eingänge (Kanäle 0 bis 5) besitzt. Die drei zuvor beschriebenen Sensoren sind mit dem Modul verbunden. Damit die Middleware die logischen Sensornamen korrekt zuordnen kann, muss innerhalb der Konfiguration ebenfalls die Belegung zwischen analogem Eingang und Sensor angegeben werden. Der erste Sensor („*toiletPresence*") ist bspw. mit Kanal 0 des Datenkollektors verbunden („*analog-module:0*").

Da es sich in diesem Fall um analoge Eingangsgrößen (-10 V bis +10 V) handelt und die Aktivitätsbeschreibungen ausschließlich binäre Sensorereignisse erlauben, wird der Analogwert mittels Schwellwerts in eine binäre Information umgewandelt. Im Falle des ersten Sensors („*toiletPresence*") bedeutet dies: Fällt die Spannung an Kanal 0 auf unter 4,6 V, gibt die Middleware eine Ausgabe der Form „*turnOn_toiletPresence*". Steigt die Spannung hingegen auf über 4,6 V, so lautet die Ausgabe „*turnOff_toiletPresence*".

Schließlich muss auch der Datenkollektor konfiguriert werden. Da es sich in diesem Fall um ein netzwerkfähiges Gerät („*IPDevice*") handelt, wird im Wesentlichen die Konfiguration der IP-Adresse erforderlich. Zur Auswahl des korrekten Treibers benötigt die Middleware die Information über den spezifischen Typ („*ADAM-6024*").

4.2 Grundlagen des Gesamtkonzepts

Listing 4.1: Konfiguration der Middleware für die Evaluation der Toilettenumgebung

```xml
<?xml version="1.0" encoding="utf-8"?>
<Config xmlns:xsi="http://www.w3.org/2001/XMLSchema-instance"
   xmlns:xsd="http://www.w3.org/2001/XMLSchema">

<!-- toilet-segment -->
   <IPDevice Name="analog-module" Type="ADAM-6024"
      IP-Address="192.168.1.2" />

   <Sensor Name="toiletPresence"
      Operations="turnOn:turnOff" Driver="ADAM-6024"
      DriverInfo="analog-module:0" Location="toilet"
      Threshold="4.6" />

   <Sensor Name="toiletPaper"
      Operations="use:use" Driver="ADAM-6024"
      DriverInfo="analog-module:1" Location="toilet"
      Threshold="4.8" />

   <Sensor Name="toilet"
      Operations="flush:flush" Driver="ADAM-6024"
      DriverInfo="analog-module:2" Location="toilet"
      Threshold="-10.0" />
</Config>
```

Die korrekte Konfiguration der Middleware (siehe Listing 4.1) ist zusammen mit der Installation der Sensoren der zurzeit aufwendigste Arbeitsschritt, den der Supervisor bei der Einrichtung durchzuführen hat. Zum Teil liegt das daran, dass beliebige Kombinationen von Sensoren unterstützt werden sollen.

Hinsichtlich eines marktreifen Produkts müsste hier sicherlich eine Einschränkung stattfinden. Gäbe es lediglich einen Sensortyp (von einem Hersteller), der für eine bestimmte Detektionsaufgabe eingesetzt würde, so könnte die Konfiguration bereits im Vorweg durchgeführt und die Sensoren könnten entsprechend ihrer Aufgabe beschriftet werden. Ein Ansatz dieser Art lässt sich bspw. in (Beckmann u. a., 2004) nachlesen.

Modul der Kontextgenerierung

Die Sensorereignisse, welche die Middleware liefert, dienen unmittelbar als Eingabe für die Kontextgenerierung. Die Repräsentation dieser symbolischen Namen übernehmen Zeichenketten, die semantische Informationen tragen.

Aufgabe der Kontextgenerierung ist, aus den fortlaufend eingehenden Sensorereignissen ausgeführte (bzw. abgebrochene) ADL abzuleiten. In anderen Arbeiten, die sich mit Aktivitätserkennung beschäftigt haben, wird dieser Verarbeitungsschritt häufig als Segmentierung bezeichnet, z. B. in (Zinnen u. a., 2009).

Die Grundlage für das maschinelle „Erkennen" von bestimmten (zunächst ausschließlich pflegerelevanten) Aktivitäten ist das Definieren von zugehörigen Handlungsabläufen. Ein Handlungsablauf (auch Task-Modell genannt) – z. B. für die Aktivität des Zähneputzens – legt genau fest, was die Maschine als „vollständig ausgeführtes" Zähneputzen einstuft und entsprechend als solches erkennen kann. Innerhalb dieser Task-Modelle tauchen die Zeichenketten, die Sensorereignisse symbolisieren, als Tätigkeiten (Teilaktivitäten) auf. Die mehrfache Verwendung von gleichen Bezeichnungen für Tätigkeiten innerhalb einer Aktivitätsbeschreibung ist nicht zulässig.

Je nach gewählter Konfiguration (Zahl der zu detektierenden ADL) hält die Kontextgenerierung nebenläufig ausgeführte PN vor, die dynamisch den Verlauf von Sensorereignissen verfolgen. Dabei ist es durchaus möglich, dass ein einziges Sensorereignis in mehreren Task-Modellen eine Markenbewegung auslöst. Auf diese Weise lassen sich nebenläufige und ineinander verschachtelt auftretende Aktivitäten erkennen. Gleichzeitig können mehrere Aktivitäten parallel ausgeführt werden.

Unter Zuhilfenahme der CTT-Notation (Paterno, 1999) werden hierzu modellbasierte Aktivitätsdefinitionen erzeugt und in einer Datenbasis abgelegt. Diese sind in enger Zusammenarbeit mit einem örtlichen Pflegedienst[3] entstanden und beruhen auf dessen Praxiserfahrungen.

Bei dieser Zusammenarbeit hat sich gezeigt, dass die CTT-Notation verglichen mit PN intuitiv verhältnismäßig verständlich ist. Neben der Tatsache, dass die entstandenen Modelle für Mitarbeiter des Pflegedienstes interpretierbar sind, lassen sich aus den Modellen mittels zuvor vorgestellter Transformationen PN ableiten, die bzgl. ihres Verhaltens bisimilar zu den CTT-Modellen sind.

Die Bisimulation zwischen CTT-Modell und zugehörigem PN bedeutet, dass sich beide gegenseitig simulieren können und ein Beobachter sie anhand ihres Verhaltens nicht unterscheiden kann – sie verhalten sich gleich. Übertragen auf die vorliegende Anwendung heißt dies, dass bei gleicher Nutzerinteraktion durch Lisa beide Modelle (CTT und PN) zu demselben Ergebnis kommen, d. h., entweder wurde eine Aktivität modellkonform ausgeführt oder nicht.

Die Aktivitätsmodelle geben an, welche Nutzerinteraktionen zwischen Lisa und ihrer Umgebung zur Ausführung von relevanten Alltagstätigkeiten – den ADL – zwingend erforderlich sind, um die ADL aus pflegerischer Sicht vollständig ausgeführt zu haben.

Die Wurzel des Baums repräsentiert namentlich jeweils die gesamte ADL. Konkrete Sensorereignisse befinden sich bezogen auf den jeweiligen Teilzweig, dem sie angehören, stets auf der untersten Ebene des Baums und werden durch das Symbol für eine Interaktionsaufgabe repräsentiert. Unter ihnen sind keine weiteren Teilaufgaben angeordnet. Knoten, die auf Ebenen des Baums zwischen der Wurzel und den Blättern angeordnet sind, dienen lediglich der logischen Strukturierung. Diese Knoten finden sich daher nach der Transformation im PN nicht wieder.

Benutzeraufgaben werden verwendet, um real durch den Benutzer ausgeführte Aufgaben wiederzugeben, die nur indirekt erfasst werden können. Diese Aufgaben besitzen kein sensorisches Gegenstück, wie dies bei den Interaktionsaufgaben der Fall ist. Vielmehr werden dadurch Aktivitäten abgebildet, die nicht direkt aus Interaktionen mit der Umgebung erfasst werden können. Diese Aktivitäten werden als Intervalle betrachtet und besitzen jeweils eine Start- und eine Stoppaufgabe.

Nach der erfolgreichen Ausführung aller Teilaktivitäten einer ADL wird eine Ausgabe generiert und die Ausführungsdauer der ADL ermittelt. Dabei wird der Beginn der Aktivität mit dem ersten Auftreten eines Sensorereignisses, welches der entsprechenden ADL angehört, gleichge-

---

[3] ALPHA Allgemeine und psychiatrische Hauskrankenpflege gGmbH, Ehrenstraße 19 a, 47198 Duisburg.

4.2 Grundlagen des Gesamtkonzepts

setzt. Der Endzeitpunkt ergibt sich durch das Erreichen der sogenannten Applikationsaufgabe (Computer-Symbol), die stets am Schluss einer jeden ADL-Definition zu finden ist.

Die Applikationsaufgabe steht dabei stellvertretend für eine Aufgabe, die durch das System zu erbringen ist. Übertragen auf die vorliegende Anwendung bedeutet dies konkret die Ausgabe der erkannten bzw. abgebrochenen Aktivität (d. h. ADL).

Ebenso wird für jedes enthaltene Intervall individuell dessen Dauer bestimmt. Hierzu wird jeweils die Differenz aus den Zeitpunkten der Stopp- und der Startaufgabe herangezogen. Schließlich wird das Gesamtergebnis im MXML-Format gespeichert – die eigentliche Generierung des Kontexts.

Nachfolgend wird die Ausgabe der Kontextgenerierung beschrieben, die ihrerseits als Eingabe für die Verhaltensermittlung dient. Für den Fall, dass eine Aktivität erfolgreich, d. h. entsprechend ihrer Definition, abgeschlossen wurde, werden für jedes Auftreten der Aktivität zwei *AuditTrailEntry*-Elemente erzeugt. Das erste Element gibt mit seinem Zeitstempel den Beginn der Aktivität an. Mit dem zweiten Element wird die erfolgreiche Beendigung der Aktivität bekundet.

Listing 4.2: Beispiel eines generierten *AuditTrailEntry*-Elements, welches das Quadrupel des Kontexts (Zeit, Person, Aufenthaltsort, Aktivität) enthält und den Abschluss des Aufstehens repräsentiert

```
1  <AuditTrailEntry>
   <Timestamp>2011-01-10T08:30:00.000+01:00</Timestamp>
3  <Originator>Lisa</Originator>
   <Data>
5    <Attribute name="Location">Bedroom</Attribute>
   </Data>
7  <WorkflowModelElement>WakingUp0</WorkflowModelElement>
   <EventType>complete</EventType>
9  </AuditTrailEntry>
```

Innerhalb eines jeden *AuditTrailEntry*-Elements werden die vier Komponenten des Kontexts abgelegt: Zeit, Person, Aufenthaltsort und ausgeführte Aktivität. Dabei gibt das *Timestamp*-Feld an, zu welchem Zeitpunkt die ADL begonnen bzw. beendet wurde, in Listing 4.2 bspw. am 10. Januar 2011 um 8:30 Uhr. Die Ergänzung „+01:00" gibt die aktuelle Abweichung von der Universal Time Coordinated (UTC) an.

Im *Originator*-Feld wird festgehalten, welche Person die Aktivität ausgeführt hat. Liegen der Kontextgenerierung keine gegenteiligen Informationen vor, wird davon ausgegangen, dass es sich bei der ausführenden Person um den Bewohner der häuslichen Umgebung handelt – im vorliegenden Fall folglich Lisa. Während Besuchs- oder Pflegezeiten wäre diese Annahme nicht haltbar, folglich würde die Kontextgenerierung die Ausgabe der ADL unterdrücken und die Zeit als Besuch bzw. der Pflege gewidmet kennzeichnen.

Da das MXML-Format im Standard keinen Aufenthaltsort vorsieht, wurde dieser über ein Attribut namens „Location" ergänzt. Der Aufenthaltsort gibt jeweils den Installationsort des ersten (beim „start"-Ereignistyp) bzw. letzten (beim „complete"-Ereignistyp) ausgelösten Sensors an, welcher der jeweiligen Aktivität zugeordnet ist.

Schließlich beinhaltet die Ausgabe die eigentliche Aktivität, die ausgeführt wurde. Ihre Kennung wird im *WorkflowModelElement*-Feld angegeben. Diese Kennung besteht aus einer Aktivitätsbezeichnung und einer fortlaufenden Nummer, beginnend mit Null. Diese fortlaufende Nummer wird für jede Aktivität täglich auf null zurückgesetzt. So steht bspw. die Kennung

„Eating0" für die erste Mahlzeit des Tages, die man gewöhnlich als Frühstück bezeichnet. „Taking_Medicine1" gäbe die zweite Medikamenteneinnahme des Tages an.

Da die ADL als Intervalle protokolliert werden, gibt das *EventType*-Feld im Falle einer erfolgreichen Ausführung den Beginn („start") bzw. Abschluss („complete") einer Aktivität an. Wurde eine unvollständig ausgeführte ADL beobachtet, wird nur ein *AuditTrailEntry*-Element generiert. Dessen Ereignistyp deutet auf die abgebrochene Ausführung („abort") hin.

Modul der Verhaltensermittlung

Die Verhaltensermittlung nutzt die Kontextinformationen, die das vorhergehende Modul liefert, und führt diese auf die nächste Ebene (siehe Abbildung 4.2). Dabei werden die Daten weiter komprimiert. Es entsteht ein personenspezifisches Abbild des „Normalverhaltens". Anhand dieses Normalverhaltens und der Kontextinformationen des aktuellen Tages lassen sich mithilfe einer Delta-Analyse Verhaltensänderungen bestimmen.

Kontextinformationen des aktuellen Tages liegen in Form von Event-Logs mit abgeschlossenen oder abgebrochenen Aktivitäten vor. Die Schnittstelle zwischen den Modulen der Kontextgenerierung und der Verhaltensermittlung bildet das MXML-Format (van Dongen und van der Aalst, 2005). Im Bereich des Process-Minings (Spezialisierung des Data-Minings, vgl. Abschnitt 2.5.3) stellt das MXML-Format einen ersten Schritt in Richtung Standardisierung dar (van Dongen und van der Aalst, 2005).

Durch die Verwendung eines gängigen und marktüblichen Standards wird die Interoperabilität der Module ermöglicht. Sowohl die Kontextgenerierung als auch die Verhaltensermittlung lassen sich ohne Aufwand durch andere Module ersetzen, die als Schnittstelle denselben Standard verwenden. Beispielsweise ließe sich auch ein anderer als der entwickelte Process-Mining-Algorithmus einsetzen.

Allgemein verspricht Process-Mining, aus Event-Logs bisher unbekanntes Wissen über den beobachteten Prozess zu liefern. Der beobachtete Prozess ist im vorliegenden Fall die Ausführung von ADL durch den Einzelnen. Das personenspezifische Normalverhalten ist das unbekannte Wissen, welches es zu ergründen gilt.

Zum Einsatz von Process-Mining-Algorithmen zur Verhaltensermittlung wurde eine Untersuchung durchgeführt. Darin wurden sechs unterschiedliche Verfahren verglichen und hinsichtlich der geplanten Verwendung bewertet. Der Vergleich und die Bewertung sind in Abschnitt 2.5.3 beschrieben.

Mit zwei Abstrichen hat sich der TSM (van der Aalst und de Medeiros, 2005) als am geeignetsten erwiesen. Lediglich bei den Bewertungskriterien der Automatisierbarkeit und der Berücksichtigung von *Trace*-Frequenzen besaß der TSM Defizite. Um diese zu überwinden, wurde in dieser Arbeit die Erweiterung TSM+ eingeführt.

TSM ist in seiner Grundform in fünf Abstraktionsstufen konfigurierbar und liefert als Prozessmodell ein PN. Anhand des Letzteren ist die Überprüfung der Konformität zwischen dem Normalverhalten und einem aktuellen Tagesverlauf möglich. Die Konformitätsprüfung mithilfe von PN wurde u. a. in (van der Aalst und de Medeiros, 2005) beschrieben.

Beginnend mit der Aktivität des Aufstehens werden die Kontextinformationen als Trigger für die Transitionen des erzeugten Prozessmodells verwendet. Erreicht die Marke durch die letzte Aktivität des Tages die Endstelle, liegt ein mit dem Normalverhalten konformes Verhaltensmuster vor. Sollte an irgendeiner Position innerhalb des PN eine Kontextinformation vorliegen,

4.2 Grundlagen des Gesamtkonzepts

die laut Prozessmodell über das Normalverhalten als Transition nicht ausführbar ist, so liegt ein bisher nicht beobachtetes Verhalten vor.

Wie in (Palanque u. a., 1993) dargestellt, kann das PN weitere wichtige Informationen liefern, z. B. dahin gehend, welches Verhalten ab dem Zeitpunkt normal gewesen wäre.

Der Konfigurierbarkeit des Process-Mining-Algorithmus kommt besondere Bedeutung zu: Die fünf Abstraktionsstufen erlauben die Ausbalancierung zwischen *Over-* und *Underfitting*. Dabei ist die Erweiterung des TSM bestrebt, automatisch ein Optimum zu finden. Erst eine optimale Wahl der Parameter gewährleistet die sinnvolle Berechenbarkeit der noch vorzustellenden (siehe Abschnitt 4.3.2) Metrik.

Die zweite Ergänzung des TSM ermöglicht die Berechnung der Wahrscheinlichkeit eines konformen Tagesverlaufs. Anhand der Frequenzen von *Traces* ist jede Transition des PN gewichtet. Aus den (absoluten) Gewichten lassen sich sehr leicht (relative) Wahrscheinlichkeiten ableiten. Durch Multiplikation aller Wahrscheinlichkeiten (an den Transitionen) eines Pfades durch das PN erhält man die Gesamtwahrscheinlichkeit für einen bestimmten Tagesverlauf.

Ebenso ließe sich der wahrscheinlichste Tagesverlauf bestimmen. Beide Werte müssen mit entsprechender Vorsicht betrachtet werden: Sie gelten ausschließlich unter Berücksichtigung der bisher erhobenen Daten. Tritt ein und derselbe Tagesverlauf bspw. drei Wochen später erneut auf, können sich sowohl die Wahrscheinlichkeit für den Pfad wie auch der wahrscheinlichste aller Pfade geändert haben. Das System ist in diesem Punkt hoch dynamisch – wie das menschliche Verhalten selbst.

Sollte sich anhand der Konformitätsprüfung herausstellen, dass ein kürzlich beobachteter Tagesverlauf (noch) nicht im Modell über das Normalverhalten enthalten ist, lässt sich nicht sofort – wie im positiven Fall – eine Wahrscheinlichkeit hierfür berechnen. Streng genommen läge diese aktuell bei null.

Durch Hinzufügen des neuen Pfades zum bestehenden Modell kann dieses Problem allerdings umgangen werden. Hinzufügen bedeutet in diesem Zusammenhang ein erneutes Anwenden des TSM+-Algorithmus auf den aktualisierten Datensatz. Man nimmt folglich zunächst an, dass sich die neueste Beobachtung in gewisser Weise in das bisherige Verhalten eingliedern lassen sollte.

Deuten externe Faktoren, die dem Pfleger zusätzlich vorliegen, bspw. ein Gespräch mit Lisa, oder die nun berechenbare Metrik darauf hin, dass die Annahme, es handle sich ebenfalls um normales Verhalten, stimmt, verbleibt der hinzugefügte Pfad im Modell über das Normalverhalten. Wurde die Annahme hingegen widerlegt, wird mit dem ursprünglichen Modell fortgefahren.

Als Resultat liefert die Verhaltensermittlung ein tagesaktuelles Abbild des Normalverhaltens in Form eines um Frequenzen erweiterten PN. Die Frequenzen werden jeweils an den Transitionen notiert und bei der Neuberechnung des Netzes aktualisiert. Erst kürzlich hinzugekommene (Teil-)Pfade lassen sich folglich an den geringeren Frequenzen erkennen. Der Pfad des allerersten Tages trägt an allen Transitionen einen Frequenzwert von eins.

Reproduzierbarkeit

Der Aspekt der Reproduzierbarkeit muss für das vorliegende Konzept hinsichtlich jeder Teilkomponente einzeln bewertet werden:

Funktionstüchtige und einwandfreie Sensoren liefern bei wiederholter Ausführung die gleichen Ergebnisse. Die Middleware wandelt die Ereignisse, welche die Sensoren liefern, lediglich in logische Sensorereignisse um. Insofern ist auch hierbei die Reproduzierbarkeit gewährleistet. Sensorereignisse können durch die Middleware nicht verloren gehen.

Spätestens auf der Ebene der Kontextgenerierung muss der atomare Charakter eines Sensorereignisses zum Nachweis der Reproduzierbarkeit aufgegeben werden. Bei identischen Mustern von Sensorereignissen, die zusätzlich die Definition der aktivierten Aktivitätsmodelle erfüllen, liefert die Kontextgenerierung reproduzierbare Ausgaben von Kontextinformation. Dies wird u. a. dadurch gewährleistet, dass entweder nach erfolgreicher oder abgebrochener Ausführung, jedoch spätestens nach Ablauf eines Tages, alle Task-Modelle reinitialisiert werden.

Middleware und Kontextgenerierung verbindet jedoch, dass beide unabhängig gegenüber dem Alter und Geschlecht der ausführenden Person sowie dem Wochentag, der Uhrzeit etc. sind.

Als Nächstes wird die Reproduzierbarkeit der Verhaltensermittlung untersucht. Wie im vorherigen Abschnitt 4.2.3 angedeutet, arbeitet die Verhaltensermittlung hoch dynamisch, damit sich das Normalverhalten möglichst gut und schnell dem menschlichen Verhalten anpassen kann.

Eine direkte Wiederholung eines Tagesverlaufs am Folgetag liefert eine leicht abweichende Wahrscheinlichkeit. Dabei hängt der Grad der Abweichung stark mit der Installationsdauer des Systems zusammen. Wurde das System erst wenige Wochen zuvor installiert, kann die Abweichung noch beachtlich (> 10 %) sein. Nach spätestens zwei Monaten des Betriebes ist die Abweichung zahlenmäßig sehr gering bzw. fast zu vernachlässigen.

Würde man ab einem bestimmten Zeitpunkt das „Lernen" der Verhaltensermittlung abschalten, so würde sich auch hier eine direkte Reproduzierbarkeit erreichen lassen. In der Regel ist ein solches Verhalten jedoch nicht gewünscht, da sich auch das menschliche Verhalten mit den Jahren ändern wird/kann.

4.3 Quantifizierung von Verhaltensänderungen

4.3.1 Bisherige Maßstäbe

Bevor man Verhaltensänderungen ermitteln kann, muss eine Referenz über das „Normalverhalten" geschaffen werden, gegen die man aktuelles Verhalten abgleichen kann. Diese Referenz kann je nach Anwendung statisch sein, d. h. für sämtliche Zielgruppen Gültigkeit besitzen, oder dynamisch. Bei der dynamischen Referenz können bspw. Vitalparameter wie Geschlecht, Größe und Gewicht eine Rolle spielen. Im vorliegenden Fall wird eine dynamische Referenz verwendet, die sich im Laufe des Betriebs immer genau an das Nutzerverhalten anpasst.

Aktivität – als Grundlage des Verhaltens – lässt sich nach unterschiedlichen Maßstäben quantifizieren. Bisherige Maßstäbe zur Bewertung von Verhaltensänderungen setzen auf sehr abstrakte Aktivitätsdefinitionen. Hierzu existieren bereits erste Produkte am Markt: „Aktivitäts-Uhren" wie von Vivago (2013) und Polar (2013) oder ein „Aktivitätsarmband" von Nike (2013).

Die Auswertung der Daten solcher Uhren bzw. Armbänder, die auf einer Beschleunigungssensorik basieren, beschränkt sich allerdings auf die Faktoren „aktive Zeit", Kalorienverbrauch, Zahl der getätigten Schritte und zurückgelegte Strecke. Dabei werden einige Größen direkt ge-

4.3 Quantifizierung von Verhaltensänderungen   161

messen (z. B. Schritte), andere werden unter Berücksichtigung der Vitalparameter abgeleitet (z. B. Kalorienverbrauch). Die Hersteller geben an, dass die Erkennung vor allem für Aktivitäten aus dem Bereich Sport (z. B. Spazieren, Joggen und Laufen) geeignet ist. Die hieraus ableitbaren Informationen genügen allerdings nicht, um den genauen Kontext oder die Autonomie einer Person zu bestimmen.

Ebenfalls auf einer sehr abstrakten Aktivitätsdefinition beruht das ActiSENS System (Fraunhofer-IIS, 2013), welches vom Fraunhofer-Institut für Integrierte Schaltungen (IIS) entwickelt wurde. Die Sensorik ist gegenüber den zuvor genannten Uhren bzw. Armbändern um einen Höhenmesser erweitert worden. In Kombination mit dem dreiachsigen Beschleunigungssensor lassen sich sechs (gegenüber zuvor drei) Bewegungsklassen unterscheiden: Ruhen, Gehen, Laufen, Fahrradfahren, Treppe hinauf- und Treppe hinabsteigen.

Zur Quantifizierung der Tagesaktivität werden jeder dieser Klassen Punkte zugeordnet. Je intensiver die ausgeführte Bewegung, desto mehr Punkte bekommt man für deren Ausführung. Für das Ruhen werden keine Punkte vergeben. Über den gesamten Tag sammelt man mit jeder der genannten Aktivitäten (außer dem Ruhen) Punkte. Am Ende des Tages lässt sich eine Aussage über die Bewegungsbilanz des Trägers formulieren. Auch die hieraus abgeleiteten Informationen genügen nicht, um den Kontext oder die Autonomie einer Person zu bestimmen.

Resümierend bleibt festzuhalten, dass erste Systeme zur Erfassung von Aktivität am Markt existieren. Alle bekannten Systeme verlassen sich jedoch auf eine Kombination von Sensoren am Handgelenk des Trägers. Dementsprechend sind sehr abstrakte Aktivitätsdefinitionen die Folge. Nach Lawton (1990) sind es jedoch gerade die ADL, die Aufschluss über die Alltagskompetenz und Autonomie des Klienten geben. Diese Art der Aktivitäten lässt sich jedoch nicht ausschließlich durch Beschleunigungssensorik oder Höhenmesser einwandfrei detektieren.

4.3.2 Eigener Ansatz

Wie in Abschnitt 4.2.3 angedeutet, lässt sich sowohl für mit dem Normalverhalten konforme wie auch – nach Erweiterung des Normalverhaltens – neue Verhaltensweisen aus dem Prozessmodell eine Auftrittswahrscheinlichkeit berechnen. Die reine Auftrittswahrscheinlichkeit für einen bestimmten Pfad durch das PN als Maß für normales Verhalten zu verwenden, birgt jedoch drei wesentliche Nachteile:

1. Die Vergleichbarkeit von Tagesmustern unterschiedlicher Länge, d. h. $|\sigma_i| \neq |\sigma_j|$ mit $i \neq j$, ist nicht gegeben. Das Problem ergibt sich aus der Art und Weise, wie die Auftrittswahrscheinlichkeit berechnet wird. Die Multiplikation mit der Wahrscheinlichkeit $p_i = (0, 1]$ einer weiteren Aktivität liefert, für den Fall dass $p_i = 1$ gilt, die gleiche Auftrittswahrscheinlichkeit wie zuvor. Sollte $p_i < 1$ gelten, so ergibt sich eine reduzierte Wahrscheinlichkeit.
   Sei p_i die Wahrscheinlichkeit, mit der *Trace* σ_i auftritt, und p_j die Wahrscheinlichkeit, mit der *Trace* σ_j auftritt, dann gilt für $|\sigma_i| = |\sigma_j| + 1$ stets $p_i \leq p_j$.

2. Der Absolutwert der Auftrittswahrscheinlichkeit wird sich im Laufe der Verhaltensermittlung so lange verringern, bis alle Verhaltensweisen zumindest einmal beobachtet wurden

(falls dies überhaupt jemals eintritt). Mit jeder neuen (bisher nicht im Prozessmodell enthaltenen) Verhaltensweise steigt die Komplexität des PN. Dieser Zusammenhang wurde in Abbildung 4.10 visualisiert.

3. Die Auftrittswahrscheinlichkeit ist für den Betreuer nicht sehr aussagekräftig.

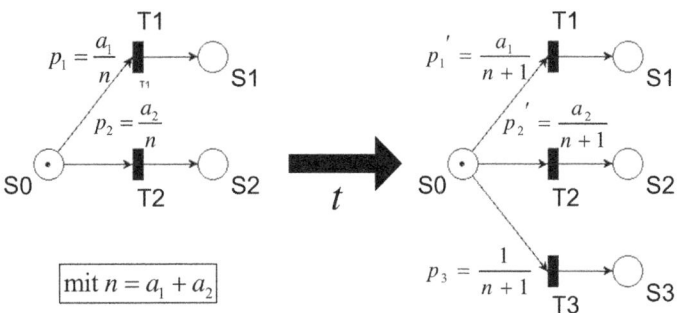

Abb. 4.10: Steigerung der Komplexität führt zu einer Verringerung der Auftrittswahrscheinlichkeit

Das linke PN in Abbildung 4.10 zeigt die markierte Ausgangsstelle $S0$ mit den zwei möglichen Folgetransitionen $T1$ und $T2$, wobei sich je nach Wahl der Transition die Zustände mit der markierten Folgestelle $S1$ bzw. $S2$ hervorrufen lassen. Die an den Transitionen angegebenen Wahrscheinlichkeiten p_i berechnen sich jeweils aus dem Verhältnis zwischen der Frequenz a_i, mit der die Transition bisher aufgetreten ist, und der Summe aller bisherigen Frequenzen an der Verzweigung.

Wird nach der Zeit t ausgehend von $S0$ eine weitere Ausprägung beobachtet (in diesem Fall $T3$ genannt), erweitert sich das Verhaltensmodell zu dem auf der rechten Seite der Abbildung dargestellten PN. Die Summe aller Frequenzen an der abgebildeten Verzweigung erhöht sich auf $n+1$. Da dieses Verhalten erst einmal beobachtet wurde, ergibt sich die Wahrscheinlichkeit zu $p_3 = \frac{1}{n+1}$. Jedoch bleiben die Wahrscheinlichkeiten der anderen zwei Pfade hiervon nicht unberührt. Im Zähler ändert sich die Frequenz dadurch, dass es sich bei $T3$ um einen alternativen Pfad zu $T1$ bzw. $T2$ handelt, nicht. Der Nenner hingegen muss auch bei den anderen Pfaden modifiziert werden.

Es konnte gezeigt werden, dass der oben als zweiter Nachteil aufgeführte Zusammenhang durch eine Komplexitätssteigerung ausgelöst wird, d.h. $p_1' < p_1 \wedge p_2' < p_2$. Man beachte hierbei, dass es sich bei den Ungleichungen um echt kleiner und nicht kleiner gleich handelt. Somit findet bei der Aufspaltung eine stetige Abnahme der absoluten Wahrscheinlichkeitswerte statt.

Zur Veranschaulichung kann man sich vorstellen, dass die markierte Stelle $S0$ den Zustand unmittelbar nach dem Aufstehen beschreibt. Bei der Transition $T1$ könnte es sich bspw. um das morgendliche Waschen handeln. $T2$ sei in dem Zusammenhang ein Stellvertreter für das Frühstücken. Als bislang unbeobachtet käme mit $T3$ ein Bad nach dem Aufstehen hinzu. Dies ist möglicherweise sehr selten und wurde dementsprechend bis dato noch nicht aufgezeichnet.

4.3 Quantifizierung von Verhaltensänderungen

Wegen der drei genannten Nachteile musste ein anderes Maß (Metrik) zur Quantifizierung von Verhalten gefunden werden. Mithilfe einer solchen Metrik kann bestimmt werden, wie typisch ein bestimmter Tagesverlauf für eine spezifische Person ist. Durch Berücksichtigung mehrerer Tage (Trend) können Änderungen des Verhaltens abstrakt angezeigt werden.

Bedingt durch die Tatsache, dass sich die Kontextgenerierung auf die Beobachtung der selbstständig ausgeführten ADL bezieht, kann eine solche Metrik als Maß für die Autonomie der betrachteten Person gewertet werden (Munstermann u. a., 2012). Im Gegensatz zu erfolgreich ausgeführten Aktivitäten werden unvollständige bzw. abgebrochene Aktivitäten nicht zur Verhaltensermittlung herangezogen. Da sie jedoch separat aufgezeichnet werden, könnten diese gesondert überprüft werden.

Die nicht ausgeführten bzw. abgebrochenen Aktivitäten äußern sich infolgedessen durch ihr Fehlen im Event-Log der erfolgreich ausgeführten ADL. Gemessen an dem für eine Person typischen Tagesablauf verursachen fehlende Aktivitäten unweigerlich eine abweichende Wahrscheinlichkeit. Der Grad dieser Abweichung setzt das kürzlich beobachtete Verhalten in Relation zum Normalverhalten.

Im Sinne einer Delta-Analyse kann der Vergleich zwischen Ist- und „Soll"-Verhalten dem Auffinden von Verhaltensänderungen dienen, wobei das „Soll"-Verhalten in dem Kontext der Beibehaltung des bisherigen Verhaltens entspricht. Das bislang beobachtete Verhalten stellt das ideale System dar. Das reale System enthält u. U. Abweichungen davon (Deltas).

Die Metrik, die zur Verhaltensermittlung genutzt werden soll, nutzt die zuvor bereits beschriebene Auftrittswahrscheinlichkeit und normiert diese mit der Wahrscheinlichkeit, die laut Modell aktuell den höchsten Wert aufweist. Die Idee dieses Ansatzes wurde durch den Ausblick im Paper (van der Aalst u. a., 2010) inspiriert.

Inhaltlich wird der aktuelle Tagesverlauf ins Verhältnis zum wahrscheinlichsten Tagesverlauf gesetzt: $m := \frac{p_M(\sigma_{current})}{p_M(\sigma_{highest})}$.

Dabei gibt $p_M(\sigma)$ die Wahrscheinlichkeit an, dass der *Trace* σ laut Modell M vorkommt. $\sigma_{current}$ repräsentiert die Aktivitätssequenz des aktuellen Tages. In einem sortierten Event-Log entspricht dies demzufolge der zuletzt hinzugefügten Sequenz. $\sigma_{highest}$ gibt den *Trace* mit der höchsten Wahrscheinlichkeit an. Unter Umständen besitzen mehrere *Traces* die gleiche (hohe) Wahrscheinlichkeit.

Theoretisch könnte ein Fall auftreten, bei dem sich durch stark variierendes Verhalten des Klienten ein stark verzweigtes Modell ableitet. Beginnend mit dem Aufstehen (der Wurzel des Baums) würden sich täglich neue, d. h. bis dato unbekannte Verhaltensweisen beobachten lassen. Der erweiterte TSM hätte keine Chance, wiederkehrende Abschnitte in den *Traces* zu finden, und müsste folglich bis zu den Blättern immer neue Verzweigungen bilden.

Treten die stark variierenden *Traces* zudem einigermaßen gleich häufig auf, kann ein *Trace*, der global betrachtet relativ selten auftritt, derjenige mit der höchsten Wahrscheinlichkeit sein. Im Extremfall wären sogar alle Möglichkeiten gleich wahrscheinlich. Durch die Normierung mit $p_M(\sigma_{highest})$ ergäbe sich aber ein Metrikwert von 100 %.

Das Problem besteht nun darin, dass ein hoher Metrikwert errechnet wird, obwohl global betrachtet ein relativ selten auftretender *Trace* vorlag. Auf der anderen Seite erschwert ein solches Klientenverhalten auch für den Betreuer eine Einschätzung dahin gehend, ob der Tagesverlauf typisch oder unregulär war.

Durch eine Anforderung aus dem Datenschutz wird dieser Entwicklung allerdings zum Teil entgegengewirkt. Durch das systematische Vergessen des Systems würden Verzweigungen, die zwar schon einmal aufgetreten sind, aber sehr lange (d. h. länger als die konfigurierte Zeitspanne, ab der automatisch vergessen wird) zurücklagen, aus dem Modell gelöscht. Hierdurch würde automatisch eine Vereinfachung des Graphen resultieren und die Zahl der Verzweigungen würde abnehmen.

Beobachtet wurde der oben beschriebene Fall allerdings bisher bei keinem Klienten – eher ist das Gegenteil der Fall: Speziell zu den Mahlzeiten bzw. anderen charakteristischen Aktivitäten (z. B. Mittagsschlaf) ließen sich die *Traces* immer zu Graphen mit deutlichen Knotenpunkten verknüpfen.

Bisher unbeantwortet blieb die Frage nach dem Vorgehen, mit dem der *Trace* mit der höchsten Wahrscheinlichkeit gefunden wird. Hierzu wurde der Dijkstra-Algorithmus, der normalerweise nach dem kürzesten Pfad innerhalb eines Graphen sucht, dahin gehend modifiziert, dass er den wahrscheinlichsten Pfad ermittelt. Die zwei wesentlichen Änderungen beziehen sich zum einen auf die Kostenfunktion, zum anderen auf das Entscheidungskriterium.

Anstatt die Kosten einzelner Pfadabschnitte zu addieren, multipliziert der modifizierte Dijkstra die einzelnen Wahrscheinlichkeiten. Das Entscheidungskriterium urteilt nicht nach den geringsten Kosten, sondern der höchsten Wahrscheinlichkeit.

Wendet man die aufgestellte Metrik an, lassen sich Tagesverläufe anhand ihrer Übereinstimmung mit dem wahrscheinlichsten aller Tagesverläufe bewerten.

Zieht man nun die drei zuvor beschriebenen Nachteile nochmals in Betracht, lässt sich feststellen, dass sowohl der zweite als auch der dritte Nachteil durch die Normierung überwunden wurden. Unabhängig von der mit der Zeit fortschreitenden Erhöhung der Komplexität des Prozessmodells gewährleistet die Normierung mit dem augenblicklich wahrscheinlichsten aller Tagesverläufe stets einen konsistenten Metrikwert, der nicht kontinuierlich abnimmt.

Der wahrscheinlichste aller Tagesverläufe unterliegt ebenso wie alle übrigen im Modell enthaltenen Tagesverläufe dieser stetigen Abnahme. Durch die Normierung mit dem wahrscheinlichsten aller Tagesverläufe entfällt dieser Einfluss beim Metrikwert.

Bezüglich der Aussagekraft für den Pfleger liefert die Normierung auch einen entscheidenden Beitrag: Ein Metrikwert von 100 % entspricht unmittelbar dem wahrscheinlichsten und somit häufigsten Tagesverlauf. Je größer die Differenz zu diesem Maximalwert ist, als desto unwahrscheinlicher ist der aktuelle Tagesverlauf einzuordnen.

Ein Metrikwert von 0 % ist durch das vorherige Hinzufügen eines bislang unbeobachteten Verhaltens vor der Berechnung nicht erzielbar. Werte von annähernd 0 % deuten allerdings darauf hin, dass es sich beim aktuellen Tag um eine Ausnahmeerscheinung handelt.

Formal lassen sich die Vorbedingungen zur Berechnung der Metrik wie nachfolgend angegeben zusammenfassen:

$$L \subseteq A^*$$
$$\sigma \in L$$
$$\forall_{\sigma \in L} hd^1(\sigma) = "\texttt{WakingUp0+complete}"$$
$$M = \{S, S^{start}, S^{end}, E, T, W\}$$
$$PN = \{P, Tr, Ar, To\}$$

Die Menge aller Aktivitäten sei durch A repräsentiert. Das Event-Log L sei eine Teilmenge der Potenzmenge von A. Ein Element aus dem Event-Log L sei die Sequenz σ (*Trace*). Je-

4.3 Quantifizierung von Verhaltensänderungen

des σ beginnt mit dem abgeschlossenen Ereignis des Aufstehens, d. h., der Kopf jeder Sequenz entspricht der Konkatenation aus der Aktivitäts-ID für Aufstehen – nämlich „WakingUp0" – sowie dem Ereignistyp, der für erfolgreich abgeschlossene Aktivitäten verwendet wird – „complete".

Jeder neue Tag wird folglich als eigenständige Prozessinstanz aufgefasst. Per Definition beginnt jede Prozessinstanz mit dem Aufstehen. Die Nacht wird demnach – unabhängig von der konkreten Dauer der Schlafphase – immer dem vergangenen Tag zugeordnet. Prozessinstanzen werden stets separat voneinander betrachtet.

Des Weiteren gäbe es ein Transitionssystem (TS) M – auch Modell über das Normalverhalten genannt –, welches aus den Zuständen S, den Startzuständen S^{start}, den Endzuständen S^{end}, der Ereignismenge E, der Transitionsrelation T sowie den Gewichten W bestehe. Die Transitionsrelation T sei gegeben durch $T \subseteq S \times E \times S$. Jede dieser Relationen besitze ein Gewicht aus W, welches mit dem Auftreten der jeweiligen Relation in σ um eins erhöht wird.

Zusätzlich gäbe es ein Petri-Netz PN mit den Stellen P, den Transitionen Tr, den Kanten Ar und den Marken To – auch Markierung genannt.

Mit den oben aufgeführten Vorbedingungen lässt sich die Verarbeitung des erweiterten TSM (TSM+) wie folgt beschreiben:

$$
\begin{cases}
if(|To| > 1 \vee placeType(place(To)) \neq \text{``end"}) \\
\quad \begin{cases}
h \leftarrow lastH(M) - 1 \\
p_{highest} \leftarrow 1 \\
\forall p \in \{p_0, \ldots, p_{|L|-1}\} : p \leftarrow 0 \\
while(p_{highest} > \max(\{p_0, \ldots, p_{|L|-1}\})) \\
\quad \begin{cases}
h \leftarrow h + 1 \\
M \leftarrow tsm(L, h) \\
\forall \sigma \in L : p \leftarrow p_M(\sigma) \\
\forall st \in S^{start} \wedge \forall ac \in S^{end} : Tr_{high} \leftarrow pHighestTrace(M, st, ac) \\
p_{highest} \leftarrow \max(\{p | \forall \sigma \in Tr_{high} : p \leftarrow p_M(\sigma)\})
\end{cases}
\end{cases} \\
else \\
\quad \begin{cases}
W \leftarrow updateWeights(M, \sigma_{current}) \\
\forall st \in S^{start} \wedge \forall ac \in S^{end} : Tr_{high} \leftarrow pHighestTrace(M, st, ac) \\
p_{highest} \leftarrow \max(\{p | \forall \sigma \in Tr_{high} : p \leftarrow p_M(\sigma)\})
\end{cases}
\end{cases}
$$

Zunächst sei darauf hingewiesen, dass eine Modellanpassung nur notwendig wird, wenn die aktuelle Sequenz $\sigma_{current}$ nicht mit dem Petri-Netz PN konform ist (siehe *else*-Fall), d. h., die aktuelle Beobachtung war noch nicht Teil des Normalverhaltens. Je länger die Verhaltensermittlung in Betrieb ist, desto seltener ist damit zu rechnen, dass es zu gravierenden Modellanpassungen kommen wird.

In einem konformen Modell werden zuerst die Kantengewichte entsprechend mit der Methode $updateWeights(M, \sigma_{current})$ angepasst. Danach wird mittels $pHighestTrace(M, st, ac)$-Funktion die Wahrscheinlichkeit für die dann wahrscheinlichste aller Sequenzen bestimmt. Dabei bezeichnet M das Modell, st die *Start*-Stellen und ac die *Accept*-Stellen. Üblicherweise werden eine *Start*-Stelle und mehrere *Accept*-Stellen produziert.

Sollten zu dem Zeitpunkt, nachdem die Sequenz $\sigma_{current}$ des vollständigen Tagesablaufs auf dem PN ausgeführt wurde, mehr als eine Marke existieren, d. h. $|To| > 1$ gelten, dann kann es sich nicht um ein konformes Netz handeln.

Die Funktion $place(To)$ liefert die Stelle des PN, in dem sich die Marke aktuell befindet. Eine zweite Funktion $placeType(place)$ gibt den Typ der Stelle zurück. Bei Startstellen (Stellen ohne eingehende Kante) liefert diese bspw. „start". Stellen, die keine ausgehenden Kanten aufweisen, entsprechen einem „end"-Stellentyp. Befindet sich die Marke nicht in einer Stelle ohne ausgehende Kanten, war $\sigma_{current}$ nicht konform zum Modell M, d. h., eine Modellanpassung wird notwendig.

Im ersten Verarbeitungsschritt der automatischen Modellanpassung wird der vorherige maximale Horizont mithilfe der Funktion $lastH(M)$ extrahiert. Sollte bis dato kein Modell M vorliegen, liefert $lastH(M)$ aus Kompatibilitätsgründen eine Eins, damit das erste Modell mit einem maximalen Horizont von eins initialisiert wird. Die Subtraktion von Eins ist notwendig, da später in der iterativen Verarbeitung vor der ersten Modellerzeugung mit Eins inkrementiert wird.

Des Weiteren nutzt die Verarbeitung eine Variable $p_{highest}$, die stets die höchste Wahrscheinlichkeit vorhält, die von einer Sequenz vom Start zu einer der Endstellen zu erreichen ist. Anfänglich wird dieser Wahrscheinlichkeit der Wert eins zugeordnet. Dies garantiert die erstmalige Iteration.

Jeder im Event-Log enthaltenen Sequenz ist ferner eine Wahrscheinlichkeit p_i mit $i \in \{0, 1, \ldots, (|L|-1)\}$ zugeordnet. Der Initialwert dieser Wahrscheinlichkeiten wird auf null gesetzt. Auf diese Weise ist der Ausdruck $p_{highest} > \max(\{p_0, \ldots, p_{|L|-1}\})$ anfänglich stets wahr. Die erste Operation innerhalb der Iteration inkrementiert den maximalen Horizont. Im nächsten Schritt wird der TSM auf das Event-Log L unter Zuhilfenahme des maximalen Horizonts h angewandt. Die verbleibenden vier Parameter des TSM (das Filter F, die maximale Zahl der gefilterten Ereignisse m, ob das auf Ereignissen basierende Wissen als Sequenz, Multimenge oder Menge abgelegt wird [$q = \{seq, ms, set\}$] und schließlich die Zahl der sichtbaren Ereignisse V) werden durch die Iteration nicht beeinflusst und wurden daher zur Vereinfachung der Darstellung nicht aufgeführt.

Nachdem das Modell bedingt durch eine bisher nicht konforme Sequenz angepasst werden musste, werden die Wahrscheinlichkeiten der übrigen Sequenzen zusammen mit der bisher noch nicht vorliegenden Wahrscheinlichkeit für die letzte Sequenz neu berechnet.

Innerhalb des neuen Modells M wird bzw. werden anhand des zuvor beschriebenen angepassten Dijkstra-Algorithmus der bzw. die wahrscheinlichste(n) Pfad(e) bestimmt. Die Funktion $pHighestTrace(M, st, ac)$ liefert anschließend die zugehörige Wahrscheinlichkeit.

Die Vorbedingung $\forall_{\sigma \in L} hd^1(\sigma) = $ "WakingUp0+complete" bringt es mit sich, dass stets $|S^{start}| = 1$ gilt. Da keine vergleichbare Bedingung für das Ende einer Sequenz gestellt wird, kann nicht davon ausgegangen werden, dass alle Tagesverläufe auf die gleiche Weise enden. Dies bedingt das mehrfache Auftreten von Endstellen.

Aus allen möglichen Sequenzen von der Start- zu den Endstellen wird schließlich diejenige herausgesucht, welche die höchste Wahrscheinlichkeit liefert. Der Algorithmus terminiert, sofern $p_{highest} \leq \max(\{p_0, \ldots, p_{|L|-1}\})$; d. h., die zuvor berechnete höchste Wahrscheinlichkeit (laut Modell) ist nicht mehr größer als die wahrscheinlichste aller Sequenzen aus dem Event-Log. Dieses Kriterium garantiert, dass sich die Abstraktion des Modells in einem moderaten Rahmen bewegt. Das Modell M kann durchaus weiterhin Sequenzen enthalten, die nicht im

4.3 Quantifizierung von Verhaltensänderungen   167

Event-Log L enthalten sind. Allerdings wird nicht geduldet, dass absurde Sequenzen im Modell existieren, die anhand des Event-Logs L höchst unplausibel sind.
Anschließend wird unabhängig von den beiden Fällen (d. h. im *if*- und *else*-Fall) ein aktuelles $p_{current} \leftarrow p_M(\sigma_{current})$ berechnet.

Um das Problem mit mehrfach auftretenden Aktivitäten gleicher Bezeichnung (Duplikate) effektiv zu verhindern, wurde die Aktivitäts-ID durchnummeriert, z. B. `Eating0, Eating1` etc. Hierbei handelt es sich um eine intuitive Lösung: Natürliche Sprachen unterscheiden in der Regel bspw. auch Mittagessen vom Abendbrot, obwohl es sich in beiden Fällen um Mahlzeiten handelt, die aus der Sicht ambienter Sensorik derselben Aktivität angehören.

Beim Konzept der Verhaltensermittlung wird zunächst davon ausgegangen, dass Verhaltensmuster, die bislang noch nicht aufgetreten sind, untypisch sind. Wird diese Annahme widerlegt, indem eine konkrete Beobachtung vorliegt, passt sich das Verhaltensmodell unverzüglich an.

Die Idee, die zur Erweiterung des TSM geführt hat, basiert auf den Aussagen im Ausblick von (van der Aalst u. a., 2010). Darin heißt es, dass sich zukünftige Bemühungen mit der Frage beschäftigen werden, wie der Benutzer bei der Parameterwahl bzgl. der fünf Abstraktionsstufen unterstützt werden kann. Die hier formulierte automatische Lösung nimmt dem Benutzer die Wahl des optimalen maximalen Horizonts sogar vollständig ab.

Zusammenfassen lässt sich der eigene Ansatz mit folgenden Schritten:

- Generieren und Visualisieren des Normalverhaltens
- Aufstellen einer geeigneten Metrik
- Bewerten des aktuellen Verhaltens mittels dieser Metrik

4.3.3 Beispiel der Anwendung des eigenen Ansatzes

Um die Funktionsweise des vorgestellten Konzepts zu erläutern, wird im Folgenden ein beispielhaftes (gekürztes) Event-Log präsentiert. Anschließend wird auf das Event-Log der durch Erweiterung des TSM entwickelte Algorithmus TSM+ angewandt. Eine aussagefähige Berechnung der Metrik ist mit den synthetischen Daten von sechs Tagen nicht möglich. Die simulative Evaluation der Metrik findet in Abschnitt 6.3.1 statt.

Tabelle 4.3: Event-Log mit drei unterschiedlichen Tagesmustern

Beispielhaftes Event-Log		
$1 \times Tag_0$	$2 \times Tag_1$	$3 \times Tag_2$
`Washing0+comp`	`Eating0+comp`	`Bathing0+comp`
`Eating0+comp`	`Washing0+comp`	`Eating0+comp`
`Using_Toilet0+comp`	`Using_Toilet0+comp`	`Using_Toilet0+comp`
`Eating1+comp`	`Eating1+comp`	`Eating1+comp`
`Using_Toilet1+comp`	`Washing1+comp`	`Using_Toilet1+comp`
`Waking0+comp`	`Using_Toilet1+comp`	`Washing0+comp`
	`Waking0+comp`	`Waking0+comp`

Das Event-Log in Tabelle 4.3 zeigt drei unterschiedliche Tagesmuster, wobei Tag_0 aus sechs erfolgreich ausgeführten ADL besteht. Die übrigen zwei Tagesmuster (Tag_1 und Tag_2) weisen jeweils sieben Aktivitäten auf. Tagesmuster Tag_0 sei bisher einmal aufgetreten, Tag_1 zweimal und Tag_2 dreimal. Beim Tagesmuster Tag_2 handelt es sich nach bisherigem Stand folglich um den am häufigsten beobachteten Tagesverlauf.

Die drei Spalten der Tabelle zeigen jeweils die Konkatenation aus einer Aktivitäts-ID und dem Ereignistyp. Wie man sehen kann, werden ausschließlich erfolgreich abgeschlossene Aktivitäten, wobei „complete" durch „comp" abgekürzt wird, betrachtet. Zudem wurde zur Vereinfachung der Darstellung darauf verzichtet, jeweils die Anfänge der Aktivitäten aufzuführen; insofern handelt es sich zunächst um atomare ADL. Bei der simulativen Evaluation in Abschnitt 6.3.1 werden die Aktivitäten als Intervalle behandelt.

Ein vollständiges Event-Log enthielte darüber hinaus die drei noch fehlenden Elemente des Kontexts: Aufenthaltsort, Identität und Zeit. Bei den vorausgesetzten Ein-Personen-Haushalten ist die Identität ein statischer Wert. Liegen keine anderslautenden Informationen vor, wird davon ausgegangen, dass es sich beim Ausführenden um Lisa selbst handelt. Der Aufenthaltsort bezeichnet die Umgebung, in der die Aktivität ausgeführt wurde.

Nutzt man das beschriebene Event-Log als Eingabe für den TSM in seiner Grundform mit Defaultparametern, ergibt die erste Verarbeitungsstufe das in Abbildung 4.11 links dargestellte TS mit insgesamt neun Zuständen.

Der Zustand mit der gestrichelten Linie markiert jeweils den Startzustand, wohingegen die doppelte Linie den Endzustand bzw. die Endzustände auszeichnet.

Für die linke Darstellung ist bezeichnend, dass sie genau $n + 1$ Zustände besitzt, wobei n der Zahl der unterschiedlichen Aktivitäten im Event-Log entspricht. Der eine zusätzliche Zustand wird für den Startzustand benötigt, ansonsten taucht jede Aktivität genau einmal auf. Diese Form der Repräsentation des Normalverhaltens ist die kompakteste und gleichsam toleranteste, d. h., sie erlaubt mehr Verhalten, als im Event-Log tatsächlich beobachtet wurde.

Die drei Tagesmuster finden sich im TS wieder. Dies lässt sich sehr leicht nachvollziehen, indem man den Graphen anhand des Event-Logs traversiert. Die außerordentliche Toleranz bringt es mit sich, dass auch weitere Sequenzen möglich sind. Dieses Phänomen ist – nicht nur im Bereich des Process-Minings (vgl. Abschnitt 2.5.3) – durchaus wünschenswert.

Als Nächstes wird versucht, anhand des Graphen die vorgestellte Metrik zu berechnen. Der Pfad mit der höchsten Wahrscheinlichkeit $\sigma_{highest}$ entspricht in diesem Fall gleichzeitig dem kürzesten Pfad: angefangen beim Startzustand (1) über den Zustand 2 hin zum Endzustand (7). Dies entspricht zwar dem wahrscheinlichsten Pfad des Graphen, der im Startzustand beginnt und im Endzustand endet, jedoch hat die Sequenz an Aktivitäten vor dem Hintergrund des Event-Logs keine besondere Relevanz.

Traces der Länge zwei, d. h. $|\sigma_{highest}| = 2$, lassen sich im Event-Log nicht finden (vgl. $|\sigma_{Tag_0}| = 6$ und $|\sigma_{Tag_1}| = |\sigma_{Tag_2}| = 7$). Laut van der Aalst und de Medeiros (2005) lässt sich dieses Modell dem *Underfitting* zuordnen, d. h., es erlaubt hinsichtlich des Anwendungsfalls zu viel Verhalten, welches sich im Event-Log nicht bestätigt.

Um die Metrik dennoch berechnen zu können bzw. einen Pfad zu finden, der auch laut Event-Log plausibel ist, werden die Parameter des TSM angepasst. Die veränderte Konfiguration lautet: $h = 2$, $F = A$, $m = \infty$, $q = seq$ und $V = A$.

In natürlicher Sprache bedeutet dies eine Anhebung des Horizonts von eins auf zwei. Es werden keine Aktivitäten herausgefiltert. Die Menge A entspricht der Gesamtheit aller Aktivitäten. Das ungefilterte Resultat wird nicht beschnitten. Inhaltlich interessiert man sich sehr wohl für

4.3 Quantifizierung von Verhaltensänderungen

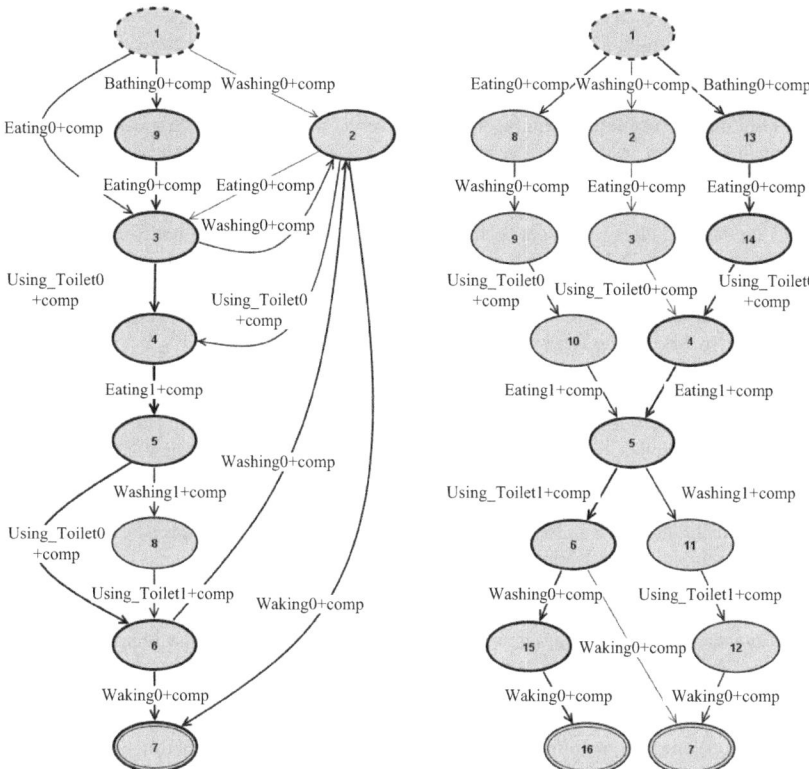

Abb. 4.11: Aus dem beispielhaften Event-Log gewonnenes „Normalverhalten"; links: mit Defaultparametern, rechts: mit automatisch angepasstem maximalen Horizont

die Reihenfolge, in der die Aktivitäten aufgetreten sind. An den Kanten werden ebenfalls alle Aktivitäten angezeigt. Alle weiteren Details zum TSM finden sich in Abschnitt 2.5.3.

Die rechte Darstellung in Abbildung 4.11 zeigt den Graphen, der mithilfe der modifizierten Parameter gewonnen wurde. Dieser besitzt bereits 16 Zustände. Konkatenationen aus Aktivitäts-ID und Ereignistypen können mehr als einmal vorkommen.

Schließlich lässt sich anhand des neuen Modells für jedes Tagesmuster eine Wahrscheinlichkeit berechnen:

- Tagesmuster Tag_0: $\frac{1}{3}$
- Tagesmuster Tag_1: $\frac{2}{3}$
- Tagesmuster Tag_2: 1

Angesichts der Vervielfachung der einzelnen Tagesmuster entspricht das oben angegebene Ergebnis der Erwartung. Die Wahrscheinlichkeiten stehen genau im Verhältnis zu der Häufigkeit, mit der die einzelnen Tagesmuster im Event-Log vorkommen, normiert mit dem häufigsten Tagesmuster (Tag_2).

Obwohl diese Darstellungsform bereits restriktiver ist als die erste, erlaubt das Modell dennoch mehr Verhalten als das vom Event-Log vorgegebene. Neben den drei aus dem Event-Log bekannten Mustern lassen sich anhand des Modells sechs weitere Pfade vom Start- zum Endzustand traversieren.

Zur Veranschaulichung wird der rechte Graph in einen oberen Teil (oberhalb von Zustand 5) und einen unteren Teil (unterhalb von Zustand 5) eingeteilt. Jeder Teil des Graphen erlaubt drei unterschiedliche Pfade. Kombiniert man diese miteinander, ergeben sich insgesamt folglich neun Permutationen. Abzüglich der drei bereits im Event-Log enthaltenen Sequenzen bleiben demnach sechs zusätzliche Tagesmuster übrig.

Betrachtet man das Normalverhalten, welches der Graph repräsentiert, bedeuten die sechs zusätzlichen Permutationen, dass das Modell auf diese Verhaltensweisen vorbereitet ist. Treten diese Sequenzen eines Tages auf, lassen sich dafür unmittelbar Metrikwerte berechnen.

Bei dem den Graphen in einen oberen und einen unteren Teil separierenden Zustand 5 handelt es sich zufällig um das Mittagessen. So gesehen kann man sich die sechs Permutationen als Kombinationen von vor- und nachmittäglichen Verhaltensweisen vorstellen, die in der Form (nur) noch nicht aufgetreten sind. Es ist daher nicht unwahrscheinlich, dass diese Sequenzen eines Tages tatsächlich eintreten.

Für Kombinationen aus bereits beobachteten Verhaltensweisen ergäben sich somit vergleichbare Metrikwerte, wie bei den direkt aufgezeichneten Tagesmustern. Im Gegensatz dazu liefern Sequenzen, die nicht einmal ansatzweise beobachtet wurden, sehr kleine Metrikwerte, weil bereits der Zählerterm $p_M(\sigma_{current})$ Werte nahe null annimmt.

Obwohl in diesem Kapitel immer von Beispielen aus der Anwendung in der Pflege die Rede ist, lässt sich der Ansatz problemlos auf andere Anwendungsfelder übertragen. Abstrahiert gesprochen ist das System nach initialer Installation und Konfiguration in der Lage, aus Ketten von Ereignissen (*Traces*) ein Normalverhalten abzuleiten und anschließend Abweichungen vom angelernten Normalverhalten quantitativ zu bewerten. Die Ereignisse werden selbstständig durch die gewählten Sensoren detektiert.

Der modulare Aufbau erlaubt einen einfachen Austausch beider Module. Das Modul der Kontextgenerierung könnte in Umgebungen, in denen alle Ereignisse bereits erfasst werden, entfallen. Vorstellbar wäre dies z.B. im Krankenhausumfeld, vgl. (Mans u. a., 2008): Alle Vorgänge von der Aufnahme des Patienten bis zu seiner Entlassung müssen festgehalten werden. Möchte man im Anschluss aus Sicht des Qualitätsmanagements überprüfen, inwiefern sich die Behandlung des Patienten an der vorgesehenen Richtlinie orientiert hat, ließe sich das entwickelte System dazu nutzen. Aus den Erkenntnissen könnte man zusätzlich Optimierungspotenzial für eine erneute Behandlung derselben Krankheit ableiten.

Ebenso ließe sich die Kontextgenerierung losgelöst von der zuvor beschriebenen Verhaltensermittlung betreiben bzw. mit einer alternativen Form kombinieren. Die Kontextgenerierung detektiert selbstständig zuvor formal beschriebene Aktivitäten mit folgenden Attributen: Identität des Ausführenden, Ausführungsort, Ausführungszeit und Name der Aktivität.

4.3 Quantifizierung von Verhaltensänderungen

Der Bereich, aus dem die Aktivitäten stammen können, ist unbegrenzt. Klassischerweise ließen sich genauso gut technische Prozesse abbilden, die dann automatisiert dokumentiert werden könnten – etwa wenn aus gesetzlichen Zwängen heraus die Notwendigkeit besteht, alle Schritte eines Produktionsprozesses zu dokumentieren. Dies ist insbesondere bei sicherheitskritischen Erzeugnissen wie z. B. Flugzeugen bzw. Flugzeugteilen der Fall.

Die Lösung besteht aus folgenden Komponenten: dem Editor zur initialen Konfiguration des Systems, der Middleware zur Abstrahierung von spezieller Sensorik und den getrennten Modulen zur Kontextgenerierung und Verhaltensermittlung. Bereits an der vorgenommenen Aufteilung lässt sich die Bemühung, ein System zu schaffen, welches auch in anderen Situationen anwendbar sein soll, erkennen.

Mit Ausnahme des Editors, der relativ spezifisch auf die Lösung zugeschnitten ist, lassen sich die übrigen Bestandteile sehr wohl auch in anderen Szenarien verwenden. Beispiele dafür wurden bereits weiter oben (vgl. Abschnitt 4.2.3 unter den Überschriften Middleware, Kontextgenerierung und Verhaltensermittlung) angegeben. Die wesentlichen Anpassungen, um das System in einem anderen Kontext einzusetzen, sind demnach am Editor zu leisten.

Wie bei anderen Ansätzen, die einen Modellvergleich (*Model-Checking*) einsetzen, kann es durch Hinzufügen eines weiteren *Traces* zu einer sogenannten Zustandsexplosion kommen. Der direkte Auslöser hierfür ist die Inkrementierung des Horizonts. Teilzweige, die vormals zusammengefasst werden konnten, tauchen auf einmal getrennt im Modell auf. Der plötzliche und rapide Anstieg an neuen Zuständen erhöht in erster Linie den Speicherbedarf. Der Aufwand zur Berechnung des Metrikwerts wird jedoch auch erhöht.

Ebenso kann eine hohe Aufspaltung des Modells u. U. wie oben (siehe Abschnitt 4.3.2) beschrieben bei einer Gleichverteilung der Variationen zu hohen Metrikwerten führen, die in dem Zusammenhang durchaus missverständlich sein könnten. Für Anwendungen, bei denen dieses Verhalten zu erwarten ist (weil die Variationen z. B. gerade zufällig verteilt sind), ist das System demnach nicht sonderlich gut geeignet.

Das System arbeitet retrospektiv. Eine Vorhersagefunktion ist bisher nicht implementiert worden. Situationen, die dahin gehend eine Vorhersage erfordern, ob noch damit zu rechnen ist, dass ein normaler Prozessverlauf eingeschlagen wird bzw. was zu tun ist, damit ein normaler Prozessverlauf erzielt wird, werden durch das System beim aktuellen Stand nicht abgedeckt. Eine Erweiterung in diese Richtung mit zusätzlicher Alarmierungsfunktion in Echtzeit bei Abweichungen vom Modell wäre aber durchaus realisierbar.

Da die Anwender (Betreuer/Pfleger) im vorliegenden Fall diese Information nicht zeitnah (ein Pflegedienst stellt üblicherweise keine Notfallversorgung bereit, folglich wird er Reaktionszeiten von bspw. Rettungspersonal nicht erzielen) verwerten können, wurde darauf verzichtet, diese zu integrieren. Es mag durchaus andere Szenarien geben, in denen eine Vorhersage bzw. das Vorschlagen von möglichen Fortsetzungen des Prozesses sinnvoll und notwendig ist.

Nachdem in diesem Kapitel zuerst die an der Systemlösung beteiligten Rollen definiert wurden, wurden wichtige Grundlagen für das Gesamtkonzept erläutert. Schließlich wurde sich dem Thema der Quantifizierung von Verhaltensänderungen gewidmet.

Zu den Grundlagen zählten u. a. die Wahl der geeigneten Sensoren und Methoden, wobei hierbei zwischen der Kontextgenerierung und der Verhaltensermittlung unterschieden wird. Die einzelnen Bestandteile der Gesamtplattform werden in Gänze vorgestellt und ihre jeweiligen

Aufgaben beschrieben: der Editor, die Middleware sowie die Module Kontextgenerierung und Verhaltensermittlung. Abschließend werden Fragen zur Reproduzierbarkeit beantwortet.

Das Kapitel endet mit einer Übersicht über die bisherigen Maßstäbe zur Quantifizierung von Verhaltensänderungen, zeigt den eigenen Ansatz auf und nimmt sich der Generalisierbarkeit der Lösung an.

5 Realisierung des Gesamtsystems

Das fünfte Kapitel beschäftigt sich mit der Realisierung des Gesamtsystems. Dies umfasst die Umsetzung des Editors, der Middleware sowie der Module zur Kontextgenerierung und Verhaltensermittlung. Bevor auf die Vorgehensweise zur Analyse der häuslichen Aktivitäten eingegangen wird, wird mit einer Übersicht über die zur Detektion eingesetzten Sensoren begonnen.

5.1 Eingesetzte ambiente Sensorik

Gemäß dem im Titel der Arbeit festgeschriebenen Credo, nur auf ambiente Sensorik setzen zu wollen, werden nachfolgend die nahezu unsichtbar in den Alltag zu integrierenden Sensoren aufgeführt, die sich später in den Task-Modellen (siehe Abschnitt 5.2.3) wiederfinden lassen.

In Abschnitt 4.2.1 wurde eine Kategorisierung der unterschiedlichen Sensortypen eingeführt: Sensoren, die in Zusammenhang mit Objekten stehen (Typ O), Kontextsensoren (Typ C) und Bewegungssensoren (Typ M). Diese Kategorisierung wird in der nachfolgenden Aufstellung beibehalten.

Tabelle 5.1 gibt einen Überblick über die zur Realisierung benötigten Sensortypen und -zahlen. Anschließend soll die durchschnittliche Zahl der Sensoren pro Aktivität berechnet werden. Diese ist gleichsam als eine Art Empfehlung für weitere Aktivitätsmodelle zu sehen.

Die Aufstellung in Tabelle 5.1 zeigt deutlich, dass insbesondere die Aktivitäten Essen, Haushaltsführung und Kochen sensorisch aufwändig zu erfassen sind. Mit sechs, fünf und vier zu installierenden Sensoren bilden sie die Extreme in der ansonsten relativ homogenen Zahl-Spalte. Würde man lediglich auf die Erkennung der Mahlzeit verzichten, ergäbe sich ein Durchschnittswert von annähernd drei Sensoren pro Aktivität.

Da es sich bei den drei zuvor genannten Aktivitäten um durchaus komplexe Abläufe handelt, ist diese Erkenntnis nicht weiter verwunderlich. Mit jeweils zwei Sensoren zu erfassen sind die Medikamenteneinnahme und das Fernsehen – zwei recht einfache Vorgänge.

Bezogen auf die Sensorkategorien stellt sich ebenfalls eine zu erwartende Situation ein: Am wenigstens aussagekräftig in Bezug auf ausgeführte Aktivitäten sind Sensoren vom Typ C. Der Klient hat wenig bis gar keinen Einfluss auf die Werte dieser Sensorkategorie.

Ihr Vorteil liegt in der größtmöglichen Freiheit bei der Wahl des Installationsortes, die dem Supervisor gegeben wird. Licht bzw. Feuchtigkeit können an nahezu beliebiger Stelle im Raum gemessen werden, ohne dass sich die Messwerte dadurch gravierend unterscheiden würden. Dies hängt mit der gleichmäßigen Ausbreitung der physikalischen Größen zusammen, die dort erfasst werden. Im Falle der Aktivität „Körperpflege" erspart man sich damit z. B. eine aufwendigere Installation an den Wasserleitungen, die zur direkten Erfassung des Wasserverbrauchs im Badezimmer vonnöten wäre.

Von durchschnittlicher Aussagekraft bezogen auf ausgeführte Aktivitäten sind Sensoren der Kategorie M. Die Anwesenheit des Klienten in einem bestimmten Bereich (z. B. in der Küche) ist zwar in den meisten Fällen eine notwendige Voraussetzung, aber kein hinreichender Nachweis für die Ausführung einer bestimmten Aktivität.

Tabelle 5.1: Zur Kontextgenerierung eingesetzte ambiente Sensorik (Anzahlen)

Sensorkategorie	Typ O			Typ C		Typ M		
Aktivität/Sensortyp	Kontakt	Strom	Objektnutzung	Licht	Feuchtigkeit	Präsenz/Bewegung	Zahl	unterschiedlichen Typs
Toilettenbenutzung	0	0	2	0	0	1	3	2
Wohnung verlassen	1	0	0	0	0	2	3	2
Aufstehen/Zubettgehen	0	0	1	1	0	1	3	3
Medikamenteneinnahme	1	0	1	0	0	0	2	2
Essen	2	0	3	0	0	1	6	3
Kochen	2	1	0	0	0	1	4	3
Körperpflege	0	0	1	0	1	1	3	3
Haushaltsführung	0	1	4	0	0	0	5	2
Fernsehen	0	1	1	0	0	0	2	2
Σ	6	3	13	1	1	7	31	22
Ø	0,67	0,33	1,44	0,11	0,11	0,78	3,44	2,44

Schließlich sind es die Sensoren vom Typ O – d. h. jene, die mit Objekten in Verbindung stehen –, welche die wertvollsten Informationen liefern. Dies hängt damit zusammen, dass die Ausführung von vielen Aktivitäten mit Objekten des Haushalts (bspw. dem Wasserhahn) in Verbindung steht bzw. gebracht werden kann.

Möchte man den genauen Beginn und das genaue Ende einer Aktivität (Intervall) erkennen, ist im Idealfall ein binärer Sensor ausreichend. Eignen sich jedoch die resultierenden zwei Sensorereignisse nicht zur Detektion von Anfang und Ende, besteht keine andere Möglichkeit, als einen zweiten Sensor zu installieren. Insofern sind die Aktivitäten Medikamenteneinnahme und Fernsehen bzgl. ihrer Sensorausstattung nahezu minimal.

Zwar existieren Arbeiten, deren Autoren argumentieren, dass die Ausführungsuhrzeit ein gutes Unterscheidungskriterium sein kann, z. B. (Blanke und Schiele, 2009), jedoch widerspräche dies z. T. dem Konzept der Verhaltensermittlung. Aus den unterschiedlichen Ausführungszeitpunkten wird bereits auf Verhaltensänderungen geschlossen. Andere Arbeiten haben bspw. gezeigt, dass sich Aktivitäten, die sich bzgl. ihrer Interaktion mit der Umgebung sehr ähneln (z. B. Frühstück und Abendessen), unter Verwendung von wenigen Sensoren nicht unterscheiden lassen (van Kasteren u. a., 2008).

Der Grund für den verhältnismäßig hohen Installationsaufwand bei den Aktivitäten Essen, Haushaltsführung und Kochen ist in der räumlichen Verteilung ihrer Ausführung zu sehen. Insbesondere beim Essen, welches in der Küche bzw. einem Vorratsraum beginnt und am Esstisch endet, ist die Größe des Aktionsraumes unverkennbar.

5.1 Eingesetzte ambiente Sensorik

Fokussiert man nicht auf die absolute Zahl der verwendeten Sensoren, sondern betrachtet die unterschiedlichen Sensortypen, so deutet die Aufstellung auf zwei bis drei verschiedenartige Sensoren pro Aktivität hin.

Selten Verwendung finden Sensoren, die Licht, Strom oder Feuchtigkeit messen. Insbesondere bei der Erfassung des fließenden Stroms, der zum Fernsehen verwendet wird, besteht eine – im Sinne der Installation und Nachrüstbarkeit – einfache Möglichkeit, um zu erkennen, ob der Klient aktuell ein visuelles Medienangebot konsumiert. Bei ausschließlichem Verlassen auf den Stromverbrauch besteht hingegen die Gefahr einer Fehlinterpretation, wenn der Ton des Fernsehapparats nur zur Bekämpfung der Stille verwendet wird und kein „aktives" Verfolgen des Programms vorliegt.

In aufsteigender Reihenfolge am aussagekräftigsten sind Sensoren, die Kontakt, Präsenz bzw. Bewegung und Objektnutzung bestimmen. Unter die Rubrik Objektnutzung fallen Sensorereignisse, die anzeigen, dass ein bestimmtes Objekt verwendet wurde. Hierzu zählen z. B. Toilettenpapier, Toilettenspülung, Bett, Medikamente, Stuhl etc.

Aus dieser Beobachtung wird deutlich, warum Autoren wie Wyatt u. a. (2005) ausschließlich versucht haben, aus der Objektnutzung auf ausgeführte Aktivitäten zu schließen. Lediglich beim Kochen und beim Verlassen der Wohnung werden keine Sensoren eingesetzt, die direkt eine Objektnutzung detektieren.

Zumindest beim Kochen ist die Aussage, dass keine Objektnutzung durchgeführt wird, geringfügig verfälscht: Die Nutzung der Töpfe und Pfannen wird indirekt über einen Kontaktschalter, der an den Schränken bzw. Schubladen angebracht wird, gefolgert. Diese Form der Sensorik ist einfacher zu installieren. Anstatt jeden einzelnen Topf und jede einzelne Pfanne bspw. mit einem Radio-Frequency-Identification-Chip (RFID-Chip) auszustatten, genügt es, den jeweiligen Aufbewahrungsort zu beobachten.

Beim Verlassen der Wohnung könnte man zur Sicherheit per Modell fordern, dass der Haustürschlüssel nicht in der Wohnung verbleibt. Zur Erkennung der eigentlichen Aktivität ist dies jedoch nicht erforderlich.

Neben der sensorischen Kategorisierung von Aktivitäten existiert eine allgemeinere Form, die einem dabei hilft, besser zu verstehen, warum bestimmte Sensoren zum Einsatz kommen bzw. überhaupt einsetzbar sind.

In einer modernen Welt wurden bereits viele alltägliche Tätigkeiten automatisiert. Kommen Maschinen (z. B. Waschmaschine, Trockner, Geschirrspülmaschine etc.) bei der Ausführung von Aktivitäten des täglichen Lebens zum Einsatz, kann man aus deren Nutzung bereits auf die damit ausgeführten Aktivitäten schließen.

Die bloße Existenz dieser Maschinen genügt jedoch nicht, um sicherzugehen, dass jeder Mensch diese auch besitzt und regelmäßig verwendet. Unverkennbar ist jedoch, dass die Verwendung der Maschinen die Prozesse verändert. Letztere werden dadurch teilweise so sehr verändert, dass für die Automatismen eigene Teilzweige in den Task-Modellen geschaffen werden müssen. Die erste Unterscheidung, die in Tabelle 5.2 („–": keine, „+": und, „/": oder) vorgenommen wird, gibt demzufolge an, ob eine Aktivität manuell oder automatisch (d. h. unter Zuhilfenahme einer Maschine) ausgeführt wird.

Das nächste Kriterium, nach dem man Aktivitäten einteilen kann, betrifft die typische Pose der Person bei der Ausführung der Aktivität. Eine liegende bzw. sitzende Körperhaltung eröffnet andere Detektionsoptionen als eine stehende (immer unter der Verwendung von ambienter Sensorik).

Insbesondere ermöglichen im Sitzen ausgeführte Aktivitäten, die stets am selben Ort stattfinden (bspw. die Toilettenbenutzung), eine einfachere Erfassung. Die Fläche, die der menschliche Körper im Liegen einnimmt, ist deutlich größer. Somit muss auch die durch die Sensoren abzudeckende Fläche größer ausfallen, möchte man die liegende Person erkennen.

Die größte Herausforderung ergibt sich bei im Stehen ausgeübten Aktivitäten. Der Erfassungsbereich der Sensoren muss hierbei am größten sein, da die Aktivitäten nicht reproduzierbar am selben Ort stattfinden. Die Auslösung der Sensoren darf jedoch nicht so willkürlich sein, dass gleichzeitig viele andere Aktivitäten in Frage kommen. Andernfalls würde entweder die Korrektheit bei der Erkennung darunter leiden oder es müssten zusätzliche Sensoren beteiligt werden. Im letzteren Fall stellt sich die Frage, ob bei der bestimmten Aktivität der Ausführungsort dann überhaupt als Detektionsmerkmal geeignet ist.

Ähnlich verhält es sich bzgl. der Dynamik bei der Aktivitätsausführung: Tätigkeiten, die in Ruhe ausgeführt werden, sind leichter zu erfassen, als jene, die auf ein gewisses Maß an Bewegung angewiesen sind. Beispiele für in Ruhe ausgeübte Aktivitäten sind die Medikamenteneinnahme und das Fernsehen.

Schließlich verlangt die überwiegende Zahl der betrachteten Aktivitäten die Nutzung von Energie und/oder Wasser. Dabei stellt in unserer Zeit Strom den primären Energieträger dar. Noch häufiger als Strom (3-mal) wird Wasser (4-mal) zur Ausführung von bestimmten Aktivitäten benötigt (siehe Tabelle 5.2).

Beiden gemein ist die erleichterte Detektion von Aktivitäten, wenn man jeweils den Verbrauch erfassen kann. So gibt bspw. ein akuter Stromverbrauch ausgelöst durch das TV-Gerät ein gutes Indiz für das Fernsehen ab. Tätigkeiten der täglichen Hygiene erfordern hingegen meist die Zuhilfenahme von Wasser, sodass der Wasserverbrauch im Badezimmer hierfür sehr aufschlussreich sein kann.

Dabei sind auch indirekte Formen der Wassernutzung detektierbar. Kommt es zu einem Wasserverbrauch in großem Umfang (etwa beim Baden oder Duschen), steigt – wenn auch zeitlich etwas verzögert – die Luftfeuchtigkeit im Raum der Ausführung. Häufig sind Sensoren der indirekten Erfassung einfacher zu montieren bzw. zu installieren als die der direkten. Ein Eingriff in die Wasserversorgung erfordert in der Regel den Einsatz eines Installateurs und ist zudem zeitaufwendig und somit kostenintensiv.

Eine generelle Diskussion darüber zu führen, ob zur Erkennung einer bestimmten Aktivität ein Sensor mehr oder weniger einzusetzen ist, ist sehr mühsam und nicht zielführend. Man wird immer Argumente finden, die entweder dafür oder dagegen sprechen, einen Sensor mehr oder weniger zu verwenden.

Die höchste Priorität bei der sensorischen Ausstattung der Umgebung und der darauf beruhenden Detektion der ausgeführten Aktivitäten kommt der Korrektheit der Erkennung zu. In keinem Fall sollte eine Aktivität als erkannt angenommen werden, wenn sie nicht tatsächlich stattgefunden hat. Eher kann man mit dem umgekehrten Fall – nämlich einer tatsächlich ausgeführten Aktivität, die aber als solche vom System nicht detektiert wurde – umgehen.

Der Grund hierfür ist recht einfach: Bei der Weiterverarbeitung wird eine nicht erkannte Aktivität im Idealfall zum sorgfältigen Nachsehen durch den Pfleger führen. Eine zu viel erkannte Aktivität (obwohl keine tatsächliche Ausführung vorlag) würde dem System u. U. ein normales Verhalten suggerieren, obwohl Abweichungen vorliegen.

Ein weiteres nicht zu vernachlässigendes Thema ist das der Akzeptanz durch den Klienten: Je weniger sich die Umgebung bzw. die Gerätebedienung durch die Einbringung der Sensorik verändert, desto höher ist die zu erwartende Akzeptanz durch den Klienten. Im Feldtest (siehe

Tabelle 5.2: Kategorisierung von Aktivitäten nach Ausführungsart, -pose, Dynamik und evtl. genutzte Energie (in der Regel Strom) bzw. Wasser

Aktivität	Ausführungsart: automatisch (a), manuell (m)	Ausführungspose: liegend (l), sitzend (s), stehend (st)	Dynamik: in Bewegung (B), in Ruhe (R)	Nutzung von: Energie (E), Wasser (W)
Toilettenbenutzung	m	s	R	W
Wohnung verlassen	m	st	B	–
Aufstehen/ Zubettgehen	m	st/l	B	–
Medikamenteneinnahme	m	l/s/st	R	–
Essen	m	s	R	–
Kochen	a/m	st	B	E+W
Körperpflege	m	s/st	B	W
Haushaltsführung	a/m	st	B	E+W
Fernsehen	m	l/s	R	E

Kapitel 6.1) wurde deutlich, dass der Magnetkontakt an der Kühlschranktür weniger oft vom Klienten abmontiert wurde, wenn er nicht im direkten Sichtfeld angebracht wurde.

In Fällen, in denen mehrere Aktivitäten an ein und demselben Ort (zumindest sensorisch nicht unterscheidbar) ausgeführt werden, ist zwangsläufig die Hinzunahme eines weiteren Sensors erforderlich, damit die Aktivitäten unterscheidbar werden.

Bei allen Aktivitäten wird davon ausgegangen, dass sie durch Lisa ausgeführt wurden, wenn dem keine anderslautende Information gegenübersteht. Dies wäre bspw. die Anwesenheit eines Pflegers bzw. allgemein eines Besuchers in Lisas Häuslichkeit.

Allen Bemühungen liegt die Behauptung zugrunde, dass es eine Kombination von Sensoren gibt, die den Anforderungen genügt und die Aktivität korrekt erkennen kann. Alle vorgestellten Task-Modelle wurden entweder in der Simulation oder dem Labortest, siehe (Kitanovski, 2011) bzw. Kapitel 6.2, erprobt. Angestrebt wurde eine Erkennungssicherheit von mehr als 90 %. Wurde diese nicht erreicht, konnte aufgrund der Markierungen in den Petri-Netzen (PN) erkannt werden, an welchen Stellen innerhalb der Definition die Schwierigkeit bei der erfolgreichen Ausführung besteht.

Die relativ großzügige Irrtumswahrscheinlichkeit von $\alpha = 10\,\%$ ist den im Labortest erzielten Ergebnissen – Erkennungsgenauigkeiten von 92,5 %, 100 % und 95 % bei einer Stichprobengröße von 10; siehe (Kitanovski, 2011) – geschuldet. Eine vorstellbare Verbesserung der Erkennungsgenauigkeiten durch Hinzuziehen der Informationen aus der Verhaltensermittlung ist aufgrund der Systemarchitektur (vgl. Abbildung 4.2) und der zeitlichen Abarbeitung leider nicht möglich. Informationen über potentielle Verhaltensänderungen liegen erst am Ende eines Tages vor.

Wünschenswert wäre sicherlich ein $\alpha < 5\,\%$, jedoch erscheint dies für den Einsatz im Feld nicht realistisch, wenn im Labor (unter idealisierten Bedingungen) aktivitätsabhängig im schlimmsten Fall nur eine Erkennungsrate von 92,5 % vorlag. Eine konkrete Aussage zu einer akzeptierbaren Fehlerquote konnte der Forschungspartner (Pflegedienstleister) nicht formulieren. Es existieren jeweils Indizien dafür, dass die Task-Modelle funktionieren können. Wenn ein vordefiniertes Modell evtl. nicht anwendbar ist, kann im Einzelfall ohne viel Aufwand eine spezielle Aktivitätsdefinition erzeugt werden. Nicht anwendbar kann ein Modell sein, wenn die Umgebung und/oder eine evtl. Behinderung des Klienten dies verbieten.

Die untersuchte Sensorausstattung (siehe Aktivitätsbeschreibungen in Abschnitt 5.2.3) ist bezogen auf jede einzelne Aktivität (nahezu) minimal, da die Überlegungen zu den jeweiligen Definitionen stets mit einem Sensor begonnen wurden und, erst wenn sich herausstellt, dass dies nicht ausreichend ist, immer ein weiterer Sensor hinzugenommen wurde.

Eine Optimierung im Sinne einer Minimierung der Sensorausstattung, die mehrere Aktivitäten (bspw. einer bestimmten Ausstattung) betrachtet, ist erst möglich, wenn eine konkrete Auswahl von Aktivitäten formuliert wird. Zunächst muss jede Aktivität unabhängig von anderen Aktivitäten detektierbar sein, weil man im Vorweg nicht weiß, für welche Ausstattung sich der Betreuer/Pfleger aussprechen wird.

Wenn der Supervisor feststellt, dass er einen Sensor für gleich zwei oder mehr Aktivitätsdefinitionen installiert, kann er durch geeignete Konfiguration der Middleware logische Sensoren von zwei oder mehr Aktivitäten denselben physikalischen Sensoren zuordnen (*Mapping*).

An dieser Stelle soll ein pragmatischer und möglichst kosteneffizienter Ansatz verfolgt werden: Dabei wird je Aktivität eine initiale Ausstattungsvariante präsentiert, die sich in der Theorie (per Simulation) bzw. im Labor bereits als praktikabel erwiesen hat. Sollte sich im Einzelfall herausstellen, dass die Erkennungsrate wider Erwarten zu niedrig ausfällt, können nach Bedarf Sensoren nachgerüstet und das zur Erkennung verwendete Modell kann mit wenig Aufwand angepasst werden. Hierin liegt auch eine Stärke des beschriebenen Konzepts.

Die Toilettenbenutzung über die Ausscheidungen direkt zu erkennen, ist einerseits die naheliegendste, andererseits aber auch eine nicht ohne Weiteres nachrüstbare Herangehensweise. Insbesondere auf dem asiatischen Markt sind zur Analyse der Ausscheidungen bereits Produkte erhältlich (wie z. B. Daiwa (2002)).

Es wird in diesem Zusammenhang allerdings nicht unbedingt als Option angesehen, sämtliche Alltagsgegenstände der Person durch hochtechnisierte Gegenstücke zu ersetzen. Neben dem Kostenfaktor würde dies auch der Prämisse widersprechen, die Umgebung möglichst wenig zu verändern, damit sich die Person weiterhin gut darin zurechtfindet und sich wohlfühlt.

Die Entscheidung, zur Erkennung der Toilettenbenutzung mehr als nur einen Präsenzmelder in der Nähe der Toilette zu verwenden, dürfte auf Anhieb nachvollziehbar sein. Im Gegensatz zu Arbeiten, die sich eher auf die Erkennung von Bewegungsprofilen konzentrieren, wozu in jedem Raum ein Bewegungsmelder installiert wurde, z. B. bei (Virone u. a., 2002), soll diese Arbeit einen Beitrag zur Abschätzung der Alltagskompetenz der betroffenen Person liefern. Dabei zählt nicht bereits das Betreten der Toilettenumgebung als durchgeführte Aktivität. Die Auslösung des Präsenzmelders ist demnach eine notwendige, aber eben nicht hinreichende Bedingung zur Toilettenbenutzung.

Eine weitere Abgrenzung gegenüber fehlerhaften Detektionen einer Toilettenbenutzung, die ausschließlich aus einem Präsenzmelder bestünde, sollen Objektmanipulationen an der Toilettenspülung sowie am Toilettenpapierhalter liefern. Eine ältere Person könnte sich bspw. auf den

geschlossenen Toilettendeckel setzen, um sich kurz auszuruhen oder eine Maniküre durchzuführen.
Wird die Toilette in ihrer Funktion als Alternative zum Müllbehälter im Badezimmer verwendet – etwa um Hygieneartikel zu entsorgen –, könnte die bloße Kombination aus Präsenzmelder und betätigter Spültaste zu einer Fehldetektion führen. Ebenso vorstellbar ist eine Verwendung von Toilettenpapier, die nicht mit Ausscheidungen in Verbindung steht – etwa um etwas aufzuwischen.

Natürlich kann man auch einen fiktiven Fall generieren, bei dem die drei vorgeschlagenen Sensorereignisse auftreten, ohne dass es tatsächlich zu einer Ausscheidung gekommen ist. An der Stelle entscheidend ist nur, dass dieser Fall eher die Ausnahme (z. B. von < 10 %) als die Regel darstellt, damit eine akzeptable Erkennungsrate erzielt wird.

Anfangs ist man als Modell-Designer verleitet, zu glauben, dass man das Verlassen der Wohnung mit einem einfachen Schließkontakt (wie etwa bei einer Alarmanlage üblich) detektieren kann. Dass man damit sehr schnell an Grenzen stößt, belegen folgende zwei Beispiele: (i) Der Gang zur Mülltonne bzw. zum Briefkasten oder (ii) die kurze Unterhaltung auf der Türschwelle mit dem Nachbarn oder Briefträger führen dazu, dass die Haus- bzw. Wohnungstür geöffnet wird; längerfristig verlassen wird die Häuslichkeit dadurch allerdings nicht.
Beim ersten Beispiel könnte man noch argumentieren, dass die Häuslichkeit zumindest kurz verlassen wurde. Spätestens beim zweiten Beispiel wird aber deutlich, dass das bloße Öffnen der Tür kein zuverlässiges Indiz für das Verlassen der Wohnung ist.
Hierbei ergibt sich sogar ein weiteres Problem: Um das Verlassen der Wohnung einigermaßen sicher folgern zu können, benötigt man zusätzlich eine Information bzgl. der Richtung, in der die Tür durchschritten wurde. So verhält sich bspw. auch eine Schleuse aus zwei automatischen Türen (wie etwa in Einkaufszentren üblich) anders, wenn eine Person kommt, als wenn diese geht.
In Anlehnung an die sensorische Ausstattung einer solchen Automatiktür werden zusätzlich zwei Bewegungsmelder vorgesehen. Dabei überwacht einer – ausgehend von der Häuslichkeit – den Raum vor der Tür. Dem anderen kommt die Überwachung des innenliegenden, türnahen Bereichs zu. Aus der Reihenfolge, in der die Bewegungsmelder auslösen, in Kombination mit der Öffnung der Tür, lässt sich das Verlassen der Wohnung bzw. das Zurückkehren zu dieser folgern.
Grundsätzlich vorstellbar ist gleichwohl die Ausstattung des Schuhwerks des Klienten mit einer entsprechenden Identifizierungsmarke (*Tag*). Zusätzlich zu dem Hinweis, dass die Häuslichkeit verlassen wurde, bekäme man dadurch die Information, wer diese verlassen hat. Dies widerspräche allerdings dem Credo, ausschließlich auf ambiente Sensorik zu setzen. Des Weiteren erinnert diese Lösung an eine elektronische Fußfessel, wie sie in manchen Ländern (z. B. England, Spanien und Deutschland) zur Kontrolle von Straftätern eingesetzt wird.
In gewisser Weise ist diese Form der Überwachung als Vorstufe zu freiheitseinschränkenden Maßnahmen zu sehen, da in einigen stationären Einrichtungen ähnliche Systeme zur Weglaufprävention eingesetzt wird (vgl. (pqsg, 2013)). Insofern ist ein solcher Schritt aus ethischer Sicht kritisch zu bewerten.

Das Aufstehen bzw. Zubettgehen basiert im einfachsten Fall auf einer Belegungserkennung im Bett. Auch hierbei ergibt sich ein Problem: Man kann auf diese Weise den nächtlichen Schlaf nicht von einem Mittagsschlaf unterscheiden. Diese Unterscheidung ist aber zwingend notwendig, da nach jedem nächtlichen Schlaf ein neuer Tag – und damit ein neues Tagesprotokoll – beginnt.

Man könnte den Tag in Zeitkorridore einteilen und dadurch festlegen, um welche Form des Schlafs es sich handelt. Dies erhöht unweigerlich den Konfigurationsaufwand und birgt die Gefahr, dass in Ausnahmefällen, bspw. Neujahr, ein Aufstehen nicht korrekt erkannt wird, weil es evtl. schon im nächsten Korridor stattfindet.

Daher wurde als Indikator für die Tageszeit die Außenhelligkeit vorgeschlagen. Der Mittagsschlaf charakterisiert sich dadurch, dass er anders als der nächtliche Schlaf sowohl im Hellen begonnen wie auch abgeschlossen wird. Die Zählung eines Bewegungsmelders kommt in diesem Fall dadurch zustande, dass der Lichtsensor Bestandteil eines kombinierten Bewegungsmelders ist.

Wendet man die Formalisierung von Assistenzfunktionen aus Kapitel 2.4 an, so stellt man fest, dass die im Folgenden aufgeführten Komponenten benötigt bzw. nicht explizit benötigt werden: Eine genaue Identifizierung der Person ist nicht erforderlich, da davon auszugehen ist, dass immer dieselbe Person in einem bestimmten Bett schläft (siehe Abschnitt 2.3.2). Diese Annahme hat sich später auch in den durchgeführten Feldtests bestätigt.

Definitiv benötigt wird der Aufenthaltsort – in diesem Fall das (Liegen auf dem) Bett. Nicht genau bestimmen lässt sich, ob die Person tatsächlich schläft oder wach im Bett liegt. Die wichtigste Information, die dieser Aktivität entnommen werden kann, ist der genaue Zeitpunkt des Aufstehens – mit ihm beginnt jeweils ein neuer Tag.

Den genauen Zeitpunkt der Medikamenteneinnahme zu detektieren, ist besonders wichtig und schwierig zugleich. Der Aufbewahrungsort der Medikamente ist sehr individuell und daher schwierig zu generalisieren. Häufig werden die Medikamente jedoch in einem Medikamentenschrank (zum Schutz der Kinder in einer Höhe von über 1,50 m angebracht) oder Kühlschrank (vgl. (nicer, 2010)) aufbewahrt.

Die Öffnung dieses Schranks kann sowohl eine Entnahme wie auch die Befüllung als auch ein bloßes Nachsehen bedeuten, wodurch ein weiterer Indikator notwendig wird. Dabei wird die Detektion auf die einzelne Verpackung heruntergebrochen. Dies ermöglicht nicht nur die Unterscheidung von Entnahme und Befüllung, sondern auch der einzelnen Präparate.

In ersten Feldtests (siehe Kapitel 6.1) wurde festgestellt, dass die Testpersonen dazu neigen, die Medikamente noch vor der eigentlichen Einnahme vorbereitend bspw. auf dem Esstisch zu platzieren. Sofern der zeitliche Bezug zwischen der Vorbereitung und der Einnahme dadurch nicht verloren geht, ist dieses Verhalten unproblematisch. Sollte der Frühstückstisch aber bspw. bereits am Vorabend gedeckt und sollten so auch die Medikamente zur Einnahme bereitgestellt werden, dann lässt sich der genaue Zeitpunkt der Einnahme zumindest mit der vorhandenen Sensorik nicht ausreichend präzise bestimmen; spezielle Sensorik wäre erforderlich.

Zur Erfassung der Aktivität des Essens werden viele Sensoren benötigt, weil man das eigentliche Essen nicht direkt mit ambienter Sensorik feststellen kann. Es wird zunächst davon ausgegangen, dass die Nahrung – je nachdem, ob diese gekühlt werden muss oder nicht, im Kühlschrank oder in einem Vorratsschrank gelagert wird. Es werden zwei Schließkontakte erforderlich.

Eine Frage, die es zu beantworten galt, war die nach der Unterscheidung zwischen Zwischen- und vollwertigen Mahlzeiten. Beispielsweise sollte das bloße Entnehmen eines Getränks aus dem Kühlschrank nicht als vollwertige Mahlzeit gelten und daher auch nicht als solche proto-

5.1 Eingesetzte ambiente Sensorik

kolliert werden. Hierzu wurden zusätzliche Sensoren an Geschirr und Bestecken vorgesehen, damit deren Entnahme erfassbar wird.

Zudem ist die Dauer der Nahrungsaufnahme von Interesse. Hierzu soll das Sitzmöbel, auf dem die Nahrung vorzugsweise eingenommen wird, mit einem Belegungssensor ausgestattet werden. Mit der Stuhlbelegung wird gleichzeitig der eigentliche Beginn der Nahrungsaufnahme erfasst. Dieser Indikator dient leider nicht gleichzeitig als sicheres Kennzeichen für die Beendigung der Nahrungsaufnahme. Man muss sich hierzu nur vorstellen, dass beim Decken des Tisches etwas vergessen wurde und das Sitzmöbel mehr oder weniger unverzüglich wieder verlassen wird.

Als probates Mittel hat sich hier der Einsatz von Bewegungsmeldern im Essbereich erwiesen. Sollte sich der Bereich um das Sitzmöbel bzw. die Sitzmöbel nicht mit einem Bewegungsmelder erfassen lassen, wird ein zweiter baugleicher Sensor installiert. Ein kurzes Verlassen des Bereichs kann dabei toleriert werden. Selbst andauerndes Aufstehen bei gleichzeitigem Aufenthalt im Essbereich löst noch nicht die Beendigung der Essenszeit aus.

Als Nächstes galt es, geeignete Sensoren zur Erfassung der Aktivität des Kochens zu finden. Eine Grundvoraussetzung für die Zubereitung von Essen ist entsprechendes Kochgeschirr. Je nach Art der Essenszubereitung existieren hierzu spezielle Varianten. Das Kochen auf dem Herd erfordert Töpfe und/oder Pfannen, wohingegen in der Mikrowelle zubereitetes Essen in mikrowellen-geeignetem Kochgeschirr erhitzt wird. Auch beim Zubereiten von Speisen im Backofen kommt in der Regel (bezogen auf die Zielgruppe) spezielles Geschirr zum Einsatz. Die beiden in der Tabelle 5.1 angegebenen Kontaktschalter werden an den Schubladen bzw. Schränken platziert, in denen besagtes Kochgeschirr untergebracht wird.

Einen Elektroherd vorausgesetzt, lässt sich über einen plötzlich steigenden Stromverbrauch – dieser ist gerätespezifisch – in der Küche auf das Kochen schließen (Stromverbrauchsmessung). Insbesondere bei der Mikrowelle, aber u. U. auch beim Herd kann es vorkommen, dass das entsprechende Gerät vorübergehend abgeschaltet wird, um zu einem späteren Zeitpunkt wieder eingeschaltet zu werden.

Sofern die Pause zwischen dem Aus- und Einschalten der Geräte nicht zu lang (maximale Pause konfigurierbar) ist, sollte man annehmen können, dass die Ereignisse zu ein und derselben Kochaktivität gehören. Anstatt eine solche maximale Pause zu definieren, kann man sich ebenfalls auf die Anwesenheit der Person im Kochbereich konzentrieren. Erst wenn der Kochbereich endgültig verlassen wurde, wird ein erneutes Betreten, um den Kochvorgang fortzusetzen, extrem unwahrscheinlich. Gerichte, bei denen der Kochbereich für einen längeren Zeitraum verlassen wird, werden in dem Fall durch den andauernden Stromverbrauch (bspw. Backofen) detektiert.

Bei der Körperpflege sind unterschiedlich ausgestattete Badezimmer zu berücksichtigen. So darf bspw. bei der Erkennung dieser Aktivität keine Rolle spielen, ob es sich um ein Dusch- oder ein Wannenbad handelt. Unabhängig davon, ob man die Dusche verwendet oder sich ein Bad einlaufen lässt, steigt die Luftfeuchtigkeit im Bad. Dies lässt sich (wenn auch zeitverzögert) durch ein Hygrometer nachweisen.

In jedem Fall existiert in einem modernen Badezimmer ein Waschbecken mit einem Wasserhahn. Dessen Nutzung kann ebenfalls auf die beginnende Aktivität der Körperpflege hindeuten. Die Beendigung der Aktivität ist deutlich schwieriger festzumachen, da diese keineswegs mit dem Abstellen des Wasserhahns oder dem Sinken der Luftfeuchtigkeit einhergehen muss.

Beispielsweise zählt die Zeit für das Abtrocknen ebenfalls zur Körperpflege. Am praktikabelsten erscheint auch hier, das Verlassen des Badezimmers durch die Person als Indiz für den abgeschlossenen Vorgang der Körperpflege zu interpretieren.

Die Aktivität der Haushaltsführung (siehe (Knappschaft, 2013)) ist sehr komplex. Dabei gilt es vorliegend, Geschirrspülen, Staubwischen/-saugen und Wäschewaschen zu unterscheiden. Bereits beim Geschirrspülen ist eine weitere Unterteilung vonnöten: in maschinelles und manuelles Spülen. Bei Ersterem kann der Betriebszustand der Geschirrspülmaschine als guter Anhaltspunkt dienen. Letzteres ist schwieriger zu detektieren. Zu Beginn des Spülvorgangs wird in jedem Fall ein Spülmittel verwendet. Das Spülen kann mit dem Abtrocknen des Geschirrs und der damit verbundenen Entnahme des Geschirrhandtuchs enden.

Eine ähnliche Einteilung lässt sich beim Staubwischen/-saugen vornehmen: Wird ein Staubsauger verwendet, gibt dessen Betriebszustand einen guten Hinweis auf die durchgeführte Aktivität. Schwieriger zu erkennen ist auch hierbei die manuelle Variante. Je nachdem, ob trocken oder feucht gereinigt wird, werden unterschiedliche Utensilien zum Kehren oder Wischen verwendet.

Beim Wäschewaschen ist der Sachverhalt wiederum leichter einzustufen. Heutzutage wird Wäsche in den seltensten Fällen per Hand gewaschen (mit Ausnahme von einzelnen Stücken). Die Waschmaschine übernimmt hier den Großteil der Arbeit. Insofern ist es wiederum deren Betriebszustand, der uns die Ausführung der Aktivität Haushaltsführung in der Variante „Wäschewaschen" nahelegt.

Schließlich galt es, eine praktikable Sensorausstattung für die Aktivität „Fernsehen" zu finden. Aus den Feldtests (vgl. Kapitel 6.1) ist hervorgegangen, dass insbesondere alleinlebende ältere Menschen den Fernseher häufig nur deshalb einschalten, um Stille zu vermeiden. Dabei wird gar nicht auf das Fernsehbild geschaut. Diese Zusatzinformation gab schließlich den Ausschlag, neben dem Schaltzustand des Fernsehgeräts den Fernsehsessel bzw. das Fernsehsofa sensorisch auszustatten.

Das „aktive" Fernsehen soll mit einer Belegung eines der genannten Fernsehmöbel einhergehen. Bloße Hintergrunduntermalung durch den Fernseher würde auf diese Art und Weise vom „aktiven" Fernsehen unterschieden. Mit der beschriebenen Ausstattung ist es jedoch nicht möglich, zu erfassen, ob die betreffende Person dem Programm tatsächlich folgt oder evtl. vor dem Fernseher eingeschlafen ist oder einer anderen Aktivität nachkommt.

5.2 Umsetzung des Gesamtsystems

In Abbildung 4.4 wurde schematisch ein Überblick über das Gesamtsystem gegeben. Darin lässt sich die Aufteilung in die Systemkomponenten Editor, Middleware, Modul der Kontextgenerierung und Modul der Verhaltensermittlung erkennen.

Bevor nachfolgend auf die Details der einzelnen Komponenten eingegangen wird, beginnt die Darstellung in der Chronologie der Inbetriebnahme des Systems:

Ist die Entscheidung gefallen, das Assistenzsystem für den Betreuer bei Lisa zu installieren, treten die Betreuer von Lisa (sofern bereits vorhanden, ansonsten derjenige, der zukünftig die Betreuung von Lisa übernehmen soll) und der Supervisor miteinander in Kontakt.

5.2 Umsetzung des Gesamtsystems

Handelt es sich bei dem designierten Betreuer nicht um eine Pflegefachkraft, bietet es sich an, eine Person mit pflegerischem Sachverstand zurate zu ziehen. Im Gespräch mit dem Supervisor legt der Betreuer fest, welche Activities of Daily Living (ADL) (vgl. Abschnitt 2.3.5) sinnvollerweise zur unterstützenden Beobachtung von Lisa zur Verhaltensermittlung herangezogen werden. Ein Kriterium hierbei könnten mögliche Vorerkrankungen sein. Der Betreuer gibt dabei basierend auf seiner langjährigen Erfahrung dahin gehend eine Art Prognose ab, an welchen Aktivitäten am ehesten eine Verhaltensänderung zu beobachten sein wird.

Sofern der Satz an zu beobachtenden ADL festgelegt worden ist, überträgt der Supervisor diese Informationen unter Zuhilfenahme des Editors in das System. Da es durch die Aktivitätsmodelle einen unmittelbaren Zusammenhang zwischen ADL und benötigter Sensorik gibt, kann der Editor den Supervisor bei der eigentlichen Installation der Sensor-Hardware schrittweise anleiten. Dabei findet automatisch die Parametrisierung der Middleware statt. Jedem Sensor werden Installationsort sowie semantische Bedeutung (aus den Aktivitätsmodellen) zugewiesen.

Ebenso wird hierbei indirekt eine Verknüpfung zwischen dem konkreten Sensor und der entsprechenden Teilaktivität innerhalb der ADL-Definition gewährleistet. Aus diesem Grund ist in Abbildung 4.4 eine gerichtete Verbindung zwischen Editor und Kontextgenerierung vorhanden.

Am schwächsten ist die Beziehung zwischen Editor und Verhaltensermittlung ausgeprägt. Hierbei handelt es sich um eine Art Kontrollschleife. Um den korrekten Betrieb des Systems überwachen zu können, wird der Verhaltensermittlung die Menge aller unter Beobachtung stehenden ADL mitgeteilt. Bleibt eine oder bleiben mehrere ADL im Tagesverlauf aus, kann die Verhaltensermittlung den Betreuer darüber in Kenntnis setzen. An dieser Stelle endet die Initialisierungsphase.

Die wichtigsten und am häufigsten benötigten ADL sind bereits vordefiniert. Der Anwender (Betreuer/Supervisor) kann sich aus diesem Satz zur Inbetriebnahme bedienen. Das System ermittelt daraus die erforderlichen Sensoren anhand der hinterlegten Aktivitätsbeschreibungen (Task-Modelle).

Neue Aktivitätsbeschreibungen können in Form von Task-Modellen erstellt und anschließend simuliert werden. Hierzu existieren Editoren für aktivitätsspezifische Sensorkombinationen, z. B. Teresa (Berti u. a., 2004).

Im laufenden Betrieb (Produktivphase) führt Lisa (Klient) ihre Aktivitäten des täglichen Lebens genauso aus wie zuvor ohne das System. Dabei sollte Lisa die gleiche Vorsicht walten lassen wie zuvor ohne das System. Idealerweise fällt ihr die Anwesenheit des Systems, welches sich für sie vornehmlich durch die ambiente Sensorik bemerkbar macht, nicht auf. Im Unterschied zu vor der Installation kann der Betreuer von Lisa sicher sein, dass dem System abweichendes Verhalten auffallen wird.

Führt Lisa einen Handlungsschritt (als Teil einer Aktivität) aus, wird dieser von der installierten Sensorik erfasst (dargestellt durch die unterbrochene gerichtete Verbindung vom Klienten zur Middleware). Das Sensorsignal wird in der Middleware entsprechend der Konfiguration durch den Supervisor der entsprechenden Bedeutung zugewiesen. Diese Information wird an die Kontextgenerierung weitergeleitet.

Darin wird überprüft, ob laut einem oder mehreren aktivierten Aktivitätsmodellen durch die neue Information ein Fortschritt innerhalb von dessen Abarbeitung erzielt werden kann. Ist dies der Fall, wird das aktuelle Tagesprotokoll um den jeweiligen Eintrag erweitert. Nach jeweils ca.

24 Stunden liefert die Kontextgenerierung den vollständigen Tagesverlauf an die Verhaltensermittlung aus.

Die Verhaltensermittlung nutzt die Sequenz der ADL, um diese mit den zuvor beobachteten zu vergleichen. Als Resultat liefert sie dem Betreuer zweierlei: den (markierten) aktuellen Tagesablauf, abgebildet auf vergangene Tagesabläufe, und den berechneten Metrikwert, der als Argumente den aktuellen Tagesablauf und das Normalverhalten benötigt. Es handelt sich hierbei nicht um einen unidirektionalen Informationsfluss. Dem Betreuer obliegt die abschließende Interpretation des Tagesverlaufs.

Dass das System zusätzlich auf die Eingabe durch den Betreuer wartet, lässt sich in der Abbildung an den Pfeilspitzen erkennen. Der Informationsfluss zwischen Klient und Middleware ist unidirektional, wohingegen der Austausch zwischen dem System und dem Betreuer bidirektional ist. Dabei dient ihm der in Relation zum Normalverhalten präsentierte Tagesablauf zusammen mit dem Metrikwert als Entscheidungshilfe. Mögliche Eingaben sind *grün* (der Pfleger hält den Tagesablauf für regulär und möchte ihn in Zukunft demgemäß bewertet wissen) und *rot* (der Tagesablauf enthält eine irreguläre Abfolge von ADL, die zukünftig entsprechend einzustufen ist).

5.2.1 Editor

Der Editor stellt eine Benutzerschnittstelle für den Supervisor dar. Mit ihr kann der Supervisor das System auf eine spezifische Klientin wie Lisa zuschneiden (Personalisierung bzw. *Customizing*). Neben der Auswahl der zu berücksichtigenden Aktivitäten werden andere personenspezifische Daten erhoben, z. B. das Geburtsdatum, das Geschlecht, der Name und eine Kennung der in der Wohnung verbauten Rechnereinheit.

Optional können sogar aus einer vordefinierten Liste evtl. vorliegende Krankheiten angegeben werden. In der aktuellen Version dient dieser Schritt nur der Datenerhebung. In der zweiten Version ist vorgesehen, anhand der vorliegenden Krankheiten die Aufzeichnung bestimmter ADL zu empfehlen.

Zusätzlich zur personenspezifischen Erhebung wird die maximale Ausführungsdauer jeder einzelnen Aktivität fixiert. Schließlich legt das „Startdatum" fest, ab wann das System „aktiv" beobachtet. Idealerweise plant der Supervisor diesen Zeitpunkt so ein, dass sich aus Systemsicht ein typisches Verhalten von Lisa darbietet. Unmittelbar nach der gesamten Installation könnte es vorkommen, dass sich die Klientin nicht wie gewohnt verhält.

Sollte kein „Enddatum" angegeben werden, läuft das System so lange, bis es abgebaut wird. Das Enddatum ist vor allem dann von Interesse, wenn mit der Konfiguration ein Feldtest unternommen wird, der ein festgelegtes Enddatum aufweist.

Eine Darstellung aller Fenster der Benutzeroberfläche enthält Abbildung 4.9.

Anhand der in Abschnitt 4.2.3 beschriebenen Vorgehensweise zur Transformation eines ConcurTaskTrees-Modells (CTT-Modells) in ein PN wird für jede durch den Supervisor aktivierte ADL die von der Ausführungsreihenfolge her äquivalente PN-Repräsentation unter Zuhilfenahme des Petri-Net-Markup-Language-Standards (PNML-Standards) erzeugt.

Sollten Änderungen an bereits definierten ADL notwendig werden, müssen diese vor der Transformation vorgenommen werden. Änderungen an den erzeugten PN sind nicht vorgesehen. Resultat dieses ersten Schritts sind n voneinander unabhängige PN, wobei n die Zahl der aktivierten ADL angibt.

Im zweiten Verarbeitungsschritt werden die n PN in einem gemeinsamen Arbeitsbereich (die Bezeichnung stammt von dem verwendeten PN-Werkzeug TAPAAL, siehe (TAPAAL, 2013)) zusammengeführt. Die n PN, die ADL repräsentieren, können fortan parallel ausgeführt werden. Tritt bspw. ein Ereignis auf, auf das mehr als ein PN wartet, bevor es mit der Aktivität fortschreiten kann, erfahren diese PN gleichzeitig einen Fortschritt.

Nach der Fusion der transformierten und aktivierten PN kann der Anwender bei Bedarf auf Systemebene das Zusammenspiel der Aktivitätsdefinitionen in TAPAAL erproben, bevor das System dazu übergeht, die Aktivitäten automatisch zu detektieren.

Zudem wird innerhalb der CTT-Modelle für jede ADL eine maximal erwartete Dauer spezifiziert. Sollte diese abgelaufen sein, bevor das Token innerhalb des PN der betreffenden ADL die Endstelle erreicht hat, wird dies als abgebrochene ADL protokolliert und das PN in den Ausgangszustand versetzt.

Von bemerkenswerter Bedeutung ist die stets aktive ADL „Aufstehen/Zubettgehen". Bei dieser ADL wird die maximal erwartete Dauer auf über 24 Stunden gesetzt. Mit jedem erkannten Aufstehen wird das Protokoll des vergangenen Tages generiert und an das Modul der Verhaltensermittlung weitergereicht. Darin enthalten sind alle abgebrochenen sowie vollständig ausgeführten ADL, die vom System erkannt wurden.

Details dieser Implementierung können (Kitanovski, 2011, S. 34 ff.) entnommen werden.

5.2.2 Middleware

Die entwickelte Middleware stellt die Verbindung zwischen konkreter Sensor-Hardware und der Kontextgenerierung her. Sie wird vom Editor durch den Supervisor konfiguriert.

Dabei leistet sie im Wesentlichen zwei wichtige Aufgaben: (i) physikalische und (ii) logische Abstraktion. Die physikalische Abstraktion gewährleistet Transparenz, sodass mit geringem Mehraufwand beliebige Sensortypen unterschiedlicher Hersteller eingebunden werden können. Für die in Abbildung 4.2 dargestellten Schichten bedeutet die Änderung eines Sensors lediglich eine Anpassung der Middleware. Schichten oberhalb der Middleware sind nicht von etwaigen Änderungen betroffen. Die im konkreten Aufbau benötigten herstellerspezifischen Treiber werden zur Laufzeit dynamisch geladen.

Logische Abstraktion wird erreicht, indem die Daten, die von den Sensoren gemeldet werden, mit einer entsprechenden natürlichsprachlichen Bedeutung versehen werden. Hierzu wird ein einfaches *Mapping* verwendet, welches entsprechend der Konfiguration Sensorrohdaten in bedeutungsvollere Sensorereignisse transformiert. So meldet die Middleware anstelle von „Sensor X meldet Zustand Y" bspw. „Kühlschranktür geöffnet".

Dieses Verfahren entspricht dem der logischen Lokalisierung, bei der ein Ort nicht anhand seiner physikalischen Position, sondern anhand eines symbolischen Namens (z. B. „in der Küche"), der sich auf den jeweiligen Kontext bezieht, vgl. (Hightower und Borriello, 2001). Zudem wird die Verständlichkeit der Aktivitätsmodelle dadurch erhöht. Diese enthalten keine kryptischen hardwarenahen Bezeichnungen, sondern die verständlichen Bedeutungen, die sich aus den Sensorrohdaten ableiten lassen.

5.2.3 Modul der Kontextgenerierung

Die Schwierigkeit bei der formalen Modellierung von Alltagsaktivitäten besteht darin, die richtige Balance zwischen Überanpassung (*Overfitting*) und Unteranpassung (*Underfitting*) zu finden, siehe Abschnitt 2.5.3. Im ersten Fall wird die Komplexität des Modells unnötigerweise erhöht, welches eine kostspieligere Sensorinstallation als direkte Folge hat. Wird das Modell zu allgemein formuliert, werden u. U. auch andere Aktivitäten erkannt, die mit der Definition nicht beabsichtigt waren.

Häufig wird die Detektion der eigentlich zu erfassenden Tätigkeit durch die Vorgabe ambienter Sensorik zusätzlich erschwert. Anstatt bspw. die Medikamenteneinnahme an sich (Eintreffen der Medizin im Verdauungstrakt) zu erfassen, muss man sich auf deren Begleiterscheinungen (bspw. Öffnen des Medikamentenschranks) als Indikatoren verlassen.

An der Universität von Florida, USA (UFL, 2010) hat man ein System zum Erfassen des Eintreffens der Medizin im Verdauungstrakt bereits 2010 entwickelt. Dieses Verfahren erfordert zusätzlich zur entsprechend präparierten Tablette ein am Körper getragenes Lesegerät zur Auswertung der von der Tablette stammenden Signale. Folglich entspricht es nicht der Forderung nach ausschließlich ambienter Sensorik. Außerdem handelt es sich um ein äußerst invasives System.

Bei der vorgestellten Kontextgenerierung handelt es sich – gerade im Vergleich zu bisherigen Arbeiten zum Thema Aktivitätserkennung – um einen sehr formalen Ansatz. Vor dem Hintergrund betrachtet, dass ein Pfleger aufgrund der gewonnenen Erkenntnisse zu anderen Maßnahmen (z. B. in Absprache mit dem Arzt: Ändern der Medikation) verleitet sein könnte, ist der strikte Ansatz jedoch vertretbar.

Es ist weniger von Interesse, mit welcher Aktivität eine bestimmte Folge von Sensorereignissen die größte Ähnlichkeit aufweist. Vielmehr möchte ein Betreuer möglichst genau wissen, ob seine Klientin selbstständig in der Lage war, eine – auf bestimmte Weise spezifizierte – Aktivität auszuführen, bzw. ob und wo es bei der Ausführung zu Schwierigkeiten gekommen ist, d. h. ob und wann die Aktivität abgebrochen wurde. Obwohl die ambulanten Klienten in der Regel noch eigenverantwortlich (ohne Vormund) handeln, hat der Betreuer ihnen gegenüber eine moralische Verpflichtung sowie eine soziale Verantwortung.

Vergleichbar mit sicherheitskritischen Systemen, bei denen PN-basierte Verfahren bereits langjährig eingesetzt werden, kommt es auch bei der Kontextgenerierung auf die Erkennung jedes relevanten Details an. Eine entscheidende Rolle spielt, wie mit den gewonnenen Informationen weiter verfahren werden soll. Möchte man mit dem Ergebnis der Kontextgenerierung versuchen, das Nutzerverhalten vorherzusehen, um bspw. die Beleuchtung in der Wohnung automatisch ein- bzw. auszuschalten, haben weniger strikte Verfahren durchaus ihre Relevanz wie auch ihre Vorzüge.

Nachfolgend werden die zur Aktivitätserkennung und -beobachtung angefertigten Task-Modelle in CTT-Notation vorgestellt: Toilettenbenutzung, Wohnung verlassen, Aufstehen/ Zubettgehen (enthält Mittagsschlaf), Medikamenteneinnahme, Ernährung (besteht aus zwei getrennten Modellen), Körperpflege, Haushaltsführung und Fernsehen. Jede dieser Aktivitäten wird dabei in einem einzelnen CTT-Modell definiert.

Die Reihenfolge, in der die Aktivitäten angegeben sind, entspricht dem kooperierenden Pflegedienst (Forschungspartner) zufolge der Aussagekraft bzgl. der beobachteten Alltagskompe-

5.2 Umsetzung des Gesamtsystems

tenz. Anders ausgedrückt ist die Toilettenbenutzung die aussagekräftigste Aktivität, wenn es darum geht, den Grad der Selbstständigkeit zu bewerten. Anhand des Fernsehens sollen sich am wenigsten Informationen bzgl. der Fähigkeit des Bewohners, selbstständig zu leben, ableiten lassen.

Task-Modell „Toilettenbenutzung"

Die erste Aufgabenbeschreibung, die vorgestellt wird, ist die „Toilettenbenutzung". Aus einem Gespräch (am 13.05.2011) mit dem örtlichen Pflegedienst[1] ist hervorgegangen, dass dabei vor allem die (korrekte) Verwendung von Toilettenpapier sowie die Betätigung der Spülung zu beobachten sind.

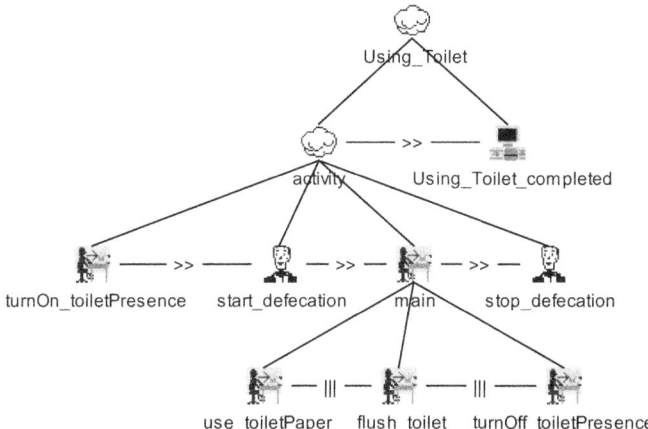

Abb. 5.1: Aktivitätsbeschreibung der „Toilettenbenutzung"

Das visualisierte CTT-Modell (siehe Abbildung 5.1) setzt eine dreiteilige Sensorinstallation voraus. Der erste Sensor detektiert die Anwesenheit einer Person auf der Toilette. Ein zweiter Sensor detektiert die Entnahme von Toilettenpapier. Das zugehörige Sensorereignis von der Middleware heißt *use_toiletPaper*. Im Gegensatz zu den zustandsbehafteten binären Sensorereignissen des ersten Sensors genügt hier die Information über dessen Zustandswechsel (*toggle*). Der letzte Sensor überwacht die Betätigung der Toilettenspülung. Liefert die Middleware das Sensorereignis *flush_toilet*, so hat sich der Zustand der Toilettenspülung von „gedrückt" zu „nicht gedrückt" bzw. umgekehrt geändert.

Die Anwesenheit einer Person auf der Toilette wird als notwendige, aber nicht hinreichende Voraussetzung dafür angesehen, die Toilette tatsächlich benutzt zu haben. Gerade bei der beschriebenen Zielgruppe ist es als durchaus wahrscheinlich anzusehen, dass kurzfristig auf der (geschlossenen) Toilette gerastet werden könnte. Insofern kommt ein einziger Sensor zur Detektion dieser ADL nicht in Frage.

---
[1] ALPHA Allgemeine und psychiatrische Hauskrankenpflege gGmbH, Ehrenstraße 19 a, 47198 Duisburg.

Sofern das Sensorereignis *turnOn_toiletPresence* aufgetreten ist, soll mit der Zeitmessung zur Bestimmung der Ausführungsdauer der Aktivität begonnen werden. Hierzu sind *turnOn_toiletPresence* und *start_defecation* im CTT-Modell über den *Enabling*-Operator verbunden. Nach dem Start des Timers wird mit dem Hauptteil (*main*) der ADL fortgefahren. Da es sich hier ebenfalls um einen kausalen Zusammenhang handeln soll, wird auch der *Enabling*-Operator verwendet. Der Hauptteil der Aktivität beobachtet das Auftreten der Sensorereignisse *use_toiletPaper*, *flush_toilet* und *turnOff_toiletPresence*. Dabei soll die Reihenfolge, in der die Sensorereignisse auftreten, keine Rolle spielen. Um diesen Sachverhalt korrekt abzubilden, wird im Modell der *Independent-Concurrency*-Operator verwendet.

Eine Besonderheit bzgl. des Zeitverhaltens dieses Modells, welche sich nicht in der CTT-Notation widerspiegelt, betrifft das *turnOff_toiletPresence*-Sensorereignis. Vom Modell aus wird eine Mindestverweildauer von 30 Sekunden auf der Toilette gefordert. Man verspricht sich davon, unbeabsichtigte Ausführungen bzw. Täuschungen, die ebenfalls die vom Modell geforderten vier Sensorereignisse in einer mit der Spezifikation konformen Reihenfolge enthalten, aufgrund ihrer kürzeren Ausführungsdauer unterscheiden zu können. Hierzu wurde beim *turnOff_toiletPresence*-Sensorereignis eine minimale Aktivierungsdauer gesetzt. Diese wird beim Transformationsschritt in ein zeitbehaftetes PN an der entsprechenden Kante berücksichtigt (siehe hierzu auch Abschnitt 5.2.4).

Sind die drei Sensorereignisse in beliebiger Reihenfolge aufgetreten und wurde die Mindestverweildauer eingehalten, d. h., *turnOff_toiletPresence* ist mindestens 30 Sekunden nach *turnOn_toiletPresence* aufgetreten, ist der Hauptteil der gesamten Aktivität beendet. Der Timer zur Messung der Ausführungsdauer der Aktivität wird angehalten. Schließlich werden im Falle einer modellkonformen Ausführung zwei *AuditTrailEntry*-Elemente erzeugt. Dabei lässt sich der Startzeitpunkt rückwirkend aus dem Zeitpunkt der Beendigung der Aktivität und von deren Ausführungsdauer bestimmen. Andernfalls wird lediglich ein Element erzeugt, welches den Abbruch der Aktivität manifestiert.

Für den Funktionstest der Kontextgenerierung im Evaluierungskapitel (siehe Kapitel 6) wurde zur Detektion der Präsenz ein optischer Infrarot-Sensor verwendet. Die Erfassung der Toilettenpapierentnahme geschah im angesprochenen Demonstrator auch auf optischer Basis. Im Realbetrieb wäre aus Gründen der Zuverlässigkeit bei der Erkennung ein am Markt verfügbares Produkt wie (KC-Professional, 2013) vorzuziehen. Die Art und Weise, wie man die Toilettenspülung erfassen kann, hängt am stärksten von der örtlichen Installation ab. Gerade hinsichtlich der Zielgruppe sollte aus medizinischer Sicht tunlichst davon abgesehen werden, viele Einrichtungsgegenstände der häuslichen Umgebung umgestalten zu wollen. Es ist wichtig, so wenige Veränderungen wie möglich an der bekannten Umgebung vorzunehmen (Umfeldbezogenheit). Hier gilt der Grundsatz aus der Geriatrie: „das Umfeld des alten Menschen so lange wie möglich zu erhalten" (Bruder u. a., 1991).

Task-Modell „Wohnung verlassen"

Als Nächstes wird die Aktivitätsbeschreibung zur Erkennung, ob ein Bewohner seine Wohnung verlassen hat, beschrieben. Dieser Aktivität kommt eine besondere Bedeutung zu: Für das Zeitintervall, in dem der Bewohner seine Wohnung verlassen hat, wird davon ausgegangen, dass Aktivitäten, die sonst in der Zeit stattgefunden hätten, auswärts stattgefunden haben könnten. Ohne zusätzliche Indizien, bspw. einen persönlichen Kalender, in den Termine eingetragen

5.2 Umsetzung des Gesamtsystems

werden, besteht für das System keine Möglichkeit auf die auswärts ausgeführten Tätigkeiten zu schließen. Verlässt der Bewohner bspw. kurz vor dem Zeitpunkt, zu dem normalerweise Abendbrot gegessen wurde, die Wohnung und kehrt erst nach dem typischen Beendigungszeitpunkt bzgl. des Abendbrots zurück, muss das auf ambienter Sensorik beruhende System davon ausgehen, dass auswärts gegessen wurde.

Konkret gab es unter den Personen des Feldtests (siehe Kapitel 6.1) Beispiele für halbtägige Abwesenheitsperioden. In dieser Zeit waren die Personen in dem Tagestreff (Tagespflege) des Pflegedienstleisters. Dort wird u. a. gemeinsam zu Mittag gegessen, die Medikamente werden zur entsprechenden Zeit eingenommen etc. Dort können die Personen auch zur Toilette gehen. Die Häufigkeit der zuhause beobachtbaren Toilettengänge würde demnach an dem Tag ggf. abnehmen, ohne dass dies ein beunruhigendes Signal sein muss.

Bei dieser Aktivität tritt unweigerlich ein Problem auf: Bringt der Bewohner bspw. Besuch zur Haustür und verbleibt im Anschluss selbst in der Wohnung oder verlässt er zusammen mit dem Besuch die Wohnung? Oder geht der Bewohner zur Tür, um ein Paket vom Postboten anzunehmen? Um dieses Problem zu lösen, macht die Aktivitätsbeschreibung von Bewegungsmeldern in den angrenzenden Räumen Gebrauch.

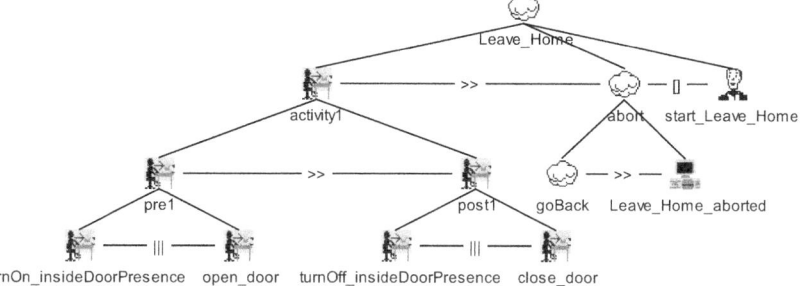

Abb. 5.2: Aktivitätserkennung, ob die Wohnung verlassen wurde (links)

An der grundsätzlichen Erkennung sind drei Sensoren beteiligt: ein Präsenzmelder innerhalb der Wohnung, ein Türkontakt und ein Präsenzmelder außerhalb der Wohnung. Das in Abbildung 5.2 dargestellte Teilstück des CTT-Modells (das vollständige CTT-Modell findet sich in Anhang B.1) setzt als einen Indikator, dass die Wohnung demnächst verlassen werden soll, eine Anwesenheit in Türnähe (*turnOn_insideDoorPresence*) voraus. Dies allein ist wiederum eine notwendige, aber nicht hinreichende Voraussetzung dafür, dass die Wohnung tatsächlich (längerfristig) verlassen wird. Zusätzlich fordert die Aktivitätsdefinition ein Öffnen der Tür. Um eine verzögerte Meldung des Präsenzmelders in Türnähe kompensieren zu können, werden beide Indikatoren mit dem |||-Operator (Nebenläufigkeit) verbunden. Dies ist nur deshalb möglich, weil es für das Verlassen der Wohnung keine Rolle spielt, welches Sensorereignis zuerst auftritt. Anders sieht es bzgl. der temporalen Relation zum benachbarten Teilzweig (*post1*) aus. Um eine Wohnung durch die Eingangstür verlassen zu können, muss der Türbereich betreten werden und die Tür geöffnet werden, bevor sowohl der Türbereich verlassen als auch die Tür geschlossen wurde. Ob zuerst das Sensorereignis für das Verlassen des Türbereichs oder das Schließen der Wohnungstür auftritt, ist für die Erkennung der gesamten Aktivität unerheblich.

Man könnte sich folgende Frage stellen: Warum reicht ein einzelner Türkontakt nicht aus? Eine Alarmanlage kommt schließlich mit einem einzigen Signal aus. Anders als bei der Alarmanlage interessiert in diesem Kontext die Richtung, in der die Tür durchschritten wurde (Kommen oder Gehen). Aus dem binären Signal eines Türkontakts kann man die Zeit, während deren die Wohnung verlassen wurde, nicht bestimmen. Man kann lediglich Intervalle zwischen einzelnen Zustandsänderungen angeben, die aber keine Aussagekraft bzgl. der Anwesenheit des Bewohners besitzen.

Zur Lösung des Problems hat der Autor sich durch die Vorgehensweise in der Straßenverkehrsordnung (StVO) inspirieren lassen. Darin heißt es in § 12 Abs. 2 „Wer sein Fahrzeug verlässt oder länger als drei Minuten hält, der parkt" (BMJ, 2013). Angepasst an den vorliegenden Anwendungsfall hieße dies, wer seine Wohnung länger als drei Minuten nicht mehr betritt, nachdem zuvor der Türbereich betreten und die Tür geöffnet wurde, der hat seine Wohnung verlassen. Um die Stabilität des Modells weiter zu erhöhen, wurde zur Erkennung des Wiedereintretens in die Wohnung nicht direkt der Präsenzmelder an der Tür verwendet. Der mit *goBack* bezeichnete abstrakte Knoten leitet einen Abbruch des Wohnungsverlassens ein. Dahinter verbirgt sich die nebenläufige Komposition von allen an den Türbereich angrenzenden Räumen.

Die Zeit (voreingestellt auf drei Minuten) bedingt folglich die Entscheidung ([ ] -Operator), ob die Wohnung verlassen wurde oder nicht. Dieser Parameter ist auch nachträglich modifizierbar. Melden die Präsenzmelder aus den benachbarten Räumen innerhalb von drei Minuten die Anwesenheit einer Person, so wird ein abgebrochener Versuch, die Wohnung zu verlassen, protokolliert. Lässt sich für den eingestellten Zeitraum keine Präsenz in den angrenzenden Räumen nachweisen, wird davon ausgegangen, dass die Person die Wohnung tatsächlich verlassen hat. Im Modell zeichnet sich dies durch den Start des Timers zur Messung der Abwesenheitszeit ab.

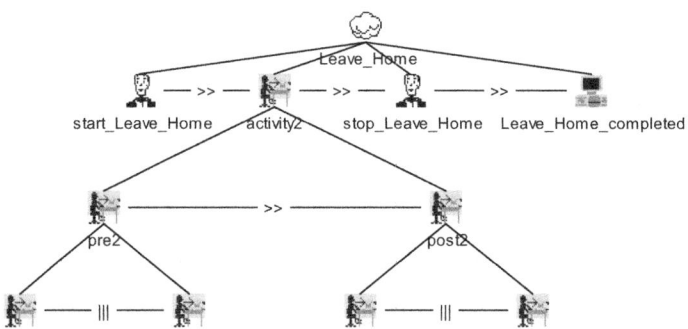

Abb. 5.3: Aktivitätserkennung, ob die Wohnung verlassen wurde (rechts)

Der zweite Teil des CTT-Modells (siehe Abbildung 5.3) beginnt mit dem zuvor beschriebenen Starten des Abwesenheits-Timers. Beide Teile gehören logisch zu einem einzigen Modell. Zur besseren Visualisierung (größere Darstellung) wurden sie separat abgebildet. In Anlehnung an den ersten Teil der Aktivitätsbeschreibung wird auf die Präsenz einer Person vor der Tür (außerhalb der Wohnung) geachtet. Da es sich hierbei allerdings auch um eine Person handeln kann,

5.2 Umsetzung des Gesamtsystems

die nicht eintrittsberechtigt ist, genügt die bloße Anwesenheit vor der Tür nicht. Das Modell fordert weiterhin ein Öffnen und Schließen der Wohnungstür.

Entgegen dem ersten Teil gibt es vor der Tür keine Möglichkeit, um zu überprüfen, ob sich die Person anders entscheidet und die Wohnung doch nicht betritt (evtl. wurde etwas im Pkw vergessen). Infolgedessen entfällt der Abbruch-Teilzweig (*abort*) aus dem ersten Teil. Hat sich eine Person der Tür von außen her genähert, diese geöffnet (das Modell erlaubt beliebige Reihenfolge) und anschließend die Tür geschlossen und sich aus dem türnahen Bereich außerhalb der Wohnung entfernt (ebenfalls in beliebiger Reihenfolge laut Modell), wird davon ausgegangen, dass die Person zurückgekehrt ist. Im Zuge dessen wird die Messung der Abwesenheitsdauer gestoppt. Das System erzeugt abschließend die Kontextinformation, dass die Person die Wohnung für eine bestimmte Dauer verlassen hat und zurückgekehrt ist (*Leave_Home_completed*).

Die Aktivitätsdefinition wurde mit zwei Bewegungsmeldern – mit Passive Infrared-Sensor (PIR-Sensor) – sowie einem Magnetkontaktschalter an der Tür getestet. Hierbei empfiehlt es sich, die Bewegungsmelder (BM) so zu montieren, dass sich ihr Erfassungsbereich nicht (oder zumindest größtenteils nicht) überlapt. Für den BM, der den Innenraum überwacht, wurde eine Position an der Wand, durch welche die Tür führt, auf Türgriffhöhe gewählt. Der BM für den Außenbereich wurde gegenüberliegend an der Außenwand auf selber Höhe befestigt. In der Praxis würde sich aus Kostengründen anbieten, für den Außen-Bewegungsmelder bspw. auf das Signal eines BM-gesteuerten Außenlichts zurückzugreifen. Zusätzlich waren die an den Eingangsbereich angrenzenden Räume mit baugleichen BM ausgestattet. Diese BM besaßen je nach Raumnutzung im Rahmen weiterer ADL-Beschreibungen andere Funktionen, sodass diese nicht direkt diesem Modell zuzuordnen sind.

Task-Modell „Aufstehen/Zubettgehen"

Obwohl das Task-Modell „Aufstehen/Zubettgehen" bezogen auf die Aussagekraft bzgl. der beobachteten Alltagskompetenz nach „Toilettenbenutzung" und „Wohnung verlassen" an dritter Stelle steht, ist es für die Einteilung der Zeit in Tage für die in der Verarbeitungskette später folgende Verhaltensermittlung obligatorisch. Demnach besteht für den Supervisor beim Konfigurieren eines neuen Systems auch nicht erst die Möglichkeit, das „Aufstehen/ Zubettgehen" abzuwählen. Aus Sicht der Verhaltensermittlung wird zwingend eine temporale Segmentierung benötigt, um die entstandenen Zeitspannen miteinander vergleichen zu können.

Warum die Wahl dabei auf 24-Stunden-Zyklen gefallen ist, wurde zuvor (siehe Abschnitt 4.2.3) bereits diskutiert und lässt sich bspw. (Hofman und Swaab, 2006) entnehmen. Hofman und Swaab führen an, dass der zirkadiane Rhythmus wie kein anderer unser Leben prägt. Ein weiterer Vorteil der 24-Stunden-Zyklen besteht darin, dass Pfleger im ambulanten Umfeld ihre Klienten mindestens einmal am Tag besuchen (vgl. (DRK, 2013)).

Eine Schwierigkeit, die bei der Modellierung dieser Aktivität aufgetreten ist, war die Unterscheidung zwischen Nacht- und Tagschlaf. Unter Tagschlaf fällt der in der Zielgruppe stark verbreitete Mittagsschlaf (Ausruhen). Um möglichst unabhängig von zu konfigurierenden Zeiten zu bleiben, wird derselbe Auslöseimpuls verwendet wie beim zirkadianen Rhythmus des Menschen: das Tageslicht.

Das abgebildete CTT-Modell (siehe Abbildung 5.4) setzt zwei bzw. drei Sensoren im Schlafzimmer voraus: einen BM in Bettnähe, einen Helligkeitssensor und einen Bettbelegungssensor im Bett. Der BM soll über Bewegung in Bettnähe informieren. Er dient in Kombination mit der eigentlichen Bettbelegung als Indikator für das Einschlafen. Verhält man sich vor einem Bewegungsmelder vollkommen ruhig, ist dieser nicht in der Lage, eine Bewegung zu detektieren. Dieser Zustand tritt ein, wenn man eingeschlafen ist. Umdrehen im Schlaf wird durch den BM zwar auch detektiert, jedoch tritt in dem Zusammenhang das andere notwendige Ereignis (Bettbelegung) nicht erneut auf. Der Bettbelegungssensor gibt Auskunft darüber, ob auf die Oberseite des Bettes Druck ausgeübt wird. Dieser wird bspw. auch von einem schweren Gegenstand (z. B. ein Koffer) aufgebracht.

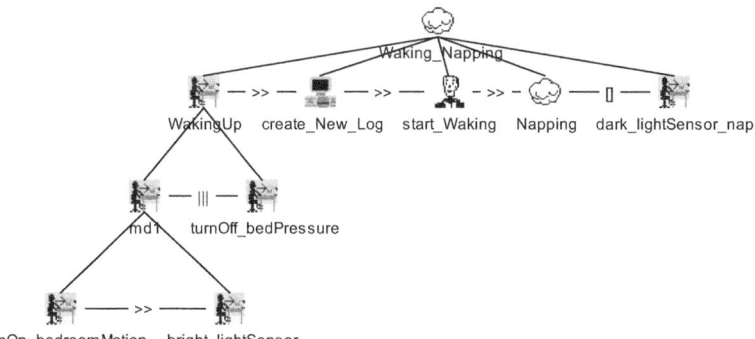

Abb. 5.4: Aktivitätsbeschreibung „Aufstehen/Zubettgehen" (linkes Teilstück)

Über den (teilweise in BM integrierten) Helligkeitssensor hat man die Möglichkeit, auf die im Raum vorgefundene Beleuchtungsstärke zu schließen. Ein dunkler bzw. abgedunkelter Raum erhöht in der Regel die Wahrscheinlichkeit, dass jemand darin zu schlafen in der Lage ist. Um nachts tief und konstant schlafen zu können, benötigt der menschliche Organismus u. a. Melatonin. Dieses wird in dunkler Umgebung produziert und ausgeschüttet (Cajochen, 2005). Deshalb verdunkeln die meisten Menschen vor dem Zubettgehen wie selbstverständlich ihre Schlafräume. Beim Mittagsschlaf lässt sich im Schlafraum in der Regel keine mit der Nacht vergleichbare Dunkelheit herstellen. Diesen Effekt nutzt die vorliegende Aktivitätsbeschreibung aus. Werden im konkreten Fall im Schlafzimmer z. B. spezielle Verdunkelungsrollos eingesetzt, die eine mit der Nacht vergleichbare Dunkelheit herstellen können, kann ein zusätzlicher Helligkeitssensor im Außenbereich Abhilfe schaffen, um den Mittagsschlaf erfolgreich vom nächtlichen Schlaf zu unterscheiden.

Die vom BM und dem Bettbelegungssensor gelieferten Sensorereignisse können im Aufwachen-Teilzweig (*WakingUp*) entkoppelt auftreten. Das heißt, unabhängig davon, ob zuerst Bewegung detektiert und Helligkeit gemessen wurde und dann das Bett als unbelegt gemeldet wurde oder umgekehrt, in jedem Fall reichen die Indizien aus, um auf das Aufstehen zu schließen. Das bloße Entlasten des Bettes (in der Nacht) reicht nicht aus, um daraus ein endgültiges Aufstehen zu folgern. Dabei könnte es sich bspw. um einen nächtlichen Toilettengang handeln. Durch das Einbeziehen der Helligkeit im Schlafraum (*bright_lightSensor*) wird auf das Aufstehen am Tagesanfang geschlossen. Damit ist eine Unempfindlichkeit gegenüber Aufstehvorgängen zu „dunklen" Tageszeiten geschaffen.

Anders als bei den zwei vorhergehenden Modellen benötigt dieses Modell eine korrekte Parametrisierung. Die vom Helligkeitssensor in Lux gemessene Beleuchtungsstärke lässt sich nicht

5.2 Umsetzung des Gesamtsystems

ohne Schwellwert als binäres Sensorereignis interpretieren. Es kommt somit darauf an, die Helligkeitsschwelle geschickt zu wählen. Einige Tests haben ergeben, dass ein Schwellwert von ca. 250 lx als Diskriminator geeignet sein könnte.

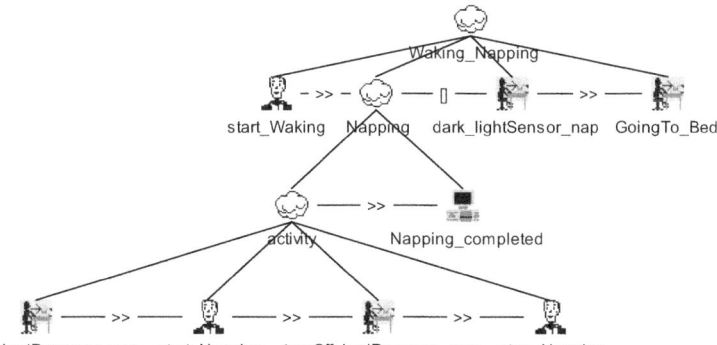

Abb. 5.5: Aktivitätsbeschreibung „Aufstehen/Zubettgehen" (mittleres Teilstück)

Wurde das Aufstehen erkannt, beginnt im Sinne der Verhaltensermittlung ein neuer Tag. Praktisch bedeutet dies, dass fortan alle Kontextinformationen in eine neue Protokolldatei – Mining-eXtensible-Markup-Language-Format (MXML-Format) – geschrieben werden. Zusätzlich beginnt in diesem Augenblick die Zeitmessung zur Bestimmung der Wachzeit. Aus dieser lässt sich ebenfalls auf die Brutto-Schlafzeit schließen. Nicht berücksichtigt sind evtl. vorhandene nächtliche Toilettengänge oder Phasen, in denen wach im Bett gelegen wurde.

Im mittleren Abschnitt (siehe Abbildung 5.5) erlaubt das Modell das Halten eines Mittagsschlafs (*Napping*). Hier tritt die oben erwähnte Schwierigkeit auf, zwischen dem Sich-ins-Bett-Legen zwecks Mittagsschlafs und dem Sich-ins-Bett-Legen zur Nachtruhe zu unterscheiden. Realisiert wurde diese Unterscheidung über das Sensorereignis *dark_lightSensor_nap*. Solange es (draußen) hell ist, wird der Schlaf als Mittagsschlaf angerechnet. Mit Eintreten eines Helligkeitswerts, der als dunkel erachtet wird (d. h. unterhalb der eingestellten Schwelle liegt), wandert der Fokus vom Mittagsschlaf auf das abendliche bzw. nächtliche Zubettgehen (*GoingTo_Bed*).

Der Zubettgehen-Teilzweig (*GoingTo_Bed*) stellt die Umkehrung des Aufstehen-Teilzweigs dar (siehe Abbildung 5.4): Hier wird auf die Bettbelegung gewartet. Zudem sollte der BM keine Bewegung mehr erfassen können und die Beleuchtung des Schlafzimmers unterhalb des Schwellwerts sein. Sind alle Kriterien erfüllt, wird die Wachphase des Tages als abgeschlossen angesehen. Man könnte meinen, eine erneute Erfüllung des Kriteriums, dass die Beleuchtungsstärke unterhalb des Schwellwerts liegen muss (*dark_lightSensor_sleep*), wäre überflüssig. Dem ist aus folgendem Grund allerdings nicht so: Für den Fall, dass der Bewohner einen Mittagsschlaf gehalten hat, wird keine Aussage über den aktuellen Helligkeitswert benötigt. Der Term (*Napping* [] *dark_lightSensor_nap*), der die Wahl zwischen dem Mittagsschlaf und dem Eintreten der Dunkelheit abbildet, wird wahr, weil Ersteres zutrifft. Die Entscheidung wird durch das Ereignis getroffen, welches zuerst eintritt. Das Zubettgehen soll aber ausschließlich in der Dunkelheit erkannt werden.

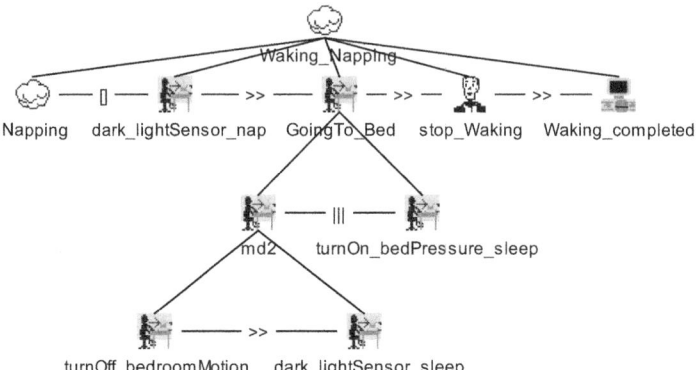

Abb. 5.6: Aktivitätsbeschreibung „Aufstehen/Zubettgehen" (rechtes Teilstück)

Für dieses ADL-Modell kamen ebenfalls die BM (mit PIR-Sensor) aus dem vorherigen Task-Modell zum Einsatz. Diese bieten die beschriebene Möglichkeit, einen Helligkeitswert zu bestimmen. Als Bettbelegungssensor wurde ein Folienpotentiometer verwendet. Entgegen mechanischen Lösungen findet dabei keine akustische Beeinträchtigung des Bewohners beim Schlafen statt. Alternativen zur Erkennung der Bettbelegung sind z. B. spezielle Matratzen (IQfy, 2013b).

Task-Modell „Medikamenteneinnahme"

Die Medikamenteneinnahme bzw. deren selbstständige Durchführung ist geradezu ein exemplarisches Beispiel für eine prospektive Gedächtnisaufgabe. Hierbei gilt es, sich zu zuvor festgelegten Zeiten eigenständig an die Einnahme zu erinnern und diese im Anschluss auszuführen. Kliegel u. a. verwenden dieses Beispiel deshalb auch zur Veranschaulichung einer prospektiven Gedächtnisaufgabe, siehe (Kliegel u. a., 2003). Die prospektive Gedächtnisaufgabe erfordert eine regelmäßige und sorgfältige Kontrolle der Uhrzeit – unabhängig davon, ob parallel dazu andere Tätigkeiten ausgeführt werden. Der Fokus muss zum geplanten Zeitpunkt von anderen Tätigkeiten, die momentan ausgeübt werden, auf die Medikamenteneinnahme gerichtet werden. Dies wird als kognitive Flexibilität bezeichnet. Kliegel u. a. haben in ihrer Studie (2003) gezeigt, dass exekutive Funktionen (wie die Medikamenteneinnahme) zu 25 % eine Vorhersage über die kognitiven Fähigkeiten erlauben.

Unglücklicherweise steht dem aus der Sichtweise von ambienter Sensorik ein nicht triviales Problem gegenüber: die zeitlich präzise Erhebung des tatsächlichen Einnahmezeitpunkts. Typischerweise besitzt jeder Mensch einen präferierten Aufbewahrungsort für die Medikamente, die er laut ärztlicher Verordnung einnehmen soll bzw. muss. Die einzige Interaktion zwischen der Umgebung und der Person selbst bzgl. deren Einnahme ist die kurzfristige Aufnahme der Verpackung oder der Dosierhilfe von diesem Ort. Die Aufnahme der Medikamente aus der Umgebung und deren Einnahme finden u. U. räumlich und zeitlich voneinander entkoppelt statt. Dies

5.2 Umsetzung des Gesamtsystems

unterscheidet diese ADL grundsätzlich von den vorherigen, bei denen diese Zusammenhänge meist zeitnah sind. Bei der Toilettenbenutzung bspw. stellt die betätigte Spülung sowohl den räumlichen als auch den zeitlichen Zusammenhang her.

Die Einnahme von Medikamenten wird häufig – zur besseren Verträglichkeit – zu den Mahlzeiten empfohlen. In diesem Fall legen sich betroffene Personen die Medikamente gern vor der Mahlzeit zurecht, um sie während oder nach dieser einzunehmen. Die Umgebung hätte folglich eine Aufnahme der Medikamente vor dem Zeitpunkt der Mahlzeit beobachtet, obwohl die eigentliche Einnahme ebenfalls nachher stattfinden könnte. Je nach Dauer der Mahlzeit entstünde eine erhebliche Differenz zwischen detektiertem und tatsächlichem Einnahmezeitpunkt.

Das beschriebene Zurechtlegen hat neben Bequemlichkeitsgründen praktische Relevanz. In dem Augenblick – meist kurz vor dem eigentlichen Einnahmezeitpunkt, in dem man sich erinnert, die Medikamente einzunehmen – schafft man sich eine externe Erinnerungshilfe. Dix u. a. (2004) sprechen in diesem Zusammenhang von *Environmental Cues*, d.h. in der Umgebung befindlichen Gegenständen, die uns daran erinnern, etwas zu tun. Meistens besteht ein enger Zusammenhang zwischen dem Gegenstand und der Tätigkeit, die ausgeführt werden soll, an die Ersterer uns erinnern soll. Schaut man vor, während oder nach der Mahlzeit auf die im Sichtfeld liegenden Medikamente, wird man eher daran erinnert, sie einzunehmen, als ohne diese Erinnerungshilfe. Andernfalls hätte man weiterhin – bspw. durch Kontrollieren der Uhrzeit – daran denken müssen, die Medikamente aufzunehmen, um sie anschließend einnehmen zu können.

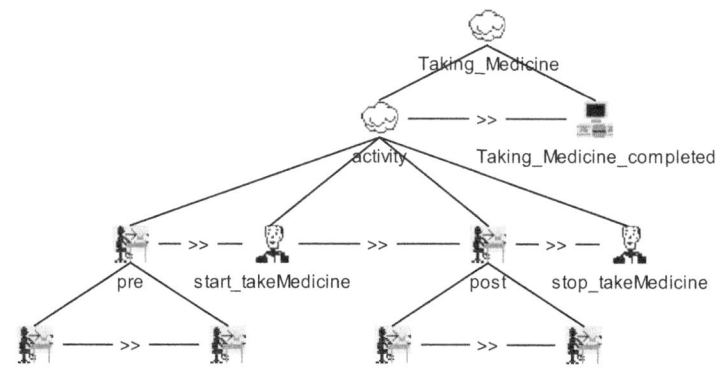

Abb. 5.7: Aktivitätsbeschreibung der „Medikamenteneinnahme"

Eingedenk dieser Tatsache wird durch Abbildung 5.7 ein Aktivitätsmodell beschrieben, welches – getreu dem Credo, nur ambiente Sensorik einsetzen zu wollen – ausschließlich auf in der Umgebung befindliche Sensoren zurückgreift. Zwei Sensortypen sind erforderlich, um diese Definition in der Umgebung abzubilden: ein Schließkontakt an der Tür des Schranks bzw. der Schublade, in dem bzw. der die Medikamente aufbewahrt werden (sollen), sowie eine Einrichtung, die detektieren kann, welches Medikament (welche Verpackung) dem Schrank bzw. der Schublade entnommen wurde. Letztere Unterscheidung ist vor allem dann notwendig, wenn verschiedene Medikamente zu unterschiedlichen Zeiten eingenommen werden sollen bzw. müssen. In diesem Fall können mehrere Instanzen dieses Modells aktiviert werden, die bzgl. der Aufnahme eines Medikaments auf unterschiedliche Sensorereignisse reagieren.

Das Modell ist relativ eingeschränkt, was das Zurücklegen der Medikamente an den angestammten Ort anbelangt. Es erlaubt lediglich eine Ausführungsreihenfolge. Andernfalls wird keine vollständige Medikamenteneinnahme protokolliert. Der Grund für diese Strenge ist, dass ansonsten, wenn die Verpackung der Medikamente nicht an den Aufbewahrungsort zurückgelangt, zum nächsten Zeitpunkt eine Entnahme nicht erkannt werden kann. Die Vorbedingung für die Medikamenteneinnahme (*pre*) sieht demnach vor, dass zunächst der Schrank bzw. die Schublade geöffnet wird, um danach die Medikamente entnehmen zu können. Der Zeitpunkt, nach dem beides in Form von Sensorereignissen gemeldet wurde, wird als der Start der Medikamenteneinnahme betrachtet (*start_takeMedicine*).

Die Nachbedingung bzw. die Voraussetzung dafür, dass die nächste Medikamenteneinnahme überhaupt detektierbar ist, besteht aus den invertierten und in ihrer Reihenfolge umgekehrten Sensorereignissen: Zurücklegen der Medikamentenverpackung sowie Schließen des Schranks bzw. der Schublade. Wurde das Auftreten beider Tätigkeiten durch die ihnen jeweils zugeordneten Sensorereignisse berichtet, wird diese Instanz der Medikamenteneinnahme als beendet angesehen (*stop_takeMedicine*). Gleichzeitig ist der erfolgreiche Abschluss der gesamten Aktivität erreicht.

Zum Erfassen des Verschlusszustandes des Medikamentenschranks wurde ein einfacher Magnetkontakt verwendet. Ob ein Präparat bzw. welches Präparat dem Schrank entnommen wurde, konnte mittels RFID-Tags an den Verpackungen und dem zugehörigen RFID-Lesegerät, welches im Schrank verbaut wurde, erkannt werden.

Das schwedische Unternehmen Cypak ist auf dem europäischen Markt als Vorreiter im Bereich von RFID-gekennzeichneten Medikamentenverpackungen zu sehen. An einem 2006 zusammen mit der niederländischen Novartis Pharma vollzogenen Pilotprojekt waren 275 Patienten und 23 Apotheken beteiligt (Collins, 2006). Es konnte gezeigt werden, dass sich die Compliance durch den Einsatz von RFID-Etiketten und ein entsprechendes Computersystem signifikant erhöht hat. Mit sinkenden Preisen bei RFID-Etiketten ist davon auszugehen, dass in absehbarer Zeit viele Medikamente entsprechend gekennzeichnet sein werden. Insofern ist der gewählte Ansatz zukünftig nicht mehr als zu aufwändig einzustufen.

Rubrik „Ernährung"

Die Rubrik „Ernährung" wurde in zwei einzelne Aktivitätsbeschreibungen aufgeteilt: „Essen" und „Kochen". Man ist damit in der Lage, von landestypischen Unterschieden bzgl. der Zubereitung von Mahlzeiten zu abstrahieren. In den englischsprachigen Ländern ist es bspw. nicht unüblich, morgens und abends warme Mahlzeiten zuzubereiten. Dies bedeutet, dass sich morgens und abends Tätigkeiten in der Küche beobachten lassen, die in Deutschland in der Regel eher bzw. nur zur Mittagessenszubereitung vorzufinden wären. Im Reich der Mitte sind sogar drei warme Mahlzeiten pro Tag üblich (vgl. (Steimel, 2013)).

5.2 Umsetzung des Gesamtsystems

Task-Modell „Essen"

Beim „Essen" sieht man sich einem ähnlichen Problem gegenübergestellt wie bei der Medikamenteneinnahme: Nahrungsmittel, Geschirr und Besteck bieten – wie die Pillen – gleichsam ungünstige Bedingungen, um daran Sensoren zu fixieren. Insbesondere die Manipulation an Geschirr und Besteck kann in ähnlichem Maße wie bei der Medikamenteneinnahme räumlich und zeitlich getrennt von der eigentlichen Mahlzeit ablaufen. Man stelle sich hierzu das Decken des Frühstückstisches am Vorabend vor. Der Aktivitätserkennung kommt zugute, dass frische Nahrungsmittel bzw. warme Mahlzeiten in der Regel relativ zeitnah verzehrt werden: frische Nahrung kommt aus dem Kühlschrank, weil sie ansonsten verdirbt; warmes Essen direkt vom Herd (bzw. aus dem Ofen oder der Mikrowelle), damit es nicht schon erkaltet ist.

Dieses Task-Modell soll in der Lage sein, Mahlzeiten zu erkennen, unabhängig davon, ob im Vorweg gekocht wurde oder nicht. Bevor man mit dem Essen beginnen kann, sind zwei Voraussetzungen (*pre*, siehe Abbildung 5.8) erforderlich: das Nahrungsmittel aufzunehmen, welches man zu essen beabsichtigt, sowie das zugehörige Geschirr bzw. Besteck. Je nachdem, ob das entsprechende Nahrungsmittel gekühlt gelagert werden muss oder nicht, ist es im Kühl- bzw. Speiseschrank (ungekühlt) untergebracht. Geschirr wird üblicherweise in Schränken aufbewahrt, wohingegen Besteck häufig in Schubladen vorzufinden ist.

Zur Detektion dieser Vorbedingungen werden vier logische Sensoren benötigt, die jeweils die Verschlusszustände nachfolgender Aufbewahrungsorte melden: Kühl-, Speise- und Geschirrschrank sowie Besteckschublade. Damit selbst Mahlzeiten, die aus einigen wenigen Zutaten

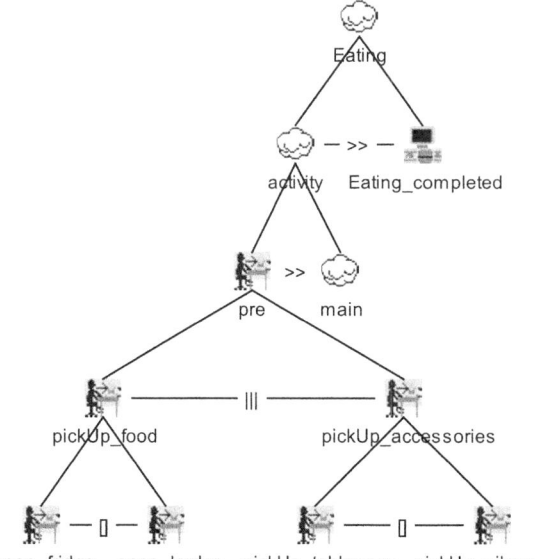

Abb. 5.8: Aktivitätsbeschreibung des „Essens" (linkes Teilstück)

bestehen (z. B. Pasta mit Pesto), erkannt und im Anschluss protokolliert werden können, beschränkt sich die Aktivitätsdefinition auf das Auftreten eines der beiden Sensorereignisse, welche die Nahrungsaufnahme vom jeweiligen Aufbewahrungsort repräsentieren. Ähnlich wird bei der Wahl zwischen Geschirr und Besteck verfahren. Ein zwischendurch aus der Hand gegessener Apfel wird nicht als Mahlzeit gewertet, wohingegen ein am Tisch zu sich genommener Apfel (aus dem Kühlschrank) unter Verwendung eines Tellers und/oder eines Messers – zum Schälen – als Mahlzeit in der Tagesstruktur auftauchen wird. Es ist unerheblich, ob zuerst der Apfel dem Kühlschrank entnommen wurde oder dies nach der Entnahme des Messers bzw. Tellers geschehen ist.

Man könnte sich hier folgende Fragen stellen: Genügt nicht das bloße Aufnehmen der Nahrung (aus dem Kühl- oder Speiseschrank) als Nachweis einer stattgefundenen Mahlzeit? Reicht es nicht aus, das Geschirr bzw. Besteck als Indiz zu verwenden? Die Antwort lautet in beiden Fällen: nein. Das kombinierte Auftreten von sowohl Essens- als auch Geschirr-/Besteckaufnahme grenzt die Handlung von zwei anderen typischen Tätigkeiten ab: dem Befüllen des Kühlschranks (bspw. nach dem Einkauf) bzw. dem Einsortieren des Geschirrs und/oder Bestecks nach dem Abspülen.

Im zweiten Teil des Modells (*main*) wird sich, nachdem die notwendigen Bedingungen vorliegen, hauptsächlich der temporalen Komponente des Kontexts gewidmet, d. h. der Frage: Wie lange hat die Nahrungsaufnahme gedauert? Als Indikator für diese Zeit hat sich die Verweildauer am Esstisch bewährt. Es wird somit davon ausgegangen, dass das Essen im Sitzen erfolgt. Selbst der Gesetzgeber unterscheidet in der Gastronomie konsumierte Mahlzeiten danach, ob im Stehen oder Sitzen gegessen wurde[2]. Dies hat Einfluss auf den geltenden Steuersatz. Diese Art der Unterscheidung erscheint folglich nicht unüblich.

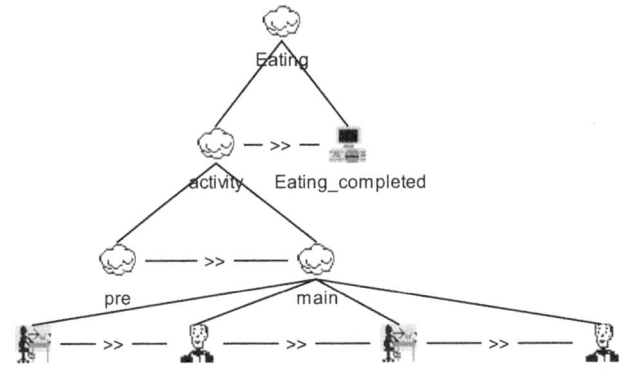

Abb. 5.9: Aktivitätsbeschreibung des „Essens" (rechtes Teilstück)

Um nicht versehentlich das Decken des Esstisches als Beginn des Essens fehlzuinterpretieren, bietet es sich an, auf die Stuhlbelegung zu warten. In dem Augenblick, in dem sich Lisa an den Esstisch setzt, wird davon ausgegangen, dass der eigentliche Essvorgang beginnt. Bezogen auf den Beginn des Essens nach dem Setzen ist die Aktivitätsbeschreibung „kniggekonform" (vgl.

---
2 Bundesfinanzhof-Urteil vom 30.6.2011, V R 35/08 und V R 18/10

5.2 Umsetzung des Gesamtsystems

(Knigge, 2013)). So gut sich die Stuhlbelegung zur Detektion des Starts der Mahlzeit eignet, so schlecht ist die Entlastung des Stuhls als Indikator für die Beendigung des Essens geeignet. Sollte sich die Person bspw. kurz vom Stuhl erheben, um nach etwas auf dem Tisch zu greifen, was zu weit entfernt steht, als dass sie es im Sitzen hätte erreichen können, würde die Essensdauer für beendet erklärt. Als verlässlichster Indikator hat sich bislang die Anwesenheit im Esszimmer (bzw. Essbereich) erwiesen. Ein Entlasten des Stuhls wird ignoriert und die Beendigung der Essensdauer ist davon unberührt. Als Letztes erfolgt die durch das System zu erbringende Aufgabe, den beobachteten Essvorgang einschließlich der gemessenen Essdauer zu protokollieren.

Die zur Detektion der Vorbedingungen notwendigen vier logischen Sensoren wurden durch Magnetkontakte realisiert. Hierbei handelt es sich bereits um eine sehr preisgünstige Variante. Die Stuhlbelegung wurde durch einen am Markt erhältlichen Drucktaster (IQfy, 2013a) erfasst. Darin ist eine Feder verbaut, die eine vordefinierte Kraft aufbringt. Wird dieser Kraft entgegengewirkt, z. B. durch Daraufsetzen, löst der Taster aus und sendet ein Funktelegramm. Obwohl sich dieser Sensor hinsichtlich der beabsichtigten Erkennungsaufgabe als sehr zuverlässig erwiesen hat, fühlten sich die Probanden im Feldtest (siehe Kapitel 6.1) durch die von ihm ausgehenden Geräusche belästigt. Beim Daraufsetzen ist das mechanische Schalten wahrnehmbar.

Task-Modell „Kochen"

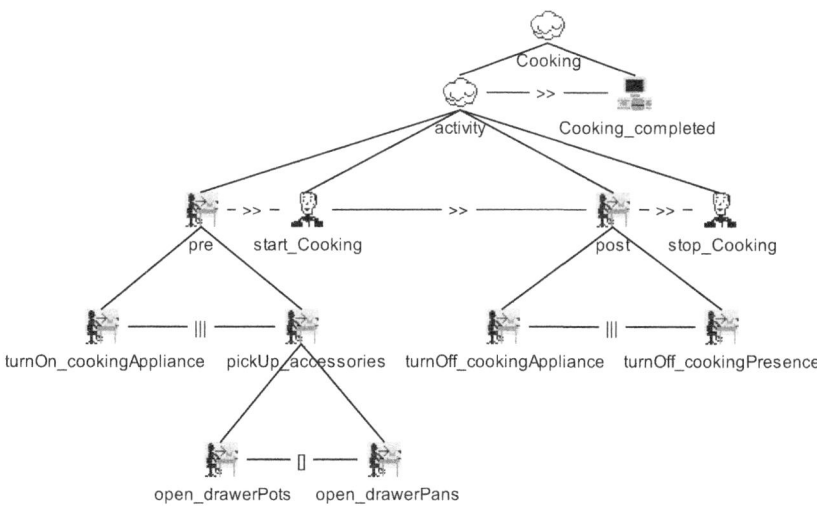

Abb. 5.10: Aktivitätsbeschreibung des „Kochens"

Bei der Aufgabenbeschreibung des „Kochens" kommt es – zusätzlich zum eigentlichen Erkennen dieser Tätigkeit – darauf an, möglichst präzise die Dauer des gesamten Kochvorgangs zu bestimmen. Weiterhin kann das Modell helfen, den Betreuer/Pfleger darüber zu informieren, dass bspw. der Herd nach dem Kochen nicht abgeschaltet wurde. In dem Fall würde das Protokoll abgebrochene Instanzen der „Kochen"-Aktivität enthalten, zu deren korrekter Beendigung das Abschalten des Herdes fehlt. Der Start des Kochvorgangs ist geprägt durch das Einschalten von elektrischen Verbrauchern zur Essenszubereitung. Dies können z.B. der Herd, der Backofen oder die Mikrowelle sein. Indirekt lässt sich auch über die Dunstabzugshaube mutmaßen, dass Essen zubereitet wird. Zum zweifelsfreien Erkennen des Kochvorgangs genügt das bloße Einschalten eines dieser Geräte allerdings nicht. So könnte der Backofen eingeschaltet worden sein, um die pyrolytische Selbstreinigung zu aktivieren. Die Dunstabzugshaube wird mitunter zweckentfremdet, um andere unerwünschte Gerüche zu entfernen.

Egal, ob man Essen auf dem Herd, im Backofen oder in der Mikrowelle zubereitet, stets ist geeignetes Kochgeschirr vonnöten: Auf dem Herd wären das Töpfe oder Pfannen, im Backofen Bleche oder (Auflauf-)Formen und in der Mikrowelle spezielles mikrowellengeeignetes Geschirr. Basierend auf diesem Wissen fordert die Aktivitätsdefinition die Entnahme von Kochgeschirr. Tritt eine Kombination aus einem eingeschalteten Verbraucher und einem entnommenen Kochgeschirr gemeinsam auf, wird auf den Beginn des Kochvorgangs geschlossen.

Dieses Modell verlässt sich ebenfalls auf die Kombination zweier Sensorereignisse: das Abschalten des/der elektrischen Verbraucher(s) und das Verlassen der Kochumgebung. Dabei ist die Kochumgebung gegenüber einem evtl. in der Küche vorhandenen Essbereich abzugrenzen. Beide Sensorereignisse für sich genommen führen leicht zu Fehlinterpretationen. Die Zubereitung eines Gerichts kann die Nutzung mehrerer Verbraucher bedingen. Wird der letzte aktive Verbraucher ausgeschaltet, bevor der als nächstes benötigte Verbraucher eingeschaltet wird, läge das erste Kriterium vor. Insbesondere bei Gerichten, die eine lange Zubereitungszeit erfordern (z.B. ein Braten), ist es nicht unüblich, dass die Küche kurzzeitig oder sogar längerfristig verlassen wird. Somit ist auch dieses Ereignis – für sich allein genommen – als Indikator für das Ende des gesamten Kochvorgangs unzweckmäßig. Wird hingegen der letzte aktive Verbraucher abgeschaltet und der Kochbereich verlassen, ist die Beendigung des Kochvorgangs anzunehmen.

Das Aktivitätsmodell erlaubt das Auftreten der Kennzeichen für den Beginn der Tätigkeit in beliebiger Reihenfolge. Bezüglich der elektrischen Verbraucher wird nicht zwischen den einzelnen Geräten unterschieden. Vielmehr wird der Gesamtverbrauch des für den Küchenbereich zuständigen Stromkreises erhoben. Dieser Vorgehensweise kommt entgegen, dass die zur Essenszubereitung verwendeten elektrischen Verbraucher verglichen mit anderen Kleinverbrauchern einen sehr hohen Anschlusswert aufweisen. Andere Herdtypen (bspw. Gasherde) werden zzt. nicht unterstützt. Dies erscheint vertretbar zu sein, da in Deutschland ca. 85 % aller Haushalte Elektroherde bzw. -backöfen nutzen (dena, 2013).

Für die Entnahme von geeignetem Kochgeschirr enthält das Modell exemplarisch zwei Schubfächer: für Töpfe und für Pfannen. An dieser Stelle kann bzw. muss die Definition erweitert werden, wenn mehr als zwei Aufbewahrungsorte vorgefunden werden. Andererseits kann der Knoten *pickUp_accessoires* auch zu einem Sensorereignis zusammenschrumpfen, wenn nur ein einziger Aufbewahrungsort vorliegt. Das Vorhandensein beider Sensorereignisse führt direkt zum Start des Kochvorgangs. Zur Beendigung dessen ist es unerheblich, in welcher Reihenfolge die Aktivitäten Abschalten der Gerätschaften und Verlassen des Kochbereichs auftreten.

Die Detektion des Schließzustandes der Schubladen bzw. Schränke, in denen das Besteck bzw. das Geschirr untergebracht ist, erfolgt mittels der bekannten Magnetkontakte. Die Anwesenheit im Kochbereich kann, falls im selben Raum kein angrenzender Essbereich vorhanden ist, unproblematisch mit Bewegungsmeldern erfolgen. Sollte in direkter Nähe ein Essbereich

5.2 Umsetzung des Gesamtsystems

angrenzen, wird die Verwendung von Distanzmessern – auf Infrarot-Basis (IR-Basis) – bzw. Lichtschranken unmittelbar vor den betroffenen Geräten empfohlen. Zur Stromverbrauchsmessung wurde ein Funk-Stromzähler-Sendemodul (ELTAKO, 2013) verwendet. Ähnlich wie zuvor bei dem Helligkeitswert bzgl. des „Aufstehen/Zubettgehen"-Modells erfordert der Einsatz dieses (nicht binären) Sensortyps die Festlegung eines Schwellwerts. Gemessen wird die Wirkleistung (in Watt).

Alle Verbräuche unterhalb des Schwellwerts werden dabei nicht als eingeschaltetes Küchengerät erfasst. Somit kann bspw. die Beleuchtung in der Küche oder das Nachlaufen eines Lüfters zur Kühlung des Backofens von der Gerätenutzung unterschieden werden. Als Richtwert kann der Verbrauch des Küchengeräts mit der geringsten Leistungsaufnahme, welches auf ein Kochen schließen lässt, herangezogen werden. Der Vorteil dieser Lösung liegt darin, dass sie relativ kostengünstig ist. Nicht jedes Gerät muss einzeln überwacht werden. Andererseits ist für die Installation zwingend ein Elektriker erforderlich, welches einem kostengünstigen Einbau nicht zwangsläufig entgegenkommt.

Task-Modell „Körperpflege"

Unter der Rubrik „Körperpflege" versteht die „Richtlinie des GKV Spitzenverbandes zur Begutachtung von Pflegebedürftigkeit nach dem XI. Buch des Sozialgesetzbuches" (MDS, 2009) folgende Tätigkeiten:

- Waschen, unterteilt in
  - Ganzkörperwäsche
  - Teilkörperwäsche (Ober- bzw. Unterkörper)
  - Teilkörperwäsche (Hände/Gesicht)
- Duschen
- Baden
- Zahnpflege
- Kämmen
- Rasieren
- Darm- und Blasenentleerung

Verrichtungen, die unter die letzte Kategorie fallen, wurden bereits separat durch die Aktivitätsbeschreibung „Toilettenbenutzung" modelliert. Mit Ausnahme des Kämmens ist augenscheinlich, dass alle übrigen Aktivitäten unter Zuhilfenahme von Wasser erfolgen. Schließt sich das Kämmen an eine zuvor getätigte Haarwäsche an, so ist selbst dies in gewisser Weise abgedeckt. Eine ausschließliche Trockenrasur wird nicht erfasst. Da es bei dieser Aktivitätsbeschreibung nicht darum geht, jede der oben aufgeführten Tätigkeiten einzeln erkennen zu können, würde das Kämmen im Verbund mit den übrigen Aktivitäten auch erkannt werden. Keine Ausgabe einer Kontextinformation würde erfolgen, wenn das Badezimmer ausschließlich zum Kämmen betreten wird.

Die Wassermenge, die für die einzelnen Tätigkeiten benötigt wird, unterscheidet sich erheblich. So genügt zum Zähneputzen bzw. (Nass-)Rasieren meist wenig Wasser. Der Wasserhahn wird nur auf- und fast unmittelbar wieder zugedreht. Dem steht ein nicht unerheblicher Wasserverbrauch für Duschen und Baden gegenüber. Das Waschen am Waschbecken ist vom Wasserverbrauch her zwischen diesen Extremen einzuordnen. Alle Tätigkeiten der körperlichen Hygiene, die mit Wasserverwendung in Zusammenhang stehen, beginnen mit der Wasserentnahme aus der jeweiligen Armatur. Beim Waschen, Zähneputzen und Rasieren ist dies üblicherweise der Wasserhahn am Waschbecken. Dusche und Badewanne können entweder über eine separate oder gemeinsame Wasserzufuhr verfügen. Beim Waschen werden die Hände und/oder ein Waschlappen befeuchtet. Die Zahnbürste bzw. den Rasierpinsel gilt es zu befeuchten, will man sich die Zähne putzen bzw. sich (nass) rasieren.

Bedingt durch die Korrelation der Wasserentnahme im Bad und den Beginn der Körperhygiene ist es naheliegend, die Wasserentnahme als initiales Sensorereignis für die vorliegende Aktivitätsbeschreibung zu gebrauchen. Umgekehrt lässt sich durch die Beendigung des Wasserverbrauchs nicht direkt auf das Ende der eingeleiteten Tätigkeit schließen. So bedarf es beim Waschen, Baden und Duschen bspw. eines anschließenden Abtrocknens. Das Zähneputzen bzw. Rasieren ist sogar häufig durch mehrfaches Auf- und Absperren des Wasserhahns gekennzeichnet.

Die Nasszelle, wie das Badezimmer auch genannt wird, weil dort Wasserrohrleitungen verlegt sind, stellt einen besonderen Raum dar. Dieser ist für die oben angegebenen Aktivitäten geschaffen. Ein Betreten des Badezimmers geht fast immer mit der Ausführung einer der Aktivitäten aus dem Bereich der Körperpflege einher. Nichts wäre somit naheliegender, als das Verlassen dieses Raums als Abschluss der Körperpflege zu werten.

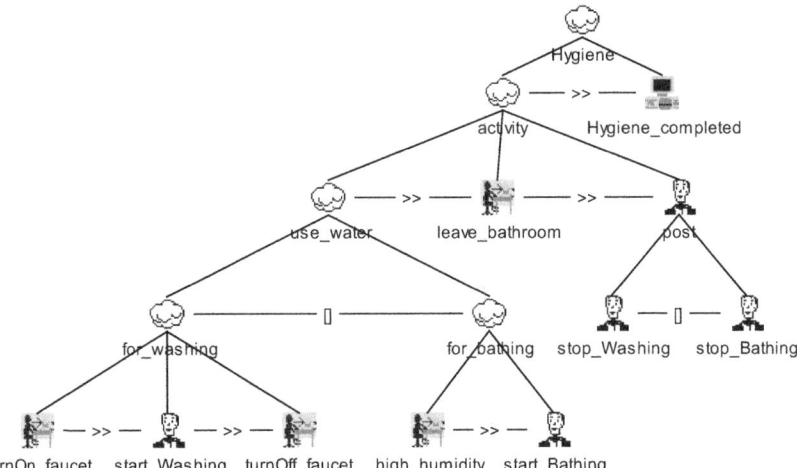

Abb. 5.11: Aktivitätsbeschreibung der „Körperpflege"

Das schlechte Abschneiden der relativen Luftfeuchtigkeit als Klassifikator in (Lester u. a., 2005) ist dadurch zu begründen, dass unter den zehn zu unterscheidenden Aktivitäten ausschließlich

5.2 Umsetzung des Gesamtsystems

Bewegungsformen (z. B. Gehen, Laufen, Fahrrad- oder Aufzugfahren) waren. Der plötzliche und gravierende Anstieg der (relativen) Luftfeuchtigkeit im Badezimmer kann als Indikator dienen, um den Beginn einer mit hohem (Warm-)Wasserverbrauch verbundenen Tätigkeit aus dem Bereich der Körperpflege zu erfassen; diesen Vorschlag haben van Kasteren u. a. (2008) in ihrer Arbeit unterbreitet.

Der Vorteil, der daraus erwächst, besteht vor allem in einer vereinfachten Sensorinstallation und damit verbundenen Kostenersparnis. Dusche und Badewanne müssen nicht mit dedizierten Sensoren ausgestattet werden. Für den Klienten ergeben sich keine Änderungen an seinen gewohnten Armaturen (an Dusche und/oder Badewanne). Die übrigen Tätigkeiten, die in der Regel mit weniger Wasser auskommen, können auf diese Weise nicht erfasst werden.

Um die Interaktion zwischen dem Bewohner und seiner Umgebung bzgl. des Waschbeckens zu erfassen, bietet es sich an, den Wasserzufluss zu überwachen. Dies stellt keine direkte Verletzung der Privatsphäre dar, wie dies in (Chen u. a., 2005) durch die Audioaufzeichnungen der Fall ist. Sowohl die Erhebung der relativen Luftfeuchtigkeit als auch die des Wasserverbrauchs am Waschbecken sind für den Bewohner als Änderung seiner gewohnten Umgebung nicht wahrnehmbar. Dies ist insbesondere vor dem Hintergrund der Umfeldbezogenheit der älteren Person (Bruder u. a., 1991) von entscheidender Bedeutung.

Wie in Abbildung 5.11 zu sehen ist, unterscheidet das Aktivitätsmodell (erkennbar am *Choice*-Operator) anhand des Wassergebrauchs zunächst Waschen (*washing*) von Baden (*bathing*), wobei Letzteres stellvertretend auch für Duschen steht. Ob zuerst der Wasserhahn (am Waschbecken) geöffnet wurde oder die relative Luftfeuchtigkeit einen Schwellwert überschritten hat, entscheidet darüber, welcher Zweig aktiviert wird.

Nach dem jeweiligen Initialereignis beginnt die Zeitmessung für die gesamte (aktive) Aufenthaltszeit im Badezimmer. Beide Teilzweige nutzen hierzu unterschiedliche Timer. Dies ist dadurch begründet, dass die Sensoren ein unterschiedliches Zeitverhalten aufweisen. Ein Wasserfluss an der Zuleitung zum Waschbecken lässt sich nahezu unmittelbar (im Rahmen der geforderten Genauigkeit ausreichend) erfassen. Eine andere Situation stellt sich beim Feuchtigkeitssensor dar: In Abhängigkeit von Faktoren wie Installationsort (Entfernung zur Wasserquelle), Wasser- und Umgebungslufttemperatur, Wassermenge und -austrittsart zeigt dieser Sensor zeitlich verzögert den Beginn des Wasserverbrauchs und damit den Beginn der Aktivität an. Je näher der Sensor der Wasserquelle ist, desto eher erreicht der vom Wasser ausgehende Dampf den Sensor.

Je größer die Wassermenge ist, desto schneller steigt die Luftfeuchtigkeit. Die Wasseroberfläche beim Austritt aus einem Duschkopf ist größer als beim Austritt aus einer Badewannenarmatur. Demzufolge wird im ersten Fall der Anstieg der Luftfeuchtigkeit sensorisch schneller wahrnehmbar. Einen großen Einfluss auf das Zeitverhalten können Systeme haben, die dem Anstieg der Luftfeuchtigkeit im Badezimmer entgegenwirken sollen und dazu einen Luftzug erzeugen. Dies können z. B. automatische – evtl. ebenfalls über die relative Leuchtfeuchtigkeit gesteuerte – Ventilatoren zur Entlüftung sein. Sollte ein solches System vorliegen, so bietet sich die Integration des bereits vorhandenen Sensors an. Alternativ könnte die Stromaufnahme direkt am Ventilator gemessen und somit indirekt das Sensorereignis erfasst werden.

Die gemessene Zeit (*start_Washing* bzw. *start_Bathing*) gibt demzufolge keine genaue Auskunft über die Dauer der zuerst ausgeführten Tätigkeit. Vielmehr sagt sie aus, mit welcher Art von Aktivität (geringer bzw. hoher Wasserverbrauch) die körperliche Hygiene begonnen wurde. Bei der Berechnung der Gesamtdauer wird das unterschiedliche Zeitverhalten der Sensoren berücksichtigt. Löst als erstes Ereignis der Wasserhahn aus, wird der sofortige Beginn der Aktivität geschlussfolgert und per Modell dafür gesorgt, dass der Wasserhahn geschlossen wurde, bevor das Badezimmer verlassen wird. Im Falle des Anstiegs der Luftfeuchtigkeit wird der vorgezogene Beginn der Aktivität angenommen. Bei der Berechnung der Verweildauer im Badezimmer wird ein konfigurierbarer Offset berücksichtigt. In jedem Fall stellt das Verlassen des Badezimmers das Ende der Körperpflege dar.

In der Nachbereitungsphase (*post*) entscheidet der gestartete Timer darüber, welche zeitliche Grundlage zur Berechnung herangezogen wird. Wurde bspw. mit dem Waschen begonnen, so lässt sich dieses Intervall (*stop_Washing-start_Washing*) bereits aus den Zeitstempeln berechnen.

Zur Detektion des Wassergebrauchs werden zwei binäre Durchfluss-Sensoren (Conrad, 2013), jeweils einer in die Warm- und einer in die Kaltwasserzuleitung, eingesetzt. Die darin verbaute Feder sorgt dafür, dass ab einem Durchfluss von 0,5 l/min ein Schließkontakt geschaltet wird. Die relative Luftfeuchtigkeit wurde mit einem solarunterstützten kombinierten Funk-Feuchte-/Temperaturmesser aufgezeichnet. Durch die zusätzliche Aufzeichnung der Temperatur ist es möglich, den Effekt durch Änderung der Lufttemperatur bei der Messung der relativen Luftfeuchtigkeit zu berücksichtigen.

Task-Modell „Haushaltsführung"

Je nach körperlicher, geistiger und/oder seelischer Verfassung des Bewohners wird die Arbeit im Haushalt u. U. ganz oder teilweise von einer Haushaltshilfe übernommen. Es ist aus Sicht der Verhaltensermittlung nur sinnvoll, Aktivitäten aus dieser Kategorie zu beobachten, wenn der Haushalt zumindest gelegentlich vom Bewohner selbst geführt wird. Es ist nicht das Ziel, mittels Sensorik die Arbeit einer Haushaltshilfe zu überprüfen.

Laut dem Pflegetagebuch der Knappschaft (2013) gehören folgende Tätigkeiten zur „hauswirtschaftlichen Versorgung":

- Einkaufen
- Kochen
- Beheizen der Wohnung
- Spülen
- Reinigung der Wohnung sowie
- Wechseln/Waschen der Kleidung und Wäsche

Tätigkeiten wie das Einkaufen, die außerhalb der Wohnung stattfinden, können von einem in der Wohnung verbauten System nicht detektiert werden. Arbeitsschritte, die dem Kochen zuzurechnen sind, wurden bereits in einer separaten Aktivitätsbeschreibung (siehe Task-Modell „Kochen") formuliert.

Zur Aufgabenbeschreibung „Beheizen der Wohnung" zählen historisch bedingt Tätigkeiten wie Beschaffung des Heizmaterials (z. B. Holz oder Kohle) aus einem Vorrat im Haus, Entsorgung der Verbrennungsrückstände sowie das eigentliche Heizen. Nach Zahlen des „Bundesindustrieverbands Deutschland Haus-, Energie- und Umwelttechnik e. V. (BDH)" von 2008 stellt

5.2 Umsetzung des Gesamtsystems

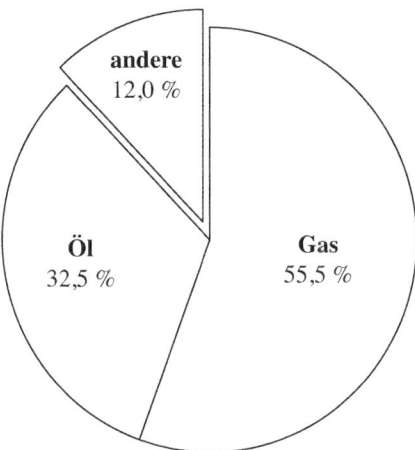

Abb. 5.12: Verteilung der zentralen Wärmeversorger in Deutschland (2008)

sich die Verteilung der Heizungsarten wie in Abbildung 5.12 abgebildet dar. Die absolute Mehrheit der deutschen Haushalte wird demnach mit Gas oder Öl (zusammenfasst 88 %) versorgt. In beiden Fällen sind die Tätigkeiten, die unter die Rubrik „Heizen der Wohnung" fallen, nicht erforderlich.

Schwerpunktmäßig soll sich die Haushaltsführung auf die Tätigkeiten „Spülen", „Reinigung der Wohnung" sowie „Wechseln/Waschen der Kleidung und Wäsche" beziehen. Laut Zahlen des Statistischen Bundesamtes verfügten 2011 67 % (Destatis, 2011a) aller deutschen Haushalte über eine Geschirrspülmaschine. Demnach sollte beim Spülen zwischen der Verwendung einer Geschirrspülmaschine und der manuellen Reinigung des Geschirrs unterschieden werden. Selbst bei einer höheren Verbreitung von Geschirrspülmaschinen wäre die Berücksichtigung des manuellen Spülens dennoch sinnvoll: Häufig wird parallel zum maschinellen Spülen manuell Geschirr gereinigt, sei es, weil das jeweilige Spülgut zu sperrig für den Innenraum der Spülmaschine ist oder die Menge nicht ausreicht, um dafür einen energieaufwendigen Spülgang zu rechtfertigen.

Das Reinigen der Wohnung erfolgt sowohl mithilfe elektrischer Geräte (z. B. Staubsauger) wie auch nicht elektrischer Geräte (z. B. Kehrschaufel und Handfeger). Zur Vereinfachung soll davon ausgegangen werden, dass diese Geräte an einem speziellen Ort aufbewahrt werden (z. B. in einem Schrank oder einer Kammer). Einfacher gestaltet sich die Detektion des Wäschewaschens. Das Statistische Bundesamt hat ermittelt, dass 2011 95 % (Destatis, 2011a) der Haushalte in Deutschland über eine elektrische Waschmaschine verfügten. Insofern kann die Erkennung des Wäschewaschens mit großer Sicherheit darauf beruhen.

Geschirrspül- und Waschmaschinen werden unter Zuhilfenahme von Elektrizität betrieben. Insofern bieten sich hier dieselben Mechanismen wie zur Erkennung des Kochens bzw. Fernsehens an. Bezüglich der nicht elektrisch ausgeführten Tätigkeiten stellt sich ein ähnliches Problem ein wie bei der Medikamenteneinnahme: Auch dort ließ sich eine Manipulation an dem als Indikator dienenden Objekt nicht direkt nachweisen. Hier verbleibt als Option die Überwachung des Aufbewahrungsortes.

Als besonders schwierig hat sich die Detektion des manuellen Geschirrspülens erwiesen. Das Einschalten des Wasserhahns in der Küche stellt hierfür keinen guten Indikator dar. Eine Wasserentnahme in der Küche kann auch der Essenszubereitung oder dem Händewaschen dienen. Die Entnahme des zum Entspannen der Wasseroberflächenspannung verwendeten Spülmittels kennzeichnet jedoch den Start des Spülvorgangs relativ deutlich. Das Ende des Spülvorgangs wurde durch das Zurückhängen des Geschirrtuchs detektiert.

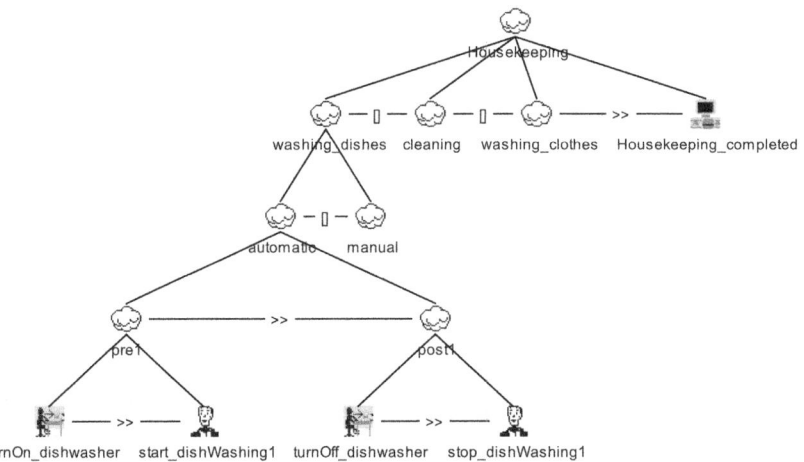

Abb. 5.13: Aktivitätsbeschreibung der „Haushaltsführung" (linkes Teilstück 1)

Bezüglich der Modelldefinition der Haushaltsführung lässt sich auf oberster Hierarchieebene in folgende drei Teilaktivitäten unterteilen: Geschirrspülen, Reinigen und Wäschewaschen. Beim Geschirrspülen lassen sich auf der nächstniedrigeren Ebene wiederum die automatische und die manuelle Reinigung des Geschirrs unterscheiden. Insgesamt basiert die Aktivitätsbeschreibung auf fünf logischen Sensoren: Schaltzustände der Geschirrspül-/Waschmaschine, Entnahme von Spülmittel, Zurückhängen des Geschirrtuchs und Aufnehmen bzw. Zurückbringen von Reinigungsgeräten.

Beim automatischen Spülen wird eine Geschirrspülmaschine eingesetzt (siehe Abbildung 5.13). Das Einschalten der Geschirrspülmaschine wird als Beginn der Aktivität gewertet. Strikt genommen gehört die Zeit, die für das Ein- und Ausräumen der Geschirrspülmaschine benötigt wird, ebenfalls zur gesamten Handlung. Daher wird zur Zeitmessung ein anderer Timer (*dishWashing1*) eingesetzt als bspw. bei der manuellen Reinigung (*dishWashing2*). Damit ist man in der Lage, unterschiedliche Offsets zu berücksichtigen.

Beim manuellen Spülen des Geschirrs gestaltet sich die Erkennung weitaus schwieriger (siehe Abbildung 5.14). Da ein gründliches Spülen ohne die Verwendung von Spülmittel nicht möglich ist, kann dessen Gebrauch als Indikator für den Beginn des manuellen Spülvorgangs dienen. Man begeht auch beim manuellen Spülen einen zeitlichen Fehler, der nicht zwangsläu-

5.2 Umsetzung des Gesamtsystems 207

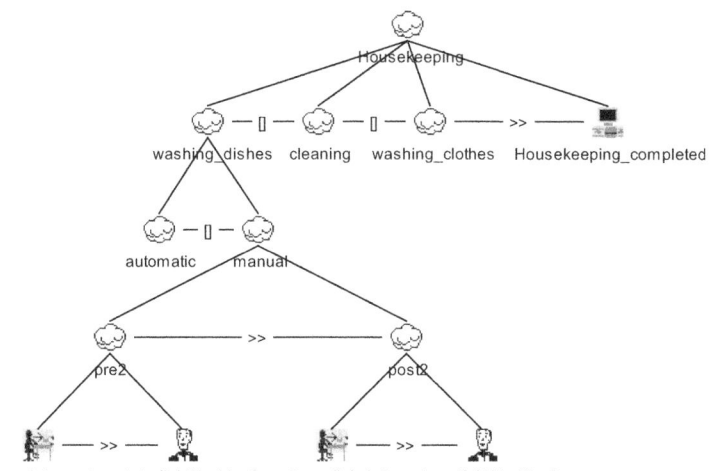

Abb. 5.14: Aktivitätsbeschreibung der „Haushaltsführung" (linkes Teilstück 2)

fig mit dem des automatischen Spülens übereinstimmen muss. Beispielsweise wird die Zeit, die für das Einlassen des Spülwassers benötigt wird, nicht erfasst.

Als Nächstes widmet sich die Aktivitätsbeschreibung dem Reinigen der Wohnung (siehe Abbildung 5.15). Wie angekündigt, wird vereinfachend davon ausgegangen, dass alle benötigten Utensilien an einem mit einer Tür verschlossenen Ort aufbewahrt werden. Dieser Ort kann bspw. ein Haushaltsschrank oder eine Besenkammer sein. Kennzeichnend für den Beginn des Reinigens wäre in diesem Fall das Öffnen der Tür, hinter der sich z.B. der Handfeger befindet. Würde man ein unmittelbar folgendes Schließen dieser Tür als Signal für das Ende der Aktivität ansehen, hätte man u.U. nicht die Dauer des Reinigungsvorgangs gemessen, sondern (nur) die Zeit, die benötigt wird, um die Gerätschaften zu entnehmen. Das hängt im Wesentlichen davon ab, ob die Tür während des Reinigens geschlossen wird oder nicht.

Um dieses Problem zu vermeiden, bietet sich an dieser Stelle die Zeit als gutes Unterscheidungskriterium an. Ein kurz (< 3 Minuten) nach dem Öffnen folgendes Schließen beendet die Entnahme der Gerätschaften. Liegt ein (erneutes Öffnen und) Schließen in größerem zeitlichen Abstand (≥ 3 Minuten) zum ersten Öffnen vor, kann davon ausgegangen werden, dass dies die Dauer den Reinigungsvorgang beendet. Schließlich reduziert sich damit das Problem auf die Bestimmung eines geeigneten Zeitintervalls. Dieses Intervall muss mindestens so lang dauern, dass selbst die langsamste Entnahme von Geräten nicht als Reinigung fehlinterpretiert wird. Auf der anderen Seite darf das Intervall nicht länger dauern als der kürzeste Reinigungsvorgang, den man zu erkennen in der Lage sein möchte.

Zeiten im geringen einstelligen Minutenbereich haben sich empirisch erwiesen. Möchte man selbst sehr kurze Reinigungsvorgänge erkennen können, sollte ein weiterer logischer Sensor im Modell vorgesehen werden. Es sei darauf hingewiesen, dass dieser Ansatz auch dann korrekte Ergebnisse liefert, wenn die Tür während der Reinigung offen stand, solange die Dauer zwischen dem Öffnen und dem Schließen der Tür größer als das definierte Intervall ist.

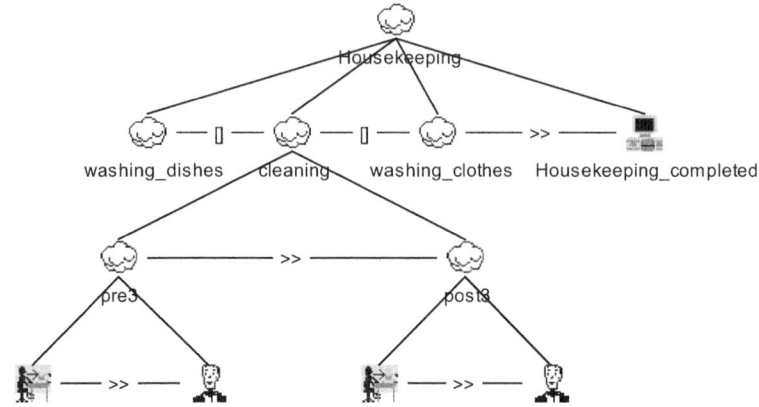

Abb. 5.15: Aktivitätsbeschreibung der „Haushaltsführung" (mittleres Teilstück)

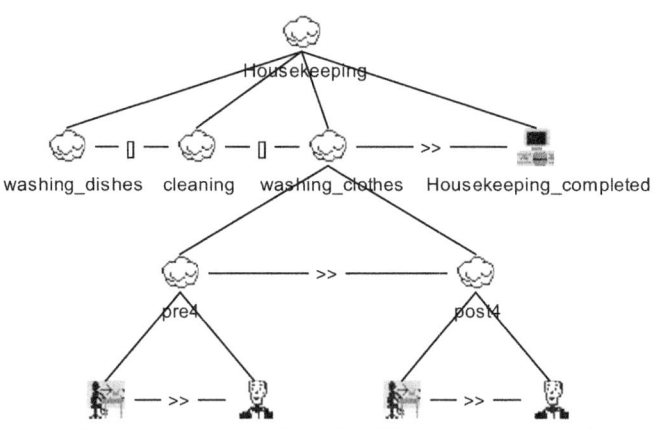

Abb. 5.16: Aktivitätsbeschreibung der „Haushaltsführung" (rechtes Teilstück)

5.2 Umsetzung des Gesamtsystems

Schließlich behandelt die formale Beschreibung der Aktivität „Haushaltsführung" das Wäschewaschen (siehe Abbildung 5.16). Charakteristisch für das Wäschewaschen in modernen Haushalten (siehe oben) ist der Betrieb der Waschmaschine. Dabei bildet die reine Betriebsdauer der Maschine den Zeitbedarf für das Wäschewaschen nicht vollständig ab. Hierfür sind Vorbereitungen wie das Einsammeln bzw. Sortieren der Wäsche und das Beladen der Maschine erforderlich. Ebenso schließen sich im Nachhinein Handlungsschritte an (etwa das Legen der Wäsche oder das Einräumen in den Kleiderschrank). In einigen Fällen wird ein Bügeleisen, eine Wäscheschleuder, ein Wäschetrockner bzw. eine Mangel verwendet.

Zum Erkennen der Schaltzustände der an der Haushaltführung beteiligten Maschinen – Geschirrspül- und Waschmaschine – gibt es mehrere Möglichkeiten. Zum einen ließe sich über den Stromverbrauch (siehe z. B. Task-Modell „Kochen") auf den Zustand schließen. Vereinzelt bieten Hersteller solcher Geräte bereits eine proprietäre Vernetzung ihrer Geräte an. Die Fa. Miele bietet unter der Produktbezeichnung „Miele@home" (Miele, 2013) Geräte (z. B. eine Waschmaschine) an, die ihre Informationen über das Stromnetz anderen Geräten mitteilen können. Mithilfe eines verfügbaren Gateways ließen sich diese Informationen durch die Middleware verarbeiten. Größter Kritikpunkt hierbei ist die fehlende Standardisierung. Alternativ könnten aus dem Smart-Metering-Bereich bekannte Zwischenstecker zur Strom- und Leistungsaufnahme verwendet werden. In Zukunft sind vielleicht sogar „Digitalstrom"-Komponenten (digitalSTROM, 2013) denkbar.

Zur Detektion der Geschirrspülmittel-Entnahme wurde ein elektrischer Seifenspender eingesetzt. Alternativ hätte man das Aufnehmen des Spülmittelbehälters erfassen können. Der Vorteil beim Einsatz des Spenders besteht in der Unabhängigkeit vom Aufbewahrungsort. Wird der Spülmittelbehälter im letzten Fall nicht ordnungsgemäß zurückgestellt, kann keine weitere Entnahme detektiert werden. Das Zurückhängen des Geschirrhandtuchs wurde auf die gleiche Weise nachgewiesen wie die Toilettenpapierentnahme. Ein optischer Sensor, der hinter dem Aufbewahrungsort des Geschirrhandtuchs platziert wird, ist dafür zuständig, das „Wiederkehren" des Handtuchs zu melden.

Das optimale Erkennen der Entnahme der Reinigungsgeräte hängt von deren Aufbewahrungsort ab. Im Falle eines Haushaltsschranks bietet sich ein einfacher Magnetkontaktschalter an. Das Betreten einer Besenkammer lässt sich mittels eines BM detektieren. Letztere Lösung bietet den Vorteil, dass die Tür nicht zwangsläufig komplett (im Sinne eines geschlossenen Kontakts) verschlossen sein muss.

Task-Modell „Fernsehen"

Beim Fernsehen handelt es sich grundsätzlich nicht um eine ADL im pflegerischen Sinne, d. h., es muss im Bedarfsfall nicht von einem Betreuer übernommen werden. Vielmehr erlangt der Betreuer über die Dauer des Fernsehkonsums ein Verständnis von der Freizeitgestaltung seiner Klientin. Das Fernsehen ist neben Spaziergängen (Wohnung verlassen) und der zuvor beschriebenen Haushaltsführung eine mögliche Form, um die freie Zeit des Tages selbstständig zu gestalten. Betrachtet man die vor der Evaluation genutzten Tagesstrukturen (vgl. Anhang D.1), so stellt man fest, dass ein Großteil der Zielgruppe seine Freizeit mit Fernsehen verbringt (vgl. MMB (2007)). Insofern bietet das Fernsehen im Hinblick auf Auftritt, Zeit und Dauer ein interessantes und markantes Merkmal zur Verhaltensermittlung. Darüber hinaus lässt sich der Schaltzustand des Fernsehers verhältnismäßig leicht und direkt detektieren.

Die Aktivitätsdefinition „Fernsehen" beruht auf zwei logischen Sensoren: dem Schaltzustand des jeweiligen Fernsehgeräts (ein/aus) sowie einer Sitzbelegung (bzw. Sitzbelegungen) vor dem Fernseher. Letztere ist erforderlich, weil der Pflegedienst im Gespräch am 13.05.2011 in seiner Einrichtung darauf hingewiesen hat, dass seine Klienten das Fernsehgerät teilweise (nur) einschalten, um eine gewisse akustische Untermalung (vgl. Radio) zu schaffen, ohne das Programm visuell zu verfolgen. Dies galt es vom aktiven Fernsehen (bewusste Wahrnehmung von Bild und Ton) zu unterscheiden.

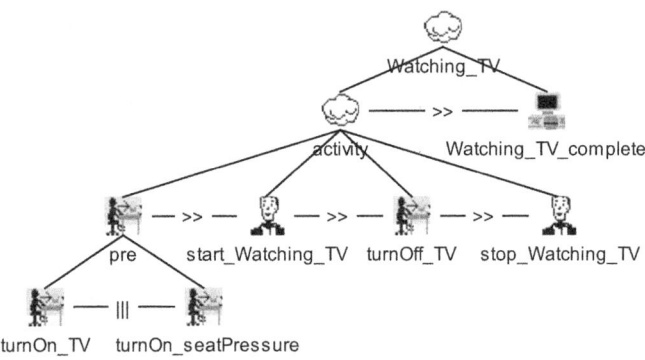

Abb. 5.17: Aktivitätsbeschreibung „Fernsehen"

Unabhängig davon, ob der Fernseher am Gerät eingeschaltet wird oder per Fernbedienung (im Sitzen), muss der Beginn der Tätigkeit erkannt werden können. Im ersten Fall würde die Umgebung zunächst das Einschalten des Geräts detektieren bevor die Belegung eines Sitzes (z. B. Sessel oder Sofa) erkennbar wird. Umgekehrt stellt sich die Situation unter Verwendung einer Fernbedienung dar. Hierbei ist es möglich, sich erst zu setzen und danach das TV-Gerät einzuschalten. Das Auftreten beider Indikatoren in beliebiger Reihenfolge legt jedoch den Beginn des Fernsehens nahe (siehe Abbildung 5.17).

Im Anschluss an die Initialindikatoren beginnt die Zeitmessung hinsichtlich des Fernsehkonsums. Die Beendigung des Fernsehens tritt dann ein, wenn der Fernseher abgeschaltet wird. Ein Aufstehen von der für das Fernsehen bestimmten Sitzgelegenheit darf nicht bereits als Ende des Fernsehens gedeutet werden. Man denke hier bspw. an das Aufstehen, um zwischendurch zur Toilette zu gehen. Erst mit dem endgültigen Abschalten des TV-Geräts gilt das Fernsehen als beendet. Auch nach dem Ausschalten des Fernsehers darf das Aufstehen nicht mandatorisch sein.

Nach dem initialen Hinsetzen in Sichtweite des Fernsehers kann nicht sichergestellt werden, dass die Person unentwegt vor dem TV-Gerät gesessen hat. Andererseits lässt durch das unentwegte Sitzen in Sichtweite zum Fernseher auch nicht zweifelsfrei belegen, dass die Aufmerksamkeit tatsächlich dem Rundfunkgerät gewidmet war. Ebenso könnte bspw. aus dem Fenster geschaut worden sein. Im Anschluss erfolgt wie bei den vorhergehenden Modellen eine Ausgabe über die Aktivität einschließlich deren Ausführungsdauer (als Intervall angegeben).

Die Detektion des Schaltzustandes des Fernsehers lässt sich auf ähnliche Weise bewerkstelligen wie die der Küchengeräte: Es kann eine Stromverbrauchsmessung mittels Funk-

5.2 Umsetzung des Gesamtsystems

Stromzählers erfolgen bzw. ein um einen „Digitalstrom"-Chip erweiterten Fernseher kann verwendet werden. Eine weitere Eigenart des TV-Geräts hinsichtlich der häufigsten Bedienweise dessen lässt sich ebenfalls hierzu ausnutzen: die durch die Fernbedienung gesendeten IR-Kommandos. Hierzu wurde ein IR-Sende-/Empfangsmodul (IRTrans, 2013) eingesetzt. Es ist in der Lage, alle von einer IR-Fernbedienung stammenden Telegramme zu empfangen und eigene Telegramme zu verschicken.

Bei dieser Lösung kann das Ein- bzw. Ausschalten des Fernsehers direkt am Gerät allerdings nicht erkannt werden. Der Vorteil besteht darin, dass das Wechseln der Sender bzw. das Verändern der Lautstärke einen Hinweis darauf liefert, dass die Aufmerksamkeit (zumindest im entsprechenden Moment) tatsächlich dem TV-Gerät gilt. Zur Sitzbelegungsdetektion kommen die zwei bereits bekannten Varianten (siehe Task-Modell „Aufstehen/Zubettgehen") in Frage: Drucktaster bzw. Folienpotentiometer.

5.2.4 Transformation eines CTT-Modells in ein PN

Die zuvor in CTT-Notation definierten Task-Modelle dienen als Metasprache zwischen den Experten aus dem Pflegeumfeld (Betreuer) und den mit der Systemintegration beschäftigten Personen (Supervisoren). Für den Produktivbetrieb der Plattform werden die Modelle in einem nächsten Schritt in eine ausführbare Form transformiert. Diese ausführbaren Aktivitätsbeschreibungen (Prozesse) werden entsprechend den durch ambiente Sensoren detektierten Ereignissen in ihrem Verlauf verfolgt (getriggert).

Eine ausführbare Instanz einer solchen Aktivität gibt zu jedem Zeitpunkt Auskunft darüber, welche Teilaktivitäten bereits erfolgt sind und welche zur korrekten Ausführung der gesamten Aktivität noch zu erfolgen haben; einschließlich ihrer korrekten Reihenfolge. Abgeschlossene Aktivitäten werden protokollarisch zur weiteren Verarbeitung festgehalten. Nicht vollständig ausgeführte Aktivitäten werden ebenfalls als solche protokolliert.

Zur Transformation wurde eigens ein Algorithmus entwickelt, der definierte Strukturen innerhalb des CTT-Baums sucht und diese in eine bzgl. des dynamischen Verhaltens äquivalente PN-Darstellung überführt (siehe Abschnitt 4.2.3). Zur automatischen Transformation der Task-Modelle in PN wurde die von Tim Clerckx und Kris Luyten entwickelte Bibliothek „TaskLib" (Luyten u. a., 2003) verwendet. Im ersten Schritt werden die Task-Modelle in einen sogenannten „Priority-Tree" transformiert. Die Besonderheit bei einem „Priority-Tree" besteht darin, dass jeweils in den untersten Zweigen (eine Knotenebene oberhalb der Blätter) nur ein temporaler Operatortyp zwischen den zugehörigen Blättern auftritt.

Je nach Operatortyp und zugehöriger Priorität – siehe hierzu etwa (Paterno, 1999) – wird dann die entsprechende PN-Transformationsregel angewandt. Anschließend werden die einzelnen PN entsprechend den Verbindungen im Task-Modell zu einem gemeinsamen Netz fusioniert. Dabei kann es durchaus vorkommen, dass an den Verbindungsstellen zusätzliche (automatische) Transitionen übrig bleiben.

Idealerweise müssen Pfleger und Supervisor den Transformationsschritt nicht selbstständig ausführen, da bereits alle gängigen Aktivitätsbeschreibungen in PN-Form vorliegen (im PNML Format). Es ist lediglich eine Auswahl der zur Beobachtung des Tagesverhaltens benötigten ADL erforderlich. Sollte aufgrund von Besonderheiten (etwa eine außergewöhnliche Umgebung oder eine besondere Krankheit des Klienten) ein angepasstes Task-Modell erforderlich werden, kann das CTT-Modellierungswerkzeug Teresa genutzt werden. Vergleichbar mit den bereits erstellten Modellen können die Anwender unter Einbeziehung von installierten Sensoren neue Aktivitätsbeschreibungen schaffen bzw. vorhandene entsprechend anpassen. Anschließend erlaubt Teresa ebenfalls die Simulation der erzeugten Modelle.

Im nächsten Schritt werden die CTT-Modelle automatisch durch den entwickelten Algorithmus in bzgl. ihrer Ausführung äquivalente PN überführt. Die Speicherung erfolgt im PNML-Format, sodass die Modelle dann mithilfe von kompatiblen Werkzeugen (bspw. TAPAAL) geöffnet und simuliert werden können. Zur Fusion aller aktivierten ADL ist ebenfalls ein kleines Hilfsprogramm entstanden. Im Wesentlichen lädt es alle aktivierten PN und fusioniert diese in einem gemeinsamen Arbeitsbereich. Der so geschaffene Arbeitsbereich stellt den Kern der Kontextgenerierung dar. Er erzeugt die für die Verhaltensermittlung notwendigen Kontextinformationen. Anstatt alle zuvor in CTT-Notation angegebenen Task-Modelle in ihrer PN-Darstellung zu wiederholen, soll an dieser Stelle beispielhaft eine Transformation genügen.

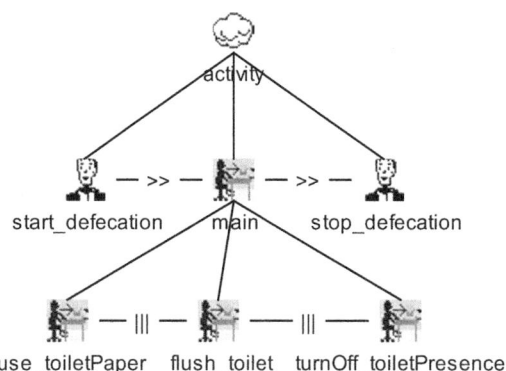

Abb. 5.18: Aktivitätsbeschreibung der „Toilettenbenutzung" (Teilstück)

Das Beispiel beschränkt sich auf das in Abbildung 5.18 dargestellte Teilstück der Aktivität „Toilettenbenutzung". Es zeigt den Ausschnitt zwischen dem Beginn und dem Ende der Benutzeraktion. Die Vorteile der CTT-Notation werden an diesem Beispiel insbesondere im Vergleich zum nachfolgenden PN nochmals deutlich: Der CTT-Baum ist kompakter strukturiert und anschaulich visualisiert. Im Gespräch am 13.05.2011 in der Einrichtung des Pflegedienstes wurde zwischen Betreuer und Autor dieser Teil der Aktivität informell so kommuniziert, dass zur vollständigen Toilettenbenutzung die Verwendung von Toilettenpapier und die Betätigung der Spülung gehören.

Die Notwendigkeit eines Präsenzmelders ergab sich bereits aus dem ersten logischen Sensorereignis (siehe Task-Modell „Toilettenbenutzung"). Das Verwenden der fallenden Flanke des Präsenzmelders im Hauptteil dient vornehmlich der Vermeidung von mutwilligen Täuschungen. Durch die Erweiterung um eine Mindestzeit wird lediglich ein Toilettengang mit definierter Mindestverweildauer als solcher erkannt und damit aufgezeichnet.

Die Abbildung 5.19 zeigt die zur Ausführung zu berücksichtigende Komplexität des Teilstücks der „Toilettenbenutzung". Das im Initialzustand dargestellte PN kann neun weitere Fol-

5.2 Umsetzung des Gesamtsystems

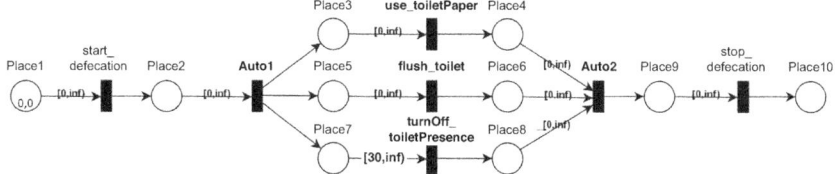

Abb. 5.19: Ausführbares PN der „Toilettenbenutzung" (Teilstück)

gezustände annehmen. Sechs davon sind bedingt durch die im „*main*"-Teilzweig verwendete Nebenläufigkeit. Der Transformationsalgorithmus benötigt u. a. zur Fusionierung von Teilstücken bzw. zum Initialisieren der Nebenläufigkeit automatische Transitionen: In der Abbildung sind dies „Auto1" und „Auto2". Im Business-Process-Sprachgebrauch würde man diese als *AND-Split* bzw. *AND-Join* bezeichnen. Alle übrigen Transitionen besitzen direkte Pendants im CTT-Modell. Erreicht der Kontrollfluss einen Timer (gekennzeichnet durch die Schlüsselwörter „*start_*" und „*stop_*"), wird grundsätzlich wie bei einer automatischen Transition verfahren, nur dass zusätzlich der aktuelle Zeitstempel zur späteren Verarbeitung gespeichert wird.

Die Zuordnung von logischen zu physikalischen Sensoren legt fest, welcher Sensor welche Transition auslöst (triggert), natürlich nur sofern diese zu dem Zeitpunkt aktiviert ist, d. h. in allen Eingangsplätzen genügend Marken vorhanden sind. Zusätzlich erkennt man in der PN-Darstellung anhand des Intervalls $[30, inf)$ auf der Eingangskante zur „*turnOff_toiletPresence*"-Transition, dass eine Mindestaufenthaltsdauer (anfangs 30 Sekunden) vorsehen ist. Die PN-basierte Kontextgenerierung ist aus Sicht der rechnergestützten Verarbeitung sehr ressourcenschonend. Es handelt sich um ein rein ereignisgesteuertes Verfahren.

Bei der „*timed-arc*" genannten PN-Erweiterung liegen zwei Besonderheiten vor:

- Stellen, die mindestens eine Marke innehaben, verwalten zusätzlich zur Zahl der Marken deren individuelles „Alter" (Zeitinformation).

- Die Schaltregel muss dahin gehend erweitert werden, dass das Markenalter innerhalb des an der Kante angegebenen Intervalls liegen muss, bevor die Transition aktiv wird.

Als kleinste Zeiteinheit wird die SI-Einheit Sekunde verwendet. Wächterausdrücke (d. h. hier das genannte Intervall) müssen demnach stets in Sekunden formuliert werden. Auflösungen unterhalb einer Sekunde sind im Zusammenhang mit menschlichen Interaktionen nicht vonnöten. Die Implementierung der Laufzeitumgebung, in der die transformierten Task-Modelle ausgeführt werden, fand auf Basis des PN-Werkzeugs TAPAAL (2013) statt. TAPAAL unterstützt eine Vielzahl von Plattformen (Windows, Linux, Mac), liegt als Open-Source-Software vor und erlaubt die Definition von mehreren parallel ausführbaren PN innerhalb eines Arbeitsbereichs. Weitere Informationen zu TAPAAL bzw. den *Timed-arc*-PN finden sich in (Byg u. a., 2009).

Zur Unterscheidung zwischen Aktivitätsinstanzen, die noch in absehbarer (und der Aktivität entsprechenden) Zeit beendet werden könnten, und jenen, die eine aktivitätsspezifische Maximalzeit überschritten haben, wurde ein globaler Time-out-Mechanismus implementiert. Da jede Aktivität über diese Funktionalität verfügen muss, wurde darauf verzichtet, sie in jedes einzelne Task-Modell zu übernehmen. Dies garantiert möglichst überschaubare Task-Modelle ohne den Overhead der globalen Funktion. Der Ablauf dieser Aufgabe ist nahezu trivial: Tritt bezogen auf die jeweilige Aktivität ein initiales Sensorereignis auf, startet der zugehörige Timer. Erreicht die Marke vor Ablauf der Maximalzeit die Endstelle (gekennzeichnet durch die Endung „_completed"), tritt die Funktion nicht in Erscheinung. Läuft hingegen die Maximalzeit ab, bevor die Marke die Endstelle erreicht hat, wird die Aktivität als (kurzfristig) abgebrochen betrachtet und das PN reinitialisiert. Zur Reinitialisierung zählen folgende Optionen: Abspeichern der aktuellen Markierung (Zustand, in dem die Aktivität unterbrochen wurde), Löschen aller vorhandenen Markierungen der betroffenen Aktivität und Setzen der Initialmarkierung. Das Abspeichern der aktuellen Markierung dient zum einen der Fehlersuche. Verharrt eine Aktivität stets in einem bestimmten Zustand, könnte ein Sensordefekt vorliegen. In diesem Fall wäre ein Wartungseingriff durch den Supervisor erforderlich.

Zum anderen besteht bei gelegentlichem Erliegen der Aktivität in einem Zustand die Möglichkeit, dass Lisa zunehmend Schwierigkeiten bei der Ausführung der korrelierten Teilaktivität hat. In dieser Interpretation wäre die Information für den Betreuer folglich von Interesse. Neben dem temporalen Abbruch existieren andere Formen des Abbruchs einer Aktivität (siehe z. B. Task-Modell „Wohnung verlassen"). In den Fällen legen Indikatoren den Abbruch der Aktivität nahe, sodass nicht bis zum Erreichen der Maximalzeit gewartet werden muss. Diese Abbrüche werden explizit ins Modell integriert.

Die Maximalzeit wird zunächst anhand eines personenunspezifischen Defaultwerts festgelegt. Mit zunehmender Erfahrung über die jeweilige Person (beginnend ab dem elften Tag; dann liegen zehn Werte als Referenz vor) passt sich diese Voreinstellung an das tatsächliche Nutzerverhalten an, wobei der Maximalwert sicherheitshalber permanent um den Faktor zwei größer ist als der Median der letzten zehn Werte.

Zusätzlich zur Reinitialisierung der Task-Modelle nach Ablauf der Maximalzeit werden – mit Ausnahme eines Modells: „Aufstehen/Zubettgehen" – alle Modelle am Morgen reinitialisiert. Die Ausnahme stellt gleichzeitig das auslösende Modell (*Trigger*) dieses Vorgangs dar: Legt das erfolgreich erkannte „Aufstehen" nahe, dass ein neuer Tag anbricht, wird das Event-Log (Protokoll) für den vergangenen Tag archiviert und die übrigen Modelle werden initialisiert. Angefangene, aber zu dem Zeitpunkt nicht vollständig abgeschlossene Modelle werden als unterbrochen vermerkt.

Jedes von der Middleware ausgehende Sensorereignis wird von allen Modellen hinsichtlich eines Fortschreitens des jeweiligen Prozesses untersucht. Sind mehrere Task-Modelle bereit, ein bestimmtes Sensorereignis zu verarbeiten, können durchaus mehrere Task-Modelle voranschreiten (Bewegung der Marke/-n) und speichern so der vollständigen Ausführung der Aktivität annähern.

5.2.5 Modul der Verhaltensermittlung

Zunächst werden einige wichtige Begriffsklärungen vorgenommen. Eine Aktivität kann entweder aus zwei oder nur aus einem Ereignis bestehen, dies hängt davon ab, ob es zu einem erfolgreichen Abschluss der Aktivität gekommen ist oder diese vorher abgebrochen wurde. Wurde die Aktivität erfolgreich, d. h. erwartungsgemäß bzw. modellkonform, beendet, wird der Beginn der Aktivität durch den „*start*"-Ereignistyp (*Event-Type*) gekennzeichnet. Das abschließende Ereignis („*complete*"-Ereignistyp) markiert dann die (erfolgreiche) Beendigung der Aktivität. Im negativen Fall – die Aktivität wird bspw. nicht innerhalb der vorgesehenen Zeit abgeschlossen

5.2 Umsetzung des Gesamtsystems

– wird nur ein Ereignistyp (*abort*) protokolliert. Insofern beziehen sich Ereignisse immer auf eine bestimmte Aktivität.

Zur Realisierung der zuvor beschriebenen Konzepte wurde das Process Mining Framework (ProM) in der Version 6.0 eingesetzt. Entgegen der vorherigen Version (5.2), die einen monolithischen Ansatz verfolgt hat, ist das Framework in der genannten Version in höchstem Maße modular aufgebaut. Selbst die Benutzeroberfläche bzw. das User Interface (UI) ist als eigenes Modul (*Plug-in*) realisiert. Das UI gehört nicht wie bisher zum Kern der Anwendung. Der zuvor erwähnte Transition System Miner (TSM) wurde ebenfalls als eigenständiges ProM-*Plug-in* realisiert.

Ausgangspunkt der Verarbeitung mit ProM ist das herstellerunabhängige MXML-Format; ein auf Extensible Markup Language (XML) basierendes Event-Log (van Dongen und van der Aalst, 2005). Die sogenannten *Import-Plug-ins* erlauben das Laden von Daten unterschiedlicher Typen, z. B. Event-Logs oder PN. Im nächsten Schritt hat der Nutzer von ProM die Möglichkeit, sich für einen der vielfältigen *Mining-Plug-ins* zu entscheiden, u. a. den TSM. Je nach Process-Mining-Algorithmus folgt dann die Parametrisierung des Verfahrens. Für den TSM betrifft dies bspw. die fünf genannten Abstraktionsstufen (maximaler Horizont, Filter, maximale Zahl gefilterter Ereignisse, {Sequenz, Multimenge oder Menge} und sichtbare Ereignisse).

Anschließend lässt sich das erzeugte Ergebnis näher analysieren (vgl. *Analyse-Plug-ins*) oder in ein anderes Format konvertieren (vgl. *Konvertierungs-Plug-ins*). Aus Gründen der Persistenz bieten die *Export-Plug-ins* die Option, generierte Prozessmodelle, Analyseergebnisse bzw. Transformationen der Prozessmodelle abzuspeichern. Inzwischen zählt ProM insgesamt mehr als 230 *Plug-ins*.

Durch die Verwendung des geschilderten Frameworks konnte der weiterentwickelte Algorithmus die bereits existierenden Funktionalitäten (z. B. das Öffnen von Event-Logs bzw. das Speichern von Prozessmodellen) nutzen, ohne diese neu schreiben bzw. modifizieren zu müssen. Neben der grafischen Benutzeroberfläche von ProM bietet das Command-line Interface (CLI) die Möglichkeit, per Skript-Sprache – d. h. ohne Verwendung des UI – Anwendungen zu entwickeln. Dennoch können bei Bedarf grafische Elemente verwendet werden. Im vorliegenden Fall wurde von dem CLI Gebrauch gemacht.

Ähnlich wie in jeder anderen Programmiersprache lassen sich über eine Parameterliste Eingaben an das aufgerufene *Plug-in* richten. Je nach Datentyp (primitiv oder komplex) findet der Aufruf durch Kopieren des Datenwerts (*Call-by-Value* [CBV]) oder die Übergabe einer Referenz (*Call-by-Reference* [CBR]) statt. Nach dem Aufruf des in der Skript-Sprache benannten *Plug-ins* wird das berechnete Ergebnis in die aufrufende Umgebung des CLI zurückgegeben. Auch hier besteht eine Gemeinsamkeit zu bekannten Programmiersprachen (vgl. Rückgabewert).

Der *Plug-in*-Kontext bietet zusätzlich die Option, Namen für die Parameter und den Rückgabewert anzugeben. Besonders interessant für ein UI ist die Möglichkeit, den Fortschritt eines Statusbalkens anzustoßen. Darüber kann der Benutzer den Fortschritt der laufenden Berechnungen überprüfen und sich vergewissern, dass das *Plug-in* noch korrekt arbeitet. Zusätzlich überprüft der Kontext, ob die Datentypen der Parameter mit den akzeptierten Eingaben des *Plug-ins* übereinstimmen. Bevor im Anschluss auf einen schematischen Auszug in CLI-konformer Skript-Sprache eingegangen wird, wird zunächst der vereinfachte Ablauf der Verhaltensermittlung anhand eines Flussdiagramms erläutert (siehe hierzu Abbildung 5.20).

Ausgehend von dem täglichen Erzeugnis der Kontextgenerierung (automatisch generierter Tagesverlauf) besitzt die Verhaltensermittlung die Aufgabe, ein personenspezifisches „Normal-

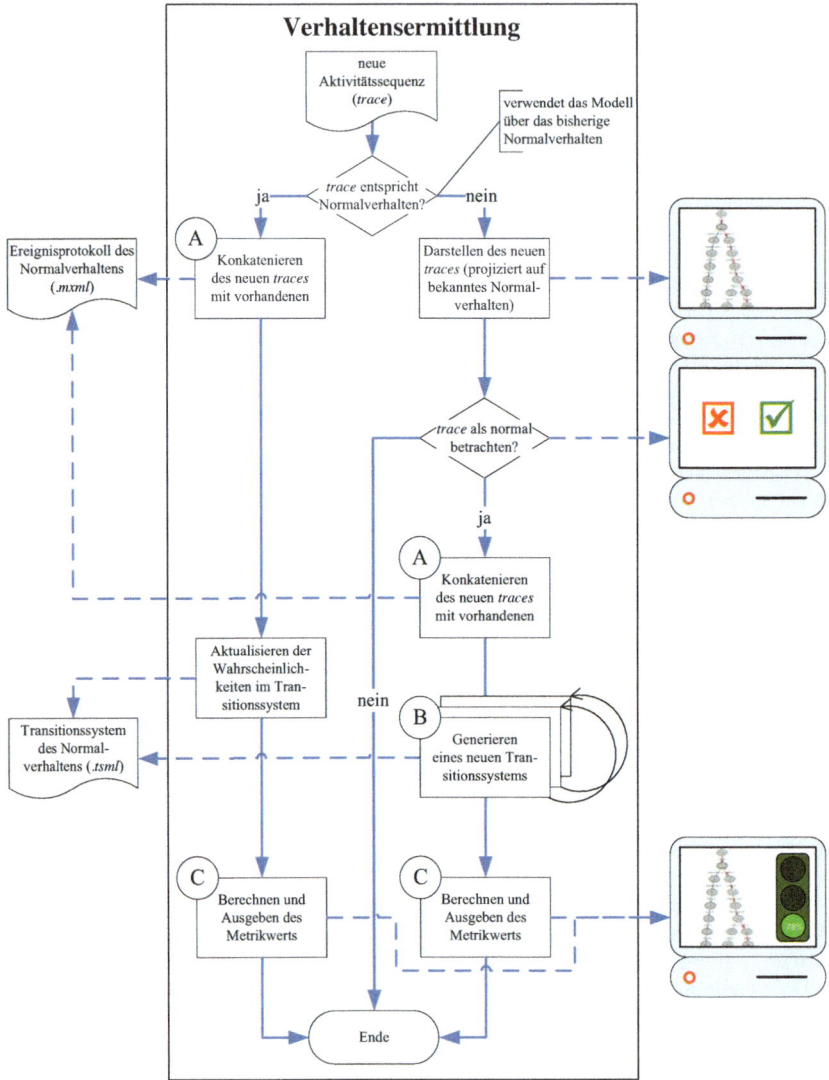

Abb. 5.20: Schematischer Ablauf der Verhaltensermittlung (Flussdiagramm)

5.2 Umsetzung des Gesamtsystems

verhalten" abzuleiten. Dieses Normalverhalten stellt in Modellform das typische Verhalten einer bestimmten Person nach. Das Modul sammelt Tag für Tag Tagesabläufe. Tagesabläufe – bzw. bestimmte Teile dieser – mit einer höheren Auftrittswahrscheinlichkeit werden als „bezeichnender" für die betreffende Person angesehen als andere.

Das Flussdiagramm aus Abbildung 5.20 beginnt mit einer neuen Aktivitätssequenz (*Trace*). Anhand des bisherigen Modells über das Normalverhalten kann entschieden werden, ob das neue *Trace* dem Normalverhalten entspricht (linker Pfad) oder nicht (rechter Pfad). Entspricht das neue *Trace* dem Normalverhalten, wird es den bereits vorhandenen Aktivitätssequenzen im Ereignisprotokoll hinzugefügt (A). Anschließend werden die Wahrscheinlichkeiten an den Kanten des Transitionssystem (TS) aktualisiert und das neue TS wird ausgegeben – in Form einer Transition-System-Markup-Language-Datei (TSML-Datei). Dabei repräsentiert diese Datei das Normalverhalten eines spezifischen Klienten.

Zum Ende des linken Pfades wird der resultierende Metrikwert berechnet und auf einem Bildschirm ausgegeben (C). Zur besseren Visualisierung für den Pfleger wird das zuletzt beobachtete Verhalten – in Form der neuesten Aktivitätssequenz – innerhalb des Modells über das Normalverhalten hervorgehoben (der Pfad durch den gerichteten Graphen wird rot eingefärbt). Das Flussdiagramm erreicht somit das Ende des linken Pfades. Aus Gründen der Vereinfachung des Schaubildes wurde darauf verzichtet, eine Schleife von dort an den Anfang (Eingabe eines neuen *Traces*) zu zeichnen. Tatsächlich wartet das Modul der Verhaltensermittlung nun auf weitere Eingaben.

Sollte die neue Aktivitätssequenz einmal nicht dem Normalverhalten entsprechen, so wird der rechte Pfad eingeschlagen. Zunächst wird das abweichende *Trace* auf das Normalverhalten projiziert und zur Anzeige gebracht. Davon erhofft sich der Designer (d. h. der Autor), die nachfolgende Entscheidung zu erleichtern. Es obliegt nun dem Pfleger, einzuschätzen, ob es sich um eine unerwünschte Verhaltensweise handelt oder ob dieses Muster bis dato nur noch nicht aufgetreten ist. Im ersten Fall würde er die Entscheidung mit Nein beantworten und das System würde das aktuelle *Trace* verwerfen und ohne jegliche Änderung auf weitere Eingaben warten. Soll die neue Aktivitätssequenz hingegen in Zukunft als „normal" angesehen werden, so wird diese ähnlich zum linken Pfad dem Ereignisprotokoll über das Normalverhalten hinzugefügt (A).

Im Unterschied zum linken Pfad können nun nicht einfach die vorhandenen Wahrscheinlichkeiten an den Kanten aktualisiert werden, sondern es muss ein neues Modell über das Normalverhalten generiert werden (B). Dieser Schritt kann mehrere Durchgänge in Anspruch nehmen. Mit jedem weiteren Durchgang wird der Horizont des TSM inkrementiert, sofern das neue Modell über das Normalverhalten noch zu allgemein ist (siehe Abschnitt 4.3.2).

Als Abbruchkriterium wird der Vergleich zweier Wahrscheinlichkeiten herangezogen. Erst wenn die Wahrscheinlichkeit des wahrscheinlichsten aller *Traces* (berechnet auf der Grundlage des neuen TS) dem wahrscheinlichsten Pfad durch den gerichteten Graphen entspricht, wird das Generieren von verfeinerten Verhaltensmodellen abgebrochen. Dadurch wird sichergestellt, dass das neue Verhaltensmodell im Sinne von (van der Aalst u. a., 2010) ausbalanciert ist. Bezogen auf die anschließende Berechnung des Metrikwerts wird dadurch ebenfalls sichergestellt, dass die Metrik nie Werte größer 1 (100 %) annehmen kann. Der Abschluss dieses Pfades entspricht dem des linken: Die kürzlich hinzugefügte Aktivitätssequenz wird hervorgehoben, der Metrikwert wird beruhend auf dem neuen Verhaltensmodell berechnet und dieser wird einer entsprechenden Ampelfarbe zugeordnet (C).

Nun soll untersucht werden, ob die Ausgabe des Algorithmus – d.h. der Metrikwert – abhängig von der Reihenfolge ist, in der die Aktivitätssequenzen gelernt werden. Hierzu wurden die Daten eines Probanden aus dem Feldtest (siehe Kapitel 6.1) herangezogen. Es lagen sieben unterschiedliche Aktivitätssequenzen bzgl. der sieben Wochentage vor. Zunächst werden diese sieben Aktivitätssequenzen sukzessive gelernt und das Modell wird über das Normalverhalten mithilfe des entwickelten Algorithmus abgeleitet. Verglichen werden sieben relativ willkürlich (im Sinne eines invertierten Bubblesorts[3]) gewählte Reihenfolgen. Nachdem das Lernen abgeschlossen ist, werden die sieben Aktivitätssequenzen anhand des entstandenen Modells bewertet, jedoch ohne es weiterhin zu beeinflussen.

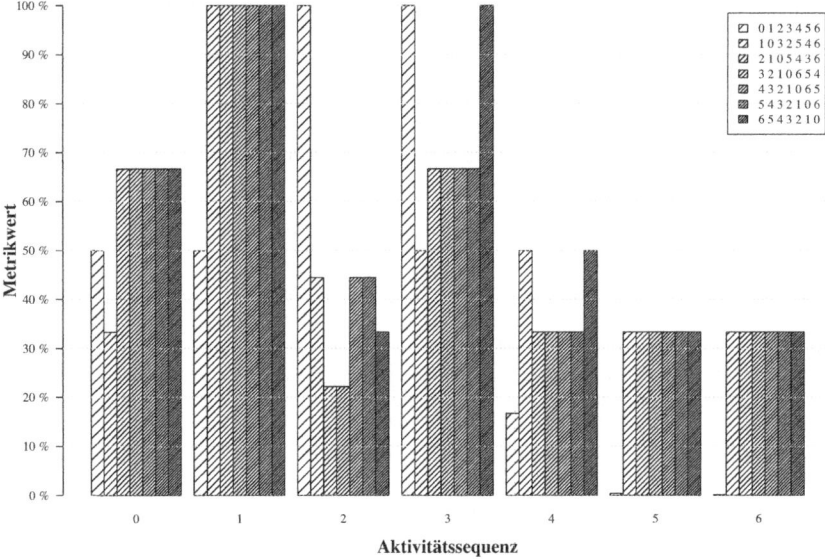

Abb. 5.21: Metrikwerte der sieben Aktivitätssequenzen in Abhängigkeit von der jeweiligen Einlern-Reihenfolge

Die Grafik (siehe Abbildung 5.21) zeigt eindeutig, dass die Reihenfolge, in der das Modell angelernt wurde, bei der anschließenden Bewertung eine Rolle spielt. Dabei gibt die Legende an, in welcher Reihenfolge das zugrunde liegende Modell über das Normalverhalten angelernt wurde (jeweils die Reihenfolge der Indizes). Obwohl meist vier oder mehr Abfolgen zum selben Metrikwert führen, bestehen dennoch Unterschiede. Am gravierendsten fällt die Diskrepanz bei der zweiten Aktivitätssequenz aus. Die Sequenzen fünf und sechs sind indessen relativ homogen bzgl. der gelieferten Metrikwerte.

Durch die strikte Trennung der hybriden Plattform in Kontextgenerierung und Verhaltensermittlung hat dieses Ergebnis keinerlei Einfluss auf die sichere Erkennung von Aktivitäten –

---

3 einfacher Sortieralgorithmus, der jeweils zwei benachbarte Elemente in ihrer Reihenfolge vertauscht

5.2 Umsetzung des Gesamtsystems

d. h. den Kontext. Der Abgleich von Sensorereignissen mit den zuvor definierten Task-Modellen bleibt davon unberührt. In gewisser Weise entspricht die Funktionsweise des Algorithmus der menschlichen Wahrnehmung bei der Beobachtung von Alltagsverhalten: Der erste Eindruck, den man von einer Person gewinnt, beeinflusst das Bild über diesen Menschen häufig stärker als später hinzugewonnene Erkenntnisse. Erst nach längerer Bekanntschaft ist man in der Lage, Verhaltensweisen korrekt in Relation zu setzen: War der erste Eindruck bloß eine Ausnahme oder entsprach er bereits dem regulären Verhalten der betreffenden Person?

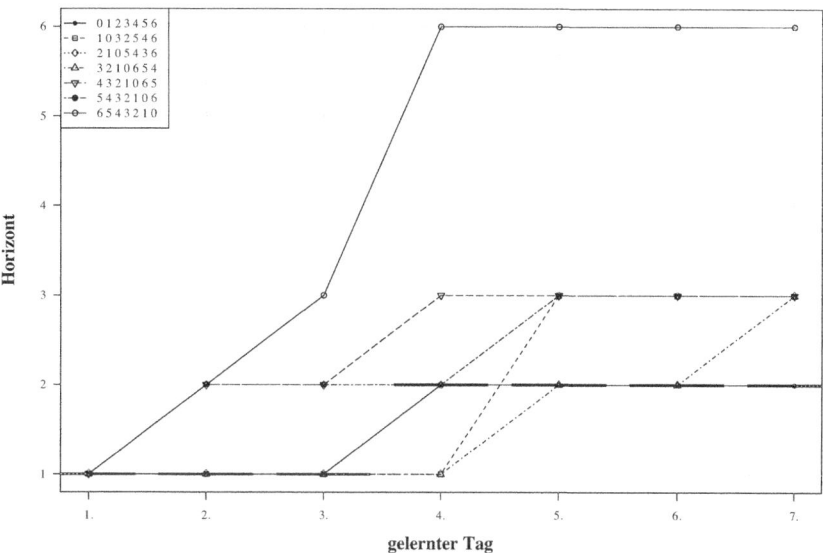

Abb. 5.22: Entwicklung des Horizonts beim Anlernen des „Normalverhaltens"

Es stellt sich dennoch die Frage, warum es zu den vorgefundenen Unterschieden kommen kann. Eine mögliche Erklärung steht in Zusammenhang mit der (zeitlichen) Entwicklung des Horizonts beim Anlernen des Normalverhaltens. Abbildung 5.22 zeigt deutlich, dass der dem Algorithmus zugrunde liegende Horizont keinesfalls bei allen Reihenfolgen gleich ist. Bereits ab dem dritten vom System gelernten Tag kann der Horizont noch bei eins liegen oder auf zwei bzw. drei gestiegen sein. Die größte Diskrepanz ergibt sich jedoch am vierten Tag: Hier beträgt die Bandbreite zwischen minimalem (1) und maximalem (6) Horizont ganze fünf Stufen. Nachdem sieben Tage gelernt wurden, liegt der Horizont in den meisten Fällen bei drei. In einem Fall kommt er mit zwei aus. Im Extremfall nimmt er sogar einen Wert von sechs ein.

Bemerkenswert ist, dass der Horizontwert nach sieben Tagen beim Anlernen in der natürlichen Abfolge, d. h. der Reihenfolge, in der sich die Tage tatsächlich ereignet haben, am geringsten ist (siehe Tabelle 5.3). Ebenso auffallend ist die Tatsache, dass bei der genauen Umkehrung der Reihenfolge am Ende der höchste Horizontwert resultiert (siehe Tabelle 5.3). Permutationen dieser beiden Extreme liefern am Ende Horizontwerte, die sich wertmäßig zwischen diesen aufhalten. Bedingt durch die teils sehr unterschiedlichen Horizontwerte ergeben sich auch voneinander abweichende Modelle über das Normalverhalten. Es ist nicht zu erwarten, dass aus unterschiedlichsten Modellen die gleichen Metrikwerte resultieren.

Tabelle 5.3: Entwicklung des Horizonts beim Anlernen des Normalverhaltens als Tabelle

Reihenfolge	eingelernte Tage						
	1.	2.	3.	4.	5.	6.	7.
0 1 2 3 4 5 6	1	1	1	2	2	2	2
1 0 3 2 5 4 6	1	1	1	1	3	3	3
2 1 0 5 4 3 6	1	2	2	2	3	3	3
3 2 1 0 6 5 4	1	1	1	1	2	2	3
4 3 2 1 0 6 5	1	2	2	3	3	3	3
5 4 3 2 1 0 6	1	2	2	2	3	3	3
6 5 4 3 2 1 0	1	2	3	6	6	6	6

Man kann sich weiterhin die Frage stellen, warum es zu den doch recht unterschiedlichen Horizonten kommt. Inhaltlich betrachtet ist aufgrund der Aktivitätssequenzen aus dem Feldtest (siehe Kapitel 6.1) bekannt, dass große Unterschiede zwischen Wochentagen und Tagen am Wochenende bestehen. Je nachdem, in welcher Reihenfolge diese gelernt wurden, steigt der Horizont zum Teil recht schnell; insbesondere dann, wenn zwei nahezu vollkommen unterschiedliche Tagesabläufe aufeinander treffen. Der TSM ist dann nicht in der Lage, viele Gemeinsamkeiten (d. h. gleiche Pfade) aufzudecken.

Im vorliegenden Algorithmus wird der Horizont nur inkrementiert. Ist der Horizont erst einmal auf einen bestimmten Wert gestiegen, wird er nicht mehr kleiner. Dies wird in Tabelle 5.3 insbesondere bei der Reihenfolge „6 5 4 3 2 1 0" deutlich: Nachdem die beiden Wochenend-Tage (Indizes 5 und 6) gelernt wurden, steigt der Horizont mit dem ersten und speziell mit dem zweiten Wochentag. Um dem entgegenzuwirken, kann man, nachdem das System für einen längeren Zeitraum (z. B. ein halbes Jahr) in Betrieb ist, die zur Bewertung herangezogenen Aktivitätssequenzen weiter differenzieren. Hier besteht die Überlegung, Wochentage und Wochenenden bei der späteren Betrachtung zu unterscheiden. Auf einer weiteren Stufe könnte das Verfahren sogar nur noch gleiche Wochentage miteinander vergleichen, da diesbezüglich aufgrund der Ergebnisse (siehe Kapitel 6.3) die Vermutung naheliegt, dass diese eine sehr hohe Ähnlichkeit aufweisen.

Der Differenzierung sind im Prinzip kaum Grenzen gesetzt. Genügend Daten vorausgesetzt ist es später möglich, nur noch Tage der gleichen Jahreszeit, des gleichen Monats des Vorjahres etc. miteinander zu vergleichen. Dies lässt sich jedoch nicht von Anfang an realisieren, da es ansonsten zu lange dauern würde, bis das System überhaupt Vergleiche anstellen kann. Hinsichtlich einer höheren Qualität der Ergebnisse erscheint dies jedoch lohnenswert.

Auf den Algorithmus bezogen lässt sich demzufolge Folgendes festhalten: Die Stärke des Algorithmus besteht vor allem darin, Prozesse miteinander zu vergleichen bzw. gegeneinander zu bewerten, die sich zumindest im Ansatz ähneln. Dabei gilt: Je ähnlicher die zu vergleichenden Prozesse sind, desto eher profitiert der Algorithmus davon. Das führt wiederum zu einer besseren Möglichkeit der Beurteilung durch den Betreuer. Grob abweichendes Verhalten sollte zwar als Warnsignal interpretiert, jedoch nicht in ein Modell aufgenommen werden. Werden dennoch zwei stark voneinander abweichende Prozesse in einem einzigen Modell miteinander

5.2 Umsetzung des Gesamtsystems

verglichen, so kann das Ergebnis verfälscht sein. In dem Fall sollten definitiv zwei unterschiedliche Modelle verwendet werden.

Eine grüne Ampel soll absolut normales Verhalten symbolisieren. Dahingegen weist eine rote Ampelfarbe auf anormale Verhaltensweisen hin. Ein gelbes Licht erscheint, sofern der Metrikwert weder deutlich für das eine noch für das andere spricht.

Als der schematische Ablauf konzipiert wurde, lag dem noch die Annahme zugrunde, dass es sich bei dem Grenzwert zur Zuordnung der Ampelfarben um einen statischen Wert handeln könnte. Die Evaluation in Abschnitt 6.3.3 hat jedoch gezeigt, dass der Grenzwert aufgrund der hohen Variabilität der einzelnen Testpersonen dynamisch zu wählen ist und maßgeblich von der Dauer abhängt, für die das System bereits Verhalten beobachtet hat.

Nachfolgend wird ein Auszug aus einer frühen Version des Skripts zeilenweise erläutert. Das vollständige Skript (in der aktuellen Version) findet sich im Anhang C.1.

Listing 5.1: Auszug aus einem Skript zur Realisierung der Verhaltensermittlung

```
1   print("Opening mxml file: " + filename_day_mxml[i]);
    org.deckfour.xes.model.XLog log_day =
3   open_xes_log_file(filename_day_mxml[i]);

5   if( file_exists(filename_normal_tsml) &&
        file_exists(filename_normal_mxml)) {
7       print("Loading tsml file: " + filename_normal_tsml);
        res = import_transition_system_from_tsml_file(
9           filename_normal_tsml);
        transitionSystem = res[0];
11      print("Loading mxml file: " + filename_normal_mxml);
        org.deckfour.xes.model.XLog log_normal =
13      open_xes_log_file(filename_normal_mxml);
        // merge the log of the current day with the log containing all
15      // days considered as "normal"
        merged_logs = log_merger(log_normal, log_day);
17  } else {
        // current day log and "normal" log are the same
19      merged_logs = log_day;
    }
21
    if(transitionSystem != null &&
23      log_ts_conformance(transitionSystem, log_day)) {
        // the log is conform to the normal behavior model
25      print(filename_day_mxml[i] + " is conform to normal
            behavior.");
27      // save the merged log as mxml file
        export_log_to_mxml_file(merged_logs, filename_normal_mxml);
29      // update the weights of the transition system representing
        // normal behavior
31      res = transition_system_updater(transitionSystem, log_day);
        transitionSystem = res[0];
33      tsml_export_transition_system_(transitionSystem,
            filename_normal_tsml);
```

```
35      // calculate and output the metric
        probability = transition_system_probability(transitionSystem,
37         log_day);
        highestProbability =
39         transition_system_highest_probability(transitionSystem);
        metric_value = probability / highestProbability;
41      new_transition_system_visualization(transitionSystem, log_day,
           0d, metric_value);
43    } else {
        // either this is the first run OR
45      // the log is NOT conform to the normal behavior model
        print(filename_day_mxml[i] + " is either the first log or NOT
47         conform to normal behavior.");
        // initialize variables
49      if(transitionSystem == null) {
          h = 0;
51      } else {
          h = transition_system_extract_h(transitionSystem)-1;
53      }
        n = (int)log_traces(merged_logs);
55      Double p_highest = 1.0d;
        Double[] p        = new Double[n];
57      for(int j=0; j<n; j++) {
          p[j] = new Double(0.0d);
59      }
        // the main algorithm to compute the metric
61      while((max(p) / p_highest) < PRECISION) {
          h = h + 1;
63        res = transition_system_metric_miner(merged_logs, h);
          transitionSystemMined = res[0];
65        // saving intermediate results of transition system
          // metric miner (needed in order to transform place and
67        // transition names!)
          tsml_export_transition_system_(transitionSystemMined,
69           filename_temp_tsml);
          res = import_transition_system_from_tsml_file(
71           filename_temp_tsml);
          transitionSystem = res[0];
73        p = transition_system_probabilities(transitionSystem,
             merged_logs);
75        p_highest = transition_system_highest_probability(
             transitionSystem);
77      }
        probability = transition_system_probability(transitionSystem,
79         log_day);
        metric_value = probability / p_highest;
81      answer = new_transition_system_visualization(transitionSystem,
           log_day, metric_value);
83      if(answer == YES) {
```

5.2 Umsetzung des Gesamtsystems

```
          // save the merged log as mxml file
85        export_log_to_mxml_file(merged_logs,
          filename_normal_mxml);
87        // save the newest transition system as tsml file
          tsml_export_transition_system_(transitionSystem,
89        filename_normal_tsml);
        } else {
91        // do nothing
          print("Ignoring " + filename_day_mxml[i]);
93      }
        }
```

Der Skript-Ausschnitt 5.1 befindet sich zu Simulationszwecken innerhalb einer Schleife, die über die verschiedenen zur Verfügung stehenden Tage iteriert. Alle Tests zur Verhaltensermittlung wurden offline durchgeführt. In den Zeilen zwei und drei wird die neue Aktivitätssequenz (*Trace*) eingelesen und einer Variable (log_day) zugewiesen. Dies entspricht dem ersten Schritt auf dem Flussdiagramm (siehe Abbildung 5.20).

Nun folgt eine Unterscheidung, die auf dem vereinfachten Flussdiagramm nicht abgebildet ist: In Abhängigkeit davon, ob bereits ein TS über das Normalverhalten und ein Ereignisprotokoll über das Normalverhalten existieren, werden entweder diese geladen (Zeilen 8 – 16) oder der aktuelle Tag (log_day) wird als bisheriges Ereignisprotokoll angenommen (Zeile 19).

Mit den Zeilen 22 und 23 wird die erste Verzweigung des Flussdiagramms realisiert. Vor der eigentlichen Konformitätsprüfung stellt die Abfrage sicher, dass überhaupt ein TS über das Normalverhalten geladen werden konnte. Für den Fall, dass kein TS geladen werden konnte (transitionSystem == null), wird verfahren, als wenn die aktuelle Aktivitätssequenz nicht konform zum Normalverhalten ist. Zunächst wird der linke Pfad aus dem Flussdiagramm betrachtet; die aktuelle Aktivitätssequenz ist folglich konform zum Normalverhalten: Im ersten Schritt wird die bereits zuvor ausgeführte Konkatenation aus dem bisherigen Ereignisprotokoll und dem aktuellen *Trace* persistent (siehe Zeile 28).

Der nächste Funktionsblock im Flussdiagramm beschreibt die Aktualisierung der Wahrscheinlichkeiten im TS über das Normalverhalten. Die Umsetzung dessen befindet sich im Skript in den Zeilen 31 bis 34. Schließlich wird, bevor der linke Pfad das Ende erreicht hat, der Metrikwert berechnet und das Ergebnis zur Anzeige gebracht. Die Berechnung des Metrikwerts findet in den Zeilen 36 bis 40 statt. Die anschließende Visualisierung (siehe Abbildung 5.23) folgt in den Zeilen 41 und 42. Wie im Flussdiagramm (siehe Abbildung 5.20) bereits angedeutet, können die Funktionsblöcke A und C auf dem rechten Pfad wiederverwendet werden. Aus diesem Grund wurden sie als eigenständige Plug-ins realisiert.

Auf der linken Seite von Abbildung 5.23 ist eine typische morgendliche Aktivitätsfolge zu erkennen. Normalerweise beginnt die Person nach der Beendigung der morgendlichen Körperpflege mit dem Frühstücken und nimmt währenddessen die Medikamente ein. Bei der aktuellen Aktivitätssequenz (der rote Pfad durch den gerichteten Graphen) fehlt die Einnahme der Medizin. Da es sich hierbei nicht um die einzige Abweichung handelt, hat dies einen niedrigen Metrikwert (25 %) zur Folge (siehe Darstellung auf der Ampel, rechts auf Abbildung 5.23). Aus Komfortgründen wurden zwei zusätzliche Funktionen implementiert: „*Zoom*" erlaubt ein Vergrößern bzw. Verkleinern der Anzeigefläche. Mit „*Save*" kann zu Archivierungszwecken ein Abbild der aktuellen Ansicht als Bilddatei abgelegt werden.

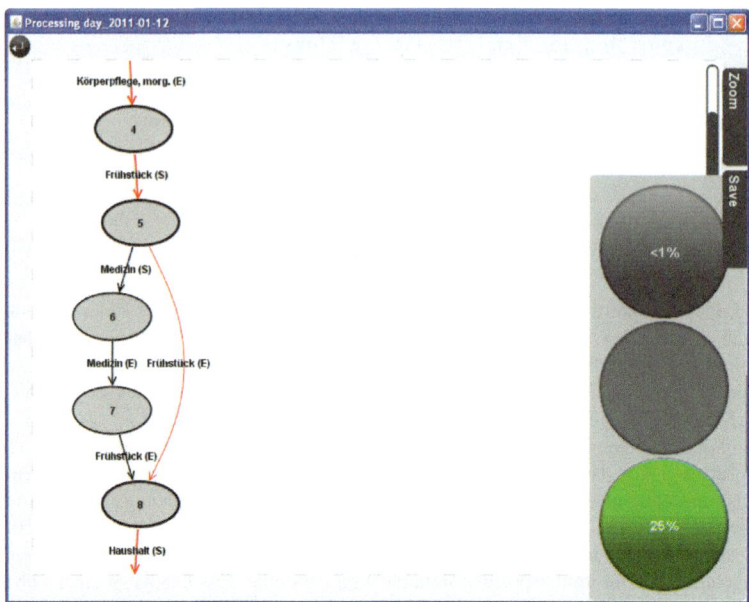

Abb. 5.23: Visualisierung der Aktivitätssequenz und des Metrikwertes

Als Nächstes wird der rechte Pfad des Flussdiagramms betrachtet; es handelt sich demnach nicht um eine nichtkonforme Aktivitätssequenz oder den ersten Lauf nach der Installation: Der erste Funktionsblock auf dem rechten Pfad beschreibt die Darstellung des bisherigen TS über das Normalverhalten erweitert um die aktuelle Aktivitätssequenz, welche zusätzlich farblich hervorgehoben wird.

Im Skript wird zunächst davon ausgegangen, dass die aktuelle Aktivitätssequenz zum bisherigen Normalverhalten aufgenommen werden soll. Eine Erweiterung am TSML-Format, die im Rahmen der Realisierung vorgenommen wurde, ist die Angabe über den aktuellen Horizont, d.h. dem maßgeblichen Parameter des TSM. Liegt bereits ein TS über das Normalverhalten vor, kann der Wert ausgelesen werden (siehe Zeile 52), andernfalls wird er mit null initialisiert (Zeile 50). Eine weitere Variable (n), die zur Berechnung des neuen TS erforderlich ist, betrifft die Zahl der bereits im Ereignisprotokoll vorliegenden Aktivitätssequenzen (Zeile 54).

Für den späteren Vergleich zwischen der absolut wahrscheinlichsten Aktivitätssequenz und der Aktivitätssequenz maximaler Wahrscheinlichkeit aus dem Ereignisprotokoll werden die Variablen p_highest (Zeile 55) und p (Zeilen 56 – 59) initialisiert, wobei es sich bei Letzterem um eine ein-dimensionale Matrix der Länge n handelt. p_highest wird mit (fast willkürlich) 1,0 initialisiert, um in Zeile 61 beim ersten Durchlauf eine Division durch Null zu vermeiden. Anstatt das Verhältnis von max(p) zu p_highest mit 1,0 zu vergleichen, wurde eine Konstante PRECISION eingeführt. PRECISION wird im Rahmen der Double-Präzision als $0,\overline{9}$ definiert, um Rundungsfehler zu vermeiden.

5.2 Umsetzung des Gesamtsystems

Innerhalb der `while`-Schleife findet die eigentliche Berechnung des neuen TS statt. Zunächst wird der Horizont angehoben (Zeile 62). Mit dem inkrementierten Parameter wird ein neues TS berechnet (Zeile 63 – 64). Ein auf diese Weise erzeugtes TS enthält von einem geladenen TS abweichende Stellen- und Transitionsnamen. Daher wird auf den folgenden Zeilen (68 – 72) das Zwischenergebnis gespeichert und anschließend geladen.

Das Plug-in `transition_system_probabilities()` berechnet die aus dem Ereignisprotokoll (Zeilen 73 – 74) resultierenden Wahrscheinlichkeiten für die Aktivitätssequenzen. In den Zeilen 75 und 76 wird zum Vergleich anhand des neuen TS die absolut wahrscheinlichste Aktivitätssequenz bestimmt. Die Schleife wird erst verlassen, wenn sich beide Werte angenähert haben. Im Sinne von van der Aalst u. a. (2010) ist dann die Balance zwischen *Over-* und *Underfitting* gefunden.

Noch bevor das neue TS visualisiert wird, findet die Berechnung des Metrikwerts für die aktuelle Aktivitätssequenz statt (Zeile 80). Angefangen in Zeile 81 wird dem Nutzer nun das neue TS präsentiert. Dabei ist die aktuelle Aktivitätssequenz farblich hervorgehoben. Als Entscheidungshilfe wird der Metrikwert für diese Aktivitätssequenz mit angegeben.

Auf dem Flussdiagramm entspricht dies der Entscheidung, ob es sich um ein *Trace* handelt, das in Zukunft als normal betrachtet werden soll. Wird die Frage durch den Nutzer positiv beantwortet, so wird das bereits zuvor konkatenierte Ereignisprotokoll abgespeichert (Zeilen 85 – 86). Zudem wird das neu berechnete TS exportiert (siehe Zeilen 88 – 89). Im Falle einer negativen Antwort wird die aktuelle Aktivitätssequenz ignoriert, indem diese weder dem Ereignisprotokoll hinzugefügt wird noch zu einer möglichen Veränderung des TS über das Normalverhalten führt.

Abweichend von dem Flussdiagramm wird der Metrikwert bereits bei der Fragestellung an den Nutzer eingeblendet. Dies soll als Entscheidungshilfe dienen. Eine weitere Verbesserung, die im Laufe der Entwicklung vorgenommen wurde, betrifft das Ignorieren der Aktivitätssequenz im Falle der negativen Antwort. Anstatt die Aktivitätssequenz zu verwerfen, können analog zu dem Ereignisprotokoll über das Normalverhalten sowie dem TS über das Normalverhalten ebenfalls Datenbestände und Modelle über abweichendes Verhalten angelegt werden. Damit hat man die Möglichkeit, eine neue Aktivitätssequenz hinsichtlich ihres Metrikwerts bzgl. beider Transitionssysteme zu vergleichen.

Es lässt sich die Frage beantworten, ob eine Aktivitätssequenz nun mehr dem Normalverhalten oder dem abweichenden Verhalten ähnelt. Dies kann eine zusätzliche Entscheidungshilfe für den Nutzer darstellen bzw. die Zuordnung des aktuellen Verhaltens zu den Farben auf der Ampel beeinflussen. Ist der Metrikwert, der auf Grundlage des Normalverhaltens berechnet wurde, größer als der, der das abweichende Verhalten zum Maßstab nimmt, so sollte die Ampel „grün leuchten". Für ein rotes Licht spricht der umgekehrte Fall. Ähneln sich die beiden Metrikwerte so sehr, dass keine eindeutige Tendenz zu erkennen ist, kann auf die gelbe Signalleuchte ausgewichen werden.

In jedem Fall handelt es sich um ein hoch dynamisches System. Eine Aktivitätssequenz, die bei ihrem ersten Auftreten noch einen sehr niedrigen Metrikwert (z. B. < 10 %) geliefert hat, kann nach wiederholtem Auftreten derselben Sequenz ein paar Tage später bereits einen sehr hohen Metrikwert (z. B. > 90 %) liefern. Diese Dynamik ist insbesondere in den ersten Tagen und Wochen nach Inbetriebnahme am höchsten.

Transitionssysteme über Normalverhalten werden aufgrund der Zahl an Aktivitäten pro Tag relativ schnell sehr umfangreich. Damit der Nutzer dennoch möglichst schnell zu den Abweichungen gelangen kann, wurde folgende Assistenzfunktion umgesetzt:

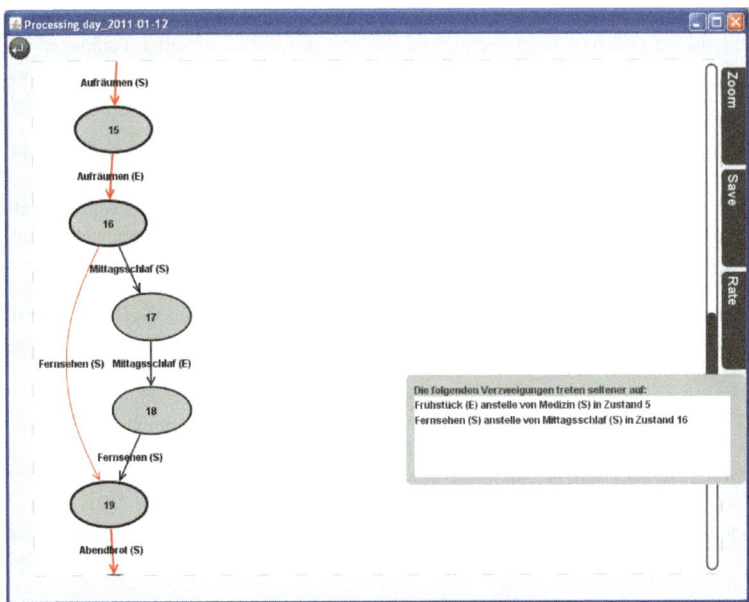

Abb. 5.24: Assistenzfunktion innerhalb der Visualisierung

Wie auf Abbildung 5.24 zu erkennen ist, bietet die Assistenzfunktion zeilenweise Einsprungpunkte zu den Abweichungen. Klickt der Nutzer bspw. auf die zweite Zeile „Fernsehen (S) anstelle von Mittagsschlaf (S) in Zustand 16", so springt die Anzeigefläche auf den abgebildeten Bereich. Der Nutzer kann sehr schnell erkennen, dass der Mittagsschlaf ausgelassen wurde, und dies bei seiner Beurteilung miteinbeziehen. Dabei werden die Einsprungpunkte anhand von seltenen Verzweigungen aufgefunden.

Die Metrikwerte, die das entwickelte System liefert, sind von der Aktualisierungsreihenfolge (d. h. den Aktivitätssequenzen der Tage) abhängig. Dieses Verhalten deckt sich durchaus mit der natürlichen Beobachtung von menschlichem Verhalten. Ist ein bestimmtes Verhalten bereits (einmal oder sogar mehrmals) vorgekommen, so wird man eher geneigt sein, es als normales Verhalten anzusehen, als wenn es zum allerersten Mal auftritt. In gleicher Weise verhält sich der zur Bewertung des Verhaltens entwickelte Algorithmus. Die Reihenfolge, in der bestimmte Verhaltensweisen auftreten, spielt somit eine entscheidende Rolle.

In der Praxis bedeutet dies, dass der Pfleger zur Inbetriebnahme des Systems einen Zeitraum auswählen sollte, in dem das Verhalten des Klienten möglichst repräsentativ im Sinne seines normalen Verhaltens ist. Ungeeignet wäre die Erstinbetriebnahme bspw. unmittelbar nach einem längeren Krankenhausaufenthalt oder einer ähnlich gravierenden Begebenheit, nach der das Verhalten erwartungsgemäß nicht dem üblichen Verhalten entsprechen wird.

Man kann sich die Frage stellen, ob sich der berechnete Metrikwert nach theoretisch unendlicher Betriebszeit einer bestimmten Zahl (Grenzwert) annähert. Der Ansatz zur Verhaltensermittlung beruht auf der grundlegenden Vermutung, dass für den Klienten typisches bzw.

5.2 Umsetzung des Gesamtsystems

reguläres Verhalten häufiger auftreten wird als Abweichungen vom Normalverhalten. Sofern diese Vermutung zutrifft, werden reguläre (d. h. häufiger beobachtete) Verhaltensweisen immer eine höhere Wertung erhalten als irreguläre (d. h. seltene).

Lediglich in einem Sonderfall, der praktisch nicht auftreten wird, lässt sich ein Grenzwert benennen: Sollte jede Variation im Tagesverhalten genau gleich häufig auftreten, wird der Metrikwert gegen 1 konvergieren. Mehrere Gründe sprechen jedoch gegen diesen fiktiven Fall. Menschliches Verhalten zeichnet sich im Gegensatz zu maschinellem u. a. dadurch aus, dass Abweichungen und Unregelmäßigkeiten auftreten. Diese sind sogar erwünscht und werden manchmal als Vorkommnisse gesehen, die das Leben lebenswert machen. Nicht erwartete Ereignisse können bspw. Besucher an der Haustür oder ein unerwartetes Telefonat sein. Nach der Unterbrechung wird dann der normale Tagesablauf fortgesetzt, jedoch können durch die Verzögerung bestimmte Tätigkeiten verschoben werden oder sogar ganz ausbleiben.

Ein weiterer Grund, der gegen den Sonderfall spricht, ist das Limitieren der als Verhaltensreferenz herangezogenen Zeit. Verändert sich das menschliche Verhalten auf einer kurzen Zeitskala, sind wir geneigt, es als Abweichung vom regulären Verhalten zu betrachten. Veränderungen auf einer längeren Zeitskala (etwa Monate oder Jahre) betrachten wir für gewöhnlich als erwartungsgemäße persönliche Entwicklung eines Menschen. Es wäre sogar höchst überraschend, wenn sich ein Mensch im Erwachsenenalter noch genauso verhalten würde wie noch im Jugendalter.

Der Algorithmus zur Verhaltensermittlung sieht daher ein „Altern" des Normalverhaltens vor. Nach einer definierbaren Zeit werden die seit der Inbetriebnahme beobachteten Verhaltensweisen begonnen mit der jeweils ältesten verworfen. Sollte dann dennoch eine zuletzt sehr lange zurückliegende Verhaltensweise auftreten, so wird diese behandelt, als wäre sie zum ersten Mal aufgetreten.

Das Bundesdatenschutzgesetz (BDSG) schreibt das sogenannte „geplante Vergessen" sogar vor. Die weit zurückliegenden Verhaltensweisen werden demnach praktisch vom System „vergessen". Alternativ könnte ein partielles Vergessen auch über einen zeitabhängigen Gewichtsfaktor erreicht werden. Lange zurückliegende Verhaltensweisen würden dann als nicht so typisch angesehen wie kürzlich erst beobachtete. Die gewählte Realisierung orientiert sich jedoch eher an den Vorgaben aus dem Datenschutzgesetz. Eine absolute Gleichverteilung aller Verhaltensweisen ist somit als sehr unwahrscheinlich anzusehen.

Die Realisierung des Gesamtsystems wurde begonnen mit der eingesetzten ambienten Sensorik. Aufgeteilt in Editor, Middleware, Module der Kontextgenerierung und Verhaltensermittlung wurde die konkrete Umsetzung präsentiert. Eine besondere Rolle hat dabei die automatische Transformation von CTT-Modellen in PN gespielt.

Im folgenden Kapitel wird zur Überprüfung der entwickelten Verfahren und Algorithmen eine Evaluation durchgeführt. Zum Testen des Gesamtsystems wird zunächst die Kontextgenerierung evaluiert. Mittels simulativer Evaluation wird danach mit der Verhaltensermittlung fortgefahren. Dazu werden vier Fehlerklassen eingeführt.

6 Evaluation

6.1 Funktionstest des Gesamtsystems

Das entwickelte Gesamtsystem konnte zu großen Teilen im Rahmen des durch das Bundesministerium für Bildung und Forschung (BMBF) geförderten öffentlichen Projekts „Sensorbasiertes adaptives Monitoringsystem für die Verhaltensanalyse von Senioren (SAMDY)" (Huffziger, 2013) evaluiert werden. Dabei handelt es sich um eine ergebnisorientierte Evaluation zur Überprüfung und Bewertung des entwickelten Systems. Der Algorithmus zur Verhaltensermittlung wurde mit statistischen Methoden quantitativ bewertet (siehe Abschnitt 6.3.3).

Falls eine direkte Anwendung des Systems in Einzelfällen nicht möglich war, konnte zumindest von den Projektergebnissen und Erfahrungen aus dem Feldtest (bspw. bzgl. der Compliance) profitiert werden.

Das SAMDY-Projekt hatte eine Laufzeit von drei Jahren und vier Monaten und endete am 31. März 2013. Insofern war der zeitliche Rahmen für die ausführbaren Feldtests durch die Dauer des Förderprojekts gesetzt. Nach Beendigung des Projekts stehen die notwendigen Bedingungen (dies betrifft u. a. die erforderliche Sensorinfrastruktur und die Bereitschaft zur Unterstützung durch den Pflegedienst) nicht mehr zur Verfügung.

Unabhängig vom Förderprojekt bestand die Möglichkeit, das im Fraunhofer-inHaus-Zentrum (Fraunhofer-Gesellschaft, 2013) vorhandene „CareLab" zu nutzen. Dabei bot sich dieses besonders für prototypische Implementierungen an, die man nicht guten Gewissens in privaten Haushalten (speziell bei Mitgliedern der Zielgruppe wie Lisa) hätte installieren können. Diese Variante der Evaluierung hatte einen experimentellen Charakter.

Allerdings ist es äußerst schwierig, Mitglieder der Zielgruppe für empirische Studien im inHaus-Zentrum zu betreuen. Die unverzichtbaren Einverständniserklärungen und eine dem Alter der Zielgruppe entsprechende Betreuung lassen sich viel besser in Kooperation mit Pflegefachkräften realisieren, sodass diese Tests im Feld (d. h. in privaten Häuslichkeiten) stattgefunden haben. Die Feldtests wurden in zwei Phasen (10.01. bis 14.07.2011 und 08.08. bis 29.09.2011) in fünf Duisburger Wohnungen durchgeführt. Die Testpersonen waren allesamt Klienten des kooperierenden Pflegedienstes[1]. Dabei hat der Pflegedienst jeweils nur Alter und Geschlecht übermittelt.

Damit die Klienten durch die Feldtests so wenig wie möglich in ihrem normalen Tagesablauf beeinträchtigt wurden, wurden die Systeme zudem nicht durch Techniker, sondern durch Pflegekräfte (idealerweise die den Klienten bekannten Betreuer) installiert. Bezogen auf die eingangs aufgestellten Rollen (siehe Kapitel 4.1) bedeutet dies, dass zum Teil Supervisor und Pfleger ein und dieselbe Person waren.

Als Mindestverweildauer für die sensorische Erhebung wurde eine Woche zugrunde gelegt. Auf diese Weise wurden zumindest an jedem Wochentag einmal Daten erhoben. Idealerweise konnten die Systeme bei entsprechendem Einverständnis der Klienten und Mitwirkung des

---

[1] ALPHA Allgemeine und psychiatrische Hauskrankenpflege gGmbH, Ehrenstraße 19 a, 47198 Duisburg.

beteiligten Pflegepersonals zum Teil bis zu vier Wochen in ein und derselben Wohnung verbleiben. Insbesondere was die Verhaltensermittlung anbelangt, sind Intervalle von drei und mehr Wochen sinnvoll und notwendig (siehe Abschnitt 6.3.3).

Zusätzlich zur Aufzeichnung der ausgeübten Aktivitäten durch das beschriebene System mussten zur Evaluation handschriftlich aufgenommene Tagesprotokolle als Ground-Truth vom Pflegepersonal angefertigt werden. Diese wurden durch eine Art Fragebogen – genannt „Tagesstruktur" (siehe Abschnitt 6.3.1) – bilateral mit den Klienten in den privaten Häuslichkeiten erhoben oder sind im Rahmen von Interviews mit den Angehörigen (siehe Anhang D.1) entstanden.

Die Aufzeichnungsdauer dieser Protokolle betrug jeweils eine Woche. Mehr Zusatzarbeit war den Pflegekräften in ihrem ohnehin schon zeitlich sehr eng bemessenen Arbeitsalltag nicht zuzumuten. Eine 24/7-Erhebung wäre aber auch den Klienten gegenüber nicht vertretbar gewesen.

Alternativ bestünde die Möglichkeit, das System rein simulativ zu evaluieren. Bezüglich der Überprüfung des Algorithmus zur Verhaltensermittlung wurde zum Teil auch auf dieses Mittel zurückgegriffen, da im Zeitraum der Evaluierung keine gravierenden Verhaltensabweichungen aufgetreten sind, diese aber zur Sicherstellung der korrekten Funktionsweise des Algorithmus zwingend erforderlich gewesen wären.

6.2 Funktionstest der Kontextgenerierung an einem Beispiel

Wie in Abschnitt 5.2.3 erwähnt, handelt es sich bei der Activity of Daily Living (ADL) „Toilettenbenutzung" aus Sicht der Pflege um *die* repräsentativste Aktivität, wenn es darum geht, Autonomie und Alltagskompetenz eines (älteren) Menschen zu beurteilen. Aus diesem Grund wurde genau diese Aktivitätsdefinition stellvertretend für alle modellierten Task-Modelle ausgewählt und prototypisch im Fraunhofer-inHaus-Zentrum experimentell evaluiert.

Die Aktivität „Toilettenbenutzung" wurde angefangen bei der Modellierung in Concur-TaskTrees (CTT) bis zur tatsächlichen Generierung der Kontextinformation für diese Handlung realisiert und implementiert. Dies schließt die Transformation von CTT in eine Petri-Netz-Repräsentation (PN-Repräsentation) ebenso ein wie den physikalischen Aufbau eines geeigneten Demonstrators, der in der Lage ist, die tatsächliche Funktionsweise für diese eine Aktivität erkennen zu lassen, sowie die Inbetriebnahme der konfigurierten Middleware.

Zusätzlich zur Kontextgenerierung werden gleichzeitig die ausgewählten Sensoren und die entwickelte Middleware im Sinne eines Machbarkeitsnachweises (*Proof-of-Concept*) erprobt. Die für diese ADL verwendeten Sensoren kommen ebenfalls in vielen anderen Task-Modellen zum Einsatz. Kein einziges Modell kommt ohne einen Bewegungsmelder (BM) oder eine Objektnutzungserkennung aus.

Die Komplexität des Modells liegt im Mittelfeld. Einige ADL sind in der gewählten Definition komplexer (z. B. Essen und Kochen; siehe Abschnitt 5.2.3), andere wiederum simpler (z. B. Medikamenteneinnahme; siehe Abschnitt 5.2.3).

Der nachfolgend beschriebene Funktionstest wurde im „CareLab" aufgebaut und durch zehn Mitarbeiter des Fraunhofer-Instituts für mikroelektronische Schaltungen und Systeme (IMS) ausgeführt. Diese haben sich kurzfristig freiwillig bereit erklärt, in der Zeit vom 9. bis zum 18. Mai 2011 an den Tests teilzunehmen.

Erprobt wurden sowohl die Reproduzierbarkeit der Ergebnisse (d. h. der Kontextgenerierung) als auch ihre Verallgemeinerbarkeit bezogen auf zehn unterschiedliche Personen mit ihren indi-

6.2 Funktionstest der Kontextgenerierung an einem Beispiel

viduellen Ausführungsvarianten. Hierzu wurde jede Person gebeten, mehrmals hintereinander die Aktivität auszuführen.

Da ein tatsächlicher Toilettengang weder hygienisch vertretbar noch in kurzer Abfolge wiederholbar ist, sind die Personen bekleidet auf die Toilette gegangen und haben den Vorgang „trocken" simuliert. Die Wahl der Sensoren erlaubt dies durchaus. Invasivere Sensoren (etwa welche, die sich innerhalb der Keramik befinden), wären auch im Feld nicht praktikabel. Gerade im Bereich der Toilette bewegt man sich auf hygienisch sensiblem Gebiet, wobei die Toilette stets ohne Probleme zu reinigen sein muss, ohne dass Sensoren dies in irgendeiner Form behindern.

Die Aktivität „Toilettenbenutzung" umfasst bei diesem Testlauf im Wesentlichen die Ausführung von vier Teilfunktionen: dem Belegen der Toilette (zwar mit geöffneter Toilettenbrille, jedoch vollständig bekleidet), der Entnahme von Toilettenpapier von der Halterung, dem Betätigen der Toilettenspültaste und schließlich dem Verlassen der Toilette. Dabei muss die Reihenfolge bei der Ausführung nicht zwangsläufig der obigen Aufzählung entsprechen. Anhand des Task-Modells können mehrere Permutationen auftreten (siehe Abschnitt 5.2.4).

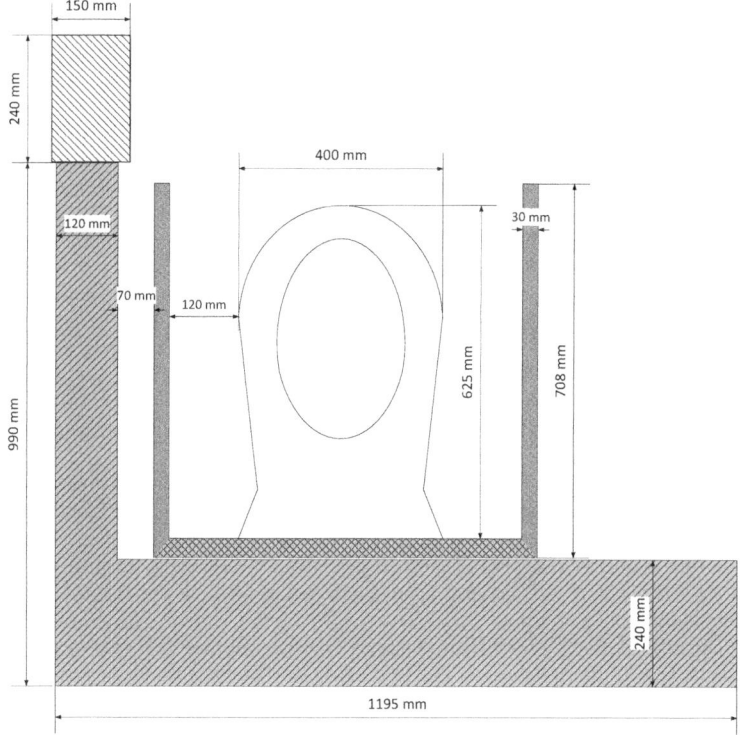

Abb. 6.1: Grundriss der Eckkonstruktion eines WC

Der Grundriss (siehe Abbildung 6.1) stellt die Umgebung der Aktivität dar und zeigt maßstabsgetreu den exakten Aufbau des Demonstrators. Es handelt sich dabei um ein hängendes WC-Becken, welches durch eine höhenverstellbare Rückwand sowie zusätzliche Haltegriffe barrierefrei ausgeführt ist. Dabei ist der Spültaster – ausgesprochen leicht zugänglich – jeweils links (an der Wand neben dem WC) bzw. rechts (in den Haltegriff integriert) angebracht. Die von der Aktivitätsbeschreibung des Toilettengangs geforderte Eingabe des „Spülereignisses" wird anhand des elektronischen Signals der Spültaste abgegriffen und der PN-Laufzeitumgebung zugeführt.

Die Designvorgaben wurden von Tombusch und Brumann (2012) vorgenommen und orientieren sich an Blatt 5 „Ausstattung von und mit Sanitärräumen / Seniorenwohnungen, Seniorenheime, Seniorenpflegeheime" der Richtlinienreihe VDI 6000 (VDI, 2004) und dort speziell an der Ausstattung von Sanitärräumen für „betreutes Wohnen".

Im linken Haltegriff wurde ein digitaler Infrarot-basierter (IR-basierter) Distanzmesser – mit fest eingestellter Messreichweite; in unserem Fall $L = 15$ cm $\pm 2,5$ cm; siehe (Sharp, 2013) – installiert. Dieser liefert dem Aktivitätsmodell „Toilettenbenutzung" die Information über die physikalische Anwesenheit einer Person (bzw. eines Gegenstandes, der in der Lage ist, infrarotes Licht zu reflektieren) auf der Toilette. Tatsächlich ist der Infrarotstrahl zentriert auf den linken Oberschenkel der Person ausgerichtet.

Die Entscheidung, die der Wand zugewandten Seite der Toilette zur Montage zu verwenden, fiel zugunsten einer geringeren Wahrscheinlichkeit, den Distanzmesser unbeabsichtigt auszulösen, d. h. ohne tatsächlich auf der Toilettenbrille zu sitzen, z. B. durch bloßes Vorübergehen. Ebenso wird ein versehentliches Auslösen, z. B. durch ein Haustier, an dieser Stelle minimiert.

Der dritte und damit letzte vom Modell der „Toilettennutzung" geforderte Sensor befindet sich am Toilettenpapierrollenhalter. In den Vereinigten Staaten existieren bereits automatische, berührungslose Toilettenpapierspender, die auf Anforderung eine einstellbare Länge Toilettenpapier spenden z. B. (KC-Professional, 2013). Deren elektrisches Signal könnte dazu genutzt werden, auf die Entnahme von Toilettenpapier zu schließen.

Aufgrund fehlender Verfügbarkeit im europäischen Wirtschaftsraum wurde eine prototypische Eigenentwicklung vorgezogen, die sich ggf. auch im Bestandsbau nachrüsten ließe. Ähnlich zur Detektion der Anwesenheit einer Person auf der Toilette wird wiederum mittels eines IR-Distanzmessers das Abreißen eines Toilettenpapierstücks erkannt. Die genaue Anordnung des verwendeten Sensors in Bezug zum Toilettenpapierrollenhalter kann der Abbildung 6.2 entnommen werden. In der Mitte der Zeichnung ist eine handelsübliche Toilettenpapierrolle zu sehen.

Die Messwerte der drei im Demonstrator verbauten Sensoren wurden mithilfe eines Datenakquisitionsmoduls (Advantech, 2013) ausgelesen und an einen stationären Laborcomputer übertragen. Die besagten Module gewährleisten ein relativ unproblematisches Anbinden einfacher Sensoren (und Aktuatoren) an einen Computer per Ethernet-Verbindung. Eine entsprechende Category-5-Verkabelung vorausgesetzt, kann entsprechend rasch mit der Datenaufzeichnung begonnen werden.

Im Wohnlabor des Fraunhofer-inHaus-Zentrums liegt eine vollständige Local-Area-Network-Infrastruktur (LAN-Infrastruktur) vor. Die Platzierung der einzelnen Komponenten betreffend kann demnach sehr flexibel verfahren werden. In Fällen, in denen diese Voraussetzung nicht gegeben ist, besteht bedingt durch die eingesetzte Middleware die Möglichkeit, auf kabellose Datenerfassungsmodule zurückzugreifen.

6.2 Funktionstest der Kontextgenerierung an einem Beispiel   233

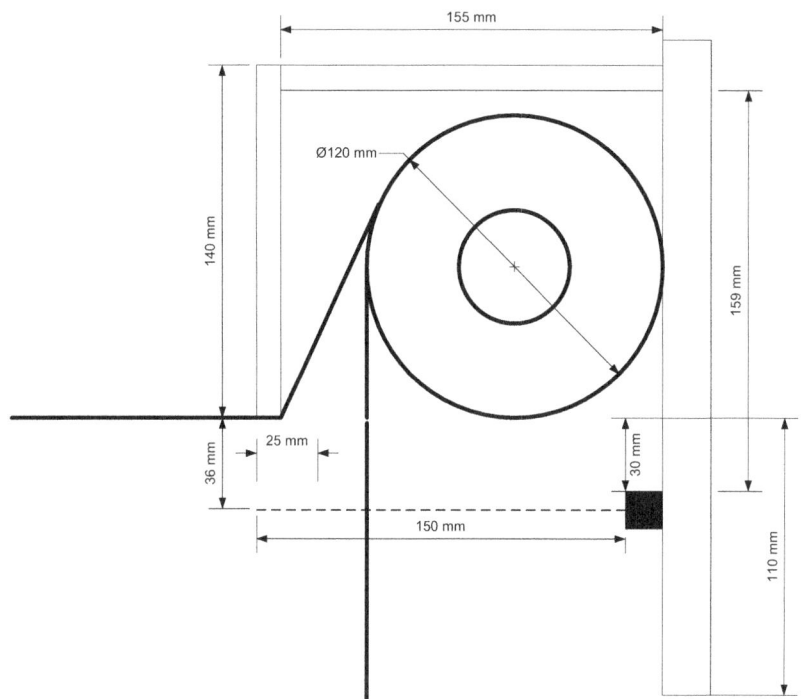

Abb. 6.2: Aufbau des sensorisch erweiterten Toilettenpapierrollenhalters samt Abdeckung (seitliche Ansicht)

Die Middleware unterstützt in ihrer aktuellen Version ebenfalls bereits die Datenerhebung unter Verwendung von Funkkomponenten der EnOcean-Technologie (EnOcean, 2013). Die Mehrheit der verfügbaren Funksensoren arbeitet dabei batterielos. Die zur Messung und Übertragung benötigte Energie wird aus der Umgebung gewonnen. Dem Lichtschalter genügt bspw. die kinetische Energie der Schalterbetätigung, um daraus ein Funktelegramm zu generieren. Andere Module verwenden das Licht als Energiequelle (Solarzelle).

Bei lediglich einem Master (Computer) und mehreren Slaves (I/O[2]-Module) ist eine Zeitsynchronisation in einem dedizierten LAN-Segment (d. h. ohne weiteres Datenaufkommen) nicht erforderlich (die erwarteten Übertragungszeiten liegen hier im einstelligen Millisekundenbereich). Es werden die Zeitstempel zum Zeitpunkt des Empfangs am Laborcomputer verwendet.

Die Serialisierung der Ereignisse findet bereits auf dem Übertragungsmedium (Bus) statt, siehe ISO[3]-OSI[4]-Referenzmodell: Sicherungsschicht bzw. dessen Media-Access-Control-

---

2 engl. Input/Output, kurz I/O
3 International Organization for Standardization (ISO)
4 Open Systems Interconnection (OSI)

Unterschicht (Tanenbaum, 2003). Indem Kollisionen auf dem gemeinsamen Medium verhindert werden, gelangen die Telegramme serialisiert zum Master.

Die Echtzeitanforderungen, die an ein System zu stellen sind, welches vornehmlich menschliche Ereignisse bzw. Aktivitäten aufnehmen soll, liegen ohnehin im Bereich von 500 Millisekunden bis maximal eine Sekunde und sind als „weiche Echtzeitanforderung" bzw. „*soft deadline*" (Liu, 2000) einzustufen.

Der eigens zur Datenerhebung mittels beschriebener I/O-Module entwickelte Treiber unterstützt sowohl ereignis- als auch zeitgesteuerte Betriebsarten. Die bei dem hier beschriebenen Funktionstest gewonnenen Erfahrungen haben gezeigt, dass die zeitgesteuerte Betriebsart – diese gewährleistet definierte Antwortzeiten – nicht vonnöten ist. Ohne nennenswerte Nachteile lässt sich der Treiber auch ereignisgesteuert verwenden.

Zur Inbetriebnahme wurde eine Konfigurationsdatei – im Extensible-Markup-Language-Format (XML-Format) – angelegt. Darin findet die Zuweisung zwischen physikalischen Geräten (wie den I/O-Modulen) und ihrer jeweiligen logischen Bedeutung im Systemkontext statt (bspw. repräsentiert „Eingang X des Moduls mit definierter IP-Adresse" die Anwesenheit einer Person auf der Toilette und liefert folgende Sensorereignisse: „turnOn_toiletPresence" und „turnOff_toiletPresence").

Der Treiber ist als Teil der Middleware fortan in der Lage, Signaländerungen bzw. Zustandswechsel an den Eingängen der konfigurierten I/O-Module für die Anwendungen (d. h. zunächst Kontextgenerierung und später Verhaltensermittlung) mit „semantischer Bedeutung" zu versehen. Aus den physikalischen Signalen bzw. deren Änderungen werden für die Anwendung bedeutsame Ereignismeldungen geschaffen.

Diese Meldungen liefern die Eingaben für das zuvor abgeleitete PN. Auf diese Weise ist die konkret eingesetzte Hardware transparent gegenüber der PN-Laufzeitumgebung. Unabhängig davon, welches spezifische I/O-Modul von welchem Hersteller verwendet wird, ist das Verfahren ab dieser Ebene davon unberührt.

Der Anwendungsteil der Kontextgenerierung liefert als Resultat entweder eine erfolgreich abgeschlossene bzw. abgebrochene Aktivitätsinstanz der „Toilettenbenutzung" im bereits zuvor (siehe Abschnitt 2.5.3 auf Seite 93) beschriebenen Mining-eXtensible-Markup-Language-Format (MXML-Format).

Im Moment des erfolgreichen Abschlusses wird auf den vermeintlichen Beginn der Aktivität geschlossen. Sämtliche Aktivitäten werden als Intervalle aufgefasst, es sei denn, ihre Ausführungsdauer beträgt weniger als eine Minute (Ausnahmen sind z. B. das morgendliche Aufstehen oder die Medikamenteneinnahme). Somit lässt sich im Nachhinein jeweils auch die Ausführungsdauer bestimmen.

Die bislang noch nicht erwähnten Teile des Kontexts Aufenthaltsort und Identität sind ebenfalls im Ausgabeformat vorgesehen. Da es sich beim Ausführungsort der Aktivität „Toilettenbenutzung" ausschließlich um das Badezimmer/WC handeln kann, ist dieses Feld für diese ADL statisch belegt. Keiner der drei verbauten Sensoren ist in der Lage, die Identität der ausführenden Person zu ermitteln.

Aus Gründen des Datenschutzes bzw. des Schutzes der Privatsphäre ist dieser Zustand durchaus wünschenswert. Wird das entsprechende Badezimmer/WC allerdings von unterschiedlichen Personen frequentiert, können die Kontextgenerierung und anschließend die Verhaltensermittlung die Aktivität keiner Person sicher zuordnen. Daher wird aktuell ein Ein-Personen-Haushalt vorausgesetzt und ein Default-Nutzer (der Bewohner/Lisa) angenommen.

Der gesamte Aufbau des für den Funktionstest verwendeten Demonstrators ist auf Abbildung 6.3 dargestellt. Neben der Eckkonstruktion befand sich für die Evaluierung der Laborcomputer samt Bildschirm. Selbstverständlich wäre im Realbetrieb der beigestellte Bildschirm nicht vorhanden. Dieser diente zur Überprüfung der internen Zustände der Kontextgenerierung; im Speziellen der Marken-Anordnung innerhalb der PN.

Abb. 6.3: Aufgebauter Demonstrator im CareLab des inHaus 2

Die Hypothese bzgl. des Funktionstests lautet wie folgt:
Wenn eine Person in der um ambiente Sensoren erweiterten WC-Umgebung die Aktivität „Toilettenbenutzung" ausführt, dann kann das zuvor beschriebene System diesen Umstand automatisch detektieren und zur Anzeige bringen.

Die Hypothese soll als belegt gelten, wenn die Toilettengänge bei > 90 % der Probanden erfolgreich erkannt werden.

An der Durchführung der Evaluation (Zeitraum: 09.05. bis 18.05.2011) haben insgesamt zehn Personen (neun männlich, eine weiblich) aus dem Kreis der Arbeitskollegen am IMS im Alter von 25 bis 35 Jahren teilgenommen. Diese Personengruppe ist nicht repräsentativ im Hinblick auf die Zielgruppe, deren „Verwendung" erfüllt aber den Zweck eines grundsätzlichen Funktionstests.

Zunächst wurden die Testpersonen dahin gehend kurz eingewiesen, welche Aktivität auszuführen ist. Bewusst wurde darauf verzichtet, auf den Typ, die Zahl und die Installationsorte der beteiligten Sensoren einzugehen. Ebenso wenig wurde das zugrunde liegende Modell zur Erfassung des Toilettengangs beschrieben. Diese Vorgehensweise orientiert sich am Idealfall eines „ambienten Sensors", der ebenfalls nicht als solcher wahrnehmbar sein soll.

Um die Erkennungsgenauigkeit im Nachhinein detailliert analysieren zu können, wurde zusätzlich zur Gesamterkennungsrate das Auslösen der einzelnen Teilereignisse aufgezeichnet.

Bezogen auf die „Toilettenbenutzung" zeigte sich ein Problem bei der Erkennungszuverlässigkeit des Toilettenpapierentnahmesensors (prototypische Umsetzung). Die Detektion der Entnahme blieb in drei von zehn Fällen aus. Dies hatte zur Folge, dass diese drei Durchläufe als „abgebrochen" gekennzeichnet wurden, welches der korrekten Funktionsweise für nicht entnommenes Toilettenpapier entspricht.

Es ist davon auszugehen, dass unter Verwendung des US-amerikanischen automatischen Toilettenpapierspenders (KC-Professional, 2013) die angestrebte Erkennungsgenauigkeit von > 90 % zu erreichen ist. Für weitere Informationen bzgl. dieser und anderer getesteter Aktivitäten sei an dieser Stelle auf (Kitanovski, 2011, Kapitel 8) verwiesen; u. a. werden dort noch die Modelle „Küche betreten" und „Aufstehen" mit Testpersonen untersucht.

6.3 Realistische simulative Evaluation der Verhaltensermittlung

6.3.1 Verfahren der simulativen Evaluation

Als weitere Evaluierung soll anstelle der Systemausgaben der Kontextgenerierung im realen Betrieb eine realistische simulative Evaluation durchgeführt werden, um so die korrekte Funktion der Verhaltensermittlung nachzuweisen. Somit wird in dieser Evaluation davon ausgegangen, dass die Kontextgenerierung entsprechend der Intention arbeitet und im Tagesverlauf Aktivitätsinstanzen ausgibt (siehe Kapitel 6.2).

Der Realbetrieb zur Evaluation birgt im Wesentlichen zwei Risiken:

- Die Erhebung von Daten in Echtzeit ist sehr zeitaufwendig (und somit kostenintensiv) und
- die Sicherstellung, dass die Person unter Beobachtung im gewählten Zeitraum tatsächlich ihr Verhalten messbar ändert, ist nicht gegeben.

Die simulierte Evaluierung basiert auf Expertenwissen bzgl. Verhaltensänderungen von Menschen mit leichten (ICD^5-10 F70) bis mittelschweren (ICD-10 F71) kognitiven Einschränkungen. Leichte kognitive Einschränkungen liegen vor, wenn die Betroffenen ein Intelligenzalter von 9 bis 12 Jahre aufweisen. Als mittelschwer kognitiv eingeschränkt gelten Personen, die im täglichen Leben in gewissem Umfang Unterstützung benötigen.

Die Anwendbarkeit des Systems soll nach Möglichkeit bis hin zum Übergang von der eigenen Häuslichkeit in eine Pflegeeinrichtung aufgezeigt werden. Während der Feldtests haben die

---

5 International Statistical Classification of Diseases and Related Health Problems

Experten im direkten Gespräch Hinweise geliefert, an welchen Verhaltensänderungen am ehesten eine Verschlechterung der kognitiven Leistungsfähigkeit zu erkennen ist. Beispielsweise stellt das Ausbleiben des Mittagsschlafs einen sehr guten Indikator für eine Verhaltensänderung dar. Fällt der Mittagsschlaf regelmäßig aus, obwohl er zuvor fester Bestandteil des Tagesablaufs war, kann dies als Indiz für eine Verschlechterung der Alltagskompetenz gewertet werden. Diese Anregungen sind direkt in die Entwicklung des Simulationsmodells eingeflossen.

Grundlage für die simulative Evaluation der Verhaltensermittlung waren Protokolle (Tagesstrukturen) über die ausgeführten ADL. Diese wurden jeweils durch den betreuenden Pfleger für den Zeitraum von einer Woche pro Person erhoben. Auf diese Weise existiert die Tagesstruktur jedes Wochentags (Montag bis Sonntag) einmal pro Person.

Insgesamt wurden fünf Personen für diese Evaluierung herangezogen. Dabei handelte es sich um Klienten der Alpha gGmbH, die im JUTTA-Projekt[6] (Sozialwerk St. Georg e. V., 2011) und später im SAMDY-Projekt[7] (Huffziger, 2013) für den Feldtest gewonnen wurden – unter Beachtung ihrer Einwilligungserklärung und des Schutzes ihrer Privatsphäre.

Zum besseren Verständnis wird beispielhaft der Aufbau einer solchen Tagesstruktur erläutert. Die vollständigen Daten aller zur simulativen Evaluation verwendeten Tagesstrukturen finden sich im Anhang D.1.

Die Betreuer wurden gebeten, jeweils die Anfangs- und Endzeiten (sofern die jeweilige Aktivität an dem Tag tatsächlich ausgeführt wurde) der aufgeführten Aktivitäten einzutragen. Die Auflistung der Aktivitäten nach Kategorien (d.h. unterteilt in „Aufstehen und Hygiene", „Medikamenteneinnahme", „Mahlzeiten" und „Aktivitäten und Freizeit") hat sich dabei bewährt.

In einer älteren Fassung des Formulars wurden die Aktivitäten in nahezu chronologischer Reihenfolge (bzw. der zu erwartenden Ausführungsreihenfolge) abgedruckt. Der Betreuer war auf diese Weise dazu verleitet, durch entsprechende Einträge diese Reihenfolge „einzuhalten", wodurch die Daten evtl. verfälscht wurden.

Für Aktivitäten, deren Ausführungsdauer weniger als 15 Minuten betrug, wurden anstelle der sonst üblichen Intervalle lediglich Zeitpunkte notiert (siehe z.B. Aufstehen oder Medikamenteneinnahme).

Zur Vorevaluierung wurden die gesammelten Daten grafisch aufgearbeitet. Im Gegensatz zur tabellarischen Darstellungsform (vgl. Tabelle 6.1) erlaubt die grafische Aufbereitung einen besseren Überblick über gleichzeitig ausgeführte Aktivitäten und temporale Beziehungen von Aktivitäten untereinander. Mithilfe dieser Darstellungsform ließen sich bereits erste Muster im Verhalten erahnen.

An dieser Stelle sei darauf hingewiesen, dass es sich bei den zugrunde liegenden Daten in Tabelle 6.1 bzw. Tabelle 6.2 nicht um denselben Datensatz handelt.

In Tabelle 6.2 lässt sich erkennen, dass einige Aktivitätsformen typischerweise sequenziell, andere hingegen parallel ausgeführt werden. So handelt es sich bei der Aktivitätsfolge von 12:00 bis 14:00 Uhr um einen strikt sequenziellen Ablauf: zunächst „Mittagstisch", dann „Aufräumen", anschließend „Ausruhen".

Am Abend findet sich ein gutes Beispiel für den gleichzeitigen Ablauf von Aktivitäten: Während des Fernsehens wird mit dem Entkleiden begonnen und gleichzeitig wird sich darauf vorbereitet, ins Bett zu gehen.

---

6 Vom BMBF gefördertes Forschungsprojekt zur Optimierung der Prozesse eines ambulanten Pflegedienstes
7 Vom BMBF gefördertes Forschungsprojekt zur Verhaltensanalyse von Senioren

Tabelle 6.1: Beispiel der Tagesstruktur eines ausgewählten Tages

Datum	26.05.2011
Aufstehen und Hygiene	
Aufstehen	07:30
Körperpflege, morgens	07:30 – 08:00
Körperpflege, abends	22:15 – 22:30
Zu Bett gehen	22:30
Toilettengänge, nachts	2 x
Medikamenteneinnahme	
morgens	während des Frühstücks
mittags	–
abends	nach dem Abendessen
Mahlzeiten	
Frühstück	08:15 – 08:45
Mittagessen	13:00 – 13:30
Kaffee trinken	–
Abendessen	19:30 – 20:00
Kochen	12:30 – 13:00
Aktivitäten und Freizeit	
Haushalt	09:00 – 11:00 17:00 – 18:00
Wohnung verlassen	11:00 – 12:30 15:30 – 17:00
Mittagsschlaf	14:00 – 15:00
Fernsehen	20:00 – 22:00
Besuch	
...in der Wohnung, z. B. Familie, Nachbarn, Pflegedienst, Haushaltshilfe	09:00 – 11:00

6.3 Realistische simulative Evaluation der Verhaltensermittlung   239

Tabelle 6.2: Grafische Aufarbeitung einer ausgewählten Tagesstruktur

Uhrzeit	Aufstehen	morgendliche Toilette	Frühstück	Medikamenteneinnahme	Haushalt	Verlassen der Wohnung	Kochen	Mittagessen	Aufräumen	Ausruhen (Mittagsschlaf)	Fernsehen	Spazieren gehen	Abendbrot	Körperpflege	An-, Entkleiden	Medikamenteneinnahme	Zu Bett gehen	Toilette aufsuchen, nachts
07:30	▨																	
08:00		▨																
08:30			▨															
09:00				▨														
09:30																		
10:00					▨													
10:30																		
11:00																		
11:30							▨											
12:00								▨										
12:30									▨									
13:00										▨								
13:30										▨								
14:00											▨							
14:30																		
15:00											▨							
15:30																		
16:00											▨							
16:30																		
17:00											▨							
17:30											▨							
18:00													▨					
18:30																		
19:00											▨							
19:30																		
20:00											▨							
20:30																		
21:00														▨				
21:30															▨			
22:00																▨		
22:30																	▨	
23:00 – 07:00																		2x

Im nächsten Schritt wurden die Daten (Tagesstrukturen der fünf Klienten) manuell in das MXML-Format konvertiert. Um diesen Vorgang zu erleichtern, wurde ein rudimentäres Hilfsmittel (Tool) programmiert, mit dem ein einziger Tag in wenigen Minuten maschinenlesbar aufbereitet werden kann.

Unter Angabe des gewünschten Startdatums (inkl. Startuhrzeit) und der Menge an zur Verfügung stehenden Aktivitäten (in diesem Fall die ADL) ist das Softwarewerkzeug einsatzbereit. Der Nutzer hat die Möglichkeit, die Zeit in einstellbaren Intervallen vor- bzw. zurückschreiten zu lassen. Eine feinere Unterteilung als in 15-Minuten-Schritte ist anhand der Daten praktisch nicht notwendig gewesen. In einigen Fällen genügten sogar 30-Minuten-Intervalle.

Ist der Zeitpunkt ausgewählt, zu dem ein aufgezeichnetes Ereignis erfolgt ist, kann durch Betätigen des „start"- bzw. „complete"-Knopfes (die Namen der Knöpfe entsprechen den im MXML-Standard üblichen Bezeichnungen der beiden Ereignistypen) eine entsprechende Ausgabe im MXML-Format erstellt werden.

Da die Betreuer nur vollständig abgeschlossene Aktivitäten protokolliert haben, war eine „abort"-Taste, die den „abort"-Ereignistyp erzeugen würde, nicht notwendig.

Abb. 6.4: Benutzeroberfläche des „ContextGenerator[s]"

Abbildung 6.4 zeigt die Benutzeroberfläche des „ContextGenerator[s]". Die dargestellte simulierte Zeit gibt den 10. Januar 2011 um 21:00 Uhr an. Aktiv sind zu dem Zeitpunkt die Aktivitäten „Entkleiden", „Fernsehen" und „Ins Bett gehen". Diese bieten jeweils das Beenden („complete") an. Die übrigen Aktivitäten sind nicht aktiv.

6.3 Realistische simulative Evaluation der Verhaltensermittlung

Vor dem dargestellten Zeitpunkt wurden über den Tag verteilt drei Mahlzeiten eingenommen, es wurde aufgeräumt, im Haushalt gearbeitet, die Wohnung verlassen, ein Mittagsschlaf gehalten, zweimal wurden Medikamente eingenommen und es wurde sich gewaschen (nicht zwangsläufig in der angegebenen Reihenfolge). Dies lässt sich jeweils am Index hinter der Aktivitätsbezeichnung erkennen (die erste Ausführung trägt jeweils den Index 0).

In Bezug auf die in Abbildung 6.4 dargestellte Benutzeroberfläche ist die Tatsache auffällig, dass die Aktivität „Aufstehen" (WakingUp) lediglich über eine „complete"-Taste verfügt. Dieser kommt eine besondere Aufgabe zu: Das Betätigen der „complete"-Taste des Aufstehens beendet automatisch den aktuellen Tag (samt allen noch unvollendeten Aktivitäten) und startet einen neuen Tag (jeweils den unmittelbaren Folgetag mit der konfigurierten Startuhrzeit).

Unter dem Menüeintrag „File" → „Save" wird der MXML-Export angestoßen. Eine Besonderheit gegenüber Exporten anderer Programme, die denselben Standard verwenden, ist die Beschränkung der MXML-Dateien auf jeweils ca. 24 Stunden.

Im Hinblick auf den realen Datenaustausch zwischen Kontextgenerierung und Verhaltensermittlung ist das Sammeln von mehreren Tagesstrukturen innerhalb einer einzigen MXML-Datei unvorteilhaft. Nach jeweils (spätestens) 24 Stunden soll eine Auswertung des vergangenen Tages in Relation zu bereits zuvor beobachteten Verhaltensweisen ermöglicht werden. Dabei steht das Sammeln von mehreren Tagesstrukturen in einer einzigen MXML-Datei der sofortigen Berechenbarkeit im Wege, da sich ein unvollständiges XML-Dokument nicht auslesen lässt. Im Anschluss an die Auswertung können die einzelnen Tagesstrukturen mittels Konkatenation zu einem größeren Log zusammengefasst werden.

Im Gegensatz zum realen Datenaustausch enthalten mittels „ContextGenerator" erzeugte Protokolle keine Abbrüche (den „abort"-Ereignistyp). Eine Notwendigkeit für Abbrüche ergab sich nicht, da in den von den Betreuern angefertigten Erhebungen ebenfalls keine Abbrüche verzeichnet wurden. Tagesstrukturen beinhalten über den Tag hinweg gewöhnlich stattfindende und regelmäßige Beschäftigungen bzw. Gepflogenheiten, die tatsächlich (erfolgreich) ausgeführt werden (PflegeWiki, 2013).

Es kam bei den jeweils einwöchigen Aufzeichnungen nicht zu Auffälligkeiten. Die erhobenen Tagesstrukturen geben demnach ausschließlich das Normalverhalten der jeweiligen Person zum Zeitpunkt der Erhebung wieder. Eine (gravierende) Verhaltensänderung war in der einen Woche ohnehin nicht zu erwarten.

Bei der Realisierung des „ContextGenerator[s]" wurde von der JavaBeans-API-Spezifikation (Oracle, 2011) Gebrauch gemacht. Jede reguläre „Zeile" des Tools (bestehend aus den Knöpfen „start" und „stop" sowie der Aktivitätsbezeichnung zzgl. eines laufenden Indexes) ist als separates *JavaBean* – d. h. als eigenständige Software-Komponente – umgesetzt, die sich beliebig oft wiederverwenden lassen. Somit kann ein Großteil der Benutzeroberfläche in einer Iteration über die Zahl der konfigurierten Aktivitäten erzeugt werden.

Die „ActivityBean" genannte Klasse beschreibt die grafischen Bedienelemente. Zudem verwaltet sie den aktivitätsabhängigen Zähler, der zur Indizierung verwendet wird. So wird bspw. dafür gesorgt, dass das erste Auftreten einer Aktivität an jedem neuen Tag den Index 0 trägt.

Unter Zuhilfenahme des „ContextGenerator[s]" entstehen so aus der Tagesstruktur einer Woche sieben einzelne MXML-Dateien. Diese sieben Aktivitätssequenzen werden als Eingabe für den erweiterten Transition System Miner (TSM) verwendet. Dieser erzeugt daraus ein Transitionssystem (TS), welches dem Verhalten der Person während der aufgezeichneten Woche entspricht. Zusätzlich zu den sieben zu erwartenden Pfaden durch den Graphen (jeweils vom Start zu einem der Endzustände) ergeben sich daraus weitere Kombinationsmöglichkeiten. So ließe sich z. B. der morgendliche Teil der Tagesstruktur eines Montags mit dem übrigen Teil der Tagesstruktur eines Dienstags zu einer neuen Tagesstruktur verbinden, dessen potenzielles Auftreten sich bereits jetzt stochastisch berechnen ließe.

Durch die Art und Weise, wie die Tagesstrukturen im „ContextGenerator" und später real zustande kommen, existiert jeweils genau ein Startzustand. Das erste Ereignis, welches zum Folgezustand führt, ist stets „Aufstehen". Es können maximal so viele Endzustände existieren, wie bereits Tagesstrukturen aufgezeichnet wurden.

Für eine aussagekräftige (statistisch signifikante) Evaluation wären grundsätzlich mehr Daten vonnöten, als von fünf Klienten jeden Wochentag einmal aufzunehmen. Praktisch stellt diese Erhebung bereits einen hohen Zeitaufwand dar. Daher wurde nach einer Lösung gesucht, wie man aus den vorhandenen Daten synthetisch zusätzliche Tagesabläufe erzeugen kann, die im Rahmen der tatsächlichen Beobachtungen plausibel sind.

In (Burattin und Sperduti, 2010) wurde gezeigt, wie man mithilfe einer PN-Definition zufällig aber dem Verhältnis des bisherigen Auftretens entsprechend, neue Aktivitätsfolgen erzeugen kann. Um von dieser Arbeit profitieren zu können, wurde eigens eine Transformation von einem TS in das XML-basierte PLG-Format entwickelt. Zustände im TS entsprechen dabei Stellen im PN. Übergänge im TS finden sich als Transitionen im PN wieder.

Das PLG-Framework (welches vom „Process Log Generator (PLG)" genannten Tool verwendet wird) verlangt zur korrekten Ausführbarkeit ein PN mit einer einzigen markierten Stelle im Initialzustand. Zudem wird eine einzige Stelle, welche die Marke nach einem erfolgreichen Durchlauf erreicht, gefordert. Dies geht aus (Burattin und Sperduti, 2010) hervor und entspricht den ersten beiden Bedingungen, die van der Aalst und de Medeiros (2005) an ein Workflow-Netz (WF-Netz) (siehe Abschnitt 2.5.3) stellen.

Bezogen auf die obligatorische eindeutige Startstelle ist das TS sofort kompatibel, da auch dieses stets über einen einzigen Startzustand verfügt (Begründung siehe oben). Schwierigkeiten bei der Transformation treten bzgl. der multiplen Endzustände auf. Die gewählte Lösung versieht jeden der existierenden Endzustände bzw. dessen PN-Äquivalente mit einem Tau-Übergang in eine zusätzliche Stelle. Von dort führt ein synthetischer Übergang – „__end" genannt – zu der geforderten einzigen und eindeutigen Endstelle.

Dieser Zusammenhang lässt sich beispielhaft anhand von Abbildung 6.5 verdeutlichen. Die Transitionen 27, 48, 49, 63, 83 und 104 führen im zugehörigen TS zu den entsprechenden Endzuständen. Wie der Abbildung zu entnehmen ist, bündeln die Tau-Übergänge 0 bis 5 deren Folgestellen zu einer einzigen Stelle. Im Anschluss folgt die „__end"-Transition, deren Auftreten die erfolgreiche Abarbeitung des PN manifestiert. Von dort aus wandert die Marke zu der geforderten Endstelle (am rechten Rand der Abbildung).

Das auf diese Weise erzeugte PN (im PLG-Format) lässt sich fehlerfrei in PLG laden. PLG bietet die Möglichkeit, mittels der angegebenen Prozessdefinition Aktivitätsfolgen (*Event-Logs*) zu generieren. Dies beinhaltet neben den bereits bekannten Sequenzen sämtliche zusätzliche Kombinationen, die anhand der Definition auch ausführbar wären. Die neu erzeugten Logs sind ebenfalls modellkonform.

6.3 Realistische simulative Evaluation der Verhaltensermittlung 243

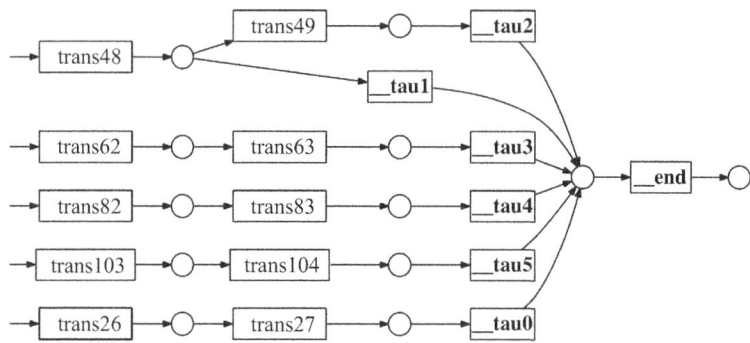

Abb. 6.5: Zusätzliche Tau-Transitionen führen zum neuen Endzustand

Das PLG-Framework musste insofern erweitert werden, als die Tau-Übergänge (an folgendem Muster zu erkennen: „_tau#", wobei # für eine fortlaufende Zahl steht) und die „_end"-Transition keine Ausgaben im Protokoll erzeugen, wie dies bei den übrigen Transitionen der Fall ist.

Zudem wurde eine Konsistenzprüfung der Intervalle hinzugefügt. Diese prüft, ob die Vollständigkeit der Intervalle eingehalten wurde, d.h., ob jede Aktivität, die mit dem „start"-Ereignis begonnen hat, durch ein entsprechendes „complete"-Ereignis abgeschlossen wurde. Aktivitätssequenzen, die dieser Prüfung nicht standhalten, werden bei der anschließenden Ausgabe nicht berücksichtigt: stattdessen wird ein neuer Versuch unternommen, eine korrekte Sequenz zu erzeugen.

PLG bietet dem Nutzer vor der Generierung eines neuen Protokolls einstellbarer Größe (bezogen auf die Zahl der Sequenzen) die Option, bewusst Fehler in die Ausgabe einzufügen. Eine fehlerhafte Aktivitätsfolge zeichnet sich dadurch aus, dass sie in angegebener Form nicht der Prozessdefinition entspricht.

Hierbei kommt eine einzige Fehlerklasse zur Anwendung: Mit einer konfigurierbaren Wahrscheinlichkeit wird zunächst ein Ereignis a aus der aktuellen Folge ausgewählt. Im positiven Fall wird zufällig ein weiteres Ereignis b herangezogen. Es wird sichergestellt, dass es sich nicht um das gleiche Ereignis handelt, d.h., dass $a \neq b$ ist. Ereignis b kann allerdings zeitlich gesehen durchaus vor a liegen.

Nun werden die Zeitstempel beider Ereignisse vertauscht, d.h., in der fehlerhaften Sequenz wird a zu dem Zeitpunkt ausgeführt, zu dem eigentlich b ausgeführt worden wäre. Für b gilt entsprechend der umgekehrte Fall.

Projiziert man diese Fehlerklasse in die Anwendungsdomäne, so entspricht sie dem Vertauschen der Reihenfolge zweier Aktivitäten: z.B. anstatt sich erst zu waschen und anschließend zu frühstücken, würde erst gefrühstückt und sich dann gewaschen. Dabei ist anzumerken, dass es sich nicht um unmittelbar aufeinanderfolgende Aktivitäten handeln muss.

Ausgangspunkt jeder Fehlerklasse ist jeweils der „korrekte" Tagesablauf, d.h. eine Aktivitätssequenz, wie sie laut dem Verhaltensmodell (gewonnen aus der „Tagesstruktur einer Woche")

vorliegen könnte bzw. tatsächlich vorlag. Zu Referenzzwecken wird dieser fehlerfreie Fall nebst den fehlerbehafteten Folgen abgespeichert. Wie zuvor erwähnt, muss der korrekte Tagesablauf zunächst der Konsistenzprüfung für Intervalle standhalten.

Wie auch bei den übrigen Fehlerklassen bildet die prozentuale Häufigkeit für das Auftreten eines Fehlers der jeweiligen Fehlerklasse innerhalb des Tagesablaufs die bedeutendste Einflussmöglichkeit. Da man bei einer endlichen Zahl von ausgeführten Aktivitäten pro Tag nicht beliebig genau die konfigurierte prozentuale Häufigkeit erzielen kann, sieht das Fehlermodell eine einstellbare Toleranz vor.

Sofern diese nicht anders angegeben wird, liegt sie bei 5 %. Dadurch ist zudem garantiert, dass die Vorgabe von 0 % wenigstens einen Fehler der jeweiligen Fehlerklasse liefert, maximal jedoch 5 % bezogen auf die Zahl der möglichen Fehler (diese entspricht gewöhnlich der Zahl der Ereignisse vom Typ „start").

6.3.2 Fehlerklassen der simulativen Evaluation

Im Zuge der Vorbereitungen zur Evaluierung wurde am 13. September 2011 das Gespräch mit drei berufserfahrenen Pflegedienstleistern vom Sozialwerk St. Georg e. V. gesucht. Darin wurde deutlich, dass innerhalb der Zielgruppe Abweichungen bzgl. der Tagesstruktur in Form von vier Klassen existieren können: Auslassungen, Wiederholungen, Verzögerungen und Vertauschungen. Aus Sicht der Evaluation ist zu bedauern, dass sich bei der Datenerhebung im Feldtest keinerlei Abweichungen dieser Klassen beobachten ließen. Demnach musste auf synthetisch erzeugte Fehler zurückgegriffen werden.

Zudem existieren vielfältige wissenschaftliche Belege zur Betrachtung von Fehlerklassen. Zwei von ihnen werden im Folgenden genauer beschrieben und der Zusammenhang bezogen auf diese Arbeit wird erläutert:

Zur Einteilung von Fehlern nach den zwei Hauptkategorien spielt die Intention des Handelns eine entscheidende Rolle, vgl. (Norman und Draper, 1986, S. 414 ff.). Liegt grundsätzlich eine falsche Intention vor, handelt es sich nach Norman und Draper (1986) tatsächlich um Fehler (*mistakes*). Kommt es trotz korrekter Intention zu einer falschen Aktion, bezeichnen sie es als Versehen (*slips*). Weiterhin sind Kombinationen beider Hauptkategorien (Fehler und Versehen) möglich. Später wird noch von unbeabsichtigten Missgeschicken (*accidental mishaps*) gesprochen.

Versehen lassen sich drei weiteren Unterkategorien zuteilen:

- Bei betriebsartbedingten Versehen (*mode errors*) handelt es sich grundsätzlich um korrekte Ausführungen in einer bestimmten Situation bzw. einem bestimmten Kontext, jedoch liegt diese bzw. dieser nicht vor.

- Versehen können auch durch mehrdeutige bzw. unpräzise Beschreibungen (*description errors*) verursacht werden. Dabei leitet die das Versehen begehende Person aus der Beschreibung eine inkorrekte Handlungsfolge ab.

- Bei der letzten Unterkategorie von Versehen müssen zunächst Sequenzen mit (zumindest) zum Teil überlappenden Aktionen vorliegen. Einige Aktionssequenzen treten häufiger auf als andere.

Wenn eine seltenere Sequenz ausgeführt werden sollte, wird aus Versehen mit der üblicheren verfahren (*capture errors*).

Obwohl diese Betrachtungen im Rahmen von Richtlinien zum Systemdesign aufgestellt wurden, ist unübersehbar, dass auch Zusammenhänge zu Tätigkeiten des täglichen Lebens bestehen: Angenommen, eine Person erwacht aus dem Mittagsschlaf und verfährt so, als würde es sich um das morgendliche Aufstehen handeln; bspw. würde er bzw. sie mit dem Frühstücken beginnen. Grundsätzlich würde es sich dabei um eine korrekte Ausführungsreihenfolge handeln. Das Versehen besteht jedoch darin, dass diese zum falschen Zeitpunkt bzw. im falschen Kontext ausgeführt wurde. Dieses temporale Versehen wird nachfolgend als Verzögerung angesehen.

Ein Versehen aufgrund einer unpräzisen Beschreibung kann bspw. durch einen Beipackzettel hervorgerufen werden. Ist dieser nicht präzise bzw. verständlich formuliert, kann es zu Auslassungen bzw. Wiederholungen bei der Einnahme der Medikamente kommen.

Bei routinemäßig ausgeführten Aktivitäten mit gleichem bzw. ähnlichem Anfang kann es sehr leicht zu einer Vertauschung kommen. Dieses als „*capture error*" bezeichnete Versehen könnte bspw. bei typischen Tätigkeiten der Hausarbeit auftreten.

Angenommen, der glatte Boden des Wohnraums wird wöchentlich gründlich nass gereinigt. Dahingegen werden die Fenster monatlich gesäubert. Beide Aktivitäten beginnen u. U. mit dem Gang in den Abstellraum, in dem die Reinigungsutensilien lagern. Daraufhin wird der Eimer aufgenommen. Bis zu dem Augenblick, ab dem sich beide Aktivitäten unterscheiden, besteht die Gefahr einer Vertauschung. Dabei wird anstelle der seltener ausgeführten Aktivität aus Versehen die häufiger ausgeführte eingeleitet.

Laut Hollnagel (1998, S. 164 ff.) lassen sich fehlerhafte Aktionen in vier Unterklassen und weiterhin in insgesamt acht Typen unterteilen. Eine Handlung kann (1) zum falschen Zeitpunkt ausgeführt werden und/oder sie kann (2) eine abweichende Ausführungsdauer aufweisen (temporale Fehler).

Fehler des Aktionstyps sind folgende:

- Aktionen, die (3) mit zuviel oder zuwenig Kraft ausgeführt werden,

- Handlungen, die (4) zu kurz oder zu lang ausgeführt werden,

- Aktionen, die (5) mit der falschen Geschwindigkeit ausgeführt werden,

- Handlungen, die (6) in die verkehrte Richtung ausgeführt werden oder vom falschen Bewegungstyp sind.

Es kann auch (7) ein ungeeignetes Objekt zur Ausführung gewählt werden. Und schließlich können grundsätzlich korrekte Aktionen (8) in einer abweichenden Reihenfolge ausgeführt werden. Hierzu zählen ausgelassene, wiederholte, vertauschte oder irrelevante Aktionen.

Die vier nachfolgend aufgeführten Fehlerklassen lassen sich alle innerhalb der acht Typen wiederfinden: Auslassungen, Wiederholungen und Vertauschungen gehören dem achten Typ an. Verzögerungen sind dem ersten Fehlertyp (temporal) zuzuordnen.

Zusätzlich zu (Hollnagel, 1998) werden in (Weyers, 2012, S. 13 ff.) im Zuge einer kurzen Einführung weitere Quellen des Forschungsfeldes „*Human Error*" benannt:
In Anlehnung an die drei von Endsley (1995b) definierten Prozesse zur Erlangung von Situation-Awareness werden im Kontext dieses Modells drei Fehlerstufen – vgl. (Endsley, 1995a, 2000) – präsentiert:

1. Stufe: Fehler, die bei der Wahrnehmung der Situation (sowohl des Raumes als auch der Zeit) entstehen können,

2. Stufe: Fehler, die beim Interpretieren bzw. Verstehen der Situation entstehen können,

3. Stufe: Fehler, die bei der Vorausplanung zu erwartender Zustände entstehen können.

Bezogen auf die vorliegende Arbeit lässt sich die Fehlerklasse „Verzögerungen" der ersten Stufe zuordnen. Es handelt sich um eine falsche Wahrnehmung der Zeit. Auslassungen, Wiederholungen und Vertauschungen gehören eher der zweiten Stufe an. Dabei wird die gegenwärtige (bzw. bezogen auf Wiederholungen vergangene) Situation falsch interpretiert bzw. verstanden.

Wickens u. a. (2012) beschreiben das Problem der Bedeutungsverzerrung (*Saliency-Bias*) und Dörner (2003) das Lautstärkeprinzip. Dabei wird die Aufmerksamkeit der betreffenden Person durch scheinbar bedeutende Werte stimuliert, die tatsächlich weniger bedeutsam sind als ursprünglich angenommen. Diese Form des Fehlers hat insbesondere dann großen Einfluss auf den Tagesablauf, wenn die Person unter Zeitdruck steht.

Man kann sich vorstellen, dass diese Form von Fehlern vorwiegend zu Verzögerungen und Auslassungen führen wird. Vertauschungen sind auch denkbar, aber aufgrund des evtl. vorhandenen Zeitdrucks weniger wahrscheinlich. Unter Zeitdruck werden auch Wiederholungen aufgrund mangelnder Zeit eher nicht anzutreffen sein.

Das zuletzt von (Weyers, 2012, S. 14) genannte Fehlermodell entstammt der Domäne der Luftfahrt. Edwards (1988) nimmt zur Identifikation von menschlichem Fehler in seinem SHEL-Modell eine Einteilung in vier Komponenten vor:

- S: nicht materieller Bestandteil des Gesamtsystems (Software),

- H: materieller Teil des Gesamtsystems (Hardware),

- E: Umgebung, in der sich die drei anderen Komponenten begegnen (*Environment*),

- L: der menschliche Benutzer des Systems (*Liveware*).

Die maßgeblichen Informationen, die das SHEL-Modell liefert, resultieren aus den Beziehungen zwischen den vier beteiligten Komponenten. Ändert sich bspw. die Hardware (H) – insbesondere die Hardware der Nutzerschnittstelle –, kann dies erheblichen Einfluss auf die Interaktion zwischen Mensch (L) und Software (S) haben.

Die vier Komponenten finden sich bei der Plattform zur Kontextgenerierung und Verhaltensermittlung wieder. Die entwickelte Software (S) ist in dieser Arbeit beschrieben. Die Hardware (H) umfasst die Sensoren sowie die Recheneinheit, auf der die Software ausgeführt wird. Die Umgebung (E) des Systems wird im Wesentlichen durch die Häuslichkeit des Klienten abgebildet. Schließlich ist es der Betreuer/Pfleger (L) des Klienten, der das System nutzt.

PLG bot bereits die Möglichkeit, Fehler in das ausgegebene Protokoll einfließen zu lassen. Die verwendete Fehlererzeugung entsprach am ehesten der Fehlerklasse „Vertauschungen", sodass diese als Basis für die letzte Fehlerklasse verwendet werden konnte. Die übrigen drei Fehlerklassen wurden hinzugefügt. Im Folgenden werden die vier Klassen des Fehlermodells beschrieben.

Fehlerklasse „Auslassungen"

Bei dieser Fehlerklasse kommt es durch die Person zu Auslassungen innerhalb der Aktivitätsfolge eines Tages. Es werden folglich effektiv weniger Aktivitäten an diesem Tag ausgeführt, als sonst üblich wären. Der Geltungsbereich (*Scope*) dieser Auslassungsfehler – wie auch der anderen Fehlerklassen – beträgt 24 Stunden. Wird die ausgelassene Aktivität am nächsten Tag ausgeführt, so ist diese bzgl. des Vortages trotzdem als Auslassung anzusehen. Unter Umständen kommt es dann am Folgetag zu einer Wiederholung (siehe hierzu die Fehlerklasse „Wiederholungen").

Vielfach lassen sich Auslassungen jedoch nicht durch spätere Wiederholungen kompensieren; z.B. lässt sich eine ausgelassene Medikamenteneinnahme nicht dadurch ausgleichen, dass man zum nächsten Einnahmezeitpunkt die doppelte Dosis einnimmt. Am Beispiel der Medikamenteneinnahme stellt eine Wiederholung sogar für sich genommen bereits ein erhöhtes Risiko für den Patienten dar.

Üblicherweise spricht man schlichtweg davon, etwas „vergessen" zu haben. Vergessen setzt allerdings voraus, dass man sich zunächst vorgenommen haben muss, etwas zu tun. Man betrachtet Vergessen in diesem Zusammenhang als prospektiven Gedächtnisfehler (Kliegel u. a., 2012). Dem eigentlichen Gedächtnisfehler geht eine Planung voraus, die festlegt, was zu tun ist, dass es zu tun ist und wann es zu tun ist.

Verschreibt einem der Arzt ein bestimmtes Medikament, nimmt man sich in der Regel vor, es zeitlich entsprechend der Empfehlung und gemäß der empfohlenen Dosis einzunehmen. Zudem nimmt man sich ggf. vor, streng daran zu halten. Jede Abweichung von diesem ursprünglichen Plan entspricht einem prospektiven Gedächtnisfehler, sieht man von einer (mutwilligen) Ablehnung der ärztlichen Medikation mal ab.

Diese Fehlerklasse macht laut Kliegel und Jäger (2006) mehr als 50 % aller Gedächtnisprobleme aus und bildet somit die am häufigsten anzutreffende Fehlerklasse. Zudem wird das selbstständige Realisieren von Intentionen als eine der wichtigsten Gedächtnisfunktionen des alltäglichen Lebens befunden (Kliegel, 2009).

Fehlerklasse „Wiederholungen"

Wiederholungen bilden im Gegensatz zu Auslassungen das andere Extrem. Bei dieser Fehlerklasse kommen zusätzliche gleichartige Aktivitäten hinzu anstelle von Auslassungen von bestimmten Aktivitäten im Vergleich zum fehlerfreien Tagesverlauf. Effektiv besteht der Tagesablauf somit aus mehr Aktivitäten als üblich (denen, die ohnehin vorkämen, zzgl. der Wiederholungen).

In Relation zu der Fehlerklasse „Auslassungen" sind Wiederholungen bezogen auf ihr Auftreten im Alltag seltener anzutreffen. Gerade bei demenziellen Erkrankungen kommt es jedoch mitunter zum mehrfachen Ausführen einer bestimmten Aktivität (z.B. das mehrfache Einnehmen eines Medikaments zum selben Einnahmezeitpunkt und somit einer Überdosierung).

Hierbei liegt ebenfalls ein Gedächtnisfehler vor: Man kann sich nicht erinnern, ob man eine Aktivität bereits zuvor ausgeführt hat, und führt sie (ein weiteres Mal) aus. Der Gedächtnisfehler beruht dabei nicht auf einer nicht verwirklichten Intention – wie zuvor bei den

Auslassungsfehlern –, sondern darauf, dass man sich an eine Handlung in der Vergangenheit nicht erinnern kann – es liegt ein retrospektiver Gedächtnisfehler vor.

Zur Erzeugung von Tagesabläufen mit Wiederholungsfehlern werden die fehlerfreien Aktivitätsfolgen um mehrfach auftretende Handlungen ergänzt. Neben der Angabe der prozentualen Häufigkeit für das Auftreten eines Fehlers dieser Fehlerklasse existiert ein weiterer wichtiger Einflussfaktor: die Zahl der Wiederholungen.

Im einfachsten Fall tritt genau eine Wiederholung unmittelbar nach dem ersten und normalerweise einzigen Eintreten einer Aktivität auf. Über den Faktor lassen sich jedoch auch zwei und mehr Wiederholungen realisieren.

Bisher nicht betrachtet wurden Wiederholungen zu späteren Zeitpunkten, sodass zeitlich zwischen dem ersten Auftreten und der Wiederholung andere Aktivitäten liegen. Genaugenommen würde es sich in dem Szenario auch nicht ausschließlich um eine Wiederholung, sondern gleichfalls um ein zumindest vorübergehendes Vergessen handeln (siehe hierzu auch die Fehlerklasse „Verzögerungen").

Die Tatsache, dass die Person die Aktivität wiederholt, spricht dafür, dass sie deren erste Ausführung als solche nicht bewusst wahrgenommen bzw. vergessen hat. In dem Fall sollte man allerdings davon ausgehen, dass man sich zeitnah (d.h. deutlich vor der nächsten routinemäßigen Ausführung) daran erinnert und die Aktivität bewusst zum ersten Mal ausführt. Wiederholungen kurz nach dem eigentlichen Ausführungszeitpunkt sind demnach eher die Regel als die Ausnahme.

Überlässt man die Wahl einer Aktivität, die zu wiederholen ist, dem Zufall, so birgt die Kombination aus Wiederholungen und Auslassungen bzgl. der Realisierung eine Gefahr: Unter Umständen kann ein Tagesablauf in Form einer Aktivitätssequenz nach Anwendung von Wiederholungen und Auslassungen (in der Reihenfolge) genau der Ausgangssequenz, d.h. dem fehlerfreien Tagesablauf entsprechen.

Der Grund hierfür liegt in der zeitlichen Anordnung der Wiederholung(en) unmittelbar nach dem ersten Auftreten der Aktivität. Würden die Wiederholungen auch zu späteren Zeitpunkten auftreten, entsprächen die Sequenzen einander nicht.

Bei der Anwendung von Wiederholungen und Auslassungen in umgekehrter Reihenfolge (d.h. erst Auslassungen und danach Wiederholungen), kann die Sequenz zumindest bzgl. ihrer Länge (Zahl der Ereignisse) mit der Ausgangssequenz übereinstimmen. Auf eine gemeinsame Betrachtung von Auslassungen und Wiederholungen wurde aus den zuvor genannten Gründen verzichtet.

Fehlerklasse „Verzögerungen"

Wie zuvor angedeutet kann es auch zu vorübergehendem Vergessen kommen. Als vorübergehend bzw. kurzfristig wird eine ausgebliebene Aktivität dann angesehen, wenn sie innerhalb desjenigen Tages, an dem sie zunächst ausgeblieben ist, nachgeholt wird.

Eine Verzögerung stellt somit eine abgeschwächte Form einer Auslassung dar. Dabei wird die Unterscheidung zwischen Auslassung und Verzögerung ausschließlich über den Eintrittszeitpunkt der Kompensationsaktivität getroffen.

Eine Kompensation am selben Tag fällt in die Fehlerklasse „Verzögerungen". Findet die Aktivität erst am Folgetag statt, stellt sie bezogen auf den ersten Tag einen Auslassungsfehler

6.3 Realistische simulative Evaluation der Verhaltensermittlung

dar. Am Folgetag wird der Kompensationsversuch als Wiederholungsfehler gewertet, sofern die Aktivität zusätzlich zum zu erwartenden Zeitpunkt an diesem Tag eintritt.

Wie die zwei zuvor beschriebenen Fehlerklassen bietet auch diese die Option, die prozentuale Häufigkeit für das Auftreten eines Fehlers einzustellen. Darüber hinaus muss die Möglichkeit bestehen, den Grad der Verzögerung anzugeben. Hierzu wird der maximale Verzögerungsbereich in Einheiten von Folgeereignissen angegeben.

Die Entscheidung für dieses Vorgehen und bspw. gegen die Vorgabe einer festen Zeitspanne liegt wiederum in der Art und Weise begründet, wie unser Gedächtnis u. U. an vergessene Aktivitäten erinnert werden kann: externe Hilfen (wie z. B. Terminkalender oder Merkzettel) aus der Umgebung (Kliegel und Jäger, 2006).

Angenommen, eine Person putzt sich regelmäßig vor dem Zubettgehen die Zähne. Wird das Zähneputzen aus irgendeinem Grund (evtl. Ablenkung durch ein Telefonat) an einem Tag vergessen, so kann die Folgeaktivität (in diesem Fall das Zubettgehen) einen Anstoß (*Trigger*) geben, dass möglicherweise eine vorhergehende Handlung vergessen wurde. Die Person würde sich im Idealfall daran erinnern, dass üblicherweise vor dem Zubettgehen das Zähneputzen zu erfolgen hat, und die Aktivität verzögert nachholen.

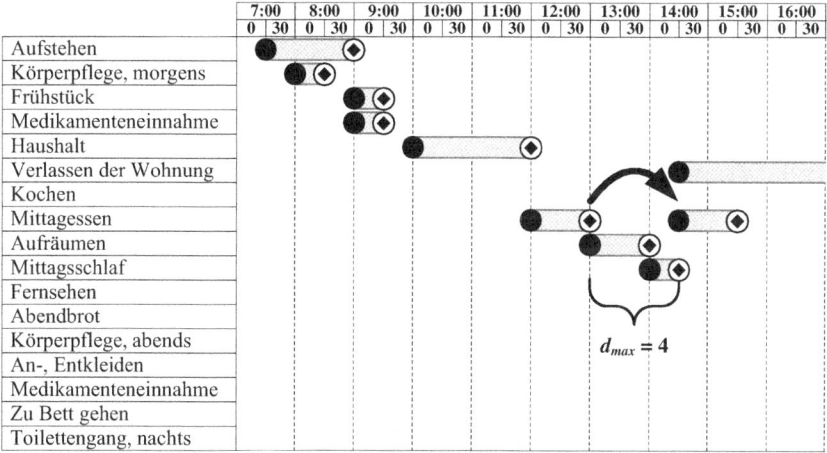

Abb. 6.6: Erzeugung einer Verzögerung innerhalb einer Tagesstruktur

Eine zu verzögernde Aktivität (dies umfasst deren „start"- und „complete"-Ereignis) wird zunächst mit der konfigurierten Häufigkeit ausgewählt. Die Verzögerung beträgt mindestens den Zeitraum nach dem nächsten Ereignis („start"- oder „complete"-Ereignistyp) und maximal den des angegebenen Verzögerungsbereichs.

Ist der maximale Verzögerungsbereich mit d_{max} angegeben, wird die tatsächliche Verzögerung bestimmt, indem ein Folgeereignis per Index zwischen 1 (dem unmittelbaren Folgeereignis) und d_{max} ausgewählt wird. Die zu verzögernde Aktivität (d. h. ihr „start"-Ereignis) wird zeitlich nach dem so ausgewählten Ereignis in den Tagesverlauf eingegliedert. Zur Beibehaltung der ursprünglichen Ausführungsdauer wird dieser verzögerte Ausführungsstart als Offset genutzt, um den Zeitpunkt für das ebenfalls verzögerte „`complete`"-Ereignis zu berechnen. Dieser Zusammenhang ist mit $d_{max} = 4$ in Abbildung 6.6 dargestellt. Dabei wird die Aktivität „Mittagstisch" um eine zufällig aus dem Intervall $[1, d_{max}]$ gewürfelte Zahl an Ereignissen verzögert, in diesem Fall ebenfalls 4 und somit gleich d_{max}. Nach dieser Operation erfolgt das Mittagessen nicht von 12:00 bis 13:00 Uhr, sondern von 14:30 bis 15:30 Uhr und somit nach dem Mittagsschlaf[8].

Verzögerungen und Auslassungen bzw. Verzögerungen und Wiederholungen können grundsätzlich in beliebiger Reihenfolge kombiniert betrachtet werden. Verzögerte Aktivitäten können ggf. später ausgelassen, ausgelassene Aktivitäten hingegen nicht verzögert werden.

Eine durchaus interessante Kombination von Fehlern resultiert aus der zweiten Paarung: Aktivitäten, die zunächst verzögert ausgeführt und daraufhin doch noch wiederholt werden bzw. erst mehrfach auftreten und danach durch ausgewählte Aktivitäten zusätzlich verzögert werden. Besonders letztere Kombination scheint durchaus praxisnah zu sein: Mit vergrößertem zeitlichen Abstand zur eigentlichen Ausführung wachsen die Zweifel daran, ob man eine bestimmte Aktivität bereits ausgeführt hat oder nicht. Sicherheitshalber ist man dann u. U. gewillt, die Aktivität (scheinbar) zu wiederholen.

Aus Gründen der Differenzierbarkeit der Fähigkeiten bzw. des genauen Auffindens von Schwächen des entwickelten Algorithmus wurde auf diese Möglichkeit jedoch bislang verzichtet.

Fehlerklasse „Vertauschungen"

Die im PLG-Framework bereits vorhandene Fehlerklasse (Vertauschungen) wurde im Zuge der Evaluierung geringfügig überarbeitet. Standardmäßig wird in PLG davon ausgegangen, dass es sich bei den Aktivitäten um atomare Ereignisse handelt. Auf Wunsch des Nutzers ist es möglich, anstelle der atomaren Ereignisse Aktivitäten in Form von Intervallen ausgeben zu lassen. Die drei bereits beschriebenen Fehlerklassen basieren allesamt auf Intervallen, sodass hier eine entsprechende Anpassung notwendig wurde.

Durch die zufällige Wahl der zweiten Aktivität, mit der die erste Aktivität vertauscht werden soll, ist nicht ausgeschlossen, dass eine Aktivität, welche bereits vertauscht wurde (in der Rolle von Aktivität a), in einer weiteren Vertauschung (als Aktivität b) die ursprünglichen Zeitstempel erhält. Formal wurden dann zwar zwei Vertauschungen durchgeführt, welche allerdings die anfängliche Aktivitätssequenz zur Folge haben.

Um dem beschriebenen Szenario entgegenzuwirken, wurde bei der zufälligen Wahl der Aktivität b nur noch der verbleibende Teil der Aktivitätsfolge berücksichtigt. Relativ zur Aktivität a sind somit ausschließlich Verzögerungen (größere Zeitstempel als zuvor) möglich. Im Hinblick auf die Aktivität b stellt die Operation allerdings ebenso eine vorzeitige Abarbeitung dar. Eine Abgrenzung gegenüber der zuvor beschriebenen Fehlerklasse (Verzögerungen) ist somit weiterhin gewährleistet.

Vergleichbar zur Fehlerklasse der Vertauschungen wurde auch hier ein maximaler Vertauschungsbereich s_{max} eingeführt. Über diesen lässt sich die Obergrenze für den zeitlichen Rahmen festlegen. Je weiter zwei Aktivitäten zeitlich auseinanderliegen, desto unwahrscheinli-

---

[8] Nebenbei bemerkt ist dies ein Zustand, über den der entwickelte Algorithmus den Betreuer informieren sollte.

cher erscheint deren Vertauschen. Den Extremfall nimmt eine Aktivitätsvertauschung über die Tagesgrenze hinweg ein. Diese lässt sich – bedingt durch den 24-Stunden-Geltungsbereich – nicht einmal mehr als Vertauschung abbilden.

Praktisch gehören die beschriebenen Vertauschungen zu den selteneren Alltagsabweichungen. In gewisser Weise stellt eine solche Vertauschung eine Kombination von vier Gedächtnisfehlern dar:

Zum ursprünglichen Zeitpunkt der Aktivität a wurde vergessen ebendiese Aktivität auszuführen (lokal betrachtet handelt es sich um eine Auslassung). An deren Stelle tritt die Aktivität b, deren Ausführungszeitpunkt von der Intention her später lag (ähnlich einer Verzögerung in umgekehrter zeitlicher Richtung).

Relativ zur Aktivität b (bezogen auf deren korrekten Ausführungszeitpunkt) wird dann die Aktivität a nachgeholt (Verzögerung). Die Aktivität b findet bzgl. des korrekten Zeitpunkts nicht statt (ebenfalls eine lokale Auslassung). Insofern handelt es sich bei dieser letzten Fehlerklasse um eine Kombination von mehreren Fehlertypen.

6.3.3 Ergebnisse der realistischen simulativen Evaluation

Unter Zuhilfenahme eines (noch zu bestimmenden) Schwellwerts kann anhand der Metrik jeder Tag entweder als normal oder anormal eingestuft werden. Vom System korrekt eingeschätzte Tage werden als True Positive (TP) gezählt. Liegt ein – laut dem aus den Tagesstrukturen gewonnenen Modell – „normaler" Tag vor, der aber vom Assistenzsystem dem Pfleger als anormal präsentiert wird, handelt es sich um ein False Positive (FP) – manchmal auch als „Fehler 1. Art" bezeichnet. Ein „anormaler" Tag, der vom System als normal angesehen wird, ist demnach ein „Fehler 2. Art" bzw. ein False Negative (FN).

Damit ein Klassifikator überhaupt beurteilt werden kann, wird zwingend Wissen um die jeweilige Fallzugehörigkeit benötigt. Durch die synthetische Generierung der fehlerhaften Aktivitätssequenzen (siehe Abschnitt 6.3.2) ist diese Voraussetzung erfüllt. Bei einem realen Datensatz wäre es deutlich schwieriger, an diese Information zu gelangen.

Drei übliche Kennzahlen der Statistik zur Bemessung der Güte eines Klassifikators sind folgende: Genauigkeit (*Precision*), Trefferquote (*Recall*) und das F_1-Maß, wobei sich Letzteres als das gewichtete Mittel der ersten beiden Kennzahlen darstellt (van Rijsbergen, 1979). Um *Precision* und *Recall* zu berechnen, benötigt man die drei oben genannten Fälle aus der Wahrheitsmatrix. Sowohl die Kennzahlen als auch die Wahrheitsmatrix werden im Folgenden genau erläutert.

Ausgangspunkt der Betrachtung ist die zugrunde liegende Hypothese: „Ist der aktuelle Tagesverlauf – bezogen auf das bisher bekannte typische Verhalten einer bestimmten Person – anormal?" Da diese Frage nur zwei mögliche Antworten kennt, spricht man in dem Zusammenhang von einer binären Klassifikation:

Tabelle 6.3: Wahrheitsmatrix bezogen auf die Hypothese

eingestuft als...	Tagesverlauf ist anormal	Tagesverlauf ist normal
„anormal"	TP	FP
„normal"	FN	[True Negative]

Tabelle 6.3 zeigt die Wahrheitsmatrix unter Anwendung der getroffenen Hypothese. Aus Gründen der Vollständigkeit ist der vierte Fall (*True Negative*) zwar aufgeführt, jedoch, weil er von den gewählten Kennzahlen nicht benötigt wird, in eckige Klammern gesetzt worden. Jedes Paar aus dem Tagesverlauf sowie der zugehörigen Einstufung durch den Algorithmus findet sich nominell in genau einer der genannten Klassen wieder. Bildet man die Summe aller Werte aus den vier Klassen, so muss sich die Zahl der durchgeführten Tests ergeben.

Die Genauigkeit (*Precision*) lässt sich berechnen, indem man das Verhältnis aus richtig eingestuften anormalen Tagesverläufen (TP) zu der Summe aus richtig eingestuften anormalen Tagesverläufen und fälschlicherweise als anormal eingestuften Tagesverläufen (TP + FP) bildet:
$Precision = \frac{TP}{TP+FP}$.
Je mehr FN existieren, desto geringer ist die berechnete Genauigkeit. Liefert der Test ausschließlich korrekte Ergebnisse, d. h. $FP = 0$, stellt sich die ideale Genauigkeit von 100 % ein.

Die Trefferquote (*Recall*) befasst sich mit einer anderen Qualität der Klassifikation. Sie gibt die relative Häufigkeit an, mit der tatsächlich anormale Tagesverläufe richtig als solche erkannt wurden: $Recall = \frac{TP}{TP+FN}$. Je größer die Menge der TP gegenüber den FN ist, desto besser ist die resultierende Trefferquote. Im Idealfall würde die Metrik alle anormalen Tagesverläufe korrekt erkennen. FN wäre in dem Fall gleich null. Es stellt sich die maximale Trefferquote von 100 % ein.

Beide Qualitäten sind bei der Beurteilung der Klassifikationsgüte relevant, jede auf ihre eigene Art: Während die *Precision* ausschließlich die Güte der Menge der als anormal erkannten Tagesverläufe untersucht, stellt die Trefferquote ebenfalls den Zusammenhang zu den nicht erkannten anormalen Tagesverläufen her.

Zur Vereinfachung der Auswertung hat sich das gewichtete Mittel der beiden Kennzahlen etabliert. Möchte man beiden Kennzahlen die gleiche Bedeutung zuteilwerden lassen, verwendet man das erwähnte F_1-Maß. Zur Verdoppelung der Gewichtigkeit der Trefferquote nutzt man das F_2-Maß. Möchte man hingegen die Genauigkeit hervorheben, bietet sich das $F_{0,5}$-Maß an. Der allgemeine Fall lässt sich unter Zuhilfenahme der positiven Variablen α formulieren zu: $F_\alpha = (\alpha + 1) \cdot \frac{Precision \cdot Recall}{\alpha \cdot Precision + Recall}$.

Die Präzision lässt sich bspw. verbessern, indem man den Algorithmus sehr konservativ parametrisiert, sodass nur solche Tagesverläufe, die mit großer Wahrscheinlichkeit auch anormal sind, entsprechend eingestuft und angezeigt werden. Die Entscheidung fiel daher auf das F_2-Maß, d. h. eine Hervorhebung der Trefferquote, da nach Möglichkeit alle anormalen Tagesverläufe erkannt werden sollen. Man akzeptiert dabei eher eine Fehleinschätzung des Systems dahin gehend, dass ein anormaler Tagesverlauf in Wahrheit normal war, als dass ein anormaler Tagesverlauf „übersehen" wurde.

Abbildung 6.7 zeigt die Metrikwerte von sieben Tagen in Folge, nachdem das System das Verhalten der Person zuvor 21 Tage lang „beobachtet" hat. Die in Schwarz dargestellten Säulen stellen dabei jeweils das normale Verhalten des entsprechenden Tages dar. Die jeweils folgenden vier schraffierten Säulen repräsentieren jeweils die vier oben beschriebenen Fehlerklassen.

Die Abbildung zeigt sehr deutlich, dass der Metrikwert jeder der sieben aufgeführten Tage jeweils größer ist als bei den nachfolgenden vier anormalen Tagen. Dennoch lässt sich für die sieben Tage keine übergreifende Grenze ausmachen, die in der Lage ist, ausschließlich „nor-

6.3 Realistische simulative Evaluation der Verhaltensermittlung   253

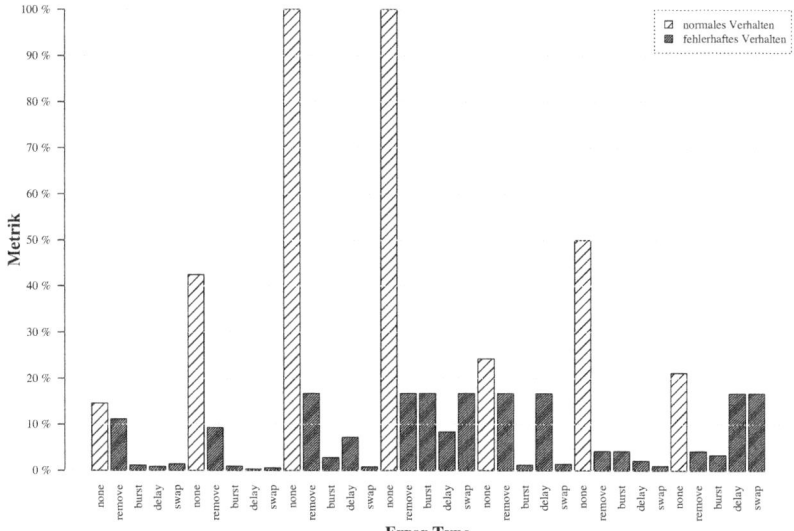

Abb. 6.7: Metrikwerte der Testperson P1 nach 21 Tagen

male" Tage oberhalb und „anormale" Tage unterhalb zu unterteilen. Ein Grenzwert von 20 % erlaubt allerdings in sechs von sieben Fällen eine korrekte Einteilung.

Erst nach 35 Tagen lässt sich eine übergreifende Grenze (bei 20 %) bestimmen. In der Zwischenzeit müssen demnach Tagesverläufe aufgetreten sein, die (zumindest in Teilen) eine Ähnlichkeit zum ersten Tag aus Abbildung 6.7 aufweisen. Daraufhin steigt der Metrikwert bei einem erneuten Auftreten des ersten Tages.

Zur Veranschaulichung dieses „Lernprozesses" wurde das arithmetische Mittel des Deltas zwischen normalen und anormalen Tagen (bzw. deren Metrikwert) über die Betriebszeit des Systems aufgetragen. Je länger das System in die Lage versetzt wird, Verhaltensinformationen über eine Person zu sammeln, desto größer fällt die Differenz zwischen normalen und anormalen Tagesverläufen aus.

Abbildung 6.8 zeigt für jede Woche – aufgeschlüsselt nach Fehlerklasse und als kombinierten Wert – das durchschnittliche Delta zwischen als normal und als anormal einzustufenden Metrikwerten. Bemerkenswerterweise liegen die Ergebnisse der einzelnen Fehlerklassen in den ersten fünf Wochen recht deutlich auseinander. So unterscheidet sich bspw. der Vertauschungsfehler von den übrigen drei Fehlerklassen um mehr als 10 Prozentpunkte. Mit anderen Worten ist eine Vertauschung für den Algorithmus schwieriger zu erkennen als bspw. eine Auslassung. Der Unterschied bzgl. der Fehlerklassen neutralisiert sich mit zunehmender Betriebszeit. Nach zehn Wochen hat sich das Delta zwischen Vertauschungs- und Auslassungsfehler auf 5 Prozentpunkte halbiert.

Beim kombinierten Wert ergibt sich nach einer Woche ein Delta von ca. 10 %. Nach sechs Wochen ist bereits ein Anstieg auf 40 % zu erkennen. Im Schnitt lässt sich über die gesamte Betriebszeit ein Anstieg von ca. 4 % pro Woche vernehmen.

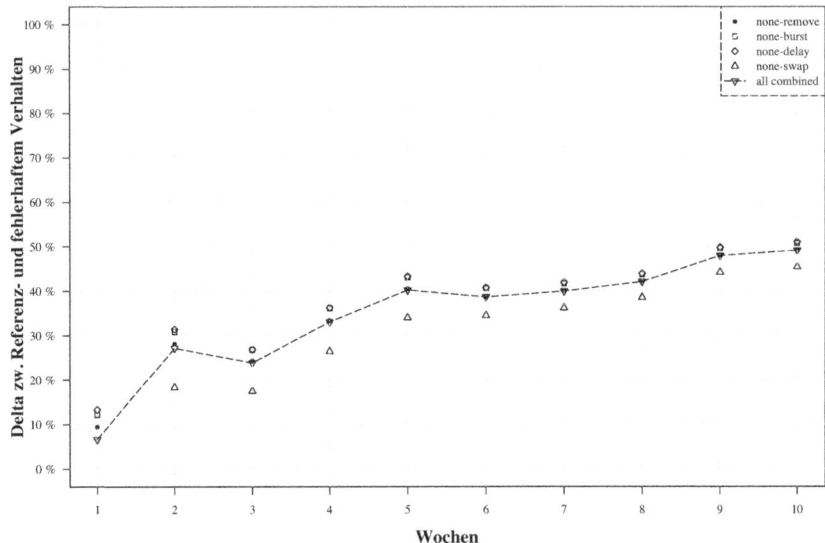

Abb. 6.8: Anstieg des Deltas zw. Referenz- und anormalem Verhalten für Testperson P2

Die Beantwortung der Frage nach der minimalen Dauer, die zur Beurteilung des Tagesverhaltens herangezogen werden muss, ist eng mit der erwarteten Qualität der resultierenden Aussage verbunden.

An dieser Stelle sei der Vergleich zu einem menschlichen Beobachter (etwa in Form eines Pflegers) bei der Beurteilung von anormalem Verhalten einer Person erlaubt. Nach sieben Tagen (einer Woche) steht dem Pfleger ebenfalls „nur" das Wissen um genau eine Instanz jedes Wochentags zur Verfügung. Sobald sich ein Wochentag wiederholt, ist ein direkter Vergleich möglich. Es ist demnach unwahrscheinlich, dass ein System vor dieser ersten Woche valide Einschätzungen des Verhaltens (bzw. Abweichungen gegenüber einem persönlichen Normalverhalten) liefern kann.

Um aus der rein quantitativen Aussage eine qualitative zu gewinnen, bedarf es eines Schwellwerts. Bedingt durch die hohe Dynamik des Systems – insbesondere während der ersten drei bis vier Wochen – ist nicht davon auszugehen, dass der gesuchte Schwellwert unabhängig von der Betriebszeit bestimmbar ist, vorausgesetzt, man möchte ein optimales Ergebnis erzielen.

Abbildung 6.9 zeigt den Verlauf verschiedener kombinierter Maße (F_1-Maß, $F_{0,5}$-Maß, F_2-Maß und Effektivitätsmaß), wenn man den Schwellwert (zwischen 10 % und 50 %; jeweils in 5-%-Schritten) variiert. Entgegen den F_α-Maßen, bei denen ein Wert von 100 % optimal ist, gibt eine Effektivität von null den anzustrebenden Wert an.

Bezogen auf die Testperson P1 stellt sich nach 14 Tagen ein plateauförmiges Optimum für Grenzwerte zwischen 25 % und 35 % ein. Wählt man einen Schwellwert innerhalb dieser Spanne, ergibt sich bspw. ein F_2-Maß von ungefähr 97,67 %. Für Schwellwerte außerhalb dieser Spanne ergeben sich jeweils niedrigere Werte.

6.3 Realistische simulative Evaluation der Verhaltensermittlung 255

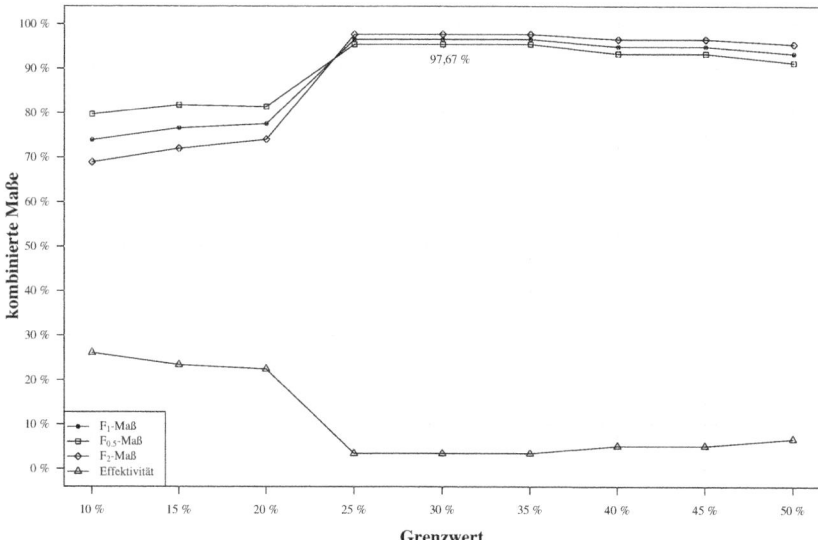

Abb. 6.9: Verlauf verschiedener kombinierter Maße (F_1-, $F_{0,5}$-, F_2-Maß und Effektivitätsmaß) in Abhängigkeit des Grenzwerts für Testperson P1 nach 14 Tagen

Bereits eine Woche später (nach 21 Tagen) stellt sich ein abweichender optimaler Grenzwert ein. Verringert man den Grenzwert auf 20%, stellt sich – wie Abbildung 6.10 zeigt – entgegen der vorherigen Grafik ein deutliches Optimum von ungefähr 98,82% ein. Zudem wird deutlich, dass im Optimum der Einfluss von α (die Gewichtung von Genauigkeit und Trefferquote) nahezu zu vernachlässigen ist.

Je länger das System in Betrieb ist, desto niedriger sollte die Schwelle gewählt werden, um hinsichtlich des F_2-Maßes möglichst optimale Ergebnisse zu erzielen. Inhaltlich entspricht dies der Schwierigkeit, selten auftretende Tagesverläufe, die als normal einzustufen sind, von anormalen Tagesverläufen zu unterscheiden.

Anstatt zu einem bestimmten Zeitpunkt (z. B. nach 14 oder 21 Tagen) den Verlauf der kombinierten Maße bei gleichzeitiger Variation des Grenzwerts zu visualisieren, wird in Abbildung 6.11 jeweils der optimale Grenzwert für jeden Zeitpunkt bestimmt und dieser über die Betriebszeit aufgetragen.

Wie in Abbildung 6.11 dargestellt, folgt der optimale Grenzwert – mit einer Ausnahme: P4 – einem bestimmten Verlauf. Mithilfe einer Regressionsanalyse konnte gezeigt werden, dass dieser Zusammenhang am ehesten mit einer Potenzfunktion korreliert. Es ergeben sich Bestimmtheitsmaße von 79,5% bis 87,9%. Lediglich der Verlauf bzgl. der Testperson P4 korreliert nur zu 66,2%.

In der Praxis wäre eine personenindividuelle Optimierung jedoch zu aufwendig. Daher wurde im nächsten Schritt versucht, empirisch eine – zumindest für die vorliegenden fünf Testpersonen – allgemeingültige Funktion für den Grenzwertverlauf zu bestimmen.

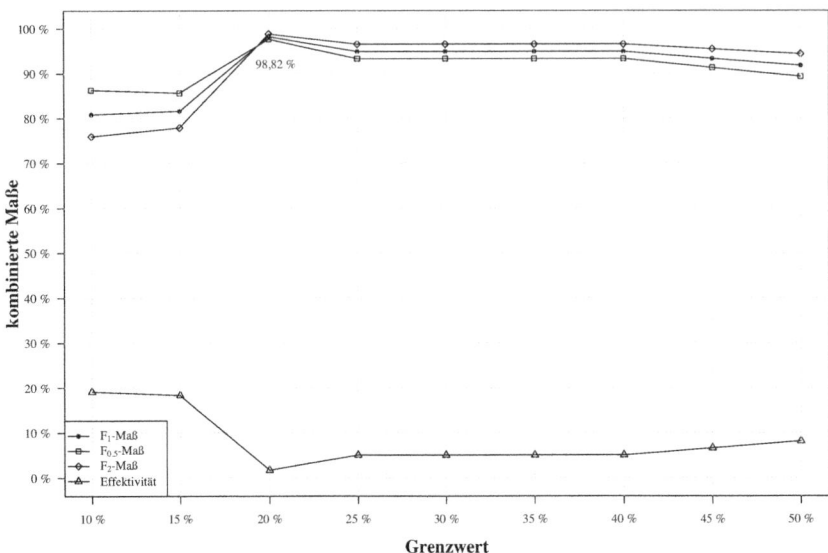

Abb. 6.10: Verlauf verschiedener kombinierter Maße (F_1-, $F_{0,5}$-, F_2-Maß und Effektivitätsmaß) in Abhängigkeit des Grenzwerts für die Testperson P1 nach 21 Tagen

Mit einer Bestimmtheit von $R^2 = 72{,}7\,\%$ (nach Pearson) lässt sich der gesuchte Zusammenhang z. B. durch die Funktion $y = 1{,}49 \cdot x^{-0{,}59}$ (vgl. Regression 1, Abbildung 6.12) beschreiben, wobei x der Betriebszeit in Tagen entspricht und y den gesuchten Grenzwert (in Abhängigkeit des Tages) liefert.

Zum Vergleich wurde eine zweite Regression berechnet. Die Funktion $y = 3{,}82 \cdot x^{-0{,}95} + 10^{-4} \cdot x^{1{,}55}$ (vgl. Regression 2, Abbildung 6.12) beschreibt den gesuchten Zusammenhang noch besser. Hier liegt das Bestimmtheitsmaß sogar bei $R^2 = 81\,\%$ (nach Pearson). Da es sich in beiden Fällen nicht um lineare Zusammenhänge handelt, wurden die Werte vor der Berechnung des Bestimmtheitsmaßes logarithmiert.

Für alle Testpersonen P1 bis P5 liegen Tagesstrukturen vor. Zudem wurden bei den Personen P1 bis P4 parallel zur manuellen Erfassung der Tagesstruktur Sensorereignisse aufgezeichnet. Bezüglich der Testperson P5 liegen mangels sensorischer Ausstattung leider keine Sensorereignisse für den Zeitraum vor, in dem die manuelle Aufzeichnung der Tagesstruktur erfolgt ist. Somit war eine Fusion aus Sensorereignissen und manuellen Aufzeichnungen – wie bei den anderen Testpersonen – in diesem Fall nicht möglich. Die Ergebnisse beruhen in diesem Fall folglich ausschließlich auf den Tagesstrukturen, sodass die Person P5 gesondert zu betrachten ist.

Abbildung 6.13 zeigt für die Testpersonen P1 bis P5 den Mittelwert samt zweifacher Standardabweichung des F_2-Maßes für zwei Fälle:

6.3 Realistische simulative Evaluation der Verhaltensermittlung   257

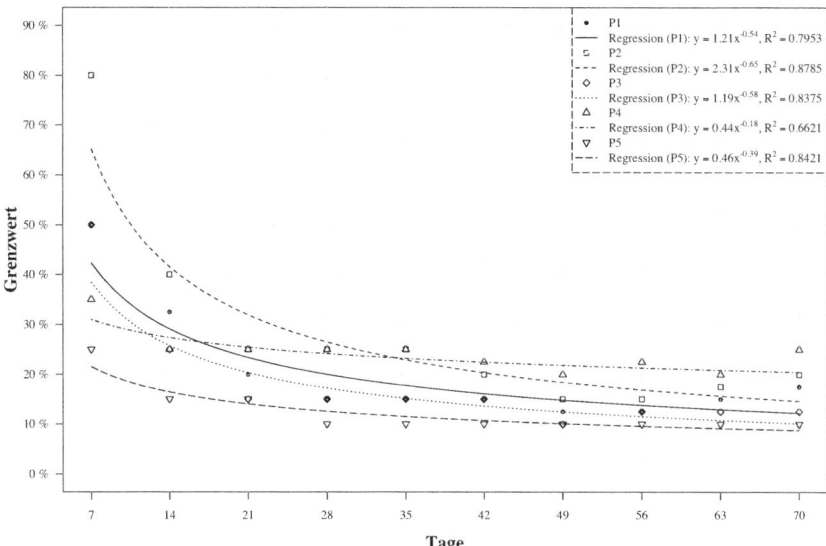

Abb. 6.11: Individueller Grenzwertverlauf aufgetragen über die Betriebszeit für die Testpersonen P1 bis P5

1. den optimalen Fall, bei dem für jede Person individuell der Grenzwertverlauf bestimmt wurde (siehe Abschnitt 6.3.3)
2. den globalen Fall, der die in Abschnitt 6.3.3 berechnete Potenzfunktion verwendet, um den Grenzwert in Abhängigkeit von der Betriebszeit anzupassen

Bereits ab der zweiten Woche stellen sich im Mittel (sieht man einmal von der Testperson P5 ab) bzgl. des F_2-Maßes bei den Testpersonen Klassifikationsergebnisse von besser als 95 % ein. Bei drei der vier Personen sind die Ergebnisse sogar besser als 98,5 %. Anhand der zweifachen Standardabweichung lässt sich jedoch ausmachen, dass die Werte (insbesondere bei P2) noch einer relativ hohen Streuung unterliegen.

Vier Wochen später (nach der sechsten Woche) liegen alle Mittelwerte der Testpersonen P1 bis P4 oberhalb von 98,5 %. Zwei der drei mittleren F_2-Maße liegen sogar oberhalb von 99,5 %. Es ist jedoch nicht ausschließlich eine Verbesserung des Mittelwerts zwischen der zweiten und der sechsten Woche zu verzeichnen: Auch bei der zweifachen Standardabweichung ist ein deutlicher Fortschritt festzustellen.

Bedingt durch die Bedeutung der zweifachen Standardabweichung (nahezu normal verteilte Messwerte vorausgesetzt), dass 95,4 % aller Werte im Intervall von $\mu \pm 2\sigma$ liegen, wobei μ dem Mittelwert und σ der Standardabweichung entspricht, lässt sich folgende Aussage formulieren: Im schlimmsten Fall ($\mu - 2\sigma$) liefert der Algorithmus ab der sechsten Woche ein Klassifikationsergebnis, welches in 95,4 % der Fälle – bei der Einschätzung, ob ein Tagesverlauf für eine bestimmte Person (P1 bis P4) anormal ist – (bezogen auf das F_2-Maß) besser als 98 % ist.

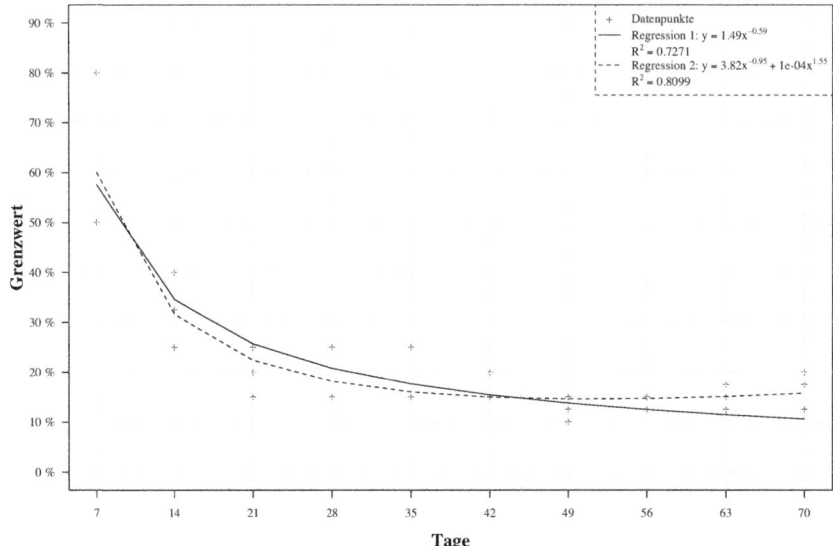

Abb. 6.12: Globaler Grenzwertverlauf aufgetragen über die Betriebszeit für die Testpersonen P1 bis P3

6.3 Realistische simulative Evaluation der Verhaltensermittlung 259

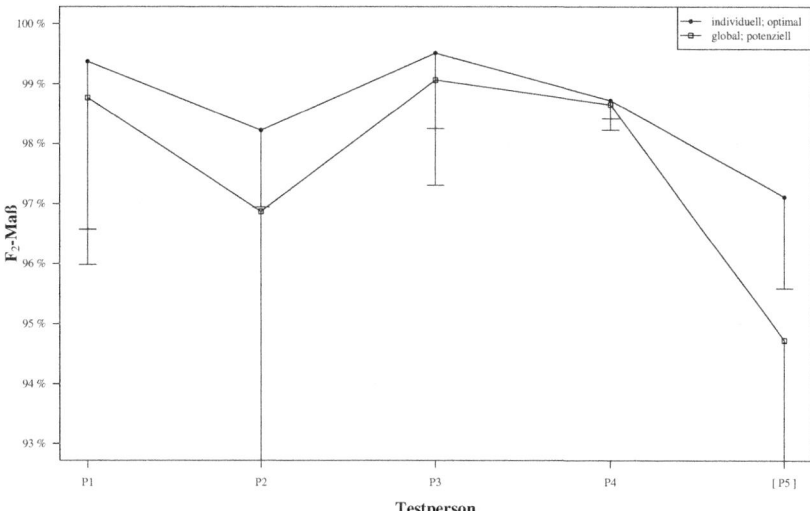

Abb. 6.13: Mittelwert mit zugehöriger zweifacher Standardabweichung des F_2-Maßes, Testpersonen P1 bis P5 im Zeitraum von 2 bis 10 Wochen

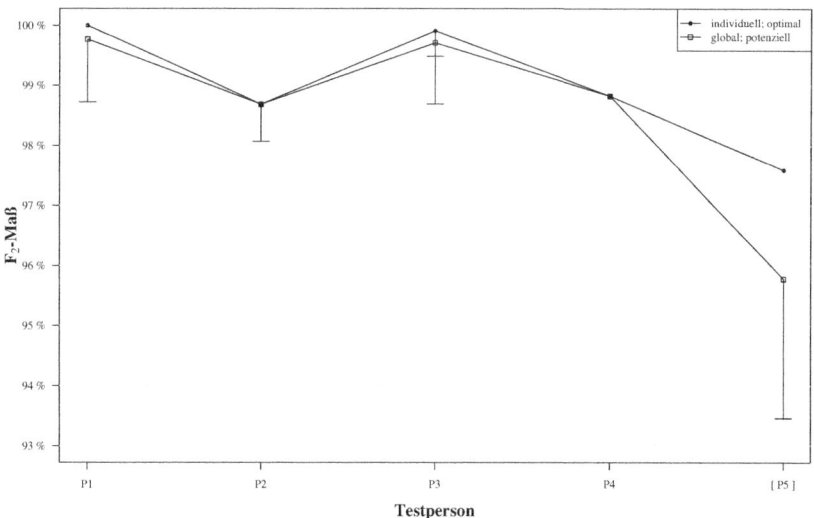

Abb. 6.14: Mittelwert mit zugehöriger zweifacher Standardabweichung des F_2-Maßes, Testpersonen P1 bis P5 im Zeitraum von 6 bis 10 Wochen

7 Fazit

7.1 Zusammenfassung

Diese Arbeit stellt das Konzept einer hybriden Plattform zur Kontextgenerierung und Verhaltensermittlung bzgl. von älteren und pflegebedürftigen Personen in ihrem Umfeld und die zum Teil prototypische Umsetzung vor. Anhand der entwickelten Metrik können einzelne Tagesabläufe einer Person miteinander verglichen werden. Ein quantifizierter Vergleich zwischen dem als Prozessmodell generierten Normalverhalten, welches aus der Abfolge von erfolgreich ausgeführten Activities of Daily Living (ADL) einer bestimmten Person besteht, und neu beobachteten Tagesverläufen bildet die Grundlage dieses Systems.

Eine auf diese Weise berechnete Metrik kann im Sinne einer Delta-Analyse aufzeigen, wie typisch neu beobachtete Tagesverläufe für die betrachtete Person sind. Zur Beschreibung des Gesamtsystems gehören ebenfalls der Editor, die Reportkomponente und die Middleware mit ihrer Funktionalität.

Das Verfahren unterscheidet sich dabei grundlegend von bisherigen Ansätzen. Anstatt ADL auch möglichst dann noch erkennen zu können, wenn es bei ihrer Ausführung zu Unregelmäßigkeiten kam, wurde in der vorliegenden Arbeit mehr Wert darauf gelegt, inkorrekte und unvollständige ADL-Ausführungen von den korrekt ausgeführten unterscheiden zu können.

Der Wunsch diese Unterscheidung zu berücksichtigen, ist vor allem von Seiten der Pfleger gekommen, weil es eben diese Informationen sind, die ihnen helfen, den Pflegebedarf der Person richtig einzuschätzen. Sind ADL, bei deren Ausführung es zu Unregelmäßigkeiten kam, erst einmal identifiziert worden, kann im Anschluss daran ein detaillierter Blick auf die problematische Aktivität oder Teile dieser geworfen werden.

Aus der Summe aller Teilaktivitäten einer Aktivität ergibt sich die Aktivitätsdefinition. Mittels ConcurTaskTrees-Notation (CTT-Notation) wurde in Kooperation mit dem Pflegedienst für jede relevante ADL (Toilettenbenutzung, Wohnung verlassen, Aufstehen/Zubettgehen, Medikamenteneinnahme, Ernährung, Körperpflege, Haushaltsführung und Fernsehen) ein geeignetes Task-Modell entworfen. Für eine konkrete ADL – die Toilettennutzung – wurde eigens ein realistischer Prototyp verwirklicht, der die Funktionsweise der Kontextgenerierung erfolgreich demonstriert.

Die Verhaltensermittlung baut auf den Daten auf, welche die Kontextgenerierung liefert. Als Schnittstelle zwischen den beiden kooperierenden Modulen wird ein im Process-Mining-Umfeld gängiger Standard – das sogenannte Mining-eXtensible-Markup-Language-Format (MXML-Format) – eingesetzt. Ausgangspunkt für die Entwicklung eines eigenen Algorithmus zur Verhaltensermittlung war der Transition System Miner (TSM) von van der Aalst u. a. (2010). Mittels der Parameter des TSM kann einem *Over-* und *Underfitting* entgegengewirkt werden. Die in dieser Arbeit erzielte Erweiterung erlaubt eine automatische Anpassung dieser Parameter. Schließlich lässt sich der vorgestellte Metrikwert berechnen.

Die Relevanz der berechneten Werte wurde mithilfe einer simulativen Evaluation nachgewiesen. Die dazu genutzten Daten stammen von einer durch den Pflegedienst[1] ausgeführten

---
[1] ALPHA Allgemeine und psychiatrische Hauskrankenpflege gGmbH, Ehrenstraße 19 a, 47198 Duisburg.

manuellen Erhebung des Verhaltens (Tagesstruktur) von fünf Personen fortgeschrittenen Alters. Dabei lebten diese Personen in einer mit ambienter Sensorik ausgestatteten Umgebung. Die Erhebungen wurden anschließend zusätzlich durch die Sensordaten aus der Umgebung validiert. Da die Tagesstrukturen keine Verhaltensänderungen, sondern nur „Normalverhalten" enthielten, mussten synthetisch Abweichungen erzeugt werden. Die eingesetzten Fehlermodelle wurden ausführlich vorgestellt.

Es hat sich herausgestellt, dass die in den an der Feldtestphase teilnehmenden Haushalten eingesetzte Sensorik hinsichtlich der Zahl der Sensoren und der Auswahl von unterschiedlichen Sensortypen zur Umsetzung einer kommerziellen Version nicht ausreichend war. Die Granularität der Sensorik genügt noch nicht, um die Ausführung von ADL sicher zu verifizieren bzw. zu falsifizieren.

Eine Sensorausstattung der erforderlichen Granularität steht zurzeit (noch) nicht für private Wohnräume zur Verfügung und kann, wie sie durch die hier vorgestellten Task-Modelle gefordert wird, aktuell nur in Laborumgebungen realisiert werden.

7.2 Ergebnisse

Anhand der in Abschnitt 6.3.3 erarbeiteten Ergebnisse lässt sich das Resultat der simulativen Evaluation wie folgt zusammenfassen: Für alle Testpersonen P1 bis P5 lagen charakteristische Tagesstrukturen vor (siehe Anhang D.1). Zudem wurden bei den Personen P1 bis P4 parallel zur manuellen Erfassung der Tagesstruktur ebenfalls Sensorereignisse aufgezeichnet. Bezüglich der Testperson P5 liegen leider keine Sensorereignisse für den Zeitraum vor, in dem die manuelle Aufzeichnung der Tagesstruktur erfolgt ist, sodass diese Person gesondert zu behandeln ist.

Abbildung 7.1 zeigt für die Testpersonen P1 bis P5 den Mittelwert samt zweifacher Standardabweichung des F_2-Maßes für folgende zwei Fälle:

1. den optimalen Fall, bei dem für jede Person individuell der Grenzwertverlauf bestimmt wurde (siehe Abbildung 6.11)

2. den globalen Fall, der die in Abbildung 6.12 dargestellte Potenzfunktion verwendet, um den Grenzwert in Abhängigkeit von der Betriebsdauer anzupassen

Bereits ab der zweiten Woche stellen sich im Mittel (sieht man einmal von der Testperson P5 ab) bzgl. des F_2-Maßes bei den Testpersonen Klassifikationsergebnisse von besser als 95 % ein. Bei drei der vier Personen sind die Ergebnisse sogar besser als 98,5 %. Anhand der zweifachen Standardabweichung lässt sich jedoch ausmachen, dass die Werte (insbesondere bei P2) noch einer relativ hohen Streuung unterliegen.

Vier Wochen später (nach der sechsten Woche) liegen alle Mittelwerte bzgl. der Testpersonen P1 bis P4 oberhalb von 98,5 %. Zwei der drei mittleren F_2-Maße liegen sogar oberhalb von 99,5 %. Es ist jedoch nicht ausschließlich eine Verbesserung des Mittelwerts zwischen der zweiten und der sechsten Woche zu verzeichnen: Auch bei der zweifachen Standardabweichung ist ein deutlicher Fortschritt festzustellen.

Aufgrund der Definition der zweifachen Standardabweichung (nahezu normal verteilte Messwerte vorausgesetzt), die besagt, dass 95,4 % aller Werte im Intervall von $\mu \pm 2\sigma$ liegen, wobei

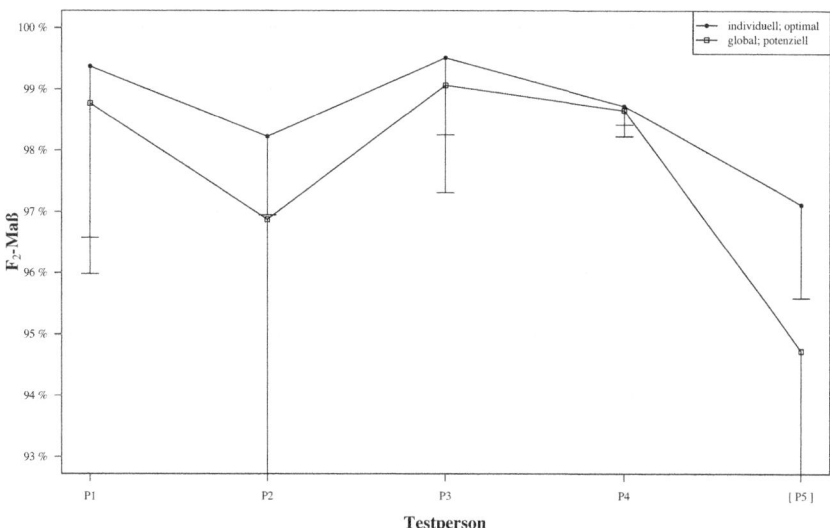

Abb. 7.1: Mittelwert mit zugehöriger zweifacher Standardabweichung des F_2-Maßes, Testpersonen P1 bis P5 im Zeitraum von 2 bis 10 Wochen

μ dem Mittelwert und σ der Standardabweichung entspricht, lässt sich folgende Aussage formulieren: Im schlechtesten Fall (beim Wert $\mu - 2\sigma$) liefert der Algorithmus ab der sechsten Woche ein Klassifikationsergebnis, welches in 95,4 % der Fälle – bei der Einschätzung, ob ein Tagesverlauf für eine bestimmte Person (P1 bis P4) anormal ist – (bezogen auf das F_2-Maß) besser als 98 % ist.

7.3 Ausblick

Sofern sich das entwickelte System für den Pfleger im realen Betrieb als nützlich erweist, was die Laborergebnisse mit hoher Wahrscheinlichkeit vermuten lassen, sollte über mögliche Erweiterungen nachgedacht werden:
  Beispielsweise ließen sich aus dem Normalverhalten ebenfalls Rückschlüsse auf zukünftig mit einzubeziehende ADL ziehen. Sollte sich der Bewohner zu einem Zeitpunkt nicht mehr daran erinnern können, was er als Nächstes im Kontext seines Tagesablaufs tun wollte bzw. in der Situation sonst immer getan hätte, kann ihm das System auf Verlangen Ratschläge erteilen. Diese Ratschläge würden dann den bisherigen Verhaltensweisen ein und derselben Person entstammen.
  Die Empfehlungen müssen nicht unbedingt auf der Ebene der Aktivitäten bleiben. Auch einzelne Handlungsschritte – als Bestandteile der Aktivitäten – können unterstützt werden. Dass es bei der Ausführung von Aktivitäten zu Fehlern kommen kann, ist nur natürlich (Norman und

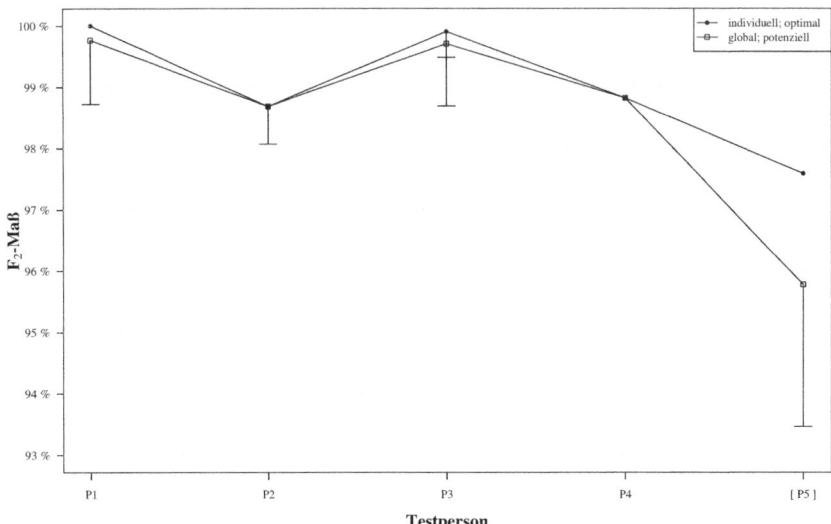

Abb. 7.2: Mittelwert mit zugehöriger zweifacher Standardabweichung des F_2-Maßes, Testpersonen P1 bis P5 im Zeitraum von 6 bis 10 Wochen

Draper, 1986, S. 430). Umso wichtiger ist es, eine Strategie zu entwickeln, wie man diesen begegnet.

Norman und Draper haben sechs Methoden aufgezeigt, wie man mit Fehlern umgehen kann (Norman und Draper, 1986, S. 421 ff.):

- Bedingt durch die Notwendigkeit bestimmter Handlungsschritte zum Fortsetzen einer Aktivität wird unmittelbar bei Nicht-Eintreten eines obligatorischen Schritts der Fortgang der Aktivität unterbunden (nach Norman und Draper (1986) *gag* genannt). Beispielsweise wäre bei einem verschließbaren Medikamentenschrank der notwendige Schritt das Aufschließen des Schranks, bevor die Medikamente entnommen werden können.

- Etwas weniger aufdringlich ist die Warnmeldung (*warn*). Sofern das System eine potenziell gefährliche Situation detektiert hat (z. B. eine fehlerhafte Medikation), kann ein Signal ertönen bzw. eine visuelle Botschaft angestoßen werden. Um beim Beispiel mit der Einnahme der Medizin zu bleiben, könnte zum geplanten Einnahmezeitpunkt in Kombination mit dem Ausbleiben der Einnahme durch den Patienten zunächst eine Lichtquelle aufblitzen und später bei andauernder Nichtbeachtung ein Alarm ertönen (vgl. hierzu auch Abschnitt 5.2.3).

- Eingaben durch den Nutzer, die in einem bestimmten Kontext unpassend oder gar gefährlich sind (bspw. unterbindet ein Aufzug das manuelle Schließen der Aufzugstür, wenn sich noch eine Person im Türbereich befindet), können vom System durch eine ausbleibende Rückmeldung erwidert werden. Eine wichtige Voraussetzung hierfür ist jedoch,

dass der Nutzer aufgrund von gutem Feedback – etwa über den Systemzustand – in der Lage sein muss, zu erkennen, warum die erwartete Ausgabe nicht erfolgt ist.
Übertragen auf die häusliche Umgebung wäre folgende Situation denkbar: Angenommen, es gäbe ein System, dass zuverlässig detektieren kann, ob sich der Haustürschlüssel inner- oder außerhalb des Wohnraums befindet. Würde dieses System feststellen, dass sich der Schlüssel noch innerhalb der Wohnung befindet, obwohl der Bewohner versucht, die Tür von außen hinter sich zu schließen, könnte dies durch Ausbleiben des Verriegelns verhindert werden. Wichtig in diesem Zusammenhang ist, dass für den Bewohner klar zu erkennen ist, dass die Tür nicht verschlossen ist (bspw. durch eine entsprechende visuelle Signalisierung).

- Unter der Voraussetzung, dass das System in etwa abschätzen kann, was der Nutzer zu tun beabsichtigt, kann im Falle einer fehlerhaften Ausführung durch den Nutzer eine automatische Korrektur durch das System erfolgen. Bezogen auf die Umgebung setzt dies gleichwohl einen hohen Automatisierungsgrad voraus. Sämtliche für die Ausführung der Aktivität notwendigen Objekte müssen mit entsprechenden Aktoren ausgerüstet sein. Das Vorhandensein dieser Voraussetzung scheint (insbesondere in Wohnumgebungen von Menschen wie Lisa, die den überwiegenden Teil der pflegebedürftigen Personen in Deutschland repräsentiert; siehe Kapitel 1.2) weder – zumindest im Moment – besonders wahrscheinlich noch besonders sinnvoll (vgl. (Bruder u. a., 1991)) zu sein.

- Die fünfte Methode beschreibt den Nutzer-System-Dialog. Um dem System zu helfen, die Nutzerintention zu verstehen, ist der direkte Dialog sinnvoll. Dieser reduziert zugleich die Zahl der Fehlinterpretationen, die bei der automatischen Korrektur (vorheriger Punkt) auftreten können.

- Schließlich kann dem System fortwährend beigebracht werden, auf welche Weise bzw. in welcher Reihenfolge der Nutzer beabsichtigt, bestimmte Aktionen auszuführen. Hiervon wird in dieser Arbeit bereits beim Modul der Verhaltensermittlung Gebrauch gemacht.

Des Weiteren bestünde bzgl. der für die definierten Task-Modelle erforderlichen Sensorinstallation Einsparungspotenzial. Man könnte einzelne Sensoren, die im jeweiligen Modell vor allem wegen ihrer temporalen Informationen benötigt werden (z. B. Helligkeitssensor im „Aufstehen/Zubettgehen"-Modell) durch einen synthetischen Zeitgeber (morgens, mittags, abends) ersetzen. Dies stellt allerdings einen Kompromiss zwischen einem höheren Konfigurationsaufwand und einem höheren Installations- bzw. Investitionsaufwand dar.
Neben dem Modell über das Normalverhalten ließe sich aufgrund der Eingaben durch den Pfleger ein Modell über das anormale Verhalten einer Person ableiten. Diesem Modell würden alle Tagesverläufe zugrunde liegen, die der Pfleger eindeutig als anormal identifiziert hat. Durch den Vergleich der Metrikwerte beider Modelle bestünde mit diesem leicht abgewandelten Ansatz die Möglichkeit, auf einen Schwellwert zu verzichten. Ein aktueller Tagesverlauf würde stets einem der beiden Modelle mehr ähneln, wodurch die Einstufung durch das System trivial wird.

Bislang unberücksichtigt ist die Unsicherheit, die z. B. durch fehlerhafte Sensordaten bei der Kontextgenerierung auftreten kann. Hier ließen sich Plausibilitätsprüfungen einsetzen. Gerade bei binären Sensoren ist die Abfolge von Ereignissen vorhersehbar, sofern ein Ereignis vorliegt:

einem Wahr (ein) muss ein Falsch (aus) folgen; umgekehrt folgt einem Falsch (aus) immer ein Wahr (ein). Ist diese Abfolge nicht zu beobachten, wurden die Sensorereignisse entweder nicht korrekt von der Infrastruktur übermittelt oder es liegt ein Sensordefekt vor.

Im Hinblick auf ein vermarktungsfähiges Produkt bietet es sich an, eine weitere Studie durchzuführen, bei der private Häuslichkeiten in höherer Stückzahl als bisher mit einer ausreichenden Sensorgranularität (d. h. soviel Sensoren wie nötig) ausgestattet werden. Die bisherigen Ergebnisse sprechen zwar eher für als gegen ein marktreifes Produkt, doch ist ihre statistische Aussagekraft für eine tragfähige Begutachtung noch nicht hinreichend.

Schließlich könnte das System in anderen Anwendungsfeldern, bei denen es um Aktivitätserkennung geht, Verwendung finden, z. B. in Produktions-, Kontroll- oder Diagnoseprozessen, bei denen Qualitätsanforderungen einen hohen Stellenwert haben, aber auch Systemunterstützung im Prozess gewünscht ist (z. B. in Fertigungsstraßen in der Automobilindustrie).

Literatur

[Aalst 2011] AALST, W.: Do Petri Nets Provide the Right Representational Bias for Process Mining? In: DESEL, J. (Hrsg.) ; YAKOVLEV, A. (Hrsg.): *Workshop Applications of Region Theory 2011 (ART 2011)* Bd. 725, CEUR-WS.org, 2011, S. 85–94

[van der Aalst 2011] AALST, W. M. P. van der: *Process Mining: Discovery, Conformance and Enhancement of Business Processes.* 1st. Springer Publishing Company, Incorporated, 2011. – ISBN 3642193447, 9783642193446

[van der Aalst und de Medeiros 2005] AALST, W. M. P. van der ; MEDEIROS, A. K. A. de: Process Mining and Security: Detecting Anomalous Process Executions and Checking Process Conformance. In: *Electronic Notes in Theoretical Computer Science* 121 (2005), February, S. 3–21. – Proceedings of the 2nd International Workshop on Security Issues with Petri Nets and other Computational Models (WISP 2004). – ISSN 1571-0661

[van der Aalst u. a. 2010] AALST, W. M. P. van der ; RUBIN, V. ; VERBEEK, H. ; DONGEN, B. van ; KINDLER, E. ; GÜNTHER, C.: Process Mining: A Two-Step Approach to Balance Between Underfitting and Overfitting. In: *Software and Systems Modeling* 9 (2010), S. 87–111. – ISSN 1619-1366

[Advantech 2013] ADVANTECH: *Ethernet I/O Modules: ADAM-6000.* online. 2013. – URL http://www.advantech.de/products/Ethernet-I-O-Modules-ADAM-6000/sub_GF-5197.aspx. – Zugriffsdatum: 04.04.2013

[Alpar 1986] ALPAR, P.: Expert Systems in Marketing / Department of Information and Décision Sciences. Chicago : College of Business, University of Illinois, 1986. – Forschungsbericht. Arbeitspapier Nr. 86-19

[Aztiria u. a. 2009] AZTIRIA, A. ; AUGUSTO, J. ; IZAGUIRRE, A. ; COOK, D.: Learning Accurate Temporal Relations from User Actions in Intelligent Environments. In: 3rd *Symposium of Ubiquitous Computing and Ambient Intelligence 2008* (2009), S. 274–283

[Badouel und Darondeau 1998] BADOUEL, E. ; DARONDEAU, P.: Theory of regions. In: REISIG, W. (Hrsg.) ; ROZENBERG, G. (Hrsg.): *Lectures on Petri Nets I: Basic Models* Bd. 1491. Springer Berlin Heidelberg, 1998, S. 529–586. – URL http://dx.doi.org/10.1007/3-540-65306-6_22. – Zugriffsdatum: 19.05.2013. – ISBN 978-3-540-65306-6

[Bamis u. a. 2010] BAMIS, A. ; LYMBEROPOULOS, D. ; TEIXEIRA, T. ; SAVVIDES, A.: The BehaviorScope framework for enabling ambient assisted living. In: *Personal Ubiquitous Comput.* 14 (2010), September, S. 473–487. – URL http://dx.doi.org/10.1007/s00779-010-0282-z. – Zugriffsdatum: 19.05.2013. – ISSN 1617-4909

[Bao und Intille 2004] BAO, L. ; INTILLE, S. S.: Activity Recognition from User-Annotated Acceleration Data. In: *Pervasive*, 2004, S. 1–17

[Barralon u. a. 2005] BARRALON, P. ; NOURY, N. ; VUILLERME, N.: Classification of Daily Physical Activities from a Single Kinematic Sensor. In: *Engineering in Medicine and Biology Society, 2005. IEEE-EMBS 2005. 27th Annual International Conference of the*, January 2005, S. 2447 –2450

[Beckmann u. a. 2004] BECKMANN, C. ; CONSOLVO, S. ; LAMARCA, A.: Some Assembly Required: Supporting End-User Sensor Installation in Domestic Ubiquitous Computing Environments. In: *UbiComp 2004: 6th International Conference on Ubiquitous Computing.* Nottingham, England : Springer, September 2004, S. 107–124. – ISBN 3-540-22955-8

[Berti u. a. 2004] BERTI, S. ; CORREANI, F. ; MORI, G. ; PATERNÒ, F. ; SANTORO, C.: Teresa: a transformation-based environment for designing and developing multi-device interfaces. In: *CHI Extended Abstracts*, 2004, S. 793–794

[BIBB 2010] BUNDESINSTITUT FÜR BERUFSBILDUNG (BIBB): *Wer pflegt uns in Zukunft? Fachkräftemangel beim Pflegepersonal bereits jetzt absehbar.* online. Dezember 2010. – URL http://www.bibb.de/de/56492.htm. – Zugriffsdatum: 10.08.2013. – Pressemitteilung 46/2010

[Blanke und Schiele 2009] BLANKE, U. ; SCHIELE, B.: Daily Routine Recognition through Activity Spotting. In: *Location and Context Awareness* (2009), S. 192–206

[BMBF 2014] BMBF: Assistierte Pflege von morgen / Bundesministerium für Bildung und Forschung. VDI/VDE Innovation + Technik GmbH, 2014. – Forschungsbericht. Ambulante technische Unterstützung und Vernetzung von Patienten, Angehörigen und Pflegekräften

[BMFSFJ 2005] BUNDESMINISTERIUM FÜR FAMILIE, SENIOREN, FRAUEN UND JUGEND (BMFSFJ): Möglichkeiten und Grenzen selbstständiger Lebensführung in privaten Haushalten (MUG III). BMFSFJ, März 2005. – Forschungsbericht. – URL http://www.bmfsfj.de/doku/Publikationen/mug/Abschnitt-3/7/7-2-grundlegende-m-glichkeiten-und-grenzen-der-h-uslichen-pflege.html. – Zugriffsdatum: 01.11.2013. Repräsentativbefunde und Vertiefungsstudien zu häuslichen Pflegearrangements, Demenz und professionellen Versorgungsangeboten. – ISBN 3-938968-02-8

[BMG 2010] BMG: Zahlen und Fakten zur Pflegeversicherung / Bundesministerium für Gesundheit. BMG, Mai 2010. – Forschungsbericht. – URL https://www.bundesgesundheitsministerium.de/fileadmin/redaktion/pdf_misc/Zahlen-und-Fakten-Pflegereform-Mai-2010.pdf. – Zugriffsdatum: 13.01.2013. 05/10

[BMG 2012a] BMG: Gesetz zur Neuausrichtung der Pflegeversicherung (Pflege-Neuausrichtungs-Gesetz – PNG) / Bundesministerium für Gesundheit. Berlin : BMG, Oktober 2012 (51). – Bundesgesetzblatt. – 19 S. – URL http://www.bgbl.de/Xaver/start.xav?startbk=Bundesanzeiger_BGBl&jumpTo=bgbl112s2246.pdf. – Zugriffsdatum: 02.11.2013. Teil I

[BMG 2012b] BMG: Pflegen zu Hause - Ratgeber für die häusliche Pflege / Bundesministerium für Gesundheit. BMG, Mai 2012. – Forschungsbericht. – URL http://www.bmg.bund.de/fileadmin/dateien/Publikationen/Pflege/Broschueren/Broschuere_ _Pflegen_zu_Hause_Ratgeber_fuer_die_haeusliche_Pflege.pdf. – Zugriffsdatum: 13.01.2013. BMG-P-G502

[BMJ 2013] BUNDESMINISTERIUM DER JUSTIZ (BMJ): *Straßenverkehrs-Ordnung.* online. March 2013. – URL http://www.gesetze-im-internet.de/stvo. – Zugriffsdatum: 21.03.2013

[Bolliger u. a. 2009] BOLLIGER, P. ; PARTRIDGE, K. ; CHU, M. ; LANGHEINRICH, M.: Improving Location Fingerprinting through Motion Detection and Asynchronous Interval Labeling. In: *Location and Context Awareness* (2009), S. 37–51

[Bolognesi und Brinksma 1987] BOLOGNESI, T. ; BRINKSMA, E.: Introduction to the ISO specification language LOTOS. In: *Computer Networks and ISDN Systems* 14 (1987), Nr. 1, S. 25–59

[Bonhomme u. a. 2007] BONHOMME, S. ; CAMPO, E. ; ESTEVE, D. ; GUENNEC, J.: An extended PROSAFE platform for elderly monitoring at home. In: 29th *Annual International Conference of the IEEE Engineering in Medicine and Biology Society (EMBC 2007).* Lyon (France) : IEEE Computer Society, August 2007, S. 4056–4059. – URL http://spiderman-2.laas.fr/PROSAFE/. – Zugriffsdatum: 16.09.2011

[Bruder u. a. 1991] BRUDER, J. ; LUCKE, C. ; SCHRAMM, A. ; TEWS, H. P. ; WERNER, H.: *Was ist Geriatrie?* 1. Aufl. Rügheim: Expertenkommission der Deutschen Gesellschaft für Gerontologie und Geriatrie und der Deutschen Gesellschaft für Geriatrie (Veranst.), 1991

[Brunen und Herold 2001] BRUNEN, H. ; HEROLD, E. E.: *Ambulante Pflege: Grundlagen - Pflegeanleitung, Pflegeberatung, Pflegeprozeß - Ganzheitliche, integrative Pflege - Kommunikative Methoden. Die Pflege gesunder und kranker Menschen*. 1. Bd. Schlütersche, 2001 (Ambulante Pflege: die Pflege Gesunder und Kranker in der Gemeinde). – ISBN 9783877065716

[Burattin und Sperduti 2010] BURATTIN, A. ; SPERDUTI, A.: PLG: a Framework for the Generation of Business Process Models and their Execution Logs. In: 8th *International Conference on Business Process Management*, September 2010, S. 214–219

[Byg u. a. 2009] BYG, J. ; JØRGENSEN, K. Y. ; SRBA, J.: TAPAAL: Editor, Simulator and Verifier of Timed-Arc Petri Nets. In: *Proceedings of the 7th International Symposium on Automated Technology for Verification and Analysis (ATVA '09)*. Berlin, Heidelberg : Springer-Verlag, October 2009 (LNCS), S. 84–89. – URL http://dx.doi.org/10.1007/978-3-642-04761-9_7. – Zugriffsdatum: 19.05.2013. – ISBN 978-3-642-04760-2

[Cajochen 2005] CAJOCHEN, C.: Sleep disruption in shift work and jet lag: the role of the circadian timing system. In: *Praxis (Bern 1994)* 94 (2005), Nr. 38, S. 1479–83. – URL http://www.biomedsearch.com/nih/Sleep-disruption-in-shift-work/16209364.html. – Zugriffsdatum: 19.05.2013. – ISSN 1661-8157

[Carone und Costello 2006] CARONE, G. ; COSTELLO, D.: Can Europe Afford to Grow Old? In: *Fund Finance and Development magazine* 43 (2006), September, Nr. 3. – URL http://www.imf.org/external/pubs/ft/fandd/2006/09/carone.htm. – Zugriffsdatum: 18.04.2012

[Castle und Crooks 2006] CASTLE, C. J. E. ; CROOKS, A.: Principles and Concepts of Agent-Based Modelling for Developing Geospatial Simulations. In: *CASA Working Papers* (2006), September, Nr. 110, S. 1–60. – ISSN 1467-1298

[Chaaraoui u. a. 2012] CHAARAOUI, A. A. ; CLIMENT-PÉREZ, P. ; FLÓREZ-REVUELTA, F.: A Review on Vision Techniques Applied to Human Behaviour Analysis for Ambient-Assisted Living. In: *Expert Syst. Appl.* 39 (2012), September, Nr. 12, S. 10873–10888. – URL http://dx.doi.org/10.1016/j.eswa.2012.03.005. – ISSN 0957-4174

[Chaaraoui u. a. 2014] CHAARAOUI, A. A. ; PADILLA-LÓPEZ, J. R. ; FERRÁNDEZ-PASTOR, F. J. ; NIETO-HIDALGO, M. ; FLÓREZ-REVUELTA, F.: A Vision-Based System for Intelligent Monitoring: Human Behaviour Analysis and Privacy by Context. In: *Sensors* 14 (2014), Nr. 5, S. 8895–8925. – URL http://www.mdpi.com/1424-8220/14/5/8895. – ISSN 1424-8220

[Chan u. a. 2008] CHAN, M. ; ESTÈVE, D. ; ESCRIBA, C. ; CAMPO, E.: A review of smart homes – Present state and future challenges. In: *Comput. Methods Prog. Biomed.* 91 (2008), July, Nr. 1, S. 55–81. – URL http://dx.doi.org/10.1016/j.cmpb.2008.02.001. – ISSN 0169-2607

[Chandola u. a. 2009] CHANDOLA, V. ; BANERJEE, A. ; KUMAR, V.: Anomaly detection: A survey. In: *ACM Comput. Surv.* 41 (2009), July, S. 15:1–15:58. – URL http://doi.acm.org/10.1145/1541880.1541882. – Zugriffsdatum: 19.05.2013. – ISSN 0360-0300

[Chen u. a. 2005] CHEN, J. ; KAM, A. H. ; ZHANG, J. ; LIU, N. ; SHUE, L.: Bathroom Activity Monitoring Based on Sound. In: *Proceedings of the 3rd IEEE Annual Conference on Pervasive Computing and Communications Workshops*, 2005, S. 47–61

[Choudhury u. a. 2006] CHOUDHURY, T. ; PHILIPOSE, M. ; WYATT, D. ; LESTER, J.: Towards Activity Databases: Using Sensors and Statistical Models to Summarize People's Lives. In: *IEEE Data Engineering Bulletin* 29 (2006), S. 1–8

[Collins 2006] COLLINS, J.: Novartis Trial Shows RFID Can Boost Patient Compliance. In: *RFID Journal* (2006), June. – URL http://www.rfidjournal.com/articles/view?2438. – Zugriffsdatum: 28.03.2013

[Conrad 2013] CONRAD ELECTRONIC SE: *Durchfluss-Sensor für vertikale und horizontale Montage Gentech FCS-01.* online. 2013. – URL http://www.conrad.de/ce/de/product/155266/. – Zugriffsdatum: 03.12.2013

[Cook 2006] COOK, D.: Health Monitoring and Assistance to Support Aging in Place. In: *Journal of Universal Computer Science* 12 (2006), Nr. 1, S. 15–29

[Cortadella u. a. 1997] CORTADELLA, J. ; KISHINEVSKY, M. ; A.KONDRATYEV ; LAVAGNO, L. ; YAKOVLEV, A.: Petrify: a tool for manipulating concurrent specifications and synthesis of asynchronous controllers. In: *IEICE Transactions on Information and Systems* E80-D (1997), März, Nr. 3, S. 315–325

[Coulmas 2007] COULMAS, F.: Japan - kinderlos und ratlos. In: *politische ökologie 104* 25 (2007), März, Nr. 7, S. 27–28

[Daiwa 2002] DAIWA: *Intelligent Toilet.* online. 2002. – URL http://www.daiwahouse.co.jp/lab/en/tec10.html. – Zugriffsdatum: 25.11.2013

[Deininger u. a. 2005] DEININGER, M. ; LICHTER, H. ; LUDEWIG, J. ; SCHNEIDER, K.: *Studien-Arbeiten: ein Leitfaden zur Vorbereitung, Durchführung und Betreuung von Studien-, Diplom-Abschluss- und Doktorarbeiten am Beispiel Informatik.* 5. Zürich : vdf Hochschulverlag, 2005. – ISBN 3-7281-3012-5

[Dekker 2004] DEKKER, S.: *Ten Questions About Human Error: A New View of Human Factors and System Safety.* CRC Press, 2004 (Human Factors in Transportation). – ISBN 9781410612069

[Demongeot u. a. 2002] DEMONGEOT, J. ; VIRONE, G. ; DUCHÊNE, F. ; BENCHETRIT, G. ; HERVÉ, T. ; NOURY, N. ; RIALLE, V.: Multi-sensors acquisition, data fusion, knowledge mining and alarm triggering in health smart homes for elderly people. In: *Comptes rendus biologies* 325 (2002), June, Nr. 6, S. 673–82

[dena 2013] DEUTSCHE ENERGIE-AGENTUR GMBH (DENA): *Gasherde.* online. März 2013. – URL http://www.thema-energie.de/strom/haushaltsgeraete/herde-backoefen/gasherde.html. – Zugriffsdatum: 21.03.2013

[Desel und Reisig 1996] DESEL, J. ; REISIG, W.: The synthesis problem of Petri nets. In: *Acta Informatica* 33 (1996), S. 297–315. – URL http://dx.doi.org/10.1007/s002360050046. – Zugriffsdatum: 19.05.2013. – 10.1007/s002360050046. – ISSN 0001-5903

[Destatis 2004] DESTATIS: Sonderbericht: Lebenslagen der Pflegebedürftigen - Pflege im Rahmen der Pflegeversicherung / Statistisches Bundesamt. Bonn : Destatis, Oktober 2004. – Forschungsbericht. – URL https://www.destatis.de/DE/Publikationen/Thematisch/Soziales/SozialpflegeLebenslagePflegebeduerft_2003.pdf?__blob=publicationFile. – Zugriffsdatum: 13.01.2013. Deutschlandergebnisse des Mikrozensus 2003

[Destatis 2011a] DESTATIS: Ausstattung privater Haushalte mit elektrischen Haushalts- und sonstigen Geräten / Statistisches Bundesamt. Bonn : Destatis, 2011. – Forschungsbericht. – URL https://www.destatis.de/DE/ZahlenFakten/GesellschaftStaat/EinkommenKonsumLebensbedingungen/AusstattungGebrauchsguetern/Tabellen/Haushaltsgeraete_D.html. – Zugriffsdatum: 28.03.2013. Einkommen, Konsum, Lebensbedingungen

[Destatis 2011b] DESTATIS: Demografischer Wandel in Deutschland / Statistisches Bundesamt. Bonn : Destatis, 2011 (1). – Forschungsbericht. Bevölkerungs- und Haushaltsentwicklung - Ausgabe 2011

[Dey 2000] DEY, A. K.: *Providing Architectural Support for Building Context-Aware Applications*, College of Computing, Georgia Institute of Technology, Dissertation, November 2000

[Dey und Abowd 1999] DEY, A. K. ; ABOWD, G. D.: Towards a Better Understanding of Context and Context-Awareness. In: *Proceedings of the 1st international symposium on Handheld and Ubiquitous Computing*. London, UK : Springer-Verlag, 1999 (HUC '99), S. 304–307. – URL http://portal.acm.org/citation.cfm?id=647985.743843. – Zugriffsdatum: 19.05.2013. – ISBN 3-540-66550-1

[digitalSTROM 2013] DIGITALSTROM: *Allianz*. online. March 2013. – URL http://www.digitalstrom.org. – Zugriffsdatum: 28.03.2013

[Dippold 2006] DIPPOLD, M.: Personal Dead Reckoning with Accelerometers. In: 3rd *International Forum on Applied Wearable Computing (IFAWC 2006)*. Bremen, Germany : Mobile Research Center, TZI Universität Bremen, March 2006, S. 1–6

[Dix u. a. 2004] DIX, A. ; RAMDUNY-ELLIS, D. ; WILKINSON, J. ; DIAPER, D. (Hrsg.) ; STANTON, N. (Hrsg.): *Trigger Analysis: Understanding Broken Tasks*. Chapter 19 in The Handbook of Task Analysis for Human-Computer Interaction. 2004

[Doğangün 2012] DOĞANGÜN, A.: *Adaptive Awareness-Assistenten: Entwicklung und empirische Untersuchung der Wirksamkeit*. Josef Eul Verlag GmbH, 2012 (Schriften zu Kooperations- und Mediensystemen). – URL http://d-nb.info/1026182603. – Zugriffsdatum: 07.07.2013. – Dissertation Universität Duisburg-Essen. – ISBN 9783844101874

[van Dongen und van der Aalst 2005] DONGEN, B. F. van ; AALST, W. M. P. van der: A Meta Model for Process Mining Data. In: *EMOI-INTEROP*, 2005, S. 309–320

[Dörner 2003] DÖRNER, D.: *Die Logik des Misslingens - Strategisches Denken in komplexen Situationen*. ro ro ro Verlag, 2003. – ISBN 3499615789

[DRK 2013] DEUTSCHES ROTES KREUZ E.V. (DRK): *Pflegestufen*. online. 2013. – URL http://www.drk.de/angebote/senioren/beratung-zur-pflegeversicherung/pflegestufen.html. – Zugriffsdatum: 01.12.2013

[Edwards 1988] EDWARDS, E.: Introductory overview. Kap. 1, S. 3–25. In: WIENER, L. (Hrsg.) ; NAGEL, D. (Hrsg.): *Human factors in aviation*, Academic Press, 1988 (Academic Press Series in Cognition and Perception). – ISBN 9780127500317

[ELTAKO 2013] ELTAKO: *Funk-Stromzähler-Sendemodul FSS12*. online. März 2013. – URL http://www.eltako.com/fileadmin/downloads/de/Datenblatt/FUNK_datenblatt_FSS12.pdf. – Zugriffsdatum: 21.03.2013

[Endsley 1995a] ENDSLEY, M. R.: Measurement of Situation Awareness in Dynamic-Systems. In: *Human Factors: The Journal of the Human Factors and Ergonomics Society* 37 (1995), March, Nr. 1, S. 65–84

[Endsley 1995b] ENDSLEY, M. R.: Toward a Theory of Situation Awareness in Dynamic Systems. In: *Human Factors: The Journal of the Human Factors and Ergonomics Society* 37 (1995), March, Nr. 1, S. 32–64

[Endsley 2000] ENDSLEY, M. R.: Errors in situation assessment: Implications for system design. In: ELZER, P. (Hrsg.) ; KLUWE, R. (Hrsg.) ; BOUSSOFFARA, B. (Hrsg.): *Human error and system design and management* Bd. 253. Springer London, 2000, S. 15–26. – URL http://dx.doi.org/10.1007/BFb0110451. – Zugriffsdatum: 19.05.2013. – ISBN 978-1-85233-234-1

[EnOcean 2013] ENOCEAN: *Batterielose Funksensormodule, Funkempfangs- und Transceivermodule sowie Zubehör in 868 MHz.* online. April 2013. – URL http://www.enocean.com/de/enocean_module/. – Zugriffsdatum: 04.04.2013

[Fleury u. a. 2008] FLEURY, A. ; VACHER, M. ; GLASSON, H. ; SERIGNAT, J.-F. ; NOURY, N.: Data Fusion in Health Smart Home: Preliminary Individual Evaluation of Two Families of Sensors. In: *Proceedings of the 6th Conference of the International Society of Gerontechnology (ISG 2008)*. Pisa, Italy : International Society for Gerontechnology, November 2008, S. 135–140. – hal-00337678

[Fouquet u. a. 2009] FOUQUET, Y. ; DEMONGEOT, J. ; VUILLERME, N.: Pervasive Informatics and Persistent Actimetric Information in Health Smart Homes: From Language Model to Location Model. In: *International Conference on Complex, Intelligent and Software Intensive Systems (CISIS '09)*, 2009, S. 935–942

[Fouquet u. a. 2010] FOUQUET, Y. ; FRANCO, C. ; DEMONGEOT, J. ; VILLEMAZET, C. ; VUILLERME, N.: *Telemonitoring of the Elderly at Home: Real-Time Pervasive Follow-up of Daily Routine, Automatic Detection of Outliers and Drifts.* Kap. 7, S. 121–138. In: AL-QUTAYRI, M. A. (Hrsg.): *Smart Home Systems*, InTech, 2010

[Fraunhofer-Gesellschaft 2013] FRAUNHOFER-GESELLSCHAFT: *Fraunhofer-inHaus-Zentrum.* online. April 2013. – URL http://www.inhaus.fraunhofer.de. – Zugriffsdatum: 04.04.2013

[Fraunhofer-IIS 2013] FRAUNHOFER-IIS: *ActiSENS.* online. March 2013. – URL http://www.iis.fraunhofer.de/de/bf/med/mss/actisens.html. – Zugriffsdatum: 16.03.2013. – Aktivitätsmessung, Bewegungsklassifikation, Persönliche Bewegungsbilanz

[GfK 2008] GFK GEOMARKETING GMBH (GFK): *GfK Kaufkraft nach Altersklassen 2008 – Marktchancen leicht erkannt.* online. 2008. – URL http://www.gfk-geomarketing.de/kundenzeitschrift_enews/gfk_geomarketing_magazin/022008/gfk_kaufkraft_nach_altersklassen.html. – Zugriffsdatum: 02.11.2013

[Giese u. a. 2008] GIESE, M. ; MISTRZYK, T. ; PFAU, A. ; SZWILLUS, G. ; DETTEN, M. von: AMBOSS: A Task Modeling Approach for Safety–Critical Systems. In: *In Proceedings of the 2nd Conference on Human–Centered Software Engineering and 7th International Workshop on Task Models and Diagrams, LNCS*, Springer Berlin Heidelberg, 10 2008 (Lecture Notes in Computer Science), S. 98–109. – ISBN 978–3–540–85991–8

[Gore u. a. 2011] GORE, B. ; HOOEY, B. ; HAAN, N. ; BAKOWSKI, D. ; MAHLSTEDT, E.: A Methodical Approach for Developing Valid Human Performance Models of Flight Deck Operations. In: KUROSU, M. (Hrsg.): *Human Centered Design* Bd. 6776. Springer Berlin Heidelberg, 2011, S. 379–388. – URL http://dx.doi.org/10.1007/978-3-642-21753-1_43. – Zugriffsdatum: 19.05.2013. – ISBN 978-3-642-21752-4

[Günther und van der Aalst 2007] GÜNTHER, C. W. ; AALST, W. M. P. van der: Fuzzy Mining: Adaptive Process Simplification Based on Multi-perspective Metrics. In: ALONSO, G. (Hrsg.) ; DADAM, P. (Hrsg.) ; ROSEMANN, M. (Hrsg.): *International Conference on Business Process Management (BPM 2007)* Bd. 4714 of Lecture Notes in Computer Science (LNCS). Berlin, Germany : Springer-Verlag, 2007, S. 328–343

[Güttel 2011] GÜTTEL, I.: Pflegeberufe sollen attraktiver werden. In: *Süddeutsche Zeitung* (2011), August. – URL http://sz.de/1.1129845. – Zugriffsdatum: 01.08.2013

[Hall 1992] HALL, D. L.: *Mathematical Techniques in Multi-sensor Data Fusion.* I. 685 Canton Street, Norwood, MA 02062 : Artech House, Inc., 1992. – ISBN 0-89006-558-6

[Helaoui u. a. 2010] HELAOUI, R. ; NIEPERT, M. ; STUCKENSCHMIDT, H.: A Statistical-Relational Activity Recognition Framework for Ambient Assisted Living Systems. In: *ISAmI*, 2010, S. 247–254

[Helaoui u. a. 2011] HELAOUI, R. ; NIEPERT, M. ; STUCKENSCHMIDT, H.: Recognizing Interleaved and Concurrent Activities: A Statistical-Relational Approach. In: *IEEE International Conference on Pervasive Computing and Communications (PerCom)*, March 2011, S. 1–9

[Hightower und Borriello 2001] HIGHTOWER, J. ; BORRIELLO, G.: Location Systems for Ubiquitous Computing. In: *IEEE Computer* 34 (2001), S. 57–66

[Hoare 1978] HOARE, C. A. R.: Communicating sequential processes. In: *Commun. ACM* 21 (1978), August, Nr. 8, S. 666–677. – URL http://doi.acm.org/10.1145/359576.359585. – Zugriffsdatum: 19.05.2013. – ISSN 0001-0782

[Hofman und Swaab 2006] HOFMAN, M. A. ; SWAAB, D. F.: Living by the clock: The circadian pacemaker in older people. In: *Ageing Research Reviews* 5 (2006), February, Nr. 1, S. 33–51. – URL http://www.sciencedirect.com/science/article/B6X1H-4GYH7GG-1/2/d552d08f3d887b4451e9a345d9c5f226. – Zugriffsdatum: 19.05.2013. – ISSN 1568-1637

[Hollnagel 1998] HOLLNAGEL, E.: *Cognitive Reliability and Error Analysis Method (CREAM)*. Amsterdam, The Netherlands : Elsevier Science, 1998. – ISBN 9780080428482

[Huffziger 2013] HUFFZIGER, A.: *Projekt Homepage: SAMDY*. online. April 2013. – URL http://www.samdy.org. – Zugriffsdatum: 04.04.2013

[Intille und Bao 2003] INTILLE, S. S. ; BAO, L.: *Physical Activity Recognition from Acceleration Data under Semi-Naturalistic Conditions* / Massachusetts Institute of Technology. 2003. – Forschungsbericht. Master thesis

[IQfy 2013a] IQFY: *Funkstuhl - Der intelligente Bürostuhl*. online. März 2013. – URL http://www.iqfy.de/de/solutions/funkstuhl. – Zugriffsdatum: 28.03.2013

[IQfy 2013b] IQFY: *IQmat*. online. März 2013. – URL http://www.iqfy.de/iqfy-loesungen/iqmat/. – Zugriffsdatum: 28.03.2013

[IRTrans 2013] IRTRANS: *Haussteuerung*. online. 2013. – URL http://www.irtrans.de/de/homeautomation/. – Zugriffsdatum: 28.03.2013

[Jakkula u. a. 2007] JAKKULA, V. R. ; COOK, D. J. ; JAIN, G.: Prediction Models for a Smart Home Based Health Care System. In: *Advanced Information Networking and Applications*, 2007, S. 761–765

[Jeschke 2013] JESCHKE, S. (Hrsg.): *Demografie-Atlas – Deutschland - Land der demografischen Chancen*. RWTH Aachen : Zentrum für Lern- und Wissensmanagement und Lehrstuhl Informatik im Maschinenbau, 2013. – 249 S. – URL http://www.ub.tu-dortmund.de/katalog/titel/1417449. – ISBN 978-3-935989-25-1

[van Kasteren u. a. 2008] KASTEREN, T. van ; ENGLEBIENNE, G. ; KRÖSE, B.: Recognizing Activities in Multiple Contexts using Transfer Learning. In: *Proceedings of the AAAI Fall Symposium on AI in Eldercare: New Solutions to Old Problems*, AAAI Press, 2008, S. 142–149. – ISBN 978-1-57735-394-2

[Katz u. a. 1963] KATZ, S. ; FORD, A. B. ; MOSKOWITZ, R. W. ; JACKSON, B. A. ; JAFFE, M. W.: Studies of Illness in the Aged: The index of ADL: A Standardized Measure of Biological and Psychosocial Function. In: *JAMA: The Journal of the American Medical Association* 185 (1963), September, S. 914–919

[KC-Professional 2013] KC-PROFESSIONAL: *Electronic Touchless Coreless JRT Dispenser*. online. March 2013. – URL http://www.kcprofessional.com/products/dispensers/bathroom/coreless-jumbo-roll. – Zugriffsdatum: 21.03.2013

[Kim u. a. 2010] KIM, E. ; HELAL, S. ; COOK, D.: Human Activity Recognition and Pattern Discovery. In: *IEEE Pervasive Computing* 9 (2010), S. 48–53

[Kitanovski 2011] KITANOVSKI, S.: *Activity Recognition in Smart Homes using Ambient Sensor Technology*, University of Duisburg-Essen, Bachelor Thesis, June 2011

[Kliegel 2009] KLIEGEL, M.: Das Gedächtnis für Absichten im Alter: Warum vergessen wir ständig Dinge, die wir uns vorgenommen haben? / TU Dresden. 2009. – Forschungsbericht. Vortrag

[Kliegel und Jäger 2006] KLIEGEL, M. ; JÄGER, T.: Die Entwicklung des prospektiven Gedächtnisses über die Lebensspanne. In: *Zeitschrift für Entwicklungspsychologie und Pädagogische Psychologie* 38 (2006), S. 162–174

[Kliegel u. a. 2012] KLIEGEL, M. ; MCDANIEL, M. ; EINSTEIN, G.: *Prospective Memory: Cognitive, Neuroscience, Developmental, and Applied Perspectives*. Taylor & Francis, 2012

[Kliegel u. a. 2003] KLIEGEL, M. ; RAMUSCHKAT, G. ; MARTIN, M.: Exekutive Funktionen und prospektive Gedächtnisleistung im Alter. In: *Zeitschrift für Gerontologie und Geriatrie* 36 (2003), Nr. 1, S. 35–41. – URL http://dx.doi.org/10.1007/s00391-003-0081-5. – Zugriffsdatum: 19.05.2013. – ISSN 0948-6704

[Knappschaft 2013] KNAPPSCHAFT: *Ihr Pflegetagebuch.* online. März 2013. – URL http://www.knappschaft.de/DE/3_Service/05_Service-Center/03_dl_center/Broschueren/14_pflegeversicherung/03-pflegetagebuch_10019.pdf?__blob=publicationFile. – Zugriffsdatum: 28.03.2013. – Deutsche Rentenversicherung Knappschaft-Bahn-See

[Knigge 2013] KNIGGE, A. F.: *Bei Tisch – Die eigentlichen Tischmanieren.* online. 2013. – URL http://www.knigge.de/themen/bei-tisch/die-tischmanieren-2044.htm. – Zugriffsdatum: 02.12.2013

[Knill und Pouget 2004] KNILL, D. C. ; POUGET, A.: The Bayesian brain: the role of uncertainty in neural coding and computation. In: *Trends in Neurosciences* 27 (2004), December, Nr. 12, S. 712–9

[Körding und Wolpert 2004] KÖRDING, K. P. ; WOLPERT, D. M.: Bayesian integration in sensorimotor learning. In: *Nature* 427 (2004), January, Nr. 6971, S. 244–7

[Lawton 1983] LAWTON, M. P.: Environment and Other Determinants of Well-Being in Older People. In: *The Gerontologist* 23 (1983), Nr. 4, S. 349–357. – URL http://gerontologist.oxfordjournals.org/content/23/4/349.abstract. – Zugriffsdatum: 19.05.2013

[Lawton 1990] LAWTON, M. P.: Aging and Performance of Home Tasks. In: *Human Factors* 32 (1990), October, Nr. 5, S. 527–536

[Lawton und Brody 1969] LAWTON, M. P. ; BRODY, E. M.: Assessment of older people: self-maintaining and instrumental activities of daily living. In: *Gerontologist* 9 (1969), Nr. 3, S. 179–86

[Le u. a. 2007] LE, X. H. B. ; DI MASCOLO, M. ; GOUIN, A. ; NOURY, N.: Health Smart Home - Towards an assistant tool for automatic assessment of the dependence of elders. In: *29th Annual International Conference of the IEEE Engineering in Medicine and Biology Society (EMBS 2007)*, August 2007, S. 3806–3809

[Lessner 2008] LESSNER, N.: *Development of a accelerometer module for improvement of the positioning in a localization systems.* Bismarckstr. 81, 47057 Duisburg, Deutschland, Universität Duisburg-Essen, Diplomarbeit, March 2008

[Lester u. a. 2005] LESTER, J. ; CHOUDHURY, T. ; KERN, N. ; BORRIELLO, G. ; HANNAFORD, B.: A Hybrid Discriminative/Generative Approach for Modeling Human Activities. In: *In Proc. of the International Joint Conference on Artificial Intelligence (IJCAI)*, 2005, S. 766–772

[Lin u. a. 2014] LIN, Y.-F. ; SHIE, H.-H. ; YANG, Y.-C. ; TSENG, V. S.: Design of a Real-Time and Continua-Based Framework for Care Guideline Recommendations. In: *International Journal of Environmental Research and Public Health* 11 (2014), Nr. 4, S. 4262–4279. – URL http://www.mdpi.com/1660-4601/11/4/4262. – ISSN 1660-4601

[Liu 2000] LIU, J. W. S. W.: *Real-Time Systems*. Upper Saddle River, NJ, USA : Prentice Hall PTR, 2000. – ISBN 0130996513

[Lübeck 2010] LÜBECK, F.: *Verfahren zur Erkennung von Notfällen mittels fernausgelesener Zähler*. Patent. March 2010. – DE102008044909A1

[Luyten u. a. 2003] LUYTEN, K. ; CLERCKX, T. ; CONINX, K. ; VANDERDONCKT, J.: Derivation of a Dialog Model from a Task Model by Activity Chain Extraction. In: *Proc. of DSV-IS 2003, LNCS 2844*, Springer, 2003, S. 191–205

[Mahoney und Barthel 1965] MAHONEY, F. I. ; BARTHEL, D. W.: Functional Evaluation: The Barthel Index. In: *Maryland State Medical Journal* 14 (1965), February, S. 56–61

[Mans u. a. 2008] MANS, R. S. ; SCHONENBERG, H. ; SONG, M. ; AALST, W. M. P. van der ; BAKKER, P. J. M.: Application of Process Mining in Healthcare – A Case Study in a Dutch Hospital. In: *BIOSTEC (Selected Papers)*. Funchal, Madeira, Portugal : Springer-Verlag, January 2008, S. 425–438

[Marmasse u. a. 2004] MARMASSE, N. ; SCHMANDT, C. ; SPECTRE, D.: WatchMe: Communication and awareness between members of a closely-knit group. In: *UbiComp 2004: 6th International Conference on Ubiquitous Computing* ACM (Veranst.), Springer Berlin Heidelberg, September 2004, S. 214–231

[MDS 2009] MEDIZINISCHER DIENST DES SPITZENVERBANDES BUND DER KRANKENKASSEN E. V. (MDS): Richtlinien des GKV-Spitzenverbandes zur Begutachtung von Pflegebedürftigkeit nach dem XI. Buch des Sozialgesetzbuches. MDS, August 2009. – Forschungsbericht. – 120 S. – URL http://www.mds-ev.de/media/pdf/BRi_Pflege_090608.pdf. – Zugriffsdatum: 13.01.2013. BRi Pflege

[Meyer 2006] MEYER, M.: Pflegende Angehörige in Deutschland - Überblick über den derzeitigen Stand und zukünftige Entwicklungen / EUROFAMCARE. LIT Verlag, Februar 2006. – Forschungsbericht. – URL http://www.uke.de/extern/eurofamcare/documents/nabares/nabare_germany_de_final_a4.pdf. – Zugriffsdatum: 13.01.2013. QLK6-CT-2002-02647

[Miele 2013] MIELE: *Was ist Miele@home?* online. 2013. – URL http://www.miele.de/de/haushalt/produkte/44668.htm. – Zugriffsdatum: 28.03.2013

[MMB 2007] MMB: Ein Blick in die Zukunft: Demografischer Wandel und Fernsehnutzung. / MMB. Marl / Essen : Adolf Grimme Institut, Institut für Medien- und Kompetenzforschung (MMB), Juli 2007. – Forschungsbericht. Ergebnisbericht zur Studie

[Monk 2005] MONK, T. H.: Aging Human Circadian Rhythms: Conventional Wisdom May Not Always Be Right. In: *Journal of Biological Rhythms* 20 (2005), Nr. 4, S. 366–374

[Mori u. a. 2002] MORI, G. ; PATERNO, F. ; SANTORO, C.: CTTE: Support for Developing and Analyzing Task Models for Interactive System Design. In: *IEEE Transactions on Software Engineering* 28 (2002), August, Nr. 8, S. 797–813

[Motorola 1984] MOTOROLA: *Real-Time Clock Plus RAM (RTC)*. ADI-1026. 3501 Ed Bluestein Blvd., Austin, Texas 78721: Motorola Inc. (Veranst.), 1984

[Munstermann u. a. 2012] MUNSTERMANN, M. ; STEVENS, T. ; LUTHER, W.: A Novel Human Autonomy Assessment System. In: *Sensors* 12 (2012), Nr. 6, S. 7828–7854. – URL http://www.mdpi.com/1424-8220/12/6/7828. – ISSN 1424-8220

[Negishi und Kawaguchi 2007] NEGISHI, Y. ; KAWAGUCHI, N.: Instant Learning Sound Sensor: Flexible Real-World Event Recognition System for Ubiquitous Computing. In: ICHIKAWA, H. (Hrsg.) ; CHO, W.-D. (Hrsg.) ; SATOH, I. (Hrsg.) ; YOUN, H. (Hrsg.): *Ubiquitous Computing Systems* Bd. 4836. Springer Berlin Heidelberg, 2007, S. 72–85. – URL http://dx.doi.org/10.1007/978-3-540-76772-5_6. – ISBN 978-3-540-76771-8

[nicer 2010] NICER: *Medikamente richtig aufbewahren.* online. November 2010. – URL http://gesund.co.at/medikamente-richtig-aufbewahren-23352/. – Zugriffsdatum: 30.11.2013

[Niculescu und Badrinath 2003] NICULESCU, D. ; BADRINATH, B. R.: Ad Hoc Positioning System (APS) Using AOA. In: *INFOCOM*, 2003, S. 1734–1743

[Nielsen u. a. 2001] NIELSEN, M. ; SASSONE, V. ; SRBA, J.: Towards a Notion of Distributed Time for Petri Nets. In: *Proceedings of the 22nd International Conference on Application and Theory of Petri Nets*. London, UK, UK : Springer-Verlag, 2001 (ICATPN '01), S. 23–31. – URL http://dl.acm.org/citation.cfm?id=647747.734222. – Zugriffsdatum: 19.05.2013. – ISBN 3-540-42252-8

[Nike 2013] NIKE, INC.: *Nike+ FuelBand makes life a sport.* online. March 2013. – URL http://nikeinc.com/nike-fuelband/news/nike-fuelband-makes-life-a-sport#/inline/6760. – Zugriffsdatum: 16.03.2013. – Modell: Nike+ FuelBand

[Norman und Draper 1986] NORMAN, D. A. ; DRAPER, S. W.: *User Centered System Design; New Perspectives on Human-Computer Interaction.* Hillsdale, NJ, USA : L. Erlbaum Associates Inc., 1986. – ISBN 0898597811

[Noury 2005] NOURY, N.: AILISA experimental platforms to evaluate remote care and assistive technologies in gerontology. In: *Proceedings of 7th International Workshop on Enterprise networking and Computing in Healthcare Industry (HEALTHCOM 2005)*, June 2005, S. 67–72

[OECD 1998] ORGANISATION FOR ECONOMIC CO-OPERATION AND DEVELOPMENT (OECD): Health Policy Brief: Ageing and Technology. Paris : OECD, Juni 1998. – Forschungsbericht. – URL http://www.oecd.org/sti/biotechnologypolicies/2097624.pdf. – Zugriffsdatum: 05.01.2013. DSTI/STP/BIO(97)13 – Working Party on Biotechnology

[Ojeda und Borenstein 2008] OJEDA, L. ; BORENSTEIN, J.: Non-GPS Navigation with the Personal Dead-Reckoning System / University of Michigan. 2008. – Forschungsbericht. Award No. DE FG52 2004NA25587

[Oracle 2011] ORACLE: *JavaBeans Spec.* online. 2011. – URL http://www.oracle.com/technetwork/java/javase/documentation/spec-136004.html. – Zugriffsdatum: 11.04.2013

[Palanque u. a. 1993] PALANQUE, P. ; BASTIDE, R. ; DOURTE, L.: *Contextual Help for Free With Formal Dialogue Design.* August 1993

[Pascoe 1998] PASCOE, J.: Adding generic contextual capabilities to wearable computers. In: *2nd International Symposium on Wearable Computers (Digest of Papers)*, October 1998, S. 92–99

[Patel u. a. 2006] PATEL, S. N. ; TRUONG, K. N. ; ABOWD, G. D.: PowerLine Positioning: A Practical Sub-Room-Level Indoor Location System for Domestic Use. In: *UbiComp 2006: 8th International Conference on Ubiquitous Computing*. Orange County, California, USA : Springer-Verlag, September 2006, S. 441–458

[Paterno 1999] PATERNO, F.: *Model-Based Design and Evaluation of Interactive Applications.* London, UK : Springer-Verlag, 1999. – ISBN 1852331550

[PflegeWiki 2013] PFLEGEWIKI ; VEREIN ZUR FÖRDERUNG FREIER INFORMATIONEN FÜR DIE PFLEGE E. V. (Hrsg.): *Tagesstruktur*. online. November 2013. – URL http://www.pflegewiki.de/wiki/Tagesstruktur. – Zugriffsdatum: 10.11.2013

[Polar 2013] POLAR: *Aktivitätsuhr*. online. March 2013. – URL http://www.polar-deutschland.de/de/produkte/verbessere_deine_fitness/fitness/FA20. – Zugriffsdatum: 16.03.2013. – Modell: FA20

[Poupyrev u. a. 2007] POUPYREV, I. ; OBA, H. ; IKEDA, T. ; IWABUCHI, E.: Designing Devices for Context-aware Sound Recordings. In: *UbiComp 2007:* 9th *International Conference on Ubiquitous Computing*. Innsbruck - Austria - Europe : Springer Berlin Heidelberg, September 2007, S. 1–4

[pqsg 2013] PQSG ; PQSG.DE - DAS ALTENPFLEGEMAGAZIN IM INTERNET (Hrsg.): *Standard "Pflege von Bewohnern mit Weglauf- und Hinlauftendenz"*. online. 2013. – URL http://www.pqsg.de/seiten/openpqsg/hintergrund-standard-weglaeufer.htm. – Zugriffsdatum: 30.11.2013

[Quietcare 2012] QUIETCARE: *Proactive Care - Reduce Risk of Falling - QuietCare - Intel-GE Care Innovations*. online. 2012. – URL https://www.careinnovations.com/products/quietcare-assisted-living-technology. – Zugriffsdatum: 12.08.2012

[Raj u. a. 2006] RAJ, A. ; SUBRAMANYA, A. ; FOX, D. ; BILMES, J.: Rao-Blackwellized Particle Filters for Recognizing Activities and Spatial Context from Wearable Sensors. In: *ISER*, 2006, S. 211–221

[Ramirez 2001] RAMIREZ, A.: User Centered Design for ERP Users: At the crossroads of Flexibility and Efficiency. In: SMITH, M. (Hrsg.) ; SALVENDY, G. (Hrsg.): *Systems, Social and Internationalization Design Aspects of Human-computer Interaction: Proceedings of HCI International 2001 Systems* Bd. 2. Erlbaum, 2001, S. 667–681. – ISBN 9780805836080

[Rammal und Trouilhet 2008] RAMMAL, A. ; TROUILHET, S.: Keeping Elderly People at Home: A Multi-agent Classification of Monitoring Data. In: *Proceedings of the* 6th *International Conference on Smart Homes and Health Telematics Smart Homes and Health Telematics*, Springer Berlin Heidelberg, 2008 (ICOST '08), S. 145–152. – URL http://dx.doi.org/10.1007/978-3-540-69916-3_17. – Zugriffsdatum: 19.05.2013. – ISBN 978-3-540-69914-9

[Randell u. a. 2003] RANDELL, C. ; DJIALLIS, C. ; MULLER, H.: Personal Position Measurement Using Dead Reckoning. In: 7th *International Symposium on Wearable Computers*, IEEE Computer Society, 2003, S. 166–173

[Rashidi u. a. 2011] RASHIDI, P. ; COOK, D. ; HOLDER, L. ; SCHMITTER-EDGECOMBE, M.: Discovering Activities to Recognize and Track in a Smart Environment. In: *IEEE Transactions on Knowledge and Data Engineering* 23 (2011), April, Nr. 4, S. 527–539

[Rashidi und Mihailidis 2013] RASHIDI, P. ; MIHAILIDIS, A.: A Survey on Ambient-Assisted Living Tools for Older Adults. In: *IEEE J. Biomedical and Health Informatics* 17 (2013), Nr. 3, S. 579–590. – URL http://dx.doi.org/10.1109/JBHI.2012.2234129

[Reinberg 1997] REINBERG, A.: *Le temps humain et les rythmes biologiques*. le Grand livre du mois, 1997. – ISBN 9782702813881

[Reinecker 2005] REINECKER, H.: *Grundlagen der Verhaltenstherapie*. Beltz, PVU, 2005. – ISBN 9783621275668

[Reiter 1978] REITER, R.: On Closed World Data Bases. In: GALLAIRE, H. (Hrsg.) ; MINKER, J. (Hrsg.): *Logic and Data Bases*. New York : Plenum Press, 1978, S. 55–76

[Rich 2009] RICH, C.: Building Task-Based User Interfaces with ANSI/CEA-2018. In: *Computer* 42 (2009), August, Nr. 8, S. 20–27. – ISSN 0018-9162 [van Rijsbergen 1979] RIJSBERGEN, C. van: *Information Retrieval.* Butterworths, 1979. – ISBN 9780408709293

[Röcker und Ziefle 2012] RÖCKER, C. ; ZIEFLE, M.: Current Approaches to Ambient Assisted Living. In: INFORMATION TECHNOLOGY, L. N. in (Hrsg.): *Proceedings of the International Conference on Future Information Technology and Management Science & Engineering (FITMSE'12)* Bd. 14. Hong Kong : IERI Press, April 12-13 2012, S. 6–14

[Roetenberg 2006] ROETENBERG, D.: *Inertial and magnetic sensing of human motion.* Enschede, University of Twente, Dissertation, May 2006

[Roscoe u. a. 1997] ROSCOE, A. W. ; HOARE, C. A. R. ; BIRD, R.: *The Theory and Practice of Concurrency.* Upper Saddle River, NJ, USA : Prentice Hall PTR, 1997. – ISBN 0136744095

[Roth u. a. 2002] ROTH, E. M. ; PATTERSON, E. S. ; MUMAW, R. J. ; WILEY, J.: *Cognitive Engineering: Issues in User-Centered System Design.* 2002

[Schäfer 2009] SCHÄFER, V.: Tiergestützte Interventionen bei Demenzkranken / Universität Duisburg-Essen. Hundeschule eduCani, 2009. – Forschungsbericht. – URL http://www.petnews.de/downloadcenter-kataloge-prospekte-heimtierbedarf/cat_view/259-forschung-heimtier-in-der-gesellschaft. – Zugriffsdatum: 16.02.2013. Hausarbeit

[Schilit u. a. 1994] SCHILIT, B. ; ADAMS, N. ; WANT, R.: Context-Aware Computing Applications. In: *1st Workshop on Mobile Computing Systems and Applications (WMCSA 1994)*, December 1994, S. 85–90

[Schmitter-Edgecombe u. a. 2009] SCHMITTER-EDGECOMBE, M. ; WOO, E. ; GREELEY, D.: Characterizing Multiple Memory Deficits and their Relation to Everyday Functioning in Individuals with Mild Cognitive Impairment. In: *Neuropsychology*, 2009 (23), S. 168–177

[Scottish Government 2007a] THE SCOTTISH GOVERNMENT: *Care Homes.* online. November 2007. – URL http://www.scotland.gov.uk/Resource/Doc/204867/0054503.pdf. – Zugriffsdatum: 11.08.2013. – Statistics Release

[Scottish Government 2007b] THE SCOTTISH GOVERNMENT: *Day Care Services.* online. November 2007. – URL http://www.scotland.gov.uk/Resource/Doc/204982/0054524.pdf. – Zugriffsdatum: 11.08.2013. – Statistics Release

[SGB V 2012] BUNDESMINISTERIUM DER JUSTIZ (BMJ) (Hrsg.): *SGB V, Gesetzliche Krankenversicherung.* 17. dtv, 2012. – ISBN 9783423055598

[SGB XI 2012] BUNDESMINISTERIUM DER JUSTIZ (BMJ) (Hrsg.): *SGB XI, Soziale Pflegeversicherung.* 11. dtv, 2012. – ISBN 9783423055819

[Sharp 2013] SHARP: *GP2D150A - Distance Measuring Sensor.* online. April 2013. – URL http://www.sharpsme.com/optoelectronics/sensors/distance-measuring-sensors/GP2D150A. – Zugriffsdatum: 09.04.2013

[Sozialwerk St. Georg e. V. 2011] SOZIALWERK ST. GEORG E. V.: *Projekt Homepage: JUTTA.* online. September 2011. – URL http://www.just-in-time-assistance.de. – Zugriffsdatum: 16.09.2011

[Steimel 2013] STEIMEL, C.: *Chinesische Lebensmittel: Essen und Trinken in China.* online. 2013. – URL http://www.forumchina.de/kultur-china/chinesische-lebensmittel.html. – Zugriffsdatum: 02.11.2013

[Steinhagen-Thiessen 2003] STEINHAGEN-THIESSEN, E.: *Neurogeriatrie auf einen Blick.* Blackwell, 2003. – ISBN 9783894125240

[Stirling u. a. 2003] STIRLING, R. ; COLLIN, J. ; FYFE, K. ; LACHAPELLE, G.: An Innovative Shoe-Mounted Pedestrian Navigation System. In: *CD-ROM-Proceedings of the European Navigation Conference GNSS*. Graz, Austria : GNSS, April 2003, S. 1–15. – Session F3

[Storf 2011] STORF, H.: Warum Aktivitätenerkennung in Ambient Assisted Living eine Herausforderung ist / Fraunhofer-Institut für Offene Kommunikationssysteme FOKUS. Berlin, Germany : Fraunhofer-Gesellschaft, Dezember 2011. – Forschungsbericht. URL http://www.aal-kompetenz.de. – Zugriffsdatum: 15.10.2014

[Tanenbaum 2003] TANENBAUM, A.: *Computernetzwerke*. Pearson Education Deutschland GmbH, 2003 (Pearson Studium). – ISBN 9783827370464

[TAPAAL 2013] TAPAAL: *Tool for Verification of Timed-Arc Petri Nets*. online. March 2013. – URL http://www.tapaal.net/. – Zugriffsdatum: 17.03.2013. – Aalborg University, Denmark

[Tapia u. a. 2004] TAPIA, E. M. ; INTILLE, S. S. ; LARSON, K.: Activity Recognition in the Home Setting Using Simple and Ubiquitous Sensors. In: *Pervasive Computing*, 2004, S. 158–175

[Tombusch und Brumann 2012] TOMBUSCH UND BRUMANN INTERIEURDESIGN GMBH: *tombusch & brumann*. online. August 2012. – URL http://www.tombusch-brumann.de. – Zugriffsdatum: 12.08.2012

[UFL 2010] UNIVERSITY OF FLORIDA (UFL): *Engineers design pill that signals it has been swallowed*. online. March 2010. – URL http://news.ufl.edu/2010/03/31/antenna-pill-2. – Zugriffsdatum: 17.03.2013. – Gainesville, FL

[VDI 2004] VEREIN DEUTSCHER INGENIEURE (VDI): *Ausstattung von und mit Sanitärräumen / Seniorenwohnungen, Seniorenheime, Seniorenpflegeheime*. Beuth Verlag GmbH. November 2004

[Vicente 2002] VICENTE, K. J.: Ecological interface design: progress and challenges. In: *Hum Factors* 44 (2002), Nr. 1, S. 62–78

[Virone u. a. 2002] VIRONE, G. ; NOURY, N. ; DEMONGEOT, J.: A System for Automatic Measurement of Circadian Activity Deviations in Telemedicine. In: *IEEE Transactions on Biomedical Engineering* 49 (2002), S. 1463–1469

[Vivago 2013] VIVAGO: *For your well-being*. online. March 2013. – URL http://www.vivago.com/hyvinvointiratkaisumme/. – Zugriffsdatum: 16.03.2013. – Modell: Wellbeing Watch

[Völkel und Ehmann 2006] VÖLKEL, I. ; EHMANN, M.: *Spezielle Pflegeplanung in der Altenpflege: In stationären und ambulanten Einrichtungen*. 3. Aufl. Urban & Fischer, 2006. – URL http://www.elsevier.de/plusimweb/errata?content=978-3-437-47940-3. – Zugriffsdatum: 13.01.2013. – ISBN 9783437479403

[Wahlster und Raffler 2008] WAHLSTER, W. ; RAFFLER, H.: Trends und Handlungsempfehlungen 2008 des Feldafinger Kreises / Feldafinger Kreis. 2008. – Forschungsbericht. Forschen für die Internet-Gesellschaft: Trends, Technologien, Anwendungen

[Wang 2005] WANG, L.: *Support Vector Machines: Theory and Applications*. Springer, 2005 (Studies in Fuzziness and Soft Computing). – ISBN 9783540243885

[Weichert 2010] WEICHERT, T.: Datenschutz von Daten aus Ambient Assisted Living (AAL) Umgebungen. In: *TMF-Workshop – Datenschutz bei der AAL-Versorgung*. Berlin, Germany : Unabhängiges Landeszentrum für Datenschutz (ULD), Juli 2010, S. 1–24. – URL https://www.datenschutzzentrum.de/vortraege/20100726-weichert-ambient-assisted-living-aal.pdf. – Zugriffsdatum: 20.11.2013

[Weijters und van der Aalst 2003] WEIJTERS, A. J. M. M. ; AALST, W. M. P. van der: Rediscovering workflow models from event-based data using little thumb. In: *Integr. Comput.-Aided Eng.* 10 (2003),

April, Nr. 2, S. 151–162. – URL http://dl.acm.org/citation.cfm?id=1273320.
1273325. – ISSN 1069-2509

[Weijters und de Medeiros 2006] WEIJTERS, A. J. M. M. ; MEDEIROS, A. K. A. de: Process Mining with the HeuristicsMiner Algorithm. Eindhoven : Eindhoven University of Technology, November 2006 (WP 166). – Forschungsbericht. BETA Working Paper Series

[Weyers 2012] WEYERS, B.: *Reconfiguration of User Interface Models for Monitoring and Control of Human-Computer Systems*. Berlin, Germany : Dr. Hut Verlag, 2012. – ISBN 978-3-8439-0440-7

[Weyers u. a. 2010] WEYERS, B. ; BURKOLTER, D. ; KLUGE, A. ; LUTHER, W.: User-Centered Interface Reconfiguration for Error Reduction in Human-Computer Interaction. In: 3rd *International Conference on Advances in Human-Oriented and Personalized Mechanisms, Technologies and Services (CENTRIC)*, August 2010, S. 52–55

[Weyers u. a. 2011] WEYERS, B. ; LUTHER, W. ; BALOIAN, N.: Interface creation and redesign techniques in collaborative learning scenarios. In: *Future Generation Comp. Syst.* 27 (2011), Nr. 1, S. 127–138

[Wickens u. a. 2012] WICKENS, C. ; HOLLANDS, J. ; BANBURY, S. ; PARASURAMAN, R.: *Engineering Psychology and Human Performance*. Pearson Education, Limited, 2012. – ISBN 9780205021987

[Wickstrøm u. a. 2002] WICKSTRØM, J. ; SERUP-HANSEN, N. ; KRISTIANSEN, I. S.: Future health care costs—do health care costs during the last year of life matter? In: *Health Policy* 62 (2002), Nr. 2, S. 161–172. – URL http://www.sciencedirect.com/science/article/pii/S0168851002000155. – Zugriffsdatum: 12.08.2012. – ISSN 0168-8510

[Wieringen und Eklund 2008] WIERINGEN, M. V. ; EKLUND, J. M.: Real-Time Signal Processing of Accelerometer Data for Wearable Medical Patient Monitoring Devices. In: 30th *Annual International IEEE Engineering in Medicine & Biology Society (EMBS) Conference*, August 2008, S. 2397–2400

[Wilson 2005] WILSON, D. H.: *Assistive Intelligent Environments for Automatic Health Monitoring*. 5000 Forbes Avenue, Pittsburgh, PA 15213, USA, Carnegie Mellon University, Dissertation, September 2005

[Woodman 2007] WOODMAN, O. J.: An introduction to inertial navigation / Computer Laboratory, University of Cambridge. 15 JJ Thomson Avenue, Cambridge CB3 0FD, UK : University of Cambridge, August 2007 (696). – Forschungsbericht. ISSN 1476-2986

[Wyatt u. a. 2005] WYATT, D. ; PHILIPOSE, M. ; CHOUDHURY, T.: Unsupervised activity recognition using automatically mined common sense. In: *Proceedings of the 20th national conference on Artificial intelligence* Bd. 1, AAAI Press, 2005, S. 21–27. – ISBN 1-57735-236-x

[Yin und Bruckner 2012] YIN, G. ; BRUCKNER, D.: Activity Analysis with Hidden Markov Model for Ambient Assisted Living. In: *International Journal of Electronic Commerce Studies* Bd. 3, Academic Journals, 2012, S. 35–44

[Zinnen u. a. 2009] ZINNEN, A. ; WOJEK, C. ; SCHIELE, B.: Multi Activity Recognition Based on Bodymodel-Derived Primitives. In: *Location and Context Awareness* (2009), S. 1–18

[Ziv und Lempel 1978] ZIV, J. ; LEMPEL, A.: Compression of individual sequences via variable-rate coding. In: *IEEE Transactions on Information Theory* IT-24 (1978), September, Nr. 5, S. 530–536. – ISSN 0018-9448

[Zulley und Knab 2003] ZULLEY, J. ; KNAB, B.: *Unsere Innere Uhr: natürliche Rhythmen nutzen und der Non-Stop-Belastung entgehen*. Herder, 2003 (Herder-Spektrum). – ISBN 9783451053658

A Mindmaps

Zusatzmaterialien sind unter `www.springer.com` auf der Produktseite dieses Buches verfügbar

A.1 Indikatoren für bestimmte ADL (priorisiert)

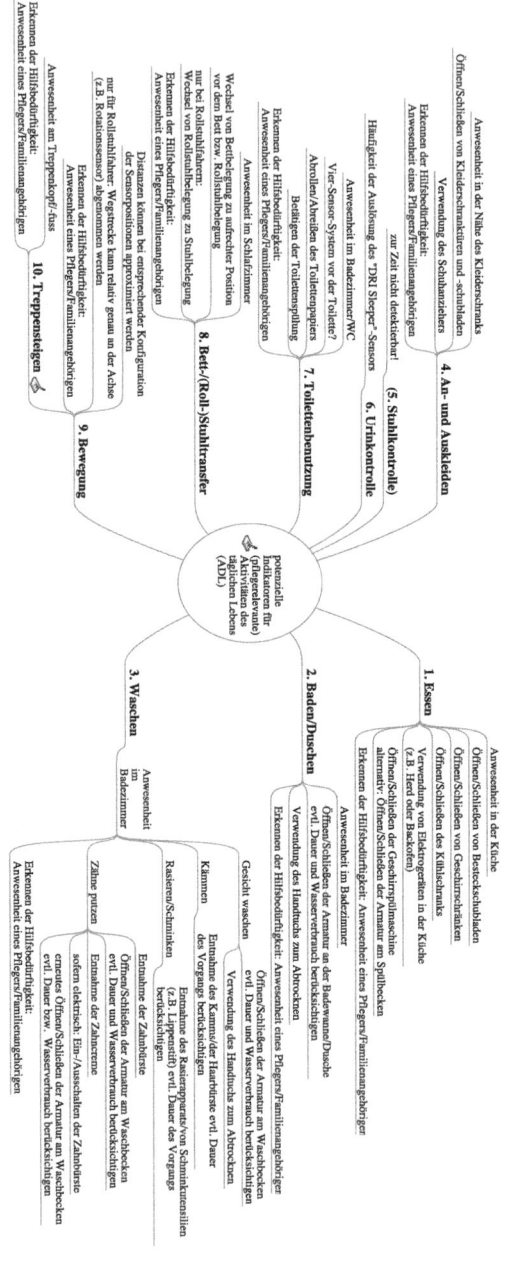

Abb. A.1: Mindmap potenzieller Indikatoren für bestimmte ADL (vollständig)

A.2 Kognitive Aufgabenanalyse

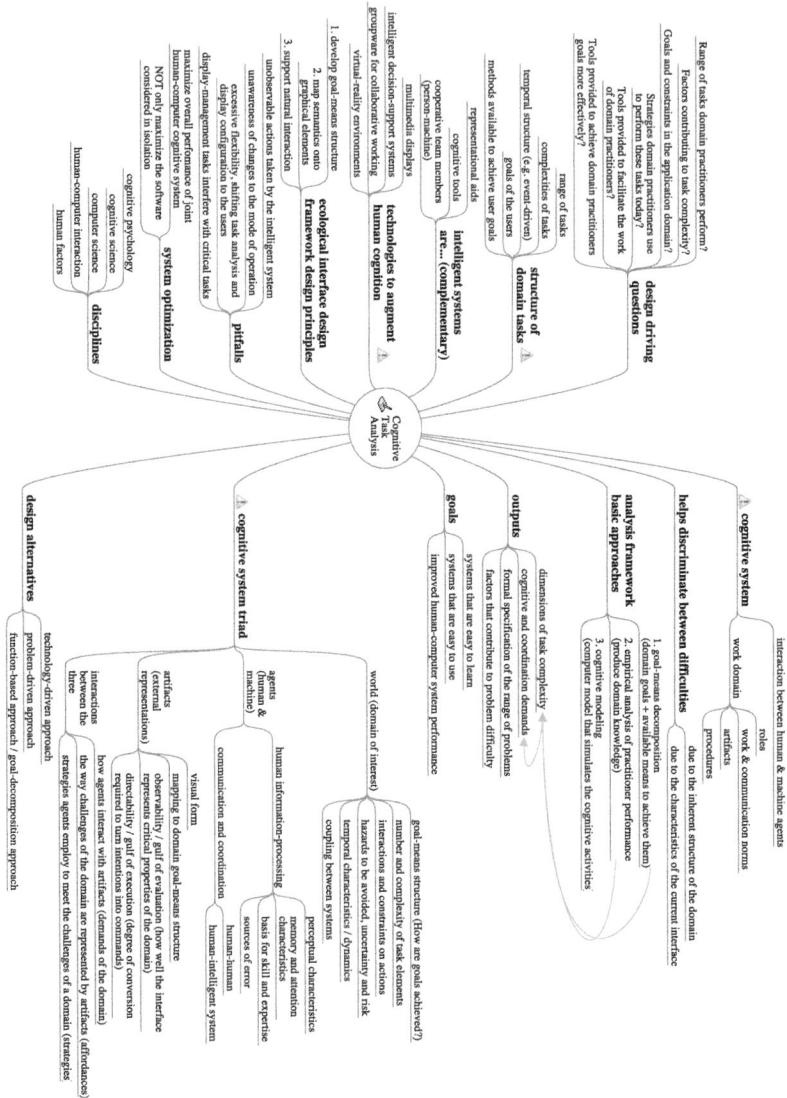

Abb. A.2: Mindmap zur kognitiven Aufgabenanalyse (Roth u. a., 2002), vollständig

B CTT-Modelle

Zusatzmaterialien sind unter www.springer.com auf der Produktseite dieses Buches verfügbar

B.1 Vollständige CTT-Modelle der ADL

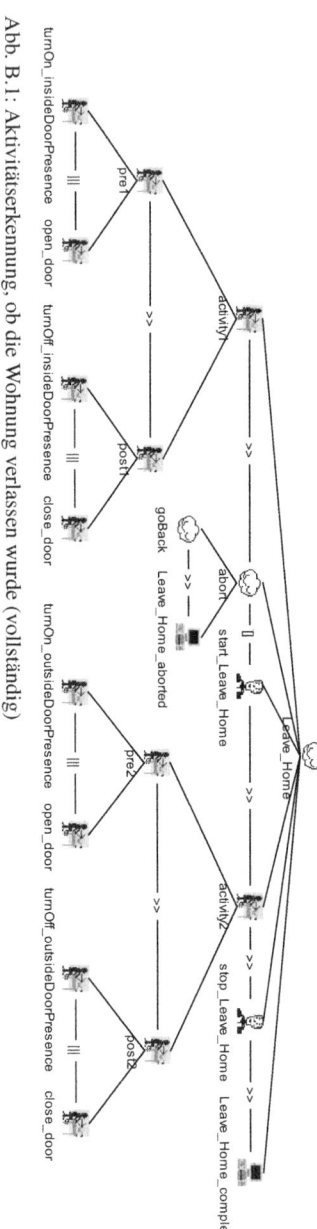

Abb. B.1: Aktivitätserkennung, ob die Wohnung verlassen wurde (vollständig)

B.1 Vollständige CTT-Modelle der ADL

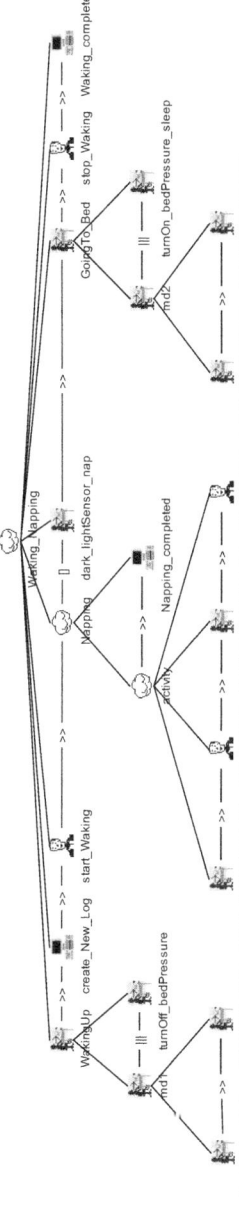

Abb. B.2: Aktivitätsbeschreibung „Aufstehen/Zubettgehen" (vollständig)

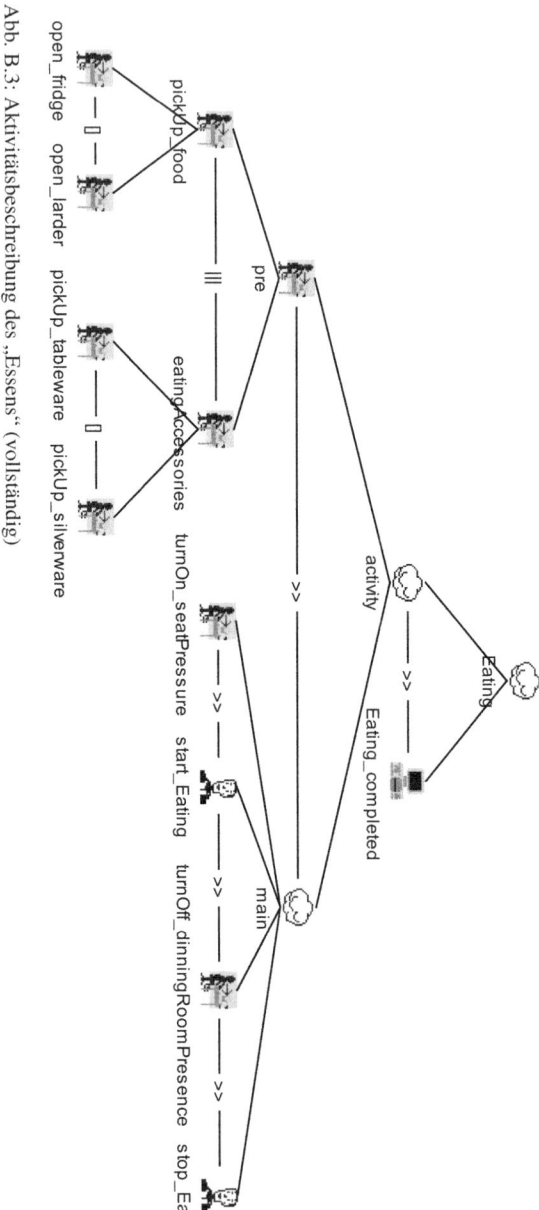

Abb. B.3: Aktivitätsbeschreibung des „Essens" (vollständig)

B.1 Vollständige CTT-Modelle der ADL 289

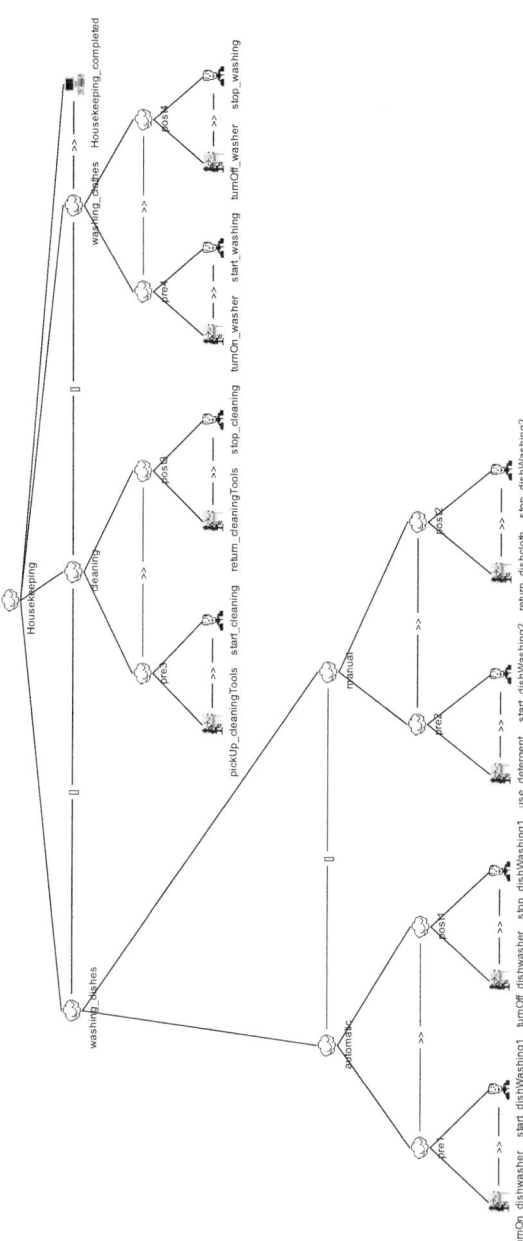

Abb. B.4: Aktivitätsbeschreibung der „Haushaltsführung" (vollständig)

C Quellcode

C.1 Skript zur Realisierung der Verhaltensermittlung

Listing C.1: Skript zur Realisierung der Verhaltensermittlung

```
   print("Starting behavior discovery (Version 0.1)...");
2
   //————————————————————————————————————————
4  //——— CONSTANTS ————————————————————————
   //————————————————————————————————————————
6  final double PRECISION = 0.999999999999;
   // i.e. 99.9999999999% (ten 9's after the decimal point)
8
   final int RED    = 0;
10 final int YELLOW = 1;
   final int GREEN  = 2;
12
   final int YES    = 3;
14
   //————————————————————————————————————————
16 //——— DIRECTORIES ——————————————————————
   //————————————————————————————————————————
18 workpath  = "D:\\user\\marco\\Eigene Dateien\\ProMProject\\work\\";
   mxml_path = workpath + "mxml\\";
20 tsml_path = workpath + "tsml\\";

22 //————————————————————————————————————————
   //——— FILE EXTENSIONS ——————————————————
24 //————————————————————————————————————————
   mxml_ext = ".mxml";
26 tsml_ext = ".tsml";

28 //————————————————————————————————————————
   //——— FILE NAMES ———————————————————————
30 //————————————————————————————————————————
   String[] filename_day = {
32    "day_2011-01-10",
      "day_2011-01-11",
34    "day_2011-01-12"
   };
36 final int n_days      = filename_day.length;
   filename_normal       = "normal-behavior";
38 filename_temp         = "temp-behavior";

40 String[] filename_day_mxml = new String[n_days];
   for(int i=0; i<n_days; i++) {
42    filename_day_mxml[i] = mxml_path + filename_day[i] + mxml_ext;
   }
```

C.1 Skript zur Realisierung der Verhaltensermittlung

```
44
   filename_normal_mxml   = mxml_path + filename_normal + mxml_ext;
46 filename_normal_tsml   = tsml_path + filename_normal + tsml_ext;
   filename_temp_tsml     = tsml_path + filename_temp   + tsml_ext;
48
   //————————————————————————————————————————
50 //——— MAIN ——————————————————————————————
   //————————————————————————————————————————
52
   transitionSystem = null;
54 org.deckfour.xes.model.XLog merged_logs = null;

56 // simulating the consecutive processing of n_days by iteration
   for(int i=0; i<n_days; i++) {
58   print("Opening mxml file: " + filename_day_mxml[i]);
     org.deckfour.xes.model.XLog log_day =
60     open_xes_log_file(filename_day_mxml[i]);

62   if(file_exists(filename_normal_tsml) &&
        file_exists(filename_normal_mxml)) {
64
       print("Loading tsml file: " + filename_normal_tsml);
66     res = import_transition_system_from_tsml_file(
         filename_normal_tsml);
68     transitionSystem = res[0];

70     print("Loading mxml file: " + filename_normal_mxml);
       org.deckfour.xes.model.XLog log_normal =
72       open_xes_log_file(filename_normal_mxml);

74     // merge the log of the current day with the log containing
       // all days considered as "normal"
76     merged_logs = log_merger(log_normal, log_day);
     } else {
78
       // current day log and "normal" log are the same
80     merged_logs = log_day;
     }
82
     if(transitionSystem != null &&
84     log_ts_conformance(transitionSystem, log_day)) {

86     // the log is conform to the normal behavior model
       print(filename_day_mxml[i] + " is conform to normal
88       behavior.");

90     // save the merged log as mxml file
       export_log_to_mxml_file(merged_logs, filename_normal_mxml);
92
       // update the weights of the transition system representing
94     // normal behavior
       res = transition_system_updater(transitionSystem, log_day);
96     transitionSystem = res[0];
       tsml_export_transition_system_(transitionSystem,
98       filename_normal_tsml);
```

```
100     // calculate and output the metric
        probability = transition_system_probability(
102         transitionSystem, log_day);
        highestProbability =
104         transition_system_highest_probability(
            transitionSystem);
106     metric_value = probability / highestProbability;
        new_transition_system_visualization(transitionSystem,
108         log_day, 0d, metric_value);
     } else {
110
        // either this is the first run OR
112     // the log is NOT conform to the normal behavior model
        print(filename_day_mxml[i] + " is either the first log or
114         NOT conform to normal behavior.");

116     // initialize variables
        if(transitionSystem == null) {
118         h = 0;
        } else {
120         h = transition_system_extract_h(transitionSystem)-1;
        }
122     n = (int)log_traces(merged_logs);
        Double p_highest = 1.0d;
124     Double[] p        = new Double[n];
        for(int j=0; j<n; j++) {
126         p[j] = new Double(0.0d);
        }
128
        // the main algorithm to compute the metric
130     while((max(p) / p_highest) < PRECISION) {
            h = h + 1;
132         res = transition_system_metric_miner(merged_logs, h);
            transitionSystemMined = res[0];
134
            // saving intermediate results of transition system
136         // metric miner (needed in order to transform place and
            // transition names!)
138         tsml_export_transition_system_(transitionSystemMined,
                filename_temp_tsml);
140         res = import_transition_system_from_tsml_file(
                filename_temp_tsml);
142         transitionSystem = res[0];

144         p = transition_system_probabilities(transitionSystem,
                merged_logs);
146         p_highest = transition_system_highest_probability(
                transitionSystem);
148     }
        probability = transition_system_probability(
150         transitionSystem, log_day);
        metric_value = probability / p_highest;
152     answer = new_transition_system_visualization(
            transitionSystem, log_day, metric_value);
```

C.1 Skript zur Realisierung der Verhaltensermittlung 293

```
154     if(answer == YES) {
156         // save the merged log as mxml file
            export_log_to_mxml_file(merged_logs,
158             filename_normal_mxml);
160         // save the newest transition system as tsml file
            tsml_export_transition_system_(transitionSystem,
162             filename_normal_tsml);
        } else {
164         // do nothing
            print("Ignoring " + filename_day_mxml[i]);
166     }
        } // end if
168
        // reset variables
170     transitionSystem = null;
        org.deckfour.xes.model.XLog merged_logs = null;
172
    } // end for
174
    print("Done.");
```

D Evaluation

Zusatzmaterialien sind unter www.springer.com auf der Produktseite dieses Buches verfügbar

D.1 Tagesstrukturen und Normalverhalten der Evaluationsteilnehmer

D.1 Tagesstrukturen und Normalverhalten der Evaluationsteilnehmer

Tabelle D.1: Tagesstruktur einer Woche (ID: P1, Alter: 79 Jahre, ♀)

	mit Hilfe	selbst- ständig	Mo	Di	Mi	Do	Fr	Sa	So
Datum			10.01.11	11.01.11	12.01.11	13.01.11	14.01.11	15.01.11	16.01.11
Aufstehen und Hygiene									
Aufstehen			8:00	7:30	7:30	7:30	7:30	8:00	8:30
Körperpflege, morgens			8:30	8:00	7:30	7:30	7:30	8:00	8:30
Körperpflege, abends			–	–	–	–	–	–	21:30-22
Zu Bett gehen			21-22:00	21-22:00	21:30	21:30	22:00	22:00	21:30
Toilettengänge, nachts			2 x	2 x	2 x	–	–	–	–
Medikamenteneinnahme									
morgens	X		9:30	9:00	9:00	9:00	9:30	10:00	10:00
mittags			–	–	–	–	–	–	–
abends			19:00	19:00	19:00	19:00	19:00	19:00	19:00
Mahlzeiten									
Frühstück			9:30	9:00	9-10:00	9-10:00	9-10:00	8:30-9	9-9:30
Mittagessen			12-12:30	12-13:00	12:30-13	12:30-13	12:30-13	12:15-12:30	13:45-14
Kaffee trinken			18-19:00	18-19:00	19-19:30	19-19:30	19-19:30	18-18:30	–
Abendessen	X		11-11:30	–	11-12:30	–	–	12-12:15	13:30-13:45
Kochen									
Aktivitäten und Freizeit									
Haushalt			10-11:00	10-12:00	10-11:00	10-11:00	10-11:00	11-12:00	9:30-13
Wohnung verlassen			–	14-18:00	–	15-15:30	17:00	–	–
Mittagsschlaf			13-14:00	14:00	14-16:00	13-15:00	13-15:00	13-16:00	15-16:00
Fernsehen			16-23:00	18-23:00	16-23:00	–	17-23:30	16-23:00	18:30-22
Besuch									
...in der Wohnung			–	–	–	–	–	–	–

Tabelle D.2: Tagesstruktur einer Woche (ID: P2, Alter: 87 Jahre, ♀)

	mit Hilfe	selbst-ständig	Mo	Di	Mi	Do	Fr	Sa	So
Datum			08.08.11	09.08.11	10.08.11	11.08.11	12.08.11	13.08.11	14.08.11
Aufstehen und Hygiene									
Aufstehen			7:30	7:30	7:30	7:30	7:30	7:30	7:30
Körperpflege, morgens	X		7:30-8:30	7:30-8:30	7:30-8:30	7:30-8:30	7:30-8:30	7:30-8:30	7:30-8:30
Körperpflege, abends			19:00	19:00	19:00	19:00	19:00	19:00	19:00
Zu Bett gehen			21:00	21:00	21:00	21:00	21:00	21:00	21:00
Toilettengänge, nachts			-	-	-	-	-	-	-
Medikamenteneinnahme									
morgens	X		8:15	8:15	8:15	8:15	8:15	8:15	8:15
mittags			-	-	-	-	-	-	-
abends	X		18:00	18:00	18:00	18:00	18:00	18:00	18:00
Mahlzeiten									
Frühstück			8:30	8:30	8:30	8:30	8:30	8:30	8:30
Mittagessen			13:00	13:00	13:00	13:00	13:00	13:00	13:00
Kaffee trinken			-	-	-	-	-	-	-
Abendessen			-	-	-	-	-	-	-
Kochen			-	-	-	-	-	-	-
Aktivitäten und Freizeit									
Haushalt			-	-	-	-	-	-	-
Wohnung verlassen			11:00-13:00	10:00-12:00	8:30-14:30	8:30-14:30	8:30-14:30	-	-
Mittagsschlaf			14-16:00	14-16:00	14-16:00	14-16:00	14-16:00	14-16:00	14-16:00
Fernsehen			-	-	-	-	-	-	-
Besuch			PD	F, PD	PD	PD	PD	PD	PD

F=Familie; PD=Pflegedienst

D.1 Tagesstrukturen und Normalverhalten der Evaluationsteilnehmer

Tabelle D.3: Tagesstruktur einer Woche (ID: P 3, Alter: 84 Jahre, ♂)

	mit Hilfe	selbst-ständig	Mo	Di	Mi	Do	Fr	Sa	So
Datum			08.08.11	09.08.11	10.08.11	11.08.11	12.08.11	13.08.11	14.08.11
Aufstehen und Hygiene									
Aufstehen			6:30	6:30	6:30	6:30	6:30	6:30	6:30
Körperpflege, morgens			8:00	8:00	8:00	8:00	8:00	8:00	8:00
Körperpflege, abends			20:00	20:00	20:00	20:00	20:00	20:00	20:00
Zu Bett gehen			21:00	21:00	21:00	21:00	21:00	21:00	21:00
Toilettengänge, nachts			5 x	5 x	5 x	5 x	5 x	5 x	5 x
Medikamenteneinnahme									
morgens	X		10:00	10:00	10:00	10:00	10:00	10:00	10:00
mittags			-	-	-	-	-	-	-
abends	X		17:00	17:00	17:00	17:00	17:00	17:00	17:00
Mahlzeiten									
Frühstück			9:00	9:00	-	9:00	9:00	9:00	9:00
Mittagessen			12-13:00	12-13:00	-	12-13:00	12-13:00	12-13:00	12-13:00
Kaffee trinken			15:00	15:00	15:00	15:00	15:00	15:00	15:00
Abendessen			18:00	18:00	19:00	19:00	19:00	18:00	18:00
Kochen			12-13:00	12-13:00	-	12-13:00	12-13:00	12-13:00	12-13:00
Aktivitäten und Freizeit									
Haushalt			-	8-10:00	-	-	-	-	-
Wohnung verlassen			7-8:00	7-8:00	7-8:00	7-8:00	7-8:00	7-8:00	7-8:00
Mittagsschlaf			-	-	-	-	-	-	-
Fernsehen			19:00	19:00	20:00	20:00	20:00	19:00	19:00
Besuch									
PD=Pflegedienst			11-13 (PD)	11-13 (PD)	11-13 (PD)	11-13 (PD)	11-13 (PD)	11-13 (PD)	11-13 (PD)

298 D Evaluation

Tabelle D.4: Tagesstruktur einer Woche (ID: P4, Alter: 75 Jahre, ♂)

	selbst-ständig	mit Hilfe	Mo	Di	Mi	Do	Fr	Sa	So
Datum			15.08.11	16.08.11	17.08.11	18.08.11	19.08.11	20.08.11	21.08.11
Aufstehen und Hygiene									
Aufstehen			8:30	8:30	7:15	8:30	8:30	9:00	8:30
Körperpflege, morgens			8:30-9:00	8:30-9:00	7:15-8:00	8:30-9:00	9:00	9-9:30	8:30-9:00
Körperpflege, abends			22-22:45	22-22:30	23-23:30	23-23:30	23-23:30	23-23:30	23-23:30
Zu Bett gehen			23:00	23:00	23:30	23:30	23:30	23:30	23:30
Toilettengänge, nachts			3x	3x	4x	4x	0:00	3x	4x
Medikamenteneinnahme							4x		
morgens			7:00	7:00	7:15	7:00	7:15	7:00	7:15
mittags			-	-	-	-	-	-	-
abends			21:30	22:00	22:00	22:00	22:00	22:00	22:30
Mahlzeiten									
Frühstück			9-10:00	9-10:00	8-9:00	9-10:00	9-10:00	9:30-10:30	9-10:00
Mittagessen			14:30-15	14-15:00	13-14:00	13-14:00	13-14:00	13:30-14	13-14:00
Kaffee trinken			16:00	16:30	15:00	16-17:00	16-17:00	15-15:30	15-16:00
Abendessen			18:30-19	19-19:30	18:30-19:30	19-19:30	19:30-20	18-19:00	19:30-20
Aktivitäten und Freizeit									
Kochen			-	-	-	-	-	-	-
Haushalt			10-11:00	11-12:00	-	10-12:00	11-12:00	12-13:00	11-12:00
Wohnung verlassen			11-13:00	19:30-22	10-13, 16:30-18:30	17-19:00	18:30-21:30	16-17:30	17:30-19:30
Mittagsschlaf			15-16:00	15:30-16	14-15:00	15-16:00	17-17:30	-	14-15:00
Fernsehen			19-23:00	-	19:30-23	19-23:00	-	18-23:00	20-23:00

D.1 Tagesstrukturen und Normalverhalten der Evaluationsteilnehmer 299

Tabelle D.5: Tagesstruktur einer Woche (ID: P5, Alter: 87 Jahre, ♂)

	mit Hilfe	selbst-ständig	Mo	Di	Mi	Do	Fr	Sa	So
Datum			15.08.11	16.08.11	17.08.11	18.08.11	19.08.11	20.08.11	21.08.11
Aufstehen und Hygiene									
Aufstehen			8:00	8:00	8:00	8:00	8:00	8:00	8:00
Körperpflege, morgens	X		8:15-8:30	8:15-8:30	8:15-8:30	8:15-8:30	8:15-:30, 11	8:15-8:30	8:15-8:30
Körperpflege, abends			22:00	22:00	22:00	22:00	22:00	22:00	22:00
Zu Bett gehen			22:15	22:15	22:15	22:15	22:15	22:15	22:15
Toilettengänge, nachts			2 x	2 x	3 x	3 x	3 x	2 x	3 x
Medikamenteneinnahme									
morgens			8:30	8:30	8:30	8:30	8:30	8:30	8:30
mittags			–	–	–	–	–	–	–
abends			19:30	19:30	19:30	19:30	19:30	19:30	19:30
Mahlzeiten									
Frühstück			8:30	8:30	8:30	8:30	8:30	8:30	8:30
Mittagessen			13:00	13:00	13:00	13:00	13:00	13:00	13:00
Kaffee trinken			–	–	–	–	–	16:00	16:00
Abendessen			18:30-19	18:30-19	18:30-19	18:30-19	18:30-19	18:30-19	18:30-19
Kochen			12:00	12:00	12:00	12:00	12:00	12:00	12:00
Aktivitäten und Freizeit									
Haushalt			9, 19:00	9, 19:00	9, 19:00	9, 19:00	9, 19:00	9, 19:00	9, 19:00
Wohnung verlassen			8:30-14:20	10-11:00	–	–	9:30-11	–	–
Mittagsschlaf			15-16:00	13:30-14:30	13:30-14:30	13:30-14:30	13:30-14:30	13-14:00	14-15:00
Fernsehen			20-22:00	20-22:00	20-22:00	20-22:00	20-22:00	20-22:00	20-22:00
Besuch			–	9:30-11:30 (H)	–	–	11-11:30 (PD)	–	–

H=Haushaltshilfe, PD=Pflegedienst

300   D Evaluation

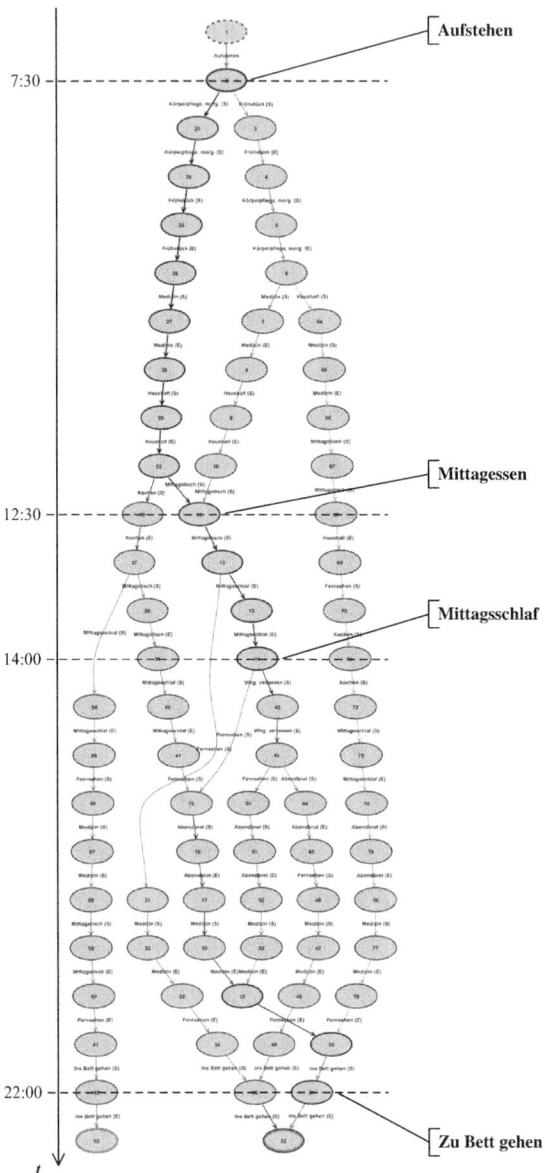

Abb. D.1: Normalverhalten P1 (79 Jahre, ♀)

D.1 Tagesstrukturen und Normalverhalten der Evaluationsteilnehmer   301

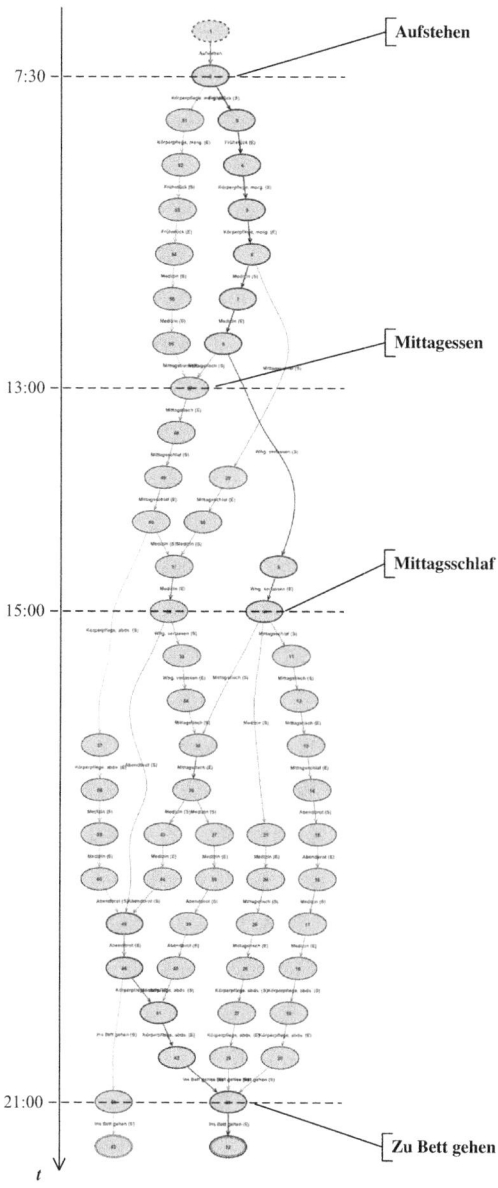

Abb. D.2: Normalverhalten P2 (87 Jahre, ♀)

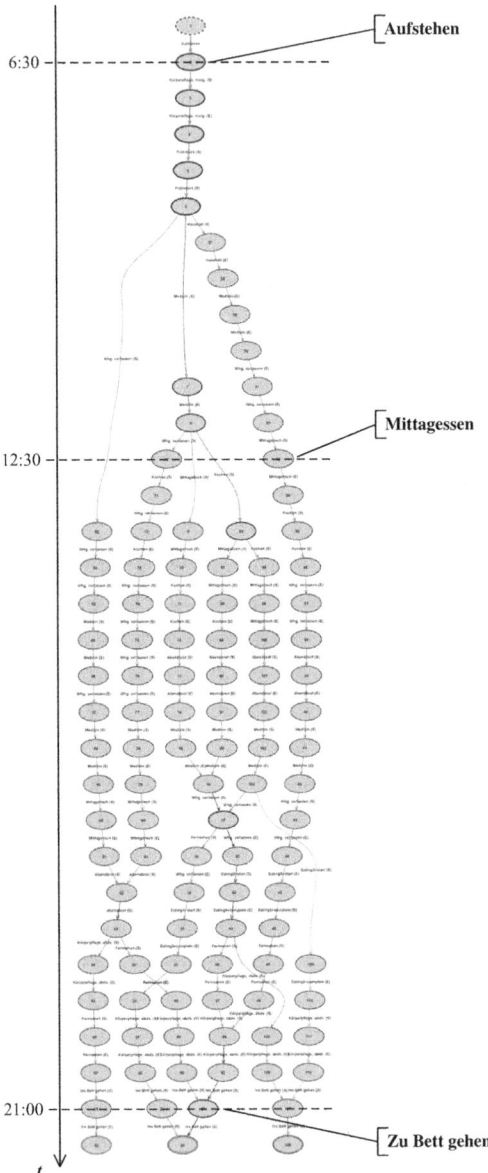

Abb. D.3: Normalverhalten P3 (84 Jahre, ♂)

D.1 Tagesstrukturen und Normalverhalten der Evaluationsteilnehmer 303

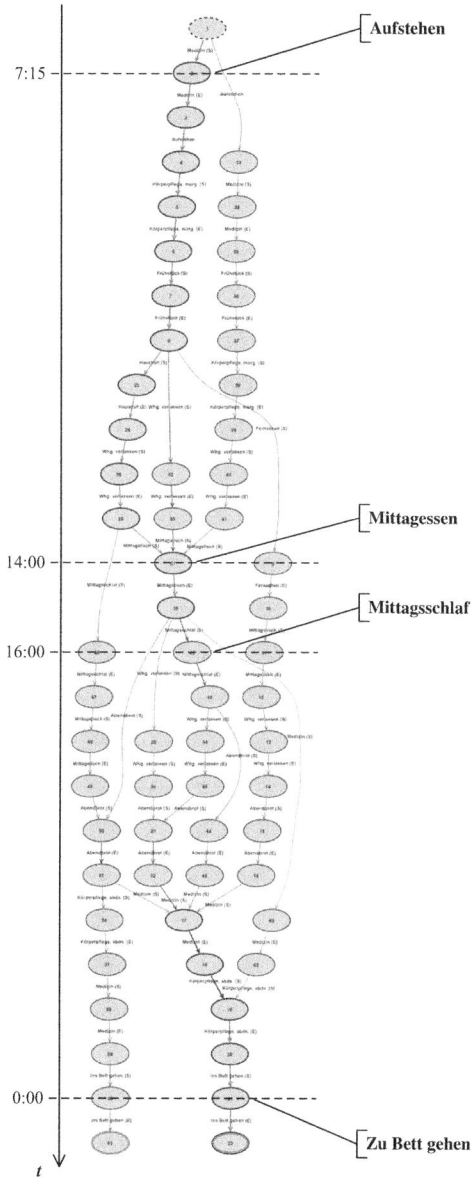

Abb. D.4: Normalverhalten P4 (75 Jahre, ♂)

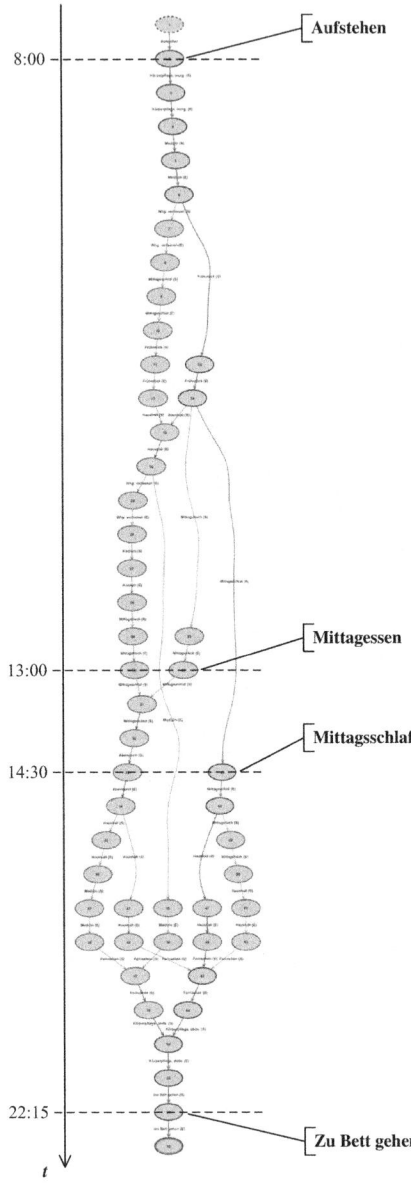

Abb. D.5: Normalverhalten P5 (87 Jahre, ♂)

The manufacturer's authorised representative in the EU is Springer Nature Customer Service Centre GmbH, Europaplatz 3, 69115 Heidelberg, Germany. If you have any concerns regarding our products, please contact ProductSafety@springernature.com

Printed and bound by CPI Group (UK) Ltd, Croydon, CR0 4YY

25/03/2026

02078193-0006